REDIAN YU DUICE

2005—2006NIANDU
CAIZHENG
YANJIU BAOGAO

热点与对策：

2005—2006年度财政研究报告

上　册

财政部财政科学研究所　编

中国财政经济出版社

图书在版编目（CIP）数据

热点与对策：2005—2006年度财政研究报告/财政部财政科学研究所编.—北京：中国财政经济出版社，2006.9

ISBN 7-5005-9286-8

Ⅰ.热… Ⅱ.财… Ⅲ.财政-工作-研究报告-中国-2005~2006 Ⅳ.F812

中国版本图书馆CIP数据核字（2006）第090750号

中国财政经济出版社出版

URL：http：//www.cfeph.cn

E-mail：cfeph@cfeph.cn

社址：北京市海淀区阜成路甲28号 邮政编码：100036

北京财经印刷厂印刷

787×960毫米 16开 112.75印张 1 500 000字

2006年9月第1版 2006年9月北京第1次印刷

定价（上、中、下册）：150.00元

ISBN 7-5005-9286-8/F·8065

（图书出现印装问题，本社负责调换）

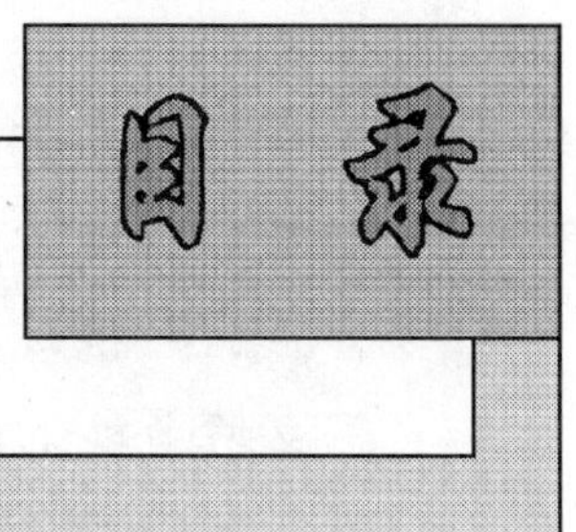

经济社会发展与财税政策研究

财政体制与管理改革研究

“三农”问题研究

税制改革和税收问题研究

社会保障与公共政策研究

财政金融政策与风险问题研究

国有资产管理研究

其他理论、政策、管理、改革研究

国外财经与国际经验借鉴研究

经济社会发展与财税政策研究

学习马克思主义原理
正确认识社会主义转型期的历史使命

内容提要

改革开放以来，关于社会主义转型的理论层出不穷，其中一部分理论和认识与马克思主义基本原理是相违背的，一旦付诸实践必将严重阻碍我国社会主义事业的健康发展。

本文从对“转型”概念的探讨入手，对我国社会主义初级阶段的形成原因和当前的客观国情进行了阐释。进而对于如何正确理解社会主义初级阶段的根本任务，如何通过发挥资本的纽带作用来推动生产社会化的不断深入发展，如何在坚持马克思主义基本原理的前提下发展社会主义经济以完成社会主义转型期的历史使命等问题进行了阐述和分析。

一、“转型”的内涵与社会主义革命建设道路的选择

1978年起，我国从经济领域入手开始了改革进程，先后经过了“以计划调节为主、市场调节为辅”、“计划经济与市场经济相结合”、“有计划的商品经济”、“社会主义市场经济”这样几个阶段性发展时期。在从计划经济向市场经济转变的过程中，“转型”这个概念逐渐为大家所熟知，与这个词汇同时并用的，还有“转轨”、“过渡”等等。有些人认为，转型必须完全抛弃旧有的体系，并在实际运用中就社会主义初级阶段如何实现转型提出了各种各样的意见：有的主张以美国的自由市场经济为发展目标，要求政府退出市场，从经济活动中脱身；有的主张取消国家经济计划部门，抛弃国家发展规划，实现最大程度的私有化；有的主张在实现私有化的前提下，实现竞争与计划的结合，实现国家宏观调控与市场竞争机制的结合。而如哈佛大学经济学教授萨克斯等西方学者还认为：“随着世界的一体化，所有成功的经济都在向着相同的经济制度迈进……这种制度趋同论是我的出发点。”①

① 梅俊杰：“休克疗法与中国经济改革——与萨克斯对话”，《战略与管理》，1994年第6期。

以上各家观点都是建立在私有化基础之上的，是与我们的社会主义制度的根本特征相违背的，因此根本无法完成社会主义过渡阶段的任务。而西方学者所说的转型其实质是对资本主义永恒论的宣扬，不但力图抹煞资本主义与社会主义的本质区别，也否认社会制度转型的客观规律。

笔者认为，正确的社会转型、过渡方向应当是一方面大力发展商品经济、市场经济，另一方面在现阶段既充分发挥私有制和资本的积极因素，又坚决抑制它们的消极作用。而要准确而完整地理解“转型”的内涵，应当从广义和狭义两个角度分别加以考察。从狭义的操作层面来看，“转型”意味着“接轨”，也就是为了更好地发展自身的经济、发展与世界各国的经贸往来，需要实行由计划到市场这种经济体制领域的变革，以便与国际通行的经贸“游戏规则”相接轨，但这并不涉及根本经济制度的变革；而从广义的理论层面来看，社会转型一方面表现为由生产力的发展而引发的以生产工具演进为主要标志的社会变革，包括人类社会早期的石器时代、青铜时代、铁器时代，以及近代工业革命之后出现的电子时代、原子时代等等；另一方面，它表现为由随着生产的发展而同步发展的生产方式的演进为主要区分标志的社会经济时代划分，包括原始社会、奴隶社会、封建社会、资本主义社会、社会主义社会乃至未来的共产主义社会等等。无论哪种转变，“转型”都意味着社会制度和生产方式的彻底转变，人们通常讨论的“转型”实际上都是指狭义的“转型”，指的是由计划经济到市场经济这样的经济体制变化，并没有涉及根本的经济时代变革问题。而那些借谈狭义的转型鼓吹社会主义向资本主义转型的观点则属于别有用心的破坏，是我们必须加以警惕和坚决抵制的。

所谓经济时代，主要是以生产方式为标志来区分的。首先需要肯定的是，所有的经济时代都有其独特的生命周期，虽然世界各国经济时代的发展阶段彼此不同，但是新的、更高级的经济时代取代低级经济时代却是一种不可抗拒的客观规律。历史上，每一种经济时代都伴随了一种特定的生产方式与之相适应，狩猎与采集经济伴随着延续了约三百万年的原始社会最终被农耕经济所取代，随着剩余产品的出现，人类社会逐渐从平等走向奴隶剥削制度，产生了统治阶级和被统治阶级。奴隶制极端地消灭了人的自由，被压迫阶级的不断反抗影响了社会生产的正常秩序。奴隶的不断逃亡产生了越来越多的自由民，这也导致了奴隶制的分崩瓦解和封建制度所取代。统治者用土地分封占有制度取代了奴隶制，过去的农奴获得了人身自由，但是他们仍然依附于土地，这就形成了依附农制度。人类的农业社会在延续了三万年之后，发展到了由机器生产代替了手工劳动的阶段，此时生产方式进一步成为剥削手段。货币转化为资本，劳动力转化为商品，这就是资本主义生产方式真正的开始。资本主义生产一方面促进了生产力的大发展，但另一方面又把人类的生存条件置于资本的奴役之下，劳动者被资本家剥削，而资本家又成为资本的奴隶。随着生产的不断集中和资本的不断集中，资本主义生产方式本身不可克服的固有矛盾日益激化，这必然会导致产生一种新的生产方式来取代它，这种生产方式就是适应社会化大生产的共产主义生产方式。而社会主义制度则是共产主义的初级形式，它是在无产阶级夺取了政权成为社会的主人，但客观条件又不具备直接实现共产主义的情况下的一种过渡期，它肩负着共产主义由初级向高级阶段发展的使命。

社会转型是在旧的上层建筑不适应于新的经济基础后发生的，转型的主要依据是生产资料。奴隶是奴隶社会生产的核心，土地是封建社会生产的核心，而在资本主义社会，资本和劳动力是生产的核心，当货币转化为资本，劳动力转化为商品，资本主义工业化大生产才有了可靠的保障。马克思在《资本论》中详细地论述了资本主义经济日益不适应于社会经济发展的原因，其中最根本的原因在于以利润最大化为终极发展目标的资本主义私有制与日益扩大的社会化大生产这个手段之间不可调和的矛盾。社会化大生产是人类社会经济发展的方向，要解决这一矛盾，唯一的途径是取消资本主义私有制而代之以生产资料公有制，生产资料公有制发展的最终形式就是共产主义社会。

马克思在《哥达纲领批判》一文中指出，在资本主义到共产主义之间存在着漫长的过渡时期，这个过渡时期就是社会主义，它为资本主义最终转型成为共产主义进行着物质和精神的准备。马克思说，之所以实现共产主义不可避免地要经历一个“第一阶段”即社会主义阶段，之所以这个过渡的过程漫长而复杂，是因为它是一个“刚刚从资本主义社会中产生出来的”的社会，“因此它在各方面，在经济、道德和精神方面都还带着它脱胎出来的旧社会的痕迹”①，从而在经济、道德和精神等方面还很不成熟。这种过渡是一个动态的积累过程，每日都在发生发展，远远达不到定型的那一天。

1847年，恩格斯在《共产主义原理》一文中指出：“共产主义革命将不是仅仅一个国家的革命，而是将在一切文明国家里，至少在英国、美国、法国、德国同时发生的革命，在这些国家的每一个国家中，共产主义革命发展得较快或较慢，要看这个国家是否有较发达的工业，较多的财富和比较大量的生产力。因此，在德国实现共产主义革命最慢最困难，在英国最快最容易。”② 显然，在恩格斯看来，经济越发展，实现共产主义革命的条件就越充分，因此当时资本主义经济最发达的英国具备了最先发生共产主义革命的条件，而且革命一旦发生，必然是在若干国家同时发生。而历史的脚步并没有沿着恩格斯预言的道路前进，世界上第一个取得了胜利的无产阶级革命发生在资本主义经济非常落后的俄国。为了对无产阶级革命首先爆发在帝国主义链条最薄弱环节这一现实进行理论准备，列宁根据当吮的历史条件提出了无产阶级革命在一国或数国首先取得胜利的可能性问题。他曾谈道：“经济和政治发展的不平衡是资本主义的绝对规律。由此就应得出结论：社会主义可能首先在少数甚至在单独一个资本主义国家内

① 《马克思恩格斯选集》第3卷，第304页。

② 《马克思恩格斯选集》第1卷，第241页。

获得胜利。”[①] 1917 年，他在《无产阶级革命的军事纲领》一文中又指出：“资本主义的发展在各个国家是极不平衡的。而且在商品生产下也只能是这样。由此得出一个必然的结论：社会主义不能在所有国家内同时获得胜利。它将首先在一个或者几个国家内获得胜利，而其余的国家在一段时间内将仍然是资产阶级的或资产阶级以前的国家。”[②] 正是在这一理论的指导下，俄国的十月革命取得了胜利，而建立在不发达的半殖民地半封建社会基础上的新中国也同样验证了列宁的理论。

俄国十月革命的胜利和新中国的建立并不能说明马克思的理论是错误的，因为从根本上说，经济基础决定上层建筑的客观规律是不可动摇的，但是在历史发展的某些局部环境中，又允许存在上层建筑暂时超前于经济基础发展的情况。对于这一点，恩格斯曾指出：“经济状况是基础，但是对历史斗争的过程发生影响并且在许多情况下主要是决定着这一斗争形式，还有上层建筑的各种因素。……这里表现出这一切因素间的交互作用。”[③] 这个理论告诉我们，经济决定政治，经济与政治在社会生活中应当获得同步发展，但是在特殊的历史时期，政治的发展也可以具有一定的超前性。列宁的伟大之处正是在于他创造性地灵活地运用和发展了马克思主义学说。他认为，在落后国家，在国家被战争和经济破坏推向灾难边缘的时刻，应当用革命的方式改变通常的历史发展顺序，不必等社会主义物质前提完全成熟，而应当首先推翻旧政权，在新政权基础上发展生产力。具体到十月革命后的俄国，虽然不具备建设社会主义所需要的物质文化水平，但可以依靠苏维埃政权创造这种文明的前提，而对于新中国来说，虽然经济和文化都处于落后水平，但同样可以把中国共产党领导的无产阶级政

① 《列宁选集》第 3 版第 2 卷，第 554 页。

② 《列宁选集》第 3 版第 2 卷，第 722 页。

③ 《马克思恩格斯选集》第 4 卷，第 477 页。

权作为创造这种文明的前提。

无产阶级革命发生在经济落后国家的现实决定了这些国家在未来的发展中必然要完成一些未完成的资本主义经济发展任务，但是这些任务的完成必须是在无产阶级政权的领导下，服从和服务于社会主义乃至未来的共产主义建设的需要。但是当社会政治局面稳定之后，上层建筑必须根据生产力与生产关系发展的实际来制定经济政策，等待经济的发展赶上政治的发展水平，如果政治总是走在经济前面，社会发展就会出现混乱。恩格斯曾经全面指出了上层建筑对经济基础的三种反作用表现："国家权力对于经济发展的反作用可以有三种：它可以沿着同一方向起作用，在这种情况下就会发展得比较快；它可以沿着相反方向起作用，在这种情况下，像现在每个大民族的情况那样，它经过一定的时期都要崩溃；或者是它可以阻止经济发展沿着既定的方向走，而给它规定另外的方向——这种情况归根到底还是归结为前两种情况中的一种。但是很明显，在第二和第三种情况下，政治权力会给经济发展带来巨大的损害，并造成人力和物力的大量浪费。"①因此，社会主义制度建立之后，为了使国家权力和其发展沿着同一个正确的方向发展，最紧迫的任务就是选择各种现实可行的途径发展社会生产，从而使落后的经济基础早日适应于先进的上层建筑。

二、中国的国情特点与社会主义初级阶段的由来

在世界封建农耕经济存在和发展的历史上，中国曾长时期居于领先地位，清朝康熙、雍正、乾隆时期达到了最高峰，并把领先地位一

① 《马克思恩格斯选集》第4卷，第486页。

直保持到西方发生工业革命的时期。身处盛世致使清政府从上到下充斥着富而骄，骄而奢，奢而腐的心态和行为。封建上层建筑日趋腐朽，统治者也目光短浅，不思进取，他们盲目地认为自己的国家富有四海，面对来自西方国家的先进生产工具不屑一顾，由此中国的经济发展开始逐渐落后于世界先进水平，这种差距逐渐拉大，最终导致了中国国门在 1840 年被当时来自经济最发达国家英国的殖民者用坚船利炮所打开。自此，中国社会经济发展的客观进程被人为打断，逐渐沦为半殖民地半封建社会。

长期处于半殖民地半封建社会发展阶段使得中国形成了独特的社会经济特征。近代中国虽然也形成了民族资产阶级，但与英国、美国、日本等国相比，中国资本主义发生发展的道路明显与之不同。英美的资本主义发展都是建立在工业革命的基础上，日本则通过明治维新实现了社会的资本主义化。而中国资本主义的萌芽和发展则一直控制在封建统治者手里，为巩固封建统治服务。封建的上层建筑为了镇压太平天国，主要依靠外债，引进国外先进技术，引进机器工业，进行原始积累，并通过官督商办、官商合办等方式利用私人资本。以上两种原始积累的方式造成了中国资本主义本身的软弱性和依赖性。由洋务运动开始的中国资本主义发展达到了第一个高潮，资产阶级逐渐形成。但与西方产业革命过程中同时改造了小生产的情况不同，此时的中国的产业革命及资本的运用主要集中在铁路、矿山、军工等领域，农业、手工业小生产没有得到改造，这为以后的中国社会留下了小生产的汪洋大海，也是日后中国城乡二元结构形成的主要原因所在。

对于旧中国来说，由于封建地主阶级的长期统治和帝国主义的侵略，几乎谈不到过渡时期的积累，而通过广泛发动农民走出的农村包围城市、武装夺取政权的革命道路也决定了新中国建立之初经济基础的薄弱。新中国成立后，无产阶级在政治上成为了国家的主人，建立了人民民主专政的政权，资本主义发展不充分、文化落后的现实、以落后的小生产为主体的经济，共同决定了我们不但不可能一步跳到共产主义，而且距离马克思提出的成熟的过渡阶段也还相距甚远，这就是为什么说我国当前仍处于社会主义的初级阶段的根本原因。

中国之所以将长期处于社会主义初级阶段，是与它建立的基础密切相关的。回顾历史我们可以发现，新中国公有制的经济来源主要有以下三个，一是国家没收的国民党四大家族的官僚资本；二是抗战胜利后，中国政府没收的日本军国主义在华资产；三是“抗美援朝”战争爆发后，我国没收的英美在华资产。这三部分资产成为了我国公有制经济基础和工业化发展的三个来源。新中国成立之时，除了国民党运往台湾和存在海外的资产外，中国大陆留下来的资产全部转为社会主义全民所有。占有了这个基础，又掌握了国民经济命脉的金融、铁路和邮电，所以产生了以公有制为主体，国营经济、合作社经济、国家资本主义经济、私人资本主义、小商品经济和半自然经济五种经济成分并存的社会主义经济基础。从这个经济基础所产生的上层建筑，则是工人阶级领导的，以工农联盟为基础的人民民主专政的政权。与此同时，受半殖民地半封建社会历史发展的局限，虽然实现了农业生产的合作化，但中国广大的农村经济和手工业生产并没有得到改造。新中国建立时在工业的一定领域内实现了较为先进的大机器生产，但小生产的比重仍占国民经济的90%左右。

中国共产党领导的人民民主专政政权发展的最终目标是实现共产主义，但是这不能脱离目前我们仍处于社会主义的初级阶段的客观现实。社会的发展是有其内在规律性的，不是盲目自发地进行的，过去我们在建设中走了弯路，正是因为一直没有真正弄清楚新民主主义、人民民主专政、社会主义初级阶段这些概念的含义。新中国社会主义制度的确立有其深刻的历史必然性，而中国特色的社会主义将长期处在初级阶段也有着充分的客观原因。社会主义初级阶段，在政治上表现为无产阶级夺取了政权，劳动人民当家做了主人，但经济基础仍然是以生产资料公有制为主体，多种所有制并存，虽然在一定范围内实现了工业化和社会化大生产，但小生产仍然在全社会占有很大比重。

工业时代、信息时代最本质的特征就在于劳动分工的深化和社会化大生产的发展。小生产是社会化的低级阶段，小生产又决定了流通范围的狭窄，社会主义初级阶段我们需要一步一步完成的任务是改造分散的小生产为社会化的大生产，变低效的科学技术为能够赶超国际先进水平的科学技术，并推动社会化的程度不断加深。

三、以资本为纽带，不断拓宽社会主义初级阶段社会化发展的深度和广度

共产主义的发展目标是实现全人类的解放，从而消灭剥削，消灭三大差别，消除两极分化，实现“三个大大”，而这一切必须建立在资本、组织、生产、流通、服务等等都全面实现了社会化的基础之上。我国现在的经济发展水平距离这个要求还相距甚远，要实现社会化的任务只能一步一步地求得发展，不可能一蹴而就。过去我们过分地强调了“一大二公”，这是一种违反客观经济规律的做法。正如列宁在实行新经济政策期间谈到的：“在一个小农生产者占人口大多数的国家里，实行社会主义革命必须通过一系列特殊的过渡办法。”① 企图凭借国家政权实行直接过渡是不行的。改造小生产，不能靠强迫和没收的办法进行，只能通过以资本为纽带的方式来逐步改造。当前有很多人对于党中央发挥资本的纽带作用、大力发展民营资本的政策存在疑虑，认为这是修正主义的表现。实际上，马克思主义早就指出了社会主义壮大自身实力并最终战胜资本主义的道路，那就是利用资本消灭资本，最终使私有制消亡。恩格斯在《共产主义原理》中也指

① 《列宁选集》第 3 版第 4 卷，第 444 页。

出："很可能就要来临的无产阶级革命，只能逐步改造现社会，只有创造了所必需的大量生产资料之后，才能废除私有制。"①

商品生产本身是社会化的。从根本上说，商品交换、商品经济、市场经济乃至全球经济反映的都不是简单的公和私的问题，而是社会化的程度问题，它们体现了生产社会化程度由小到大的发展过程，社会化的程度越高标志着生产力的发展水平越高。社会主义制度的先进性正体现在社会化程度深度和广度的不断拓展上，而且这不仅仅是一个国家内部的问题，需要从全球角度着眼。社会主义国家实现了以生产资料公有制为基础，实现了工人阶级的领导，实现了以社会化大生产为基础，并且应当在发展过程中不断引导生产向着更高的社会化程度发展。但是在当前社会主义初级阶段的中国，生产力的发展水平在全社会范围内远远没有达到发达的水平，生产社会化总体程度仍然很低，小生产在数量上仍占多数，虽然实现了商品的社会化生产，但也只是低层次的社会化，小商品的社会化，这一切与发展社会主义的要求还有一定差距。马列主义原理告诉我们，社会主义发展的过程也就是生产不断社会化的过程，没有大生产为基础，没有生产的革命化进步，小商品的社会化发展走不远。因此只有在社会经济发展的过程中，不断对小生产进行革命性的改造，同时使生产关系随生产力的发展变革而变革，初级阶段的社会主义才能获得快速、健康、协调的发展。

过去，在实现公有制的过程中，我们对旧中国官僚资本主义的大生产采取了没收的手段，但面对着小生产的汪洋大海，要对其加以改造，不可能靠没收、强制的手段，而只能采取以小生产和大生产联合，以大生产来带动小生产改造的办法。社会化大生产的特点是人与人之间，部门与部门之间，产业与产业之间的合作程度的扩大和加深。以往在资本帝国主义封锁之下，没有市场，没有资本，也没有外

① 《马克思恩格斯选集》第1卷，第239页。

资来源，仅能实现劳动力的合作，这种集体所有制的形式是当时的国情决定的。但是，单纯的劳动力合作无法提高生产力，只有实现了资本和劳动力的结合才能发展新的生产力，引进新的生产技术，购买大生产所需的生产资料。关于资本，列宁在研究土地问题时曾说过："在商品生产的社会里，没有资本就无法经营。"① 也就是说，资本是商品经济的普遍范畴。在不同的所有制以及同种所有制内部不同的实现形式之间，在市场经济的发展过程中彼此必然会发生越来越多的交互作用。除了相应的法律法规之外，在社会主义初级阶段，能够将这些生产关系以及不同水平的生产力顺畅地联结在一起的最有效率的媒介便是资本，而资本最大的用武之地便是市场，"各种经济成分唯一可能的经济联系就是市场"②。改革开放后，国际国内条件发生了积极变化，我们具备了资本与资本、资本与劳动合作的条件，在这种条件下，应当大力推动资本的发展，以资本为纽带来促进小生产的发展。为此在现阶段需要充分利用资产阶级权利，在一定范围内发挥私有制的积极因素，这样才能充分发挥货币和资本的积极作用。有商品经济存在，允许资产阶级权利的存在，有差别存在，交换中必然会存在不平等，但这与《共产党宣言》中所说的无产阶级消灭私有制的历史使命并不矛盾。因为消灭私有制是无产阶级在遥远未来的最高纲领和终极目标，其实现前提是三大差别的消失，三个"大大"（生产力的大大发展，劳动产品的大大涌现，人民群众文化水平的大大提高）的实现，是社会主义发展到成熟阶段的产物。在小生产没有得到彻底改造之前，不能达到各取所需，私有制也无法消灭，这就为我们提出了正确认识和处理最高纲领和最低纲领关系的任务。马克思主义奋斗的最终目标即最高纲领是消灭三大差别，实现共产主义，从而实现全人类的解放。但在现阶段，我们必须从最低纲领做起，完成在社会主

---

① 《列宁全集》第2版第16卷，第279页。

② 《列宁全集》第2版第43卷，第83页。

义初级阶段应当完成的现实任务。我们奋斗的最低纲领是改造小生产，从而实现生产的社会化和现代化，从根本上说这个目标与最高纲领的奋斗方向是完全一致的。我们既要把实现最高纲领作为长远的目标，又必须在现阶段以最低纲领作为建设手段，只有这样才能避免过去建设实践中曾经出现的种种左的错误。邓小平理论中提出的一个中心、两个基本点、三个有利于、四项基本原则、两个大局三步走的战略思想和任务就是近一百年内我们建设社会主义初级阶段过程中最高纲领与最低纲领辩证统一的完美结合。

四、正确发挥资本的纽带作用，克服资本的消极作用

对于资本正反两方面的作用，马克思早就有所论述。他指出资产阶级在资本力量的帮助下"在它的不到一百年的阶级统治中所创造的生产力，比过去一切世代创造的全部生产力还要多，还要大"①。同时，资本的发展一方面促进了社会化大生产的发展，另一方面也为资本主义经济向社会主义转化准备了基础，因为由资本的发展而形成的"股份制度就是在资本主义体系本身的基础上对资本主义的私人产业的扬弃；它越是扩大，越是侵入新的生产部门，它就越会消灭私人产业。"② 对于资本的消极作用，正如马克思所说的："资本来到世间，从头到脚，每个毛孔都滴着血和肮脏的东西。""资本逃避动乱和纷争，它的本性是胆怯的。这是真的，但还不是全部真理。资本还怕没有利润或利润太少，就像自然界害怕真空一样。一旦有适当的利润，

① 《马克思恩格斯全集》第1卷，第31页。

② 《马克思恩格斯全集》第25卷，第496页。

资本就胆大起来，如果有10%的利润，它就保证到处被应用；有20%的利润，它就活跃起来；有50%的利润，它就铤而走险；为了100%的利润，它就敢践踏一切人间法律；有300%的利润，它就敢犯任何罪行，甚至冒绞首的危险。如果动乱和纷争能带来利润，它就会鼓励动乱和纷争。走私和贩卖奴隶就是证明。”①

就资本的积极作用来说，资本能促进小生产向大生产发展，从而也就推动了生产力的发展，生产力提高了，劳动创造的价值也就增加了。因之，资本获得利润相应增加，劳动者所得报酬也会相应的提高，这是三方皆能获利的良性循环。但是在资本主义制度下，资本利润增加时，又不可避免地会产生两极分化和大企业的垄断，这种分化积累到一定程度，会引发消费能力的相对下降，从而影响消费能力同生产能力的同步增长。这个差额就是两极分化的必然结果，它的进一步发展将造成产业结构失衡，从而造成市场失灵，引发经济危机。这就是资本的消极作用。但是在社会主义制度下，社会处于国家的宏观调控下，国家会有意识有计划地采取相应的政策，运用财政、金融等分配杠杆对社会产品有步骤地通过再分配手段来进行组织协调，从而能最大程度地避免资本的消极作用。然而，尽管有着国家的宏观调控，但是在运用资本改造各项产业，在小企业发展为大企业的过程中，不可避免地会产生不同程度的两极分化问题，对此我们要加以客观正确的认识。上层建筑要加以协调，避免出现过度悬殊的两极分化情况，保护劳资双方的合法权益，一方面保护合法的私有财产，一方面要求劳资差距要在人民生活不断提高，在经济增长的过程中逐步缩小，最终通过革命来实现生产资料完全的公有制、社会化，这条最终之路是不可回避的，但是就目前来说首先要强调的是统一战线，在当前社会中仍存在着阶级的分别是客观事实，因为有分别才有必要结成统一战线。协调各阶级阶层的利益，建立科学合理、和谐共处的社会

① 《马克思恩格斯全集》第23卷，第829页。

正是当前条件下上层建筑肩负的历史使命。

在发挥资本的纽带作用的同时，必须注意要克服其消极作用。必须在生产增长的基础上，由上层建筑出面领导组织，能动地实现分配方面的公平与效率并重，从而有意识地、分阶段地逐步缩小三大差别。我们还应当看到，在社会主义初级阶段，假冒伪劣、制假售假以及贪污腐败等现象确实一时难以从市场经济中得到根除，这正是"经济、道德和精神方面都还带着它脱胎出来的旧社会的痕迹"的表现，这也验证了马克思所说的资本的肮脏是一种难以完全避免的历史现实。资本逐利的本性决定了贫富两极分化的不可避免，因此我们的上层建筑应当主动加以协调，利用财政、金融手段对各种资源进行主动的宏观配置，不能放任自流。当前我们必须对这些不法现象进行严格的控制，将其限制在不足以对我们的市场经济建设和社会主义制度构成破坏和威胁的范围之内。对于非公有制而言，我们的社会主义允许其存在资本剥削的现象，但这种剥削是在社会主义制度下受公有制经济制导的，其程度和范围都受到国家和法律的严格控制，从其所占比重和关键程度上看都不占主体地位。

我们利用资本，是为了发挥其对小生产进行革命性改造的和发展生产力的能力，这是社会主义初级阶段发展商品经济和市场经济所不可逾越的道路，是必须加以客观承认的。这是问题的主要方面，在此过程中，不可能存在着既发挥资本的积极效力又完全避免其消极作用的情况。因为"只要还存在着市场经济，只要还保持着货币权力和资本力量，世界上任何法律都无法消灭不平和剥削。只有建立起大规模的社会化的计划经济，一切土地、工厂、工具都转归工人阶级所有，才可能消灭一切剥削"①。

如前文所述，十月革命开始了由资本主义向社会主义过渡的伟大时代，列宁预见到了"社会主义国家和资本主义国家共存的时期"的

① 《列宁全集》第2版第13卷，第124页。

存在。根据经济时代发展的客观规律，社会主义逐步取代资本主义是新旧时代转换的本质特征，也就是社会转型的客观方向。不但在资本主义向社会主义过渡的过程中，而且在由社会主义向共产主义过渡的相当长的一个历史时期内，资本仍将发挥着它应有的积极作用。这是因为，社会主义向共产主义的过渡是生产社会化不断发展的过程，而资本的作用正是实现生产由分散到集中，并向着社会化的不断深入发展。例如银行资本，从私人存款角度看，它是存放在银行里的资金存量，但是另一方面，它代表着社会资本的集中，代表着资本的存量。这部分资本从1978年的1600亿元发展到如今的30多万亿元，加上证券市场和保险业市场的十几万亿元资金，全社会金融资产早已超过40万亿元，它能不能被用于组织社会化大生产呢？完全可以。国家应当掌握对这部分庞大的社会资本调动的主导权，通过制定相关的产业发展政策来引导资金的流动。国家必须掌握涉及国计民生的产业，并在发展中不断壮大自身实力，同时通过微调来缩小社会各阶层的差距，通过调动社会资本发展国家资本主义，最终实现私有制的自然消亡。

列宁在解释马克思主义时从俄国十月革命的具体条件出发，指出了马克思不是随随便便地把资产阶级权利塞到社会主义中的。他还把“资产阶级权利”同国家问题联系在一起，提出社会主义国家是“没有资产阶级的资产阶级国家”的论断。他说：由于社会主义社会在经济上还不够“完全成熟”，没有完全摆脱资本主义的传统或痕迹，人们不可能立即学会不需要任何权利规范而为社会进行劳动，在消费品的分配方面，除了“资产阶级权利”以外没有其他规范，因而需要国家机构，一方面保卫生产资料公有制；另方面“保卫劳动的平等和产品分配的平等”，“保卫容许在事实上存在不平等的‘资产阶级权利’”。但是，社会主义建设任务的实现，必须以无产阶级专政的上层建筑为主导，否则是不可能成功的，因为只有无产阶级才能真正抛弃私人利益，以社会利益的最大化为奋斗目标。

现阶段我们的社会中客观存在着贫富差距逐渐拉大的现象，这是先富带动后富，最终实现共同富裕的过程中必然要经历的阶段，对此要有正确的认识，不能大惊小怪。随着市场经济法制和秩序的完善，剥削和两极分化等消极因素作用的范围和程度可以得到逐步的限制，而这些问题的彻底解决则需要等到经济获得了更大发展，市场关系更加发展壮大之后。关键问题在于，在我们的建设道路上，一切问题都要采取两害相权取其轻，两利相权取其重的原则。可以说，之所以在当前社会主义的一定范围内允许存在资本剥削的现象，其目的就在于未来最终彻底地消灭剥削。

五、在全社会树立马克思主义信仰，完成好社会主义转型期的历史使命

社会主义这个过渡期是一个混合体，随着生产力的发展不断发展，社会主义的上层建筑就是推动其发展的主观能动力，这是社会主义上层建筑区别于资本主义上层建筑的重要特点。从资本主义向共产主义的转型，正如拨动一个圆形的刻度表，我们现在正是在沿着刻度表一格一格地前进，刻度的终点就是转型的完成，三大差别的消失，三个大大的实现。当前我国的社会主义建设正走在这个转型的进程之中，正在完成利用资本消灭资本，实现由资本主义向共产主义转型的历史使命，而不是进行如一些学者所说的由社会主义向资本主义国家转型的历史倒退，这是一个必须加以明确认识和警惕的方向性问题。

我们当前由计划经济向市场经济的转变，是在坚持社会主义方向和四项基本原则前提下的变革，目的是通过改造不适应时代形势的经济体制来使我国的国民经济获得新的生机，并采取一切积极手段学习世界先进国家的发展经验和市场经济建设经验。在此必须牢记一个根

本原则，那就是不同的社会制度之间可以往来，但是这种往来只是在工商业和经贸往来的具体操作方式上的接轨，我们的改革开放也是在保证自身根本利益不受损害的前提下与国际通行的经贸“游戏规则”的接轨，这属于方法的转变，属于制度层面的接轨，而不是方向的转变，在坚持根本的社会主义制度这个制度问题上是不允许有任何改变和动摇的。

有的学者认为，转型是一个经济市场化的过程，包括个人自由经济权利的建立、市场交换规则的确立与切实遵守等内涵。笔者认为，“市场化”还不足以完整概括中国特色社会主义市场经济的内涵和目标，准确的目标应当是实现生产乃至经济的社会化。人类的发展方向就是社会化程度的不断扩大和加深。马克思毕生追求的事业是消灭私有制、实现三个“大大”（生产力的大大发展，劳动产品的大大涌现，人民群众文化水平的大大提高），从而达到全人类的解放，使每个人都能获得全面、自由的发展。马克思所说的解放，是指把人从受侮辱、受奴役的社会关系中解放出来，从而“把人的世界和人的关系还给人自己”①。这种解放不可能只在一个国家单独实现，必须在全世界各国、各民族获得了普遍发展的基础上全面实现，当前的社会化、全球化正是这种全面实现的必经之路。以公有制为本质特征的社会主义代表了社会化的前进方向。马克思主义从来都是一种客观真理，现在的问题是社会上的很多人失去了这一信仰，也失去了集体主义的信仰，极端个人主义统治了很多人的思想。没有信仰必然导致无政府主义的混乱状态，导致拜金主义、封建迷信和邪教的产生和社会上的种种纷争，因此当前建设的首要任务是重新在全社会树立马克思主义信仰这个意识形态的核心。

在与世界各国交往的过程中，社会主义能够不断壮大自身实力，也能够不断让世界各国了解社会主义制度的优越性，也才能实现推广

---

① 《马克思恩格斯全集》第1卷，第443页。

和平的目标，在世界范围内实现人类的和谐共处。当今世界并不平静，一方面资本主义国家之间存在着深刻的矛盾，另一方面帝国主义亡我之心一直不死，因此在这个过程中，一方面要与发达资本主义国家互通有无，另一方面又必须坚决同霸权主义、强权政治进行不懈的斗争，用多边外交来战胜单边主义。

许　毅　柳　文

转变经济增长方式的财政政策研究

内容提要

转变经济增长方式是我国当前及今后一个时期经济改革和发展面临的重大任务，也是国家财政政策需要支持的一个重要方面。本课题分为三个部分，第一部分通过介绍粗放型和集约型增长方式的内涵及其表现，指出我国经济增长方式转变的必要性和紧迫性，并深入分析财政政策对经济增长方式转变的推动作用。第二部分从实证的角度，理清在我国经济社会发展的不同时期中运用财政政策促进经济增长方式转变的历史脉络，揭示了我国财政政策与经济增长方式转变之间存在的问题与矛盾。第三部分旨在完成转变经济增长方式的稳健财政政策体系设计的任务，其中包括对提高外资利用水平的财政政策的重点研究，并提出相应的思路及建议。

一、我国经济增长方式的转变及财政政策的作用

（一）经济增长方式的基本内涵及表现

经济增长方式，即生产要素的分配、投入、组合以及使用方式，它决定着生产力的整体效能和发展情况，可以较为准确地反映出经济增长的实质内涵。从投入产出的角度来看，根据要素投入量的增加和要素生产率的提高这两个原因，将经济增长划分为粗放型增长方式和集约型增长方式。

1. 粗放型经济增长方式

粗放型经济增长方式，也可以叫做数量型、外延型或速度型增长方式。其主要特征是"三高"和"三低"，即高速度、高投入、高消耗；低质量、低产出、低效益。从宏观上，重实物量平衡、轻价值平衡；从生产上，重数量速度、轻质量效益；从投资上，重外延扩张、轻内涵深化。

粗放型经济增长具体表现在四个方面，其一是资源的高耗与高度破坏，浪费和污染严重；其二是经济增长的质量和效益水平偏低；其三是产业结构不合理，金融、信息等新兴产业不够发达，且重复建设严重，区域性产业结构趋同；其四是外资利用水平低，通常与"两头在外"的外资利用模式相对应，即"一头"是来自国外的资金，另"一头"是流向国外的利润以及尚未被我国引进或充分利用的技术。可见，这是一种浪费资源、代价高昂的经济增长方式，制约着整个经济持续健康的发展。

2. 集约型经济增长方式

集约型经济增长方式，也叫质量型、内涵型或效益型增长方式，它与粗放型增长方式相反，主要依靠提高生产要素有机构成和使用效率来实现经济增长，即依靠技术进步，提高生产效率和资源配置效率等内涵扩大再生产方式，具有消耗低、质量高、投入少、产出多、效益好、污染小等特点。

集约型经济增长具体表现在三个方面，其一是资源的低消耗和较高的利用效率，以经济增长的质量为重；其二是较高的生产要素使用效率，依靠技术进步和科学管理，以市场需求为导向，提高综合要素生产率对经济增长的贡献份额；其三是有利于提高外资利用水平，利用外资的规模、形式、投向和战略都是与集约型经济增长相适应的内涵方式。可见，这种经济增长方式，不仅有利于实现经济的持续快速增长，而且有利于显著提高经济整体素质和效益。

综上所述，粗放型经济增长方式与集约型经济增长方式有较大区别，归纳如表 1 所示。

表 1　　粗放型与集约型经济增长方式比较

	投入方面	产出方面	经济结构	利用外资
粗放型经济增长方式	高投入、高消耗、高资源破坏	低产出、质量和效益水平偏低	产业结构不合理、等级偏低	利用外资水平低、重数量轻效益
集约型经济增长方式	低消耗和高资源利用效率、污染少	生产要素使用效率高、经济效益好	产业结构合理化、高级化	利用外资水平高、效率高

（二）我国经济增长方式转变的必要性和紧迫性

当前，我国已经开始在科学发展观的指导下进行和谐社会的构建，经济发展进入了关键阶段，必须转变经济增长方式以适应新的发展要求。

首先，转变经济增长方式是保持经济平稳较快发展的需要，以使经济增长总体规模适应人民群众的物质文化生活需求，同时预防并化解经济中的各种矛盾；其次，转变经济增长方式是提高经济增长质量和效益的需要，旨在为数量和速度扩张的经济增长注入提高质量、效益和优化结构等方面的内容，以实现科学发展；第三，转变经济增长方式是全面建设小康社会目标的需要，因为经济增长方式应服从和服务于经济发展的阶段性要求；第四，转变经济增长方式是增强我国国际竞争力的需要，在经济全球化的大背景下，与市场经济和世界经济发展相适应的增长方式是集约型经济增长方式；第五，转变经济增长方式是减轻资源环境压力的需要，面对资源环境的巨大压力与可持续发展的要求，我国提出建立节约型社会、环境友好型社会、实现人与自然的和谐发展，其实质都是尽快实现经济增长方式从粗放型向集约型的根本性转变。

当前，我国经济增长成绩显著，但也存在不少问题。例如国有企业的运营质量有所提高但政企不分现象仍然严重；固定资产投资结构明显改善但投资过热和投资波动问题时有发生；经济结构调整的进程加快但矛盾依然突出；科技进步步伐加大但力度仍显不够。凡此种种，表明与经济增长方式转变的目标模式相比、与经济发展的整体要求相比，我国经济增长方式的转变仍然任重而道远，刻不容缓。

首先，来自国内的发展约束。从目前的投资规模和效果、劳动生产率、物质消耗等指标来看，我国的经济增长基本上是以粗放型为主，这在很大程度上影响了企业经济效益和经济增长的质量，成为经济进一步发展的“瓶颈”障碍，为了彻底解决我国经济中的深层次问题，给经济发展注入新的活力，需要尽快转变经济增长的方式。其次，来自国际环境的冲击。经济一体化和新技术革命进程加快、国际经济环境不稳定、国际间经济和科技的竞争加剧等因素都给我国经济的发展带来了外部压力和挑战，而应对这些国际冲击必须尽快建立起以质量和效益为重的经济集约增长的基础。

（三）财政政策对经济增长方式转变的推动作用

财政可以从改革体制和完善政策两个层面，着力消除可能导致粗放型经济增长方式的体制基础，引导地方政府和企业走集约化发展道路。其中财政政策作为政府调控经济运行的重要工具，是保证经济稳定增长的必不可少的因素，对推动经济增长方式的转变发挥着重要作用。

财政政策与经济增长方式两者相互影响、相互制约。经济增长方式和结构是财政政策决策和执行的基础，也是财政政策作用和实施的对象；同时，财政政策作为政府配置资源和宏观调控的主要手段，在促进经济稳定增长和优化结构方面发挥重要作用，进而可以在经济增长方式由粗放型向集约型转变的过程中发挥积极作用。

1. 财政政策发挥导向作用

导向作用是指财政政策通过收支规模、结构和方向等政策调整引导市场经济主体的行为，牵引社会资本的合理投向，引导资源合理配置，从而实现经济低成本、高效率的增长。通过财政政策的实施或适时调整，财政可以从税收、预算支出和完善政府间财政关系等方面主动发挥对经济增长的重要导向性作用。

2. 财政政策发挥驱动作用

财政政策对经济增长方式的驱动作用体现在总量驱动和结构优化驱动两个方面。总量驱动是指根据宏观经济发展的形势和需要，通过实施相机抉择的财政政策（扩张性、紧缩性和预算平衡的财政政策），有效调控社会总供给和总需求。结构优化驱动是财政政策功能的最突出的领域，因为经济增长的结构性特征在一定程度上反映着经济增长的质量和效果，同时也是实现总量持续、稳定、健康增长的保障。二者有机结合，共同驱动宏观经济的平稳增长，防止经济出现大起大落，并通过财政改革推动相关体制和制度的完善，建立经济增长的长效机制。

3. 财政政策发挥协调控制作用

协调作用是指财政政策通过与货币政策、产业政策相协调，实现国民经济重大比例关系的协调、平衡，并促进结构优化，为经济实现集约型增长创造条件。控制作用是指财政政策通过某些指导性原则、制度、标准等的设定，对经济增长进行有效约束和制衡。

此外，财政还可通过制定企业财务政策，规范和强化财政对国有企业的监督；调整国有企业税后利润分配政策来影响其扩大再生产；通过综合政策手段约束企业的某些粗放型的经营活动，发挥财政的微观和中观的控制作用。

二、财政政策推动经济增长方式转变的实证分析

具体来说，财政政策对经济增长的影响是通过调整财政政策的松紧程度来实现的，也就是实施被视为“财政政策的灵魂和关键”的相机抉择的财政政策。政府依据经济增长情况和执行宏观调控特定任务的需要，通过调整财政收支规模与结构来影响经济整体运行。相机抉择的财政政策要求政府不必拘泥于预算收支之间的对比关系，而应当面向调节整个经济在长期实现平衡，因此，财政政策的科学运用可以推动经济增长方式加速转变。在发达国家或经济较为发达的发展中国家，财政政策已经作为经济增长的一个有效补充，是经济增长方式从粗放型向集约型转化的催化剂，而在一般发展中国家或欠发达国家和地区，财政政策仍然是经济增长方式转变的主要动力。

（一）我国财政政策与经济增长方式转变之间的问题与矛盾

1. 我国财政政策推动经济增长方式转变的历史分析

建国初期，占据统治地位的财政理论还是来源于前苏联的“货币关系论”，并在此基础上形成了“价值分配论”、“国家资金运动论”等流派①。在实践中，国家为了巩固政权、恢复生产、安定人民生活，设置了新中国的财政管理机构，着手建立城市税收和农业税征管制度以及部门财务管理制度，编制新中国第一个概算。以财政收支平衡、现金出纳平衡、物资供求平衡的措施，达到了物价、金融的基本平稳和人民生活的改善，使经济从战争的废墟中复苏起来，启动了新中国的第一轮经济增长。

20 世纪六七十年代，我国实质上执行的是总额分成的财政体制。曾经实行或试行的具体办法包括“分类分成”、“以收定支，五年不变”、“总额分成，一年一变”、“计划包干和总额分成”、“财政大包干”、“收入固定比例留成”、“定收定支，收支挂钩，总额分成，一年一定”、“收支挂钩，总额分成”、“固定比例包干”、“增收分成，收支挂钩”等等。可见，集权是当时财政体制的主导方面，由此产生的经济增长模式，是以政府投资为主导、粗放型的增长模式，并被相应财政政策推动，为国家的发展打下了较为坚实的经济社会基础。

随着改革开放，我国于 1978 年开始进行财政体制改革试点，改革初步打破了统收统支的局面，调动了地方的积极性，对经济体制改革起到了不可忽视的促进作用。随后通过利改税的第二步改革，在一定程度上纠正了经济增长中结构不合理的现象，有利于调动中央与地方两个积极性，同时，财政政策在经济增长中也取得了从计划经济向市场经济转轨的第一次成功转型。

20 世纪 90 年代以来，随着党的十四大提出建立社会主义市场经济体制，开始了以分税制为主体的财政政策变革。根据各级政府的事权确定相应的财权，通过税种划分形成中央和地方两个收入体系，为各级政府提供稳定的收入来源，在实行分税制的同时建立起过渡期转

---

① 贾康、李全：“财政理论发展识踪”，《财政研究》，2005 年第 8 期。

移支付制度，相应的财政政策促进了中国经济体制模式和经济增长方式“两个转变”的进程。

1998年，我国受东南亚金融危机的影响，采取增加投资、扩大内需的方针，实施积极财政政策来促进经济增长，大量发行国债，调整收入分配以刺激消费需求，调整部分税收政策支持外贸出口等等，有效地促进了经济增长方式的良性转换。

从2004年下半年开始，财政政策开始以中性为导向，力求财政活动对社会总需求的影响保持中性，财政收支既不产生扩张效应，也不产生紧缩效应，[①] 既要继续坚持扩大内需的方针，又要进一步抑制部分行业的过热势头，促进经济自主增长机制的形成。同时，要求财政政策促进公平与效率、促进“三农”问题的解决、西部大开发和科技进步、促进资源的有效利用等等，最终促进经济增长方式的根本性转变。2005年至今，包括上述内容在内的稳健财政政策正在稳步实施。

表2和图1清晰地描述了改革开放以来我国财政政策与经济增长的情况。

表2　　　　1978—2004年财政与经济发展简要指标

单位：亿元人民币

年份	财政收入	财政支出	财政收支差额	国内生产总值	国民总收入
1978	1132.26	1122.09	10.17	3624.1	3624.1
1980	1159.93	1228.83	-68.9	4038.2	4038.2
1985	2004.82	2004.25	0.57	4517.8	4517.8
1989	2664.9	2823.78	-158.88	4862.4	4860.3
1990	2937.1	3083.59	-146.49	5294.7	5301.8
1991	3149.48	3386.62	-237.14	5934.5	5957.4

① 阎坤：“经济增长趋于理性，调控政策仍需稳健”，《金融时报》，2005年7月25日。

续表

年份	财政收入	财政支出	财政收支差额	国内生产总值	国民总收入
1992	3483.37	3742.2	－258.83	7171	7206.7
1993	4348.95	4642.3	－293.35	8964.4	8989.1
1994	5218.1	5792.62	－574.52	10202.2	10201.4
1995	6242.2	6823.72	－581.52	11962.5	11954.5
1996	7407.99	7937.55	－529.56	14928.3	14922.3
1997	8651.14	9233.56	－582.42	16909.2	16917.8
1998	9875.95	10798.18	－922.23	18547.9	18598.4
1999	11444.08	13187.67	－1743.59	21617.8	21662.5
2000	13395.23	15886.5	－2491.27	26638.1	26651.9
2001	16386.04	18902.58	－2516.54	34634.4	34560.5
2002	18903.64	22053.15	－3149.51	46759.4	46670
2003	21715.25	24649.95	－2934.7	58478.1	57494.9
2004	26396.47	28486.89	－2090.42	67884.6	66850.5

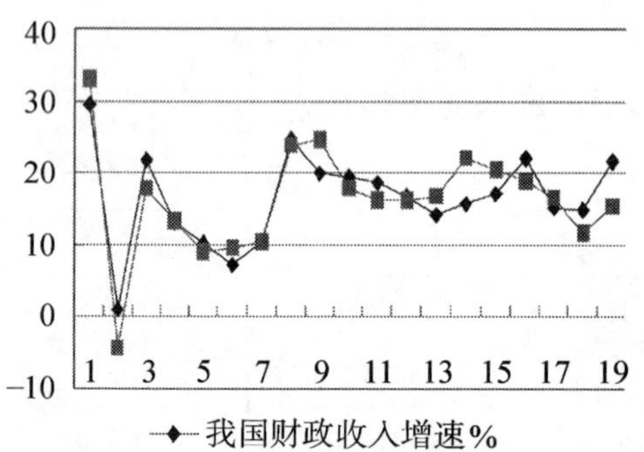

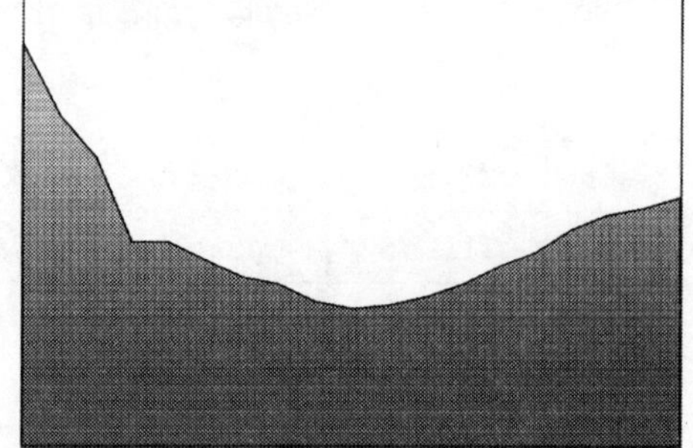

图1　1978—2004年我国财政增长与经济发展的比较

可见，为了实现中国现代化建设的“三步走”战略，我国长期推行面向粗放型增长方式的财政政策，虽然也通过调节财政政策的松紧程度来缓解经济波动，但依然没有改变政策粗放的性质。

2. 粗放型经济增长方式对财政政策的制约

粗放型增长方式片面追求增长速度，不惜以过度消耗资源和严重损害环境作为代价，不综合考虑成本效益的对比关系，由此不可避免地引起经济发展与人口、资源、环境越来越尖锐的矛盾和冲突，最终会导致经济发展的结构失衡，各种比例关系失调和体制性的通货膨胀，从而对财政政策的制定、实施和政策效力的发挥造成很大的制约。

首先，速度偏好造成了财政政策目标扭曲。财政政策目标本应是保持宏观经济的平稳运行和促进结构优化，并实现经济增长、充分就业、物价稳定和国际收支平衡等最终目标。但是在粗放型经济增长的大背景下，经济主体内部存在着速度偏好和规模扩张的冲动，财政政策的目标也随之发生偏离和扭曲，从综合目标体系变成畸重于经济增长的单一目标，财政成为直接推动经济粗放增长的手段。

其次，结构失衡导致财政政策实施困难。粗放型经济增长方式使得经济运行本身的内在制衡机制遭到破坏，使得国民经济增长结构性失衡、比例关系失调，而财政政策对调节这种体制性的结构失衡往往无能为力。同时，粗放型经济增长方式可导致财政政策传导梗阻，实施困难，国有企业和地方政府普遍存在着预算软约束，成本核算和约束机制不健全，对各种税收、价格杠杆反映不敏感，使得财政政策作用失灵，财政支出的乘数作用难以发挥，财政政策调控目标难以实现。

再次，通货膨胀致使财政政策压力巨大。粗放型增长方式存在着速度偏好，使得通货膨胀成为经济体的一种常态，这种通货膨胀根植于体制性的内在扩张冲动。所以，反通货膨胀就成为财政政策的一项长期任务，特别是在滞胀的情况下，财政既要刺激经济增长，又要避免加剧已有的通货膨胀，使得财政支出成本显著增加，财政政策调控可操作的空间狭小，压力巨大，在某些情况下还可能诱发财政风险。

3. 我国财政政策与经济增长方式转变的矛盾

由于我国财政政策受到上述粗放型经济增长方式的制约，所以各个时期的财政政策均与经济增长方式转变存在着矛盾，其具体表现有：其一，财政的预算政策直接集中配置资源，预算约束软化状况并未得到根本改观，导致全社会的投资需求极大化，加之对经济增长速度的过度偏好，最终促成经济超高速的粗放增长；其二，财政收入政策倾向于公共财力的分散化、部门化，且庞大的非公共收支游离于政府预算之外，削弱了财政在优化经济结构、促进经济稳定高效增长和经济增长方式转变等方面的调控能力；其三，财政投资政策仍在一定程度上倾向于资本生产率高的部门，投资重心偏离了社会事业和基础性产业，过多涉足于竞争性产业，致使政府和市场的关系失衡，并加大了经济增长的粗放程度。因此，我国经济增长方式的转变，既受中国经济所处发展阶段的限制、市场机制未能充分发挥调节作用等内在因素影响，也受财政政策长期支持粗放型经济增长方式的外在因素影响。

（二）稳健财政政策与经济增长方式转变的协调

针对我国经济运行中出现的一些新情况和新变化，中国政府决定从2005年起实施稳健的财政政策，这是我国财政政策的重大转型，是有效落实科学发展观的具体体现。“十一五”规划强调指出必须加快转变经济增长方式，因此，稳健财政政策体系的具体安排应体现出长期性、前瞻性和灵活性特征，致力于建立经济自主增长和健康发展的长效机制，为经济增长方式的转变创造一个良好的政策环境。

1. 经济增长方式向集约型转变对财政政策的要求

党的十六届五中全会通过了《中共中央关于制定国民经济和社会发展第十一个五年规划的建议》，针对落实科学发展观需要解决的问题，提出了“六个必须”的要求①，这是把经济社会发展转入科学发

---

① “六个必须”包括必须保持经济平稳较快发展，必须加快转变经济增长方式，必须提高自主创新能力，必须促进城乡区域协调发展，必须加强和谐社会建设，必须不断深化改革开放。

展轨道的基本保证，是制定和落实“十一五”规划的指导原则。“转变经济增长方式”位于“六个必须”原则之列，表明我国的客观经济形势和宏观调控的特定任务已经发生了变化，因此，财政支持经济发展的方式也需要转变，财政收入的取得和财政资金的投向都要服务于经济社会的健康发展。当前，在我国教育、卫生、文化、社会保障、生态保护、环境治理等社会事业的发展方面，在“三农”问题、就业和再就业问题、收入分配差距扩大等问题的解决方面，财政政策应具有一定的倾斜性，充分调动市场主体的积极性，以提高社会资金的利用水平，包括外资的利用水平，为转变经济增长方式创造良好的环境。可见，经济增长方式转变对财政职能、财政政策、财政体制和财政管理均提出了具体的要求。

经济增长方式转变对财政职能的要求：加快经济体制转变，完善社会主义市场经济体制，形成有利于转变经济增长方式的体制和机制，能有力推动经济增长方式的转变。政府职能转换是经济体制转变的内在要求，所以转变经济增长方式必须转变政府职能，而财政职能是政府职能的重要组成部分，是实现国家大政方针的物质基础、政策手段和体制保障。因此，转变经济增长方式也就内在的要求科学界定政府与市场的关系，转换财政职能，即从生产建设型财政向公共财政职能转换，做到不“缺位”和不“越位”，积极引导社会资金投入。

经济增长方式转变对财政政策的要求：转变经济增长方式的主要途径，一是提高自主创新能力，发挥科技进步对经济发展的巨大推动作用；二是深化改革，形成有助于转变经济增长方式、促进全面协调可持续发展的体制与机制。这就对财政政策在推进产业结构优化升级、促进企业技术改造和重组、促进能源资源节约与合理利用、提高外资利用水平等方面提出了具体要求。

经济增长方式转变对财税体制的要求：财税体制是社会主义市场经济体制的重要组成部分，对加快经济增长方式的转变起着重要的促进和保障作用。但旧财税体制遗留下来一些不良的“东西”，使经济增长方式的转变受到行政体制、财税体制痼疾的严重制约。例如，各级政府保持着对土地、信贷等重要资源的配置权力；以 GDP 和财政收入的增长作为考核各级政府政绩的主要标志；在目前的税制体系中，税收主要来源于增值税，使得各级政府过分关注产值的增长，客观上加剧了资源的低效滥用和环境污染等等。经济增长方式转变要求解除这些体制性制约。

经济增长方式转变对财政管理的要求：通过深化预算改革，完善预算制度，将所有政府性收入全部纳入预算管理统筹安排使用，从财力上防止不规范的政府行为的发生，同时，接受人大和公众的监督，真正实现预算硬约束，使财政资金真正用于公共服务领域，促进经济增长方式转变。

2. 转变经济增长方式的财政政策的内在要求

粗放型经济增长的具体表现包括经济增长的质量和效益水平偏低，产业结构不合理，资源的高度破坏与浪费、污染严重，外资利用水平低等方面，这在开篇已有介绍，转变经济增长方式的财政政策的内在要求即蕴涵于其中。

(1) 贯彻科学的发展观。十六届三中全会提出了“坚持以人为本，树立全面、协调、可持续的发展观，促进经济社会和人的全面发展”，可见，科学发展观的核心是发展，尤其是协调发展，深入贯彻科学的发展观可以治理粗放型经济增长方式的各种不良表现，所以科学的发展观是转变经济增长方式的财政政策的内在要求。

落实科学发展观，制定和实施转变经济增长方式的财政政策，其关键在于树立全面、安全、协调的科学理财观，坚持以发展为中心，统筹生财、聚财、分财、管财、用财等各个环节。

在选择转变经济增长方式的财政政策时，应遵循科学理财原则，注重效率和公平目标在更高层次上的结合。首先，科学理财观要求注重效率，财政政策应该充分有效地调动一切积极因素，保障经济效益和社会效益的实现，应该更加注重时间的节约、再生产过程中各要素之间的协调、科学技术的更新和社会条件的综合运用；其次，要求以“以人为本”的理念来实现社会公平的目标，财政政策应该面向促进经济和社会和谐健康的发展，促进人民物质文化生活水平的提高和收入差距的缩小。

（2）发展循环经济。据测算，20 世纪 90 年代中期，中国每年生态和环境破坏带来的损失占 GDP 的比重达到 8%以上，资源矛盾越来越突出。循环经济旨在通过资源的循环利用和节约，实现以最小的资源消耗，最小的污染获取最大的发展效益。发展循环经济可以根本改变粗放型的经济增长方式导致的资源开发和能源消耗的迅猛扩大与增长的趋势，改变生态破坏和环境污染日益严重的趋势。所以，转变经济增长方式、推进可持续发展的有效途径和内在要求就是发展循环经济。

第一，我国资源禀赋较差，总量虽然较大，但人均占有量少，为了减轻经济增长对资源供给的压力，必须大力发展循环经济，实现资源的高效利用和循环利用。第二，我国正处于环境污染和生态破坏十分严重的时期，发展清洁生产型的循环经济是从根本上减轻环境污染、解决经济发展与环境保护之间矛盾的有效途径。第三，我国目前经济社会发展环境不稳定，就业问题严重，而传统线性经济的经济链条较短，对就业不利，发展循环经济可以通过延长经济链条来增加就业机会。第四，当前，我国的出口产品受到了在研发、生产、包装、运输、循环利用等多个环节环保标准的约束，对外贸易受到严重的影响，发展循环经济是使我国产品符合资源、环保国际标准和不断提高我国产品出口竞争力的现实选择。

现有的经济环境决定了单靠市场力量难以实现我国循环经济发展的目标，必须加强政府的宏观调节，而财政政策能够有效地将市场调控和政府调控结合在一起，实现发展循环经济的目标。首先，财政政策应与其他相关政策、法规配合，积极促进循环经济发展规划的实现；其次，财政政策应支持综合性经济发展指标的制定，以减少经济发展过程中的环境损失；再次，应从资源环境有偿使用的角度，实施促进绿色消费和资源循环利用的激励性或惩罚性的财税政策。

（3）提高外资利用水平。2004年，外商投资企业固定资产投资占全社会固定资产投资总额的近12%，工业增加值占全国工业增加值的比重达28%，出口额占全国出口总额的57%，在外商投资企业中直接就业人员为2400万人，约占全国非农业劳动人口的10%。“入世”后我国相继颁布了40多部开放服务贸易领域的法规和规章，涉及金融、物流、分销、旅游、建筑等几十个领域，加之世界经济新一轮产业结构的调整和国际间产业转移的新趋势已经形成，我国外资规模和外资领域有进一步增长和扩大的空间。可见，当前外资对经济发展的促进作用明显增强，提高外资利用水平是转变经济增长方式的财政政策的内在要求。

利用外资的规模、形式、投向和战略都是与集约型经济增长相适应的内涵方式，科学地利用外资可以在一定程度上弥补国内资源的不足，并促进国内资源的充分利用。把利用外资纳入国家宏观经济政策的制定和执行中，既在扩大内需、调整经济结构和构建和谐社会方面起到重要作用，也在国内市场化改革、市场机制的形成、现代企业制度的建立和运行机制的完善、国家管理经济形式的转变方面发挥积极效用，体现了经济增长方式转变的要求。尤其在资本国际流动越来越频繁的世界经济中，无论是资本输出国还是资本输入国，都越来越重视利用外资来促进本国经济的发展和经济增长方式的转变。然而，由于我国经济、技术水平落后，在引进外资上的盲目行为和利用外资上的不到位，容易加重对外资的依赖，使国际收支长期失衡，造成债务负担过重，甚至导致经济停滞或倒退，即面临着引进外资不断扩大所带来的潜在风险，所以，利用外资应慎重。

“十一五”规划明确指出今后我国必须提高对外开放水平，并提出了实施互利共赢的开放战略，这是我国在“十一五”期间统筹国内发展和对外开放的重大指导原则。在利用外资方面，互利共赢的开放战略强调：继续积极有效利用外资，着力提高利用外资质量，加强对外资的产业和区域引导。在这一战略原则的指导下，正在实施的稳健财政政策应在提高外资利用水平方面做出相应的安排。

三、转变经济增长方式的稳健财政政策体系设计

财政政策是由税收政策、支出政策、预算平衡政策、国债政策等构成的一个完整的政策体系，通过税收、财政支出、公债、预算等政策手段来实现既定的财政政策目标。在本部分我们将对转变经济增长方式的稳健财政政策体系进行设计，有助于满足贯彻科学发展观、发展循环经济和提高外资利用水平等上述内在要求，因为目前我国对提高外资利用水平的财政政策鲜有研究，本课题的最后将对其重点关注。

（一）税收政策

“十一五”规划中涉及到增值税、企业所得税、个人所得税、资源税、燃油税、物业税、土地出让收入等七个税种的改革，将形成提高我国外资利用水平的有利条件，对经济增长方式转变起到较好的推动作用。

1. 将生产型增值税调整为消费型增值税

生产型增值税相当于对投资征税，会影响企业投资和技术改造的积极性，不利于促进经济发展。调整为消费型增值税后，企业能够在更大程度上享受增值税抵扣带来的优惠，降低企业的税收负担。因此，我国进行增值税转型改革实际上是间接给企业减税，提高企业资本效率，有利于启动民间投资、吸引外资、拉动内需、提高经济自主

增长能力、确保经济增长方式的转变和经济的可持续发展。

2. 加快推进内外资企业所得税两法合并

按照世贸组织规则的要求，我国应实行统一的税收制度和税收政策。因此，我国应加快合并内外资企业所得税的步伐，适当降低名义税率水平，规范税前扣除范围和标准，统一固定资产折旧办法等，以公平市场竞争环境，统筹国内发展和对外开放。实行内外资企业所得税合并，在长期内将有利于吸引外资和提高外资利用水平，并不会明显加重外资企业的负担。

3. 建立综合与分类相结合的个人所得税制

综合与分类相结合的个人所得税制是指将个人的工资薪金所得、生产经营所得、劳务报酬所得、财产租赁所得等有较强连续性或经常性的收入列入综合所得征税项目，实行统一的超额累进税率；对其他所得仍按比例税率分项征收。同时，建立支付所得的单位和取得所得的个人双向申报的纳税制度，强化个人纳税意识。推进个人所得税改革将有利于建立促进经济增长方式转变的体制机制，解决制约科学发展的深层次矛盾。

4. 完善资源税和开征燃油税

资源税和燃油税是具有绿色环保性质的税种。完善资源税是我国建立节约型社会的重要举措，应该扩大资源税征收范围，对一切自然资源的开发和利用征税，并对稀缺的、不可替代的、不可再生或再生成本高的资源课以重税。开征燃油税是贯彻对污染物或污染行为征税的理念，有利于环境问题的解决和发展循环经济。完善资源税和开征燃油税表明从粗放型增长向集约型增长的转变开始加速。

（二）财政支出政策

调整财政支出结构，加快公共财政体系建设，是“十一五”规划提出的我国财税体制改革的三项重要任务之一。当前，中国经济运行中存在着突出的结构性问题，加大了经济增长方式转变的难度，因此，调整和优化财政支出结构是当前财政支出政策的主要目标。优化财政支出结构的原则是要减少无效支出，增加有效支出，让财政的每一分钱都体现出市场经济的特征，体现着政府职能的转换和对经济增长方式转变的促进。

1. 财政支出总体结构的优化

鉴于我国处于经济转轨的特殊时期，“市场失灵”的范围较大的现实，我国经济建设支出比重下降的速度应该放缓，社会文教支出应有侧重的增加，国防支出应适度增加，同时，推进行政机构改革，抑制行政管理费用过快增长。

2. 财政支出项目结构优化

在财政支出职能结构的内部，每种支出下还有若干不同的项目，发挥着不同的作用，财政支出总体结构的优化实际上要靠项目结构优化来实现。

首先，我国的经济建设支出应该面向产业结构调整，扶植和发展农业和基础工业，支持投入高风险大的高新技术企业和新型支柱性产业，支持国有企业的改组改造。

其次，在社会文教支出中，应优先增加基础教育、基础科研、公共卫生、公益文化事业等方面的公共支出，减少对高等院校、应用性研究、盈利性文化事业、公费医疗、医院和疗养院的建设等方面的支出。

第三，在行政管理支出中，要从法律上、制度上对机构进行精简，对人员实行定编，制定合理的行政经费开支标准和报销制度，建立支出的考核指标体系。

3. 财政支出地区结构的优化

我国地区发展不平衡的问题由来已久，其中包括东中西部区域经济发展不平衡和城乡经济发展不平衡，对其纠正的可行方法是优化财政支出的地区结构。

具体方案是，积极配合西部大开发、振兴东北老工业区、促进中部崛起的区域经济政策，将更多的财力分配到经济发展相对落后的地区，平衡区域经济发展；采取更直接、更有力的支农政策措施，促进粮食增产和农民增收，增加农村的社会保障项目和基础医疗设施建设，保障农村的义务教育，并增加文化传播途径，平衡城乡经济发展。

（三）国债政策

国债政策的运用也关系到促进经济增长方式转变目标的实现程度。当前，我国的国债依存度和国债负担率较高，国债结构不合理，国债投资还存在着对私人投资的挤出效应，对吸引外资和提高外资利用水平不利。因此，为了使国债政策在促进经济增长方式转变方面发挥其应有的调节作用，当前首要任务是控制国债规模和优化国债结构，力求稳健。

1. 适当减少国债发行规模

长期以来我国经济增长过度依赖国债投资，国债规模很大，债务风险程度升高，要促进经济增长方式转换，降低债务风险威胁，就要适当缩减国债的发行规模。同时，为了使国债对经济增长保持一定的拉动力，满足政策连续性的要求，长期建设国债的发行规模不宜锐减。应保证国债对在建工程的后续投入和重大建设项目的收尾投入，支持“三农”、社会发展、中西部区域和老工业基地的经济发展、生态建设和环境保护等“十一五”规划的重要环节。

2. 调整建设国债发行结构

首先，优化国债期限结构。经济增长方式转变要求国债政策的调控功能相应转型，在实现筹资功能的同时还要面向资本市场，因此，需要减少长期建设国债、增加短期国债的发行数量，以增加公开市场操作的工具，配合货币政策的实施。其次，优化国债品种结构和利率结构。可以引进多种储蓄债券和专项债券等新品种，尽量做到国债利率的多极化和弹性化。

3. 调整国债项目资金投向结构

从国债的使用结构看，为了促进经济增长方式转换，应加大对经济薄弱环节的支持力度。其中包括：加强农村基础设施和重大水利项目建设，支持粮食生产，改善农村生产生活条件；加大对基础教育、公共卫生体系、公检法司设施、生态建设和环境保护等方面的投入；支持西部开发、振兴东北地区等老工业基地、中部地区崛起；加强边境国防安全、能源安全的基础设施建设；支持青藏铁路、南水北调、治淮工程等在建重要项目。

(四) 预算平衡政策

预算平衡政策强调的是长期平衡，允许国家在短期内通过预算盈余和预算赤字政策来调节社会总供给和总需求的均衡，以及与此相应的供给和需求结构的均衡。从近期看，稳健的预算平衡政策要求我国要控制赤字、增收节支、推进部门预算改革。

1. 控制赤字

当前，财政赤字不可大幅削减，只能进行总量维持下的增量控制。因为我国养老金成本、国有企业及国有银行系统的不良资产、粮食亏损挂账等几项直接的和或有的隐性负债问题严重，财政赤字压力巨大，财政需要防范和控制赤字规模的继续膨胀。同时，构建和谐社会和进行各项经济改革需要一定的资金支持，经济中出现的新情况和新问题也需要一定的财力来解决，维持一定的财政赤字规模是必要的。

2. 增收节支

增收节支是稳定的财政政策内在要求，具有明显的宏观调控的政策取向，目的在于防止少收多支、盲目赤字扩张等妨碍经济发展，尤其是经济增长方式转变的行为。在收入方面，应依法加强税收征管，严格控制减免税，同时加强非税收入管理，确保财政收入应有的增长，超收收入应优先保证重点项目和重点领域的支出。在支出方面，主要是合理安排财政支出结构，在保证重点支出的同时，严格控制一般性支出，厉行节约，防止阻碍经济增长方式转变的支出行为。

3. 推进预算改革

在近期应着眼于部门预算改革，做到改变预算编制制度和改进预算执行制度相结合，增强预算的公平、公开、透明和完整性；推进国库集中收付改革，完善政府采购制度；积极试点绩效预算改革，分步实施，逐步推进。在远期将全面深化预算管理制度改革，从预算分配、执行到绩效考评等各个环节进行制度创新。

（五）财政政策与货币政策配合

财政政策和货币政策是宏观调控的两大手段，都是以调节社会总需求为基点来实现社会总供求平衡的宏观经济政策，但财政政策倾向于结构调整，货币政策更倾向于总量调节，由于它们在进行经济调节的过程中各有侧重和优势，二者的协调配合，将使宏观经济调控达到最好的效果。目前我国实行“双稳健”的财政政策和货币政策，根据二者的特征分析，财政政策在促进经济增长、优化结构和调节收入方面功能较强，货币政策在保持币值稳定和总量平衡方面功能较强。因此，对于促进经济增长方式转变这一目标，应采用财政政策为主，货币政策为辅的配合模式。

1. 加强税率、利率和汇率政策之间的协调配合

我国目前的税率、利率政策不利于经济增长方式转变。我国刚刚进行了汇率政策改革，建立了人民币弹性汇率机制，实现了人民币汇率在合理、均衡水平上的基本稳定，而在税率和利率方面的改革仍未推进：我国内外资企业实行两套税率，利率市场化程度低，基于此，迫切需要推动税制和利率制度改革。首先，合并内外资企业所得税法，其次，加快由市场供求决定存、贷款利率水平的利率市场化改革。

2. 增发短期国债为货币政策提供公开市场操作工具

公开市场操作将国债成为连接财政政策和货币政策的纽带，公开市场操作是我国调节货币供应量和调整利率的重要手段，但我国公开市场操作的国债工具严重不足，妨碍了货币政策和财政政策在更大范围上的配合，因此，必须推动国债增加短期国债发行，降低公开市场操作的成本。

3. 调整财政政策和货币政策工具的种类、力度和方向

财政政策应从以国债调节为主转向以税收和财政贴息调节为主刺激总需求；货币政策应更多地运用利率、公开市场操作、再贴现率、存款准备金率等工具调节总需求。财政政策应面向社会公平和经济社会可持续发展，规范财政收入的征管，调整优化支出结构，推进部门预算、收支两条线、国库集中收付、政府采购制度等改革。货币政策应面向资本市场尤其是国债交易市场的完善，统一国内债券市场，活跃短期债券市场。

4. 防止货币政策财政化

货币政策财政化实际是两大宏观调控部门功能错位的表现，是指中央银行通过投放货币来解决财政应出资的问题。财政化的贷款大部分发放的时候就难以收回，其直接效果是在增加流通中的货币供应，未来一段时期，为加快金融企业改革，振兴资本市场，各种形式的再贷款和注资还可能增加，应引起高度重视，以减轻通货膨胀的压力。

5. 加强财政部门与金融部门的沟通和交流

建立财政部门和金融部门定期磋商和信息共享制度，加强双方的沟通交流，尽可能就当前财经形势达成共识，并对今后要采取的政策工具和措施相互通报，这样有助于两项政策措施达到预期效果。

（六）提高外资利用水平的财政政策思路及建议

最后，我们将单独研究提高外资利用水平的财政政策，并提出相应的思路及建议，在此之前先来了解我国利用外资的现状和提高外资利用水平的内在要求。

1. 我国利用外资的现状

自 20 世纪 80 年代以来，我国在利用外资问题上取得了长足的发展。1990 年之后进入高速增长期，2002 年我国实际使用外商直接投资首次超过美国，跃居全球第一，高达 527.43 亿美元。进入 2005 年，我国利用外资继续在平稳中向前发展（见图 2）。

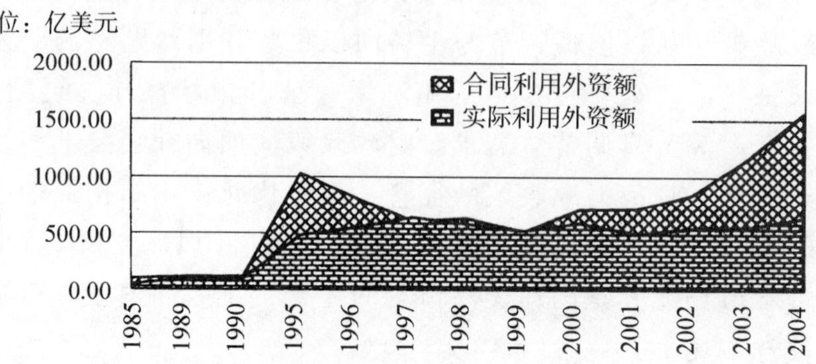

图 2　我国利用外资额历年情况图

资料来源：《中国统计年鉴》2005。

然而，不可忽视的是，由于我国正处于经济体制变革与经济增长方式转变两大背景之下，市场环境不够完善，加之逐利资本本身不可避免的盲目性，我国在利用外资上也存在一些问题亟待解决：

（1）外商投资产业结构不合理。1998 年至今，外资投向各产业的总体资金都在上升，然而比重不尽相同。投向第一产业的外资金额小，比重低，且呈下降趋势；第二产业一直是外商投资的重点，投资金额虽有波动，但比重最大，且呈上升趋势；第三产业外资额在外商总投资中的地位居中，但所占比重略有下降（见图 3）。

（2）外商投资行业结构不合理。农、林、牧、渔业在外商投资中所占比例不足 2%，投资类型也主要是农产品加工业和养殖业；第二产业的外资过多集中在中小型规模的劳动密集产业、一般加工工业、一般性技术产业，而在能够提高中国工业化水平、产业关联度较高的

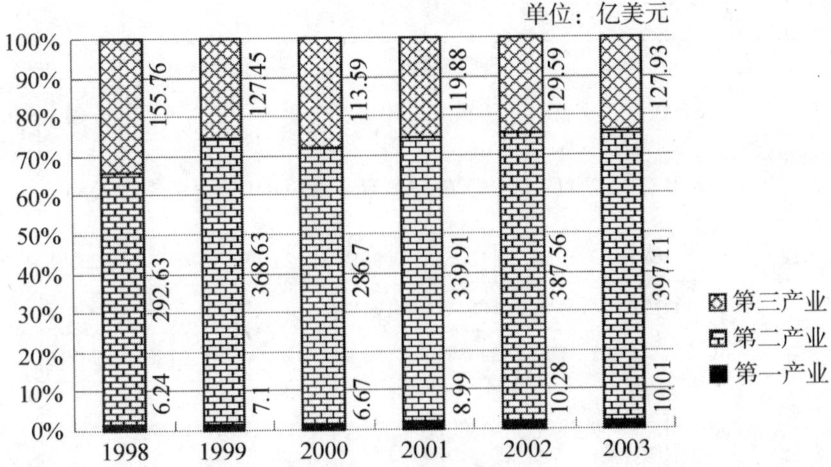

图 3　1998—2003 年我国利用外资产业结构图示

资料来源：中华人民共和国商务部。

大型项目以及基础工业项目的投资则不多；在第三产业中外商投资过多地集中于旅游、房地产、公用事业等非生产性项目，而交通运输、邮电通讯业以及科研和综合技术服务业则投资比重很低（见表 3）。

表 3　　按行业分外商实际直接投资额　　单位：万美元

行业＼年份	2000		2002		2003		2004	
	金额	比重	金额	比重	金额	比重	金额	比重
农、林、牧、渔业	67594	1.66%	102764	1.95%	100084	1.87%	111434	1.84%
采掘业	58328	1.43%	58106	1.10%	33635	0.63%	53800	0.89%
制造业	2584417	63.48%	3679998	69.77%	3693570	69.03%	4301724	70.95%
电力、煤气及水的生产和供应业	224212	5.51%	137508	2.61%	129538	2.42%	113624	1.87%
建筑业	90542	2.22%	70877	1.34%	61176	1.14%	77158	1.27%
交通运输、仓储及邮电通信业	101188	2.49%	91346	1.73%	86737	1.62%	127285	2.10%

续表

年份 行业	2000		2002		2003		2004	
	金额	比重	金额	比重	金额	比重	金额	比重
批发和零售贸易餐饮业	85781	2.11%	93264	1.77%	111604	2.09%	158053	2.61%
金融、保险业	7629	0.19%	10665	0.20%	23199	0.43%	25248	0.42%
房地产业	465751	11.44%	566277	10.74%	523560	9.79%	595015	9.81%
社会服务业	218544	5.37%	294345	5.58%	316095	5.91%	298218	4.92%
卫生体育和社会福利业	10588	0.26%	12807	0.24%	12737	0.24%	8738	0.14%
教育、文化艺术和广播影视业	5446	0.13%	3779	0.07%	5782	0.11%	48617	0.80%
科学研究和综合技术服务业	6184	0.15%	20448	0.39%	27648	0.52%	29384	0.48%
其他行业	145277	3.57%	132102	2.50%	225102	4.21%	114700	1.89%
总计	4071481	100.00%	5274286	100.00%	5350467	100.00%	6062998	100.00%

资料来源：《中国统计年鉴》2004、2005。

(3) 外资投资区域分布失衡。外商投资区域分布不均匀，主要集中于东南沿海地区。东南沿海10个省市的外商投资占外商来华投资总额的近90%，而中西部20个省区（不包括西藏），利用外资只占全国外资总数的10%略强（见图4)，这与中西部地区辽阔的地域、众多的人口、丰富的自然资源相比极不相称，不足以对中国西部经济发展产生较大的促进作用。这种外商投资分布失衡的结果加剧了我国地区间发展的不平衡。

(4) 外资投资规模较小，且主要表现为数量上的扩张。我国利用外资的总规模虽然较大，且增长速度较快，但从总体上说是属于数量扩张型的，着眼于追求数量，就单个项目来看，投资规模较小，集中

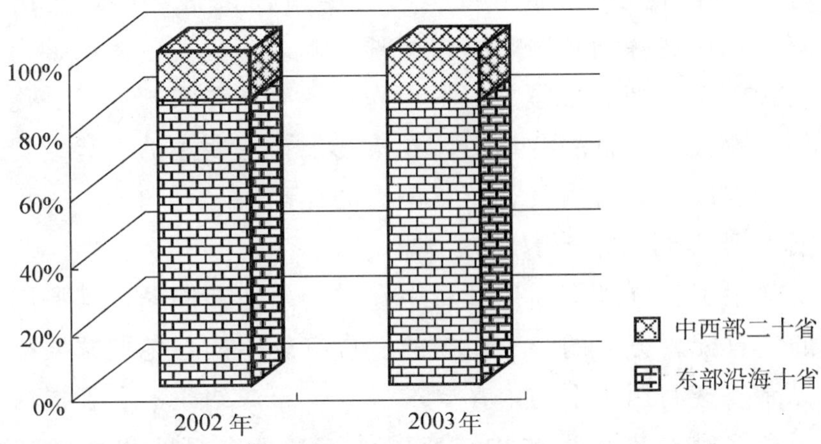

图4 2002、2003年外商直接投资区域分布图

资料来源：《中国统计年鉴》2005。

在150万—300万美元之间（见表4），在发挥其对国内经济积极的促进作用时力量有限。

表4 外资项目平均金额 单位：万美元

年份	1985	1989	1990	1995	1996	1997	1998	1999	2000	2001	2002	2003	2004	1979—2004
项目平均金额	326.52	194.26	163.97	277.55	330.77	288.85	318.39	305.54	318.30	275.35	248.02	284.56	358.62	248.87

资料来源：《中国统计年鉴》2005。

（5）外资利用和管理水平较低。首先，我国外资的利用水平较低。一是全国各地盲目地追逐招商引资，而不注重外资成本的比较和效率的提高；二是盲目追求GDP增长，而不注重外资的产业结构调整和利用外资的方式创新。其次，我国外资的管理水平较低，具有明显转轨色彩的管理方式在对外资的管理上暴露出先天的不足，缺乏对市场规则与产业标准化的管理和监督，且社会责任管理和监督重视不够，不仅损害了利用外资的质量，也影响了中外合作双方的积极性。

（6）利用外资与利用国内资金存在矛盾，妨碍内资企业竞争力提高。首先，利用外资在一定程度上可产生对国内资金的“挤出”效应，这就在我们选择利用国际国内两种资源时产生了矛盾与冲突。其次，外商投资企业拥有雄厚的资本、先进的生产和管理技术、优惠的政策条件以及我国廉价的劳动力，在市场上占有明显的优势，利用外资会在一定程度上妨碍内资企业竞争力的提高。

2. 提高外资利用水平的内在要求

上文列举了我国外资利用领域中存在的矛盾和问题，其原因有总量方面的、有配置方面的，有内生的、也有外生的，他们共同构成了进一步提高外资利用水平的内在要求。其一，应纠正不利于提高外资利用水平和促进经济增长方式转变的外资产业、行业和地区结构失衡。其二，应提高外资引进和利用质量，降低外资利用成本，提高外资利用效率。其三，应保持外资规模适度增长、扩大投资领域。利用外资可以促进我国经济增长方式转变，前提之一是要保持适度增长的外资规模，我国目前的情况是：大量的居民储蓄与大量的外汇储备并存，较高的经济增长率和较高的投资增长率并存，粗放型经济增长逐步向集约型经济增长过渡。显然，钱纳里等人提出的利用外资促进经济增长的三个阶段① 的引资目的在我国已不同程度地达到或满足，我们的引资策略也应相应调整，要注重效益和质量，重在引进国外先进的技术、管理水平，同时要注重外资对国民经济的综合影响，将不利影响降到最低。其四，应改善投资环境。外商投资环境由东道国的经济发展水平、市场规模、政策的连续性与透明度以及政府工作效率组成，投资环境的改善将比各种优惠政策更有利于吸引外资和提高外资利用水平。其五，应利用外资发展循环经济。外资本身具有追求资

---

① 钱纳里等人认为，利用外资促进经济增长的过程大致可分为三个阶段：第一阶段，经济增长主要受投资能力也就是技术的限制，利用外资主要是弥补投资能力的不足；第二阶段，经济增长率和投资增长率都稳定在6%—7%，这时经济增长主要受储蓄限制，利用外资是为了弥补国内储蓄的不足；第三阶段，经济增长主要受出口能力的限制，利用外资主要是为了弥补外汇缺口。

金使用效率和效益的特点，利用外资可以满足发展循环经济对资金和技术的要求，加速经济增长方式的转变。

3. 提高外资利用水平的财政政策建议

由上文的论述可知，财政政策对经济增长方式转变的推动可以从提高外资利用水平入手，在前述促进转变经济增长方式的财政政策体系设计的基础上，我们提出提高外资利用水平的财政政策建议，具体如下：

（1）提高外资利用水平的税收政策。税收政策设计应满足互利共赢的开放战略对“十一五”期间利用外资的要求。一是实行税收的产业梯度优惠政策，对于涉及国民经济安全的产业设定较高的税收门槛，对于外资投向基础领域或高新技术产业要给予特殊的优惠。二是在税收优惠的政策上，从地区优惠为主转向产业优惠为主，在产业优惠的基础上，再对东北老工业基地和中西部地区吸引和利用外资实行地区优惠，降低外商投资中西部的成本，鼓励外商投资中西部的基础设施建设和生态环境建设。三是适应建设资源节约型、环境友好型社会和转变经济增长方式的要求，税收政策应有助于改变不合理的外资产业结构，体现出税收对资源利用和环境保护的激励与惩罚机制，纠正能源的高投高耗，减少对资源、环境、生态的破坏。四是在具体税种的安排上，在东北地区率先进行增值税转型的改革试点，并逐步推广消费型增值税，降低企业税负；统一内外资企业所得税，为企业创造公平的竞争环境，完善市场调节机制；规范营业税，调整和制定导向性的税率与税收优惠，以适应外资从制造业到服务业的扩展。五是提高外商投资水平的税收政策不能影响市场竞争环境，不能给内资企业带来超额负担。

（2）提高外资利用水平的财政支出政策。一是对符合国家产业政策、由外商投资的科技企业实行一定的财政贴息；对国家通信网络、信息高速公路建设等对于科技发展有基础性作用的项目以及科技风险投资项目进行直接投资或财政参股。从而带动我国科技产业的成长，增强企业自主创新能力，促进我国整体的科技进步和经济的集约增长。二是除了继续进行国家重点基础设施建设之外，对于部分国际大财团参股的我国重点项目投资，特别是技术装备工业领域、高新技术产业领域和关系到工业基础的加工工业领域的项目投资，可以有选择地给予财政支持。三是地方财政应增大财政基础设施和基础工业投入，加快发展能源、交通、通讯、城市公用事业，因为基础领域的建设和完善是吸引外资的重要手段。

（3）完善社会保障制度，提高外资利用水平。“十一五”时期财政应致力于解决人民群众最关心、最直接、最现实的利益问题，扩大就业、完善社会保障体系、理顺分配关系、发展社会事业，可以大幅度减轻外资企业的社会负担，尤其是劳动密集型外资企业的社会负担，有利于提高外资利用水平，具体应做到如下几个方面：一是在预算体制上，应尽快建立全面涵盖养老、失业、工伤、生育、住房公积金、优抚金、救济金、社会福利等社会保障项目基金的社会保障预算，使社会保障基金管理集中、规范和稳定。二是将社会保障基金纳入财政专户，实行收支两条线管理；调整财政预算的支出结构，优先足额确保城市居民最低生活保障，并实行财政专项管理；加大公共卫生投入，扩大基本医疗保险制度的覆盖面，建立面向全民的公共卫生体系。三是适时开征社会保障税，改变目前保障水平参差不齐和社会保障功能差的状况。四是加强对社会保障基金的财务管理与监督。

本文参考文献：

1. 贾康：《财政本质与财政调控》，经济科学出版社1998年版。

2. 苏明：《财政理论与财政政策》，经济科学出版社2003年版。

3. 孟春、阎坤：《中国稳健财政政策研究》，中国财政经济出版社2005年版。

4. 刘国光、李京文：《中国经济大转变——经济增长方式转变的综合研究》，广东人民出版社 2001 年版。

5. 张卓元："深化改革，推进粗放型经济增长方式转变"，《经济研究》，2005 年第 11 期。

6. 张少春：《以科学的发展观为指导，努力开创财政科研工作新局面》，2004 年 6 月 13 日全国财政科研工作会议上的讲话。

7. 刘国光："略论宏观转向中性政策"，《财贸经济》，2004 年第 8 期。

8. 江小娟："利用外资与经济增长方式的转变"，《管理世界》，1999 年第 2 期。

9. 阎坤："积极财政政策与通货膨胀关系研究"，《财贸经济》，2002 年第 4 期。

"转变经济增长方式的财政政策研究"课题组

课题组组长：苏明

报告执笔人：阎坤　马洪范　李全　刘军民　于树一

和谐社会与公共财政的相互关系研究

内容提要

“和谐社会与公共财政的相互关系研究”作为财科所重大课题《构建和谐社会的财政政策研究》（课题负责人：贾康、刘尚希）的第一部分，承担着为该课题总体上提供理论支撑的任务，作者试为这个部分的研究提供条理化的背景材料，所以本文采用了较为抽象的理论分析形式展开论述，目的在于为以后的实证研究、政策思路的选择及政策建议打下学术基础。

本文重在揭示和谐社会与公共财政之间的关系。首先，从介绍政府职能转换开始，引出关于公共财政在和谐社会构建中的作用与具体职能的论述，对公共财政应在构建和谐社会方面发挥其应有职能的经验性结论加以学术论证；其次，在上述理论基础上，力求深刻分析和谐社会与公共财政的关系，得出二者之间存在五个层次的密切关系，即构建和谐社会是公共财政的基本目标、和谐社会导向指导并约束公共财政活动、公共财政是和谐社会的重要组成部分和物质基础、公共财政是构建和谐社会的必要手段、和谐社会与公共财政共同发展与促进；最后，立足于和谐社会，考察其向公共财政提出的要求，从完善市场机制、调控宏观经济运行、发展社会事业和提高社会福利四个方面对公共财政分别提出总体要求和具体要求，在充分分析总体要求的基础上，立足于由税收、公共支出、国债、赤字政策所组成的公共财政政策体系，来分别阐述和谐社会对公共财政的具体要求，为以后深入研究构建和谐社会的财政政策理清思路和要点。

“构建社会主义和谐社会”体现了经济增长、社会发展和价值体系的统一，其理念的提炼是一个逐步丰富的过程。从全面建设小康社会的六大目标，到加强党的执政能力建设的主要任务，再到中国特色社会主义事业的总体布局，都为和谐社会留出重要的一席之地，体现了我党对经济社会发展规律认识的逐步深化，体现了我国从注重社会发展的数量目标向质量目标的转变。

财政是政府实施宏观调控的重要手段，和谐社会的本质特征和公共财政的基本职能决定了公共财政政策在和谐社会构建中可以发挥重要作用。在中国经济社会发展与转型的背景下，本文将从理论与实践相结合的角度探讨构建和谐社会与公共财政制度建设、政策选择之间的关系，在财政领域探寻促进和谐社会建设的途径，并提出相关财税政策和体制构建的具体思路及建议。

一、公共财政在构建和谐社会方面的职能作用

为了实现和谐社会的宏伟目标，财政方面需要从转变和强化财政职能出发，准确把握在构建和谐社会的过程中所面临的主要矛盾和突出问题，在为构建和谐社会提供财力支持的同时，建立与和谐社会相适应的公共财政基本框架和运行体系，发挥公共财政在构建和谐社会方面的积极作用。

（一）政府职能与财政职能向构建和谐社会转换

党的十六届三中全会对我国各级政府职能进行了明确界定，即“经济调节、市场监管、社会管理、公共服务”。随着构建和谐社会这一任务的确立以及经济形势的不断变化，政府职能应该逐渐向支持和谐社会的构建转变，并据此决定财政职能的转换。具体来说，在和谐社会的构建过程中，政府需要以公共财政政策为手段，通过调节财政收支的规模和结构，对经济社会进行科学管理，在经济持续稳定增长的基础上，促进经济发展、社会发展和人的全面发展相统一。

1. 政府职能的转换

政府职能范围是随着生产力、生产方式、经济运行模式的改变而不断变化的，随着经济发展阶段的不同而调整自己的内容。中国现在正在进行市场化改革，政府职能的转换是一项重要环节，具有战略性

的意义。在政府职能的转换中一项重要的原则就是政府只可以在“市场失灵”的领域活动，发挥自己的比较优势，而不能超越甚至代替市场的作用。

总的来说，政府职能包括社会管理职能和经济管理职能两个方面。在传统计划经济体制下，市场能力弱小，政府的职能范围大而宽，由于经济底子薄，所以更加侧重经济管理职能，几乎囊括了生产、投资、消费的方方面面，这是与计划经济高度集权的特点和当时以经济建设为中心的基本路线相一致的。随着向市场经济体制的转变，市场逐渐成长和完善，政府应该有进有退，逐渐从竞争性、盈利性的领域退出，放权让利，避免对微观经济主体的直接干预，培养企业的自主创新能力和竞争能力。同时，政府应该通过财政手段对经济加强宏观调控，对新出现的问题，如环境保护、生态平衡、社会保障、反恐行动加强管理。因此，现阶段市场经济要求政府收缩经济管理职能，强化社会管理职能。

构建社会主义和谐社会是“十一五”时期的重要任务，也应成为政府的一项基本职能。现阶段，它要求政府在经济社会领域推进一系列改革，包括推进国有企业改革、加快财政税收体制和金融体制改革、发展非公有制经济、支持政治体制改革和社会体制改革、发展社会事业等等，这些改革都直接或间接地同政府职能转变相联系，有的甚至依赖于政府职能转换的进程。由此，可将政府职能转换的重点放在如下几个方面：实现由经济建设型政府向公共服务型政府的转变；实现由经济建设性主体向经济性公共服务主体的转变；实现由以 GDP 为中心向以制度创新为中心的转变；实现由单纯支持经济增长到与社会发展保持和谐的转变。

2. 财政职能的转换

财政的职能转换是为适应政府职能转换而进行的财政职能重心的转移。计划经济时期政府职能侧重于经济管理，反映到财政职能上就是侧重资源配置和公平分配，但要注意这里的公平更多强调的是平均，并不是真正的公平，而平均的背后常常掩盖着事实上的不公平，从而影响资源配置的效率。市场经济体制下，政府职能重心转向社会管理，相应地财政职能就应将重心转移到宏观经济稳定和公平分配上来。当前，推动和谐社会的构建是政府的一项基本职能，决定了公共财政也应致力于推动和谐社会的构建，在资源配置职能方面应从总量配置转而侧重于结构配置，在收入分配方面应从实际再分配转而侧重于理顺收入分配关系，在经济稳定与发展方面应从调节经济波动转而侧重于缓解社会问题和资源环境的压力。

此外，财政职能还应为适应市场失灵范围的变动而进行职能重心的转换。公共财政应在市场失灵的范围内活动，在我国经济转轨时期，市场失灵也带有转轨色彩，即市场机制并不完善，市场秩序还没有理顺，这决定了公共财政职能的特殊性。公共财政要处理好新旧体制的衔接，一方面，根据完善社会主义市场经济体制的要求，建立公共财政的基本框架，使政府履行社会管理和经济管理的职能在财力方面得到保障；另一方面，公共财政要支付转轨的成本，肩负起过渡性责任，这对财政职能转换提出了较高要求。

（二）公共财政在构建和谐社会过程中的作用与具体职能

1. 公共财政在和谐社会建设中发挥导向、调节作用

公共财政在构建和谐社会的过程中责无旁贷。其可以通过制定和执行公共财政政策对个人和企业的经济行为以及国民经济的发展方向发挥导向作用，也可以对社会经济发展过程中的某些失衡状态进行制约，对地区、行业、部门、阶层之间的利益关系加以协调，发挥调节作用。总之，公共财政在和谐社会的构建中具有导向作用和调节作用。

导向作用表现在：公共财政通过直接导向与间接导向两种作用形式，配合国家构建和谐社会的总体政策和相应的部门、行业政策，提出明确的财政调节目标，并据此建立合理的利益均衡机制来引导各经济主体的行为方向与方式。

协调作用表现在：公共财政通过财政收支活动调整社会分配关系，发挥公共财政政策的整体效应，将预算政策、财政支出政策、财政收入政策进行有机结合，构成公共财政政策体系，来全面地、配套地协调人们之间的物质利益关系。

近年来，我国呈现出城乡差距继续扩大、二元经济结构进一步强化的趋势，所以，“三农”问题的解决是构建和谐社会最艰巨、最繁重的任务。十六届五中全会明确提出了要继续把解决好“三农”问题作为全党工作的重中之重，推进社会主义新农村建设。在我国正在实施的“三农”政策中，大多数属于财政政策的范畴，例如，出台了“两减免、三补贴”的政策并加大政策力度，实行了免征农业税的试点，并将在“十一五”的第一年全面取消农业税，从而有效地增加了农民收入，调动了农民发展农业的积极性，有利于农村经济结构调整，由此可见，财政配合国家“三农”政策，在资源配置和收入分配上支持农业、农村和农民，充分发挥了公共财政的导向作用。但是要进一步提高农业的效率和效益，破解二元经济难题，需要进一步发挥公共财政的调节作用，通过直接补贴、转移支付、减免税费等形式提供相关的财政政策支持，使农业生产方式由粗放经营向集约经营转变，进而缓解农村人口、环境和资源的压力，在这方面的财政政策已经开始逐步制定和落实，此外，财政还应支持农村教育、科技、文化和卫生等社会事业的发展，逐渐理顺城乡间利益分配关系。因此，证明了公共财政在和谐社会的构建中发挥着重要的导向与调节作用。同样，在促进区域和谐、经济社会和谐、人与自然和谐、国内发展和对外开放的和谐方面，公共财政均发挥着重要的导向与调节作用。

2. 资源配置方面

构建和谐社会要求公共财政的资源配置职能要侧重于结构调整。经济结构不合理是当前我国经济发展中的突出问题，是经济整体素质和效益不高、经济社会发展存在诸多矛盾的重要原因。在主要依靠市场的力量来进行结构调整的同时，公共财政也应发挥结构调整的导向作用与调节作用，通过对增量资金的合理配置，带动存量资产的调整，纠正产业结构以及投资和消费关系的失衡，协调经济发展，实现整体优化。

结构调整取向的公共财政资源配置职能是通过调整财政收支结构来实现的，财政应逐步退出竞争性领域，压缩一般性生产项目的财政投资，增加基础设施、主导产业、高新技术产业和环境保护方面的投资，增加对科技、教育等重点社会事业的支出，加快社会保障体系建设，解决企业办社会问题。在财政投资项目的安排上，应明确财政支持经济发展的重点领域，尽量使用企业所得税、出口退税等间接干预政策来扶持优势项目和重点项目，大力支持以信息技术和生物技术为基础的高新技术项目。在此基础上以财政资金做引导，吸引和带动社会资金投入。

3. 收入分配方面

构建和谐社会要求公共财政的收入分配职能要侧重于理顺收入分配关系，也即公共财政应该发挥社会利益关系调节器的作用，为和谐社会的构建创造良好的收入分配机制，保证社会的公平正义和充满活力。

公共财政应从以人为本的原则出发，科学调配财政资源，统筹兼顾各阶层利益，可以通过增加公共支出和转移支付等措施，缓解地区之间和社会成员之间收入分配差距扩大的趋势。公共财政应该促进最低生活保障和最低工资标准的提高，促进社会救助制度的建立，促进低收入群体的住房、医疗和子女就学等困难问题的解决；支持公共卫生和医疗服务体系建设，提高疾病预防控制和医疗救治服务能力，降低医疗成本，提高医疗服务水平；增加公共教育的投入，为公民提供平等致富、公平竞争的机会；推进社会保障制度的改革和完善，建立社会保障预算，加大社会保障资金投入；完善财政促进就业长效机制，积极支持农村劳动力转移就业工作等等，最终形成全体人民各尽其能、各得其所而又和谐相处的社会。

4. 经济稳定与发展方面

构建和谐社会要求公共财政的经济稳定与发展职能要侧重于缓解社会问题和资源环境的压力。当前，中国再次进入社会不稳定时期，突出表现为大规模的经济结构调整、大规模的下岗和失业、显著的城乡差距和地区差距、大范围的生态环境破坏等等，社会问题已成为建设和谐社会的突出问题，但社会稳定恰恰是保证经济社会和谐与发展的重要基础。社会稳定是一项特殊的公共品，而提供良好、充足的公共产品和公共服务是公共财政的职责。

近来，突发性公共安全事件成为了社会问题的集中表现，公共安全是社会公共需要的一个重要领域，所以公共财政应致力于建立和完善公共安全的保障机制，为自然灾害、事故灾难、突发公共卫生和其他社会公共安全事件做好物资准备以及预警、指挥、救援等程序准备，提高公共财政应对突发事件和抵御风险的能力，维护社会稳定。

处理好经济发展和生态环境保护的关系，逐步建立和健全以公共财政为主导的多种渠道的生态补偿机制，是构建和谐社会、实现人与自然和谐目标的必要途径。近年来，受传统经济增长方式的影响，使用高耗能、高污染的传统生产技术，环境污染问题越发突出，公共财政应积极推动经济增长方式从粗放型向集约型、节约型和生态型转变，推动从先污染后治理向着生产全过程的污染防治转变。同时，加强环境污染综合治理，支持城市和工业区污水、垃圾处理设施建设，积极推广农业新技术，减少农业造成的环境污染，构建城乡绿色生态系统。

二、和谐社会与公共财政的关系

社会主义和谐社会能够满足综合性的社会公共需要，是公共财政所追求的目标，随着和谐社会内容的侧重点的发展变化，公共财政的内容和方向也应随之变化。公共财政是构建社会主义和谐社会不可或缺的组成部分，也是重要的物质基础和必要手段，公共财政改革是构建社会主义和谐社会的必然要求。此间种种，均体现出和谐社会与公共财政之间存在着密切的联系。

（一）构建和谐社会是公共财政的基本目标

在具有总体一致性的基础上，和谐社会与公共财政分别要实现的目标之间具有一致性，因为和谐社会的目标都是社会公共需要的转化，符合公共财政的目标。

1. 构建和谐社会与公共财政具有总体一致性

构建和谐社会与公共财政总体一致性的载体是综合性的社会公共需要。社会公共需要的内容不是一成不变的，而是随着政治、经济、文化环境的发展而逐步发展变化的。在现代市场经济条件下，社会公共需要包括三个层次，第一层次是保障社会政治经济秩序稳定及正常运转的需要，如行政、国防、公检法司、外交等等；第二层次是保障社会经济发展及人们生活质量和福利水平提高的一些公益性、基础性条件的需要，如文化教育、医疗卫生、社会保障、生态环境保护、公共基础设施、基础产业、支柱产业和高风险产业等等；第三层次是保障市场经济顺利高效运行所必需的各种调控措施、政策、服务等方面的需要，如市场经济体制改革、全国统一的综合性市场体系、公平有序的市场竞争环境、宏观经济的调控政策等。

公共财政活动的目标是满足社会公共需要，这一结论已成为共识。由上文的阐述可知，带有民主法制、公平正义、诚信友爱、充满活力、安定有序、人与自然和谐发展等基本特征的和谐社会，在改革、发展和稳定搭建的重要支撑的基础上，遵循公平与公正的核心价值取向，通过政治文明、物质文明和精神文明建设力求实现人与人、人与自然、人与社会的和谐发展的目标。可见，上述三个层次的社会公共需要已融合到和谐社会的内涵和特征当中，和谐社会已经成为社会公共需要的综合体，构建社会主义和谐社会体现了现阶段中国最广泛的公共需要。因此，通过公共需要这一载体，实现了和谐社会与公共财政最基本的联系，今后的公共财政活动应力求实现其目标：满足最广泛的公共需要——构建社会主义和谐社会。

2. 人与人的和谐符合公共财政的目标

人存在的意义可以通过个人价值和社会价值来体现，个人价值是个人通过自身的活动来满足自身的需要，社会价值是个人通过自身的活动来满足社会的需要，即他人的需要，如果各方需要都很好地得到了满足，则实现了人与人的和谐，也就进入了马克思主义所认定的社会中每一个人都全面发展的境界。但是，如果没有外力作用，这种境界只能是理想化的，因为“人的活动”可以抽象为一种稀缺的资源，它连本人的需要都无法充分满足，就更不会令他人的需要充分满足了，这使得人与人之间充满竞争，人与人的不和谐就成为了常态，如何在这种人与人的竞争中求得和谐？答案是引入公共财政。因为公共财政的目标是满足社会公共需要，公共财政活动可以填补由人的活动所造成的本人和他人需要满足的缺失，所以，人与人的和谐可以通过社会公共需要的满足而实现，符合公共财政的目标。

3. 人与社会的和谐符合公共财政的目标

人是自然属性和社会属性的统一体，因而人的需求既有自然需求，也有社会需求。人的自然需求主要是体现人的生存、安全、健康等方面的需求，而人的社会需求则体现了人的经济、政治、文化等方面的多元需求，而不再仅仅局限于物质需求。这就为分析人与社会的关系打下了基础，人是社会活动和社会实践的主体，是推动生产力发展、促进社会进步的根本动力，因此人的全面发展是社会发展的基础和目的。社会应当为人创造公平公正的社会环境（包括公平的竞争环境），全面提高人的素质，满足人在各方面的需求，这样，人的发展就能带动社会的健康发展，实现人与社会的和谐。而上述社会的责任只能由公共财政来保障，人的社会需求与社会公共需要的交集符合公共财政的目标。

4. 人与自然的和谐符合公共财政的目标

人类的生存发展依赖于自然，要从自然界索取资源与空间，享受生态系统提供的服务，向环境排放废弃物，因此，资源环境制约着人类的生存和发展，应保持人与自然的和谐共存。保持人与自然和谐有两层含义，其一是不断提高生产力、创造更多的物资财富，其二是适度开发、合理利用、节约资源、保护环境，使自然更好地为人类造福，否则，就将违背自然规律，自然灾害、环境污染与生态退化危及人类的生存，最终造成人与自然关系的失衡。可见，人与自然的和谐在一定意义上是人类社会发展的公共产品，能满足社会公共需要，符合公共财政的目标，只有公共财政能够通过相应的财政政策来减少过度开发和过度污染，实现人与自然的和谐。

（二）和谐社会导向指导并约束公共财政活动

公共财政活动有明确的范围界限，即处于市场活动之外，为市场的正常运行提供必要的服务保障，而在市场活动能够充分发挥作用的领域，公共财政不应介入，所以，公共财政首先应受到“市场失灵”范围的约束。另外，在经济社会发展的不同阶段，公共财政还受到具体目标的约束，一切活动都不应偏离其目标，当前公共财政活动应力求实现满足最广泛的公共需要的目标，即构建社会主义和谐社会，因此，公共财政要受到和谐社会实现路径的制约，不能偏离由物质文明、精神文明和政治文明建设所共同构成的和谐社会的实现路径。

1. 物质文明建设对公共财政的约束

社会主义的本质是消灭剥削，消除两极分化，实现共同富裕，共同富裕是最远大的社会公共需要。构建社会主义和谐社会是实现共同富裕的必经之路，而社会物质财富是人民共同富裕的基础，可见，构建和谐社会必须首先建设社会主义物质文明。公共财政通过向全社会提供公共服务和公共产品来满足社会公共需要，因此，物质文明建设约束公共财政要最大限度地提供公共物质产品和服务，来满足物质性的社会公共需要。当前，公共财政应通过实施宏观调控的财政政策，实现社会资源配置效率与公平的最佳结合，推动经济高速、协调地增长与发展，提升国民经济的总体发展水平和国家的综合经济实力，为和谐社会以及共同富裕的目标打造坚实的物质基础。

2. 精神文明建设对公共财政的约束

构建社会主义和谐社会需要通过精神文明建设提供强有力的精神支撑和智力支持，所以精神文明建设约束公共财政不仅要最大限度地提供公共物质产品，还要最大限度地提供公共精神产品，以满足精神性的公共需要，实现人的全面发展。当前，公共财政要致力于构建精神文明建设的财政环境，首先，落实公共财政职能的转换，缩减生产经营性财政支出，逐步退出一般竞争性经营领域，保障精神文明建设拥有充足的财政资金支持。其次，充分利用财政、税收等财政杠杆，发挥财政的导向作用，深入贯彻“科教兴国”战略，加大对教育科学事业的投入，调整文化产业的布局，加强文化基础设施的建设与管理，支持先进文化的发展。

3. 政治文明建设对公共财政的约束

党的十六大提出发展社会主义民主政治，明确地对建设社会主义政治文明作出了战略部署。公共财政与政治文明建设具有内在的一致性，首先，公共财政既是一个经济范畴，也是一个政治范畴，政治文明决定和规范着公共财政的方向和内容，而公共财政作为国家政权活动的一个重要方面，其收支活动体现着政府的政策意图，体现着政治文明的方向和内容。其次，公共财政为执政兴国、建设政治文明提供必要的物质支撑和财力保障。当前，政治文明建设作为构建社会主义和谐社会的一条现实路径，对公共财政建设提出了更高的要求，在公共财政的具体安排中应该有所体现，要不断完善公共财政收入体制，加强收入征管，建立稳定增长的公共财政收入机制，将行政管理、国防、外交、治安、立法、司法、监察等国家安全事项和政权建设，作为公共财政支持政治文明建设的支出重点。

（三）公共财政是和谐社会的重要组成部分和物质基础

公共财政是构建社会主义和谐社会不可或缺的组成部分和物质基础。

1. 公共财政是构建和谐社会的重要组成部分

和谐社会是一个广泛、综合、有机、系统的范畴，不仅强调经济的根本发展，也强调社会转型、民主化进程的提高和文明层次的提升，是包涵经济、政治、社会、文化、环境和人民生活等各个方面在内的综合体系。立足于和谐社会的六大特征，这一综合体系可以分解成为三个统一体，即民主和法治的统一、活力和秩序的统一、多元与公正的统一①，公共财政分别融合在这三个统一体中，形成了构建和谐社会的重要组成部分。

和谐社会首先应是民主的社会，坚持和发展人民民主，使这种民主能够制度化、规范化和程序化，并与法治相结合，使整个社会在法治轨道上正常运转，公共财政受政治文明的制约，体现着政治文明的方向和内容，与民主法制融为一体，并通过相应的政策予以支持。

和谐社会还应是一个充满朝气、充满活力的社会，为此应发展先进生产力，刺激资本、技术、劳动力和管理等一切生产要素发挥其应有的活力，推进市场化改革，为社会充满活力提供动力和制度支撑，同时，要改进政府的调节和管理方式，缔造良好的社会秩序。公共财政作为政府管理经济和社会的手段，与活力和秩序融为一体，应为实现市场机制运行的和谐、经济发展格局的和谐、社会所有制关系的和谐以及民生关系的和谐做出努力。

和谐社会还是一个在经济上、政治上、思想上多元力量并存的社会，这是社会巨大的进步，但是经济上多元，使利益关系复杂化；政治上多元，使政治诉求“博弈”化；思想上多元，使价值冲突“显性

① 常修泽：“论和谐社会的体系、关键和经济着力点”，载《中国经济时报》。

化”，关键在于制定、采取以“社会公正”为灵魂的社会政策，而公共财政恰在这方面提供政策和制度供给，形成多元力量中的制衡力量。

2. 公共财政是构建和谐社会的物质基础

在上文从“和谐社会指导并约束公共财政活动”的角度论述和谐社会与公共财政之间的关系时，阐述了物质文明建设为构建和谐社会提供物质基础，是和谐社会的一条现实路径，公共财政因受到和谐社会这一最广泛公共需要的目标约束，从而受到物质文明、精神文明和政治文明建设的约束，力求为它们打造坚实的物质基础，也即公共财政是构建和谐社会的物质基础，在此将不再过多论述。

（四）公共财政是构建和谐社会的必要手段

公共财政活动要体现政府的政策意图，是保障政府政策顺利实施的必要手段，也是政府政策的重要组成部分，而构建社会主义和谐社会是我国现阶段发展经济、治理国家、建设社会的综合性政策，上文也论证了“公共财政是和谐社会的重要组成部分”，因此，公共财政是构建社会主义和谐社会的必要手段。下面，我们将回顾一下公共财政的职能及其在和谐社会构建中的导向与调节作用，并预先思考如何通过公共财政政策来保障和谐社会的构建。

1. 由公共财政的职能决定

公共财政具有资源配置、收入分配、经济稳定与发展三大基本职能。在提出构建和谐社会以前，我国财政大体上侧重于资源配置和收入分配职能，在提出构建和谐社会后，公共财政应将职能重心转移到宏观经济稳定和公平分配上来，这是政府职能的重心从经济管理转向社会管理的结果。转型后的公共财政职能决定了公共财政可以成为构建和谐社会的必要手段，首先公共财政的资源配置职能将侧重于结构调整，其次公共财政的收入分配职能将侧重于理顺收入分配关系，最后公共财政的经济稳定与发展职能将侧重于缓解社会问题和资源环境的压力，这些均符合和谐社会的要求，且有助于推进和谐社会更迅速、更顺利地构建。

2. 由公共财政的导向与调节作用决定

一方面，公共财政可以配合国家构建和谐社会的总体政策和相应部门、行业政策，提出明确的财政调节目标，并据此建立合理的利益均衡机制来引导各经济主体的行为方向，发挥导向作用；另一方面，公共财政也可以通过财政收支活动对社会经济发展过程中的某些失衡状态进行调整，对地区、行业、部门、阶层之间的利益关系加以协调，发挥调节作用。公共财政在和谐社会的构建中能够有效发挥导向作用与调节作用，在引导经济主体在正确轨道上活动的同时纠正某些已偏离正确轨道的行为，这对于构建和谐社会是非常有利的制衡机制，决定了公共财政可以成为构建和谐社会的必要手段。

3. 由公共财政的政策体系决定

公共财政政策是由财政支出政策、财政收入政策、预算政策和国债政策有机结合所构成的政策体系，在经济社会中可以发挥公共财政政策的整体效应。通过实施公共财政政策可以完善市场机制、调控宏观经济稳定运行、发展社会事业并提高社会福利，为人和社会的全面发展创造良好的制度与政策环境，而这些恰好符合构建和谐社会的本质要求。和谐社会需要借助于公共财政政策所发挥的整体效应来实现其“和谐”的内涵，因此，公共财政的政策体系决定了公共财政可以成为构建和谐社会的必要手段。

（五）和谐社会与公共财政共同发展与促进

和谐社会与公共财政都不是恒久不变的，无论是它们的形式还是它们的内容都应随着经济社会环境的变化而发生改变，它们自身存在着向前发展的力量，而相互之间的作用可以产生相互促进、共同发展的效果。

1. 和谐社会的发展

发展变化是永恒的规律，一切事物都存在于在不断的发展变化中，由量变到质变，和谐社会的产生、发展和消亡也是这样。和谐社会的提出是由我国现阶段的生产力发展水平决定的，当前的生产力发展水平已经将我国逐渐推入“社会矛盾凸显期”，为了处理好各种社会矛盾，促进经济快速发展，保持社会稳定，提出构建和谐社会，这符合生产力和生产关系规律。和谐社会的发展过程必然是由多个阶段组成的，且随着生产力的发展由低级阶段逐渐发展到高级阶段。其中随和谐社会确立而建立起来的和谐机制是和谐社会的一部分，包括公共财政体制在内，它们共同成为和谐社会自身发展的内部力量，推进和谐社会的内容和形式不断向前发展。当和谐社会发展到一定阶段，其所应实现的目标均已实现后，和谐社会也就完成了它的历史使命，应该退出历史舞台，更换成符合生产力发展水平的另外一种形式。

2. 公共财政的发展

如同和谐社会一样，公共财政作为一种财政模式也并非是从来就有的，而是人类社会发展到特定历史阶段的产物，公共财政是在市场经济环境中产生、发展和完善的，公共财政的内容是“市场失灵”通过划定政府的职能范围而决定的。随着经济社会的发展，“市场失灵”的范围在不断发生着变化，进而政府职能范围不断变化，公共财政的内容也随之不断发生改变。因此，公共财政的发展必然与市场经济的发展相适应，当前应面向构建和谐社会的目标，在努力促进经济社会发展的基础上，不断满足社会公共需要，努力缩小收入差距，保障市场经济和社会运行的稳定，推动经济均衡发展和可持续发展。

3. 公共财政与和谐社会的相互促进

和谐社会和公共财政都处于动态发展的过程中，由于二者之间存在着前述种种密切的联系，因此它们并非各自独立发展，而是在自身发展中不断影响对方，相互促进地不断向前发展。从和谐社会的角度来说，由于得到来自于公共财政充分的物质供给和受到公共财政稳定的机制制衡，构建和谐社会的进程将得到加速，和谐社会的质量将得到提高。从公共财政的角度来说，由于受到来自和谐社会的目标约束和路径约束，公共财政的发展目的更加明确，公共财政资源运用更加有效率，最后将以“和谐财政”的面貌，成为和谐社会的重要组成部分和推动力量。

总之，在总体目标一致的基础上，和谐社会和公共财政相互促进，彼此制约，不断消除经济社会中新产生的不和谐因素，逐渐实现人与人之间的和谐、人与社会的和谐、人与自然的和谐。

三、和谐社会对公共财政的要求

公共财政是通过税收、支出、国债等工具发挥作用的，因此，在本文的最后一部分，我们将在和谐社会对公共财政总体要求的基础上，立足于由税收、公共支出、国债、赤字政策所组成的公共财政政策体系来分别阐述和谐社会对公共财政的具体要求。

（一）和谐社会对公共财政的总体要求

建立和维护以民主法制、公平正义、诚信友爱、充满活力、安定有序、人与自然和谐相处为特征的和谐社会，将对公共财政的要求大幅升级，要求加强公共财政的力量，积极推进财政改革，完善公共财政体制。总的说来，构建和谐社会的公共财政要面向市场机制的完善、宏观经济运行的调控、社会事业的发展和社会福利的提高。

1. 完善市场机制的公共财政

这是对公共财政的首要要求，具体要求公共财政要做到：合理界定政府与市场的关系、完善公共财政管理体制、积极支持经济体制改革等几个方面。

首先，要合理界定政府与市场的关系。构建和谐社会，首先应该明确政府与市场的分工：市场是基础，政府是补充，政府干预的重点在于弥补市场失灵，在市场可以独立发挥作用的领域，政府不能替代市场主体去配置资源。在此前提下，公共财政应该考虑如何更好地让市场机制发挥作用，促进市场体系的完善。“十一五”及今后一个时期，公共财政及其政策措施应按照科学发展观的要求，遵循市场经济规律，综合运用国债、税收、财政贴息等多种财政政策手段并协调货币政策，来管理和调控市场经济活动，不断增强市场经济自主发展的动力，为构建和谐社会创造良好的财政环境。

其次，要完善公共财政管理体制。1994 年，我国进行了“分税制”改革，初步形成了有中国特色的多级财政管理体制，当前，经济运行和财政运行状况与十年前相比有很大变化，财政体制改革的任务迫切。近年来，我国进行了部门预算、国库集中支付、政府采购等制度改革，财政资金分配使用的规范性、安全性和有效性得到较大改善，但仍存在骗取、套取、挤占、挪用财政资金等违法违纪问题，还不符合构建和谐社会对财政管理效率的要求。因此，在“十一五”时期需要尽快完善公共财政管理体制，进一步巩固正在进行的各项改革，满足和谐社会的要求。

再次，要积极支持经济体制改革。这是建立经济发展长效机制，更大程度发挥市场机制作用对公共财政提出的要求。具体包括以下几个方面：第一，继续深化国有企业改革。公共财政应支持国有企业产权制度改革，支持股份制改革，分离企业办社会职能，完善国有资产管理体制，建立国有资本经营预算制度，推动国有经济结构的战略性调整等等，深化国有企业改革将有效提高国有企业的竞争力，为市场机制发挥作用提供坚实的微观基础。第二，积极推进金融体制改革。公共财政应理顺与中央银行、国有商业银行之间的关系，支持国有商业银行改革，形成公共财政与政策性金融之间的互动机制与决策协调机制，与货币政策进行双稳健配合共同调控宏观经济，优化国债发行结构以完善金融市场，监督金融运行和金融市场的整体稳定，防范金融风险。第三，倡导投资体制改革。为促进市场经济的有序发展，公共财政应积极支持和倡导投资体制改革，规定政府投资仅定位于公共产品和公共服务领域，明确划分企业投资与政府投资的界限，建立健全“谁投资、谁决策，谁受益、谁承担风险”的机制，建立产业发展与市场信息定期发布制度，引导社会资金投向等等。第四，加快生产要素市场化改革进程。公共财政应积极推进土地、资本、劳动、技术等要素市场化改革，使生产要素价格主要由市场供求关系决定，减少计划体制的行政调控色彩，理顺要素价格形成机制，充分反映要素资源的稀缺性，运用物资储备、价格调节基金等经济手段引导价格，促使生产要素合理流动，参与市场竞争。第五，深化政府管理体制改革。公共财政应加强公共设施建设和公共产品供给，促进政府职能重点从经济管理职能转向社会管理和公共服务职能转换，大力推进和配合投资、金融体制改革和国有企业改革等市场经济改革，使政府宏观调控的能力得到增强，由“全能政府”转变成“有限政府”。

2. 调控宏观经济运行的公共财政

要求加强公共财政总量调控能力、结构调整作用和促进经济增长方式的转变。

首先，总量调控。经济的和谐运行要求公共财政加强总量调控能力，保持稳定的公共财政赤字规模，在保持对经济一定拉动力的前提下适当缩减国债的发行规模，降低债务风险威胁。

其次，结构调整。实施以结构调整为导向的财政政策，通过调整财政支出结构、财政收入结构、国债结构来调整和优化经济结构、社会结构、区域结构、生态结构，以发挥公共财政结构调整作用。

再次，相机抉择。这是指公共财政依据经济形势和执行宏观调控特定任务的需要，通过调整财政收支规模与结构来影响经济运行，要求公共财政不应拘泥于预算收支之间的对比关系，而应当面向调节整个经济在长期实现平衡。“十一五”规划针对落实科学发展观需要解决的问题，提出了“六个必须”的要求①，表明我国的客观经济形势

① “六个必须”，即必须保持经济平稳较快发展，必须加快转变经济增长方式，必须提高自主创新能力，必须促进城乡区域协调发展，必须加强和谐社会建设，必须不断深化改革开放。

和宏观调控的特定任务已经发生了变化，相机抉择的财政政策是经济运行和谐的重要保证。

第四，促进经济增长方式转变。经济增长方式的转变对于经济运行和谐具有重要意义，公共财政应促进技术进步，提高农业、工业、服务业的技术含量及附加值，加快经济由“速度规模型”增长向“质量效益型”增长转变。应树立全面、安全、协调的理财观，统筹生财、聚财、分财、管财、用财等各个环节，转变公共财政支持经济发展的方式，追求效率和公平目标在更高层次上的结合。应从资源环境有偿使用的角度，实施促进资源循环利用的激励性或惩罚性的财税政策。

3. 发展社会事业的公共财政

新时期我国应在“五个统筹”的指导下，发展社会事业，公共财政应致力于促进城乡二元结构问题的解决、促进区域协调发展、促进经济与社会协调发展、支持生态与环境建设、协调国内发展和对外开放的关系。

首先，加大力度支持“三农”。当前农业、农村、农民所涉及的问题是国家经济发展中面临的首要难题，为构建和谐社会设立了障碍，可见“三农”问题的解决是基础领域的一项特殊公共产品，公共财政有责任参与到其中来，应坚持“多予、少取、放活”的方针，制定和实施“支农”财政政策，推进农业和农村经济结构的战略性调整，努力实现农业稳定增产、农民持续增收、农村经济社会全面发展。

其次，化解城乡二元结构。解决农村社会事业发展问题的关键是改变城乡二元经济结构，二元经济结构制约着农村生产力发展、农村文化进步和农业技术进步，由此造成具有全国影响的社会问题：贫富差距扩大、地区发展不平衡、城乡文化素质差距扩大、农民的经济地位和社会地位受到限制等等，公共财政应重视该问题的解决，贯彻国家“工业反哺农业、城市支持农村”的方针，合理调整国民收入分配格局，建立以工促农、以城带乡的长效机制。

再次，促进区域协调发展。改革开放以来，中国先后启动了由政府主导的沿海发展战略、西部大开发战略，振兴东北地区等老工业基地和支持中部地区崛起战略，这些战略的总原则是充分发挥市场机制作用和各地的比较优势，符合和谐社会的要求，但在实际中区域发展不协调的问题仍然突出，区域差距的扩大对和谐社会是一种危害，公共财政应面向区域协调发展，制定和实施相应的财政政策。

第四，支持生态与环境建设。随着人口增多和人们生产、生活水平的提高，经济社会发展与资源环境的矛盾变得越发突出，如果不解决这一矛盾，构建和谐社会的任务将无法实现。要实现经济社会的可持续发展，必须以科学发展观为指导，建设资源节约型、环境友好型社会，大力发展循环经济，加大环境保护力度，切实保护好自然生态，这是在我国“十一五”规划中明确提出的战略任务，也是公共财政政策的一项中长期政策目标。

第五，协调国内发展和对外开放的关系。当前的经济全球化给我国带来了重大机遇和挑战，公共财政应推进经济体制改革，在国内发展的基础上，制定和实施支持对外开放的财政政策，统筹利用国际国内两个市场、两种资源，求得经济社会更加发展、更加和谐。

4. 提高社会福利的公共财政

社会福利的提高具有公共性质，公共财政应力求完善效率与公平相统一的调节机制，加大对再就业的支持力度，逐步完善城镇社会保障制度和收入分配政策。

首先，完善效率与公平相统一的调节机制。公共财政旨在实现宏观和微观两个层面上的公平与效率的统一。微观方面强调效率，在发挥市场资源配置的基础性作用的条件下，进一步完善市场在初次分配方面的规范和制衡作用；宏观方面侧重公平，对市场配置和分配的结果进行再调节，实现社会各方面的公平，营造社会的和谐。

其次，加大对再就业的支持力度。实现社会的和谐稳定要求减少失业、扩大再就业，在坚持劳动者自主择业、市场调节就业和政府促进就业的方针下，公共财政应力求促进就业和再就业的增加，并改善创业和就业环境。

再次，逐步完善城镇社会保障制度。完善社会保障制度是构建和谐社会的一个主要任务，公共财政应为社会保障制度的建立和完善提供政策与资金支持。

第四，完善收入分配政策。我国目前收入分配领域存在着一些影响社会和谐的问题，突出表现在城乡收入差距、地区收入差距、居民收入差距、行业收入差距较大，严重影响了社会的和谐稳定，公共财政应致力于整顿和规范收入分配秩序，合理调整国民收入分配格局，逐步消除贫富两极分化。

（二）和谐社会对财政收入的要求

1. 促进市场机制的完善

构建和谐社会要求进一步促进市场机制的完善，在财政收入方面，要求积极推进税制改革，按照“简税制、宽税基、低税率、严征管”的原则优化税制。

首先，将生产型增值税调整为消费型增值税。生产型增值税存在重复征税问题，会影响企业投资和技术改造的积极性，不利于促进经济发展，实行消费型增值税能够使企业得到更多的由增值税抵扣带来的优惠。增值税转型一方面有利于降低企业的税收负担，有效启动民间投资和吸引外资，另一方面有利于提高经济自主增长能力，确保经济的可持续发展。

其次，加快推进内外资企业所得税两法合并。对内资和外资企业分别实行不同的所得税制，对内资企业来说显失公平，对外资企业来说是超国民待遇，不利于企业在税负公平的基础上开展竞争。当前，我国应加快两法合并步伐，适当降低名义税率水平，按国际惯例统一规范税前扣除范围和标准，这项改革并不会明显加重外资企业的负担，且在长期内将有利于吸引外资和提高外资利用水平。

再次，建立综合与分类相结合的个人所得税制。即将个人的工资薪金所得、生产经营所得、劳务报酬所得、财产租赁所得等有较强连续性或经常性的收入列入综合所得征税项目，实行统一的超额累进税率，而对其他所得仍按比例税率分项征收。同时，应建立相应的个人所得税申报制度，强化个人纳税意识。推进个人所得税改革将有利于从体制机制上解决制约科学发展的深层次矛盾。

第四，完善资源税和开征燃油税。资源税和燃油税是具有绿色环保性质的税种。应该扩大资源税征收范围，对一切自然资源的开发和利用征税，并对稀缺的、不可替代的、不可再生或再生成本高的资源则课以重税。开征燃油税是贯彻对污染物或污染行为征税理念的开始，有利于环境问题的解决和发展循环经济。

第五，深化农村税费改革。农村税费改革是农村改革的核心和关键，直接制约着农村其他改革的推行，农村税费改革要求逐渐扩大减免农业税的试点范围，最终实现农、牧业税的全部取消，同时，为巩固和发展取消农业税的成果，还应加强转移支付，降低对地方财政的影响。此外，落实对农民的直接补贴，积极推进乡镇机构、农村义务教育管理体制、县乡财政管理体制等配套改革。

第六，完善出口退税机制改革。当前我国出口退税的负担机制不够科学，出口欠退税问题还存在，出口退税机制必须改革：适当降低出口退税率并进行结构性调整；加大中央财政的支持力度，建立中央和地方财政共同负担的新机制，累计欠退税由中央财政负担；结合出口退税机制改革推进外贸体制改革。上述改革已经开始启动并产生了积极作用，应该得到继续推进。

2. 调控宏观经济运行

首先，财政收入的总量调节。财政收入的总量应以保障国家机关的正常运转、公共事业支出和公共投资责任的履行为限，但是财政收入规模不能过大，因为从财政收入与经济关系的角度来看，财政收入规模过大表明财政收入负担尤其是税收负担水平过重，会对经济增长造成阻碍。

其次，财政收入的结构优化。财政收入可以简单地划分为税收收入和非税收入，二者的比例关系即为财政收入的结构，其中非税收入大多来自于政府部门的收费、基金、罚款、摊派、赞助等。目前我国非税收入比例较高，增加了经济运行成本，恶化了发展环境，经济运行的和谐要求公共财政调整财政收入结构。必须依法限制政府部门收费行为，加强收费管理，推进“费改税”改革，进一步提高税收占财政收入的比重；加强部分流失严重的国有资产收益、政府性收费、无形资源特许权使用收入的征收，防止进一步流失；加强对预算外收入和制度外收入的统计和管理。

3. 发展社会事业

首先，在支农政策方面，应当深化农村税费改革，继续扩大农业税免征试点范围，在非试点地区进一步降低农业税税率，加大减征力度，全部免征牧业税，实施加强农业综合生产能力的税收政策，侧重于农业生产结构调整，优化农业生产布局，支持农业产业化经营和农产品出口，鼓励农村个体私营经济发展，促进农业增长方式从粗放增长方式向集约增长方式转变，支持农业资源的保护和利用。

其次，在区域协调发展方面，根据“十一五”规划提出区域协调发展的总体战略和各地区的发展重点①，构建税收优势，吸引社会资本向中西部和东北老工业基地转移，形成合理公平的税费环境和创业环境，利用财税杠杆支持和引导区域产业开发和贸易开放，引导和调控资源配置，支持产业结构升级和国有企业改革。利用财税杠杆调整

---

① 西部地区要加快改革开放步伐，可以利用国债项目加强基础设施建设和生态环境保护，加快科技教育发展和人才开发，充分发挥资源优势，大力发展特色产业，增强自我发展能力；东北地区要加快产业结构调整和国有企业改革改组改造，发展现代农业，着力振兴装备制造业，促进资源枯竭型城市经济转型，在改革开放中实现振兴；中部地区要抓好粮食主产区建设，发展有比较优势的能源和制造业，加强基础设施建设，加快建立现代市场体系，在发挥承东起西和产业发展优势中崛起；东部地区要努力提高自主创新能力，加快实现结构优化升级和增长方式转变，提高外向型经济水平，增强国际竞争力和可持续发展能力。同时，还提出要按功能区构建区域发展格局，形成区域间相互促进、优势互补的互动机制。

和完善东部地区所有制结构，支持非国有经济成分较快发展，支持科技创新，支持生态环境建设和循环型发展模式建立，推动区域合作。

再次，在生态与环境建设方面，制定税收政策鼓励生产和使用节约资源的产品，鼓励节约资源的新技术和新工艺的开发和推广，适时开征燃油税，调整消费税和高耗能产品的进出口环节的税收，完善环境保护税收和污染收费，支持价格形成机制、价格激励机制资源开发与生态补偿机制的建立，制定资源综合利用和废旧物资回收利用的税收优惠政策等等。

第四，在协调国内发展和对外开放方面，税收政策应有助于提高外资利用水平和转变对外贸易的增长方式，实行产业梯度优惠的税收政策，保护涉及国民经济安全的产业，鼓励外资投向对基础领域或高新技术产业，引导外资流向中西部及落后地区。推动加工贸易的升级和服务贸易的发展，对具有自主知识产权、自主品牌的高新技术和机电产品、大型和成套设备的出口实行税收激励，促进资源节约和环境保护，对耗能过大和造成环境污染的出口产品取消出口退税并征收资源税和环境税。

4. 提高社会福利

首先，促进效率和保障公平。税收政策的重点是促进效率，在支持国有经济改革发展的同时鼓励和引导非公有经济的发展，提高社会资金的利用效率；支持包括商品、金融、产权、房地产、劳动力、技术、信息和期货等各类市场在内的全国统一市场体系的建立，从优化资金结构的角度提高资金的利用效率；支持建立现代产权制度，推动各类资本的流动和重组，提高总体资金的利用效率。在公平方面，税收政策力求为市场主体营造等价交换和公平竞争的市场竞争环境，以及由市场价格和财产权益形成的公平的市场分配环境。

其次，加大对再就业的支持力度。用税收方式间接支持再就业，包括扩大和完善原有支持再就业税收政策的适用范围，通过调整相关税收优惠政策，加快第三产业的发展，尤其是社区服务、餐饮、商贸流通等能吸纳较多劳动力的服务型行业的发展。

再次，调节收入分配差距。通过建立特许经营权制度征收特许经营权收入，将垄断收益纳入财政收入，有效调节因行业性质导致的行业收入差距；对所有行政事业性收费实行财政“收支两条线”管理，取消不合理、不合法的行政事业性收费项目，降低过高的收费标准，有效调节因行政事业性收费导致的部门收入差距；建立包含个人所得税、财产税、遗产税、赠与税、股票交易所得税、社会保障税、车船使用税、房产税、土地使用税在内的税收体系，有效调节各种原因导致的个人收入差距。

（三）和谐社会对财政支出的要求

1. 促进市场机制的完善及调控宏观经济运行

当前，中国的市场经济及其运行中存在着突出的结构性问题，加大了构建和谐社会的难度，在财政支出方面，要求深化以结构为导向的公共支出制度改革，这也是“十一五”规划提出的我国财税体制改革的三项重要任务之一。

首先，财政支出总体结构的优化。鉴于我国处于经济转轨的特殊时期，“市场失灵”的范围较大的现实前提，我国经济建设支出比重下降的速度应该放缓，社会文教支出应有侧重的增加，迅速增加国防支出，推进行政机构改革、大力压缩行政管理费用，抑制过快的行政管理费用增长速度。

其次，财政支出项目结构优化。财政支出总体结构的优化要靠项目结构优化来实现。在经济建设支出中，应该扶植和发展农业和基础工业，加强垄断行业的资源配置，支持高新技术企业和新型支柱性产业，支持国有企业的改组改造；在社会文教支出中，应增加基础教育、基础科研、公共卫生、公益文化事业等基础领域的公共支出；在国防支出中，要尽量减少事务经费，增加对军事研究、军队建设、军事教育、设备更新等方面的投入；在行政管理支出中，要从法律上、制度上对机构进行精简、对人员实行定编、制定合理的行政经费开支标准和报销制度、建立支出的考核指标体系。

再次，财政支出地区结构的优化。积极贯彻西部大开发、振兴东北老工业区、促进中部崛起的区域经济政策，将更多的财力分配到经济发展相对落后的地区；采取更直接、更有力的支农政策措施，促进粮食增产和农民增收，增加农村的社会保障项目和农村的基础医疗设施的建设，保障农村的义务教育，并增加文化下乡等文化传播途径。

2. 发展社会事业

首先，在支持“三农”和城乡二元结构调整方面，增加财政支出支持农村市场建设，形成有利于农业、农村发展和农民增收的市场体制，形成城乡统一的劳动力、资金和土地市场，创造公平竞争环境，支持建立城乡统筹的劳动就业制度、户籍管理制度，坚持严格的耕地保护制度和土地征用制度；增加对种粮农民直接补贴的规模，扩大补贴项目，完善补贴方式；对重点粮食品种继续实行最低收购价政策，保障农资供应并加强农资监管；增加补贴和转移支付，支持农业七大体系的基础设施建设①，支持农业科技进步，形成稳定的投入增长机制，建立以财政投资主导、社会力量参与的多元化农业科研投入体系；支持农民进城务工环境的改善，增加农民职业技能培训投入，构建农民增收的长效机制；支持扶贫工作，提高农村低收入群体的收入水平；加大对农村社会事业发展的资金支持，用于教育、卫生、文化领域的公共支出要向农村倾斜，建立农村义务教育制度和社会保障制度，加大对农村基础设施的投入等等。

其次，在区域协调发展方面，对于西部地区，应提高中央财力对基础设施的投入力度，制定向特色优势产业倾斜的支出政策，支持生态建设和环境保护，规范转移支付，合理确定均衡化转移支付和专项

① 农业七大体系包括农产品加工、储运、流通设施建设，以及包括农业科技创新与应用体系、农产品市场信息体系、农业资源与生态保护体系、农业社会化服务于管理体系。

补助金的比例；对于东北地区等老工业基地，应建立资源开发补偿机制和衰退产业援助机制支持经济转型，调整财政支出结构以加快产业结构调整，加快现代农业的发展、装备制造业的振兴、钢铁石化等产业的升级、重点企业的改组和改造，增加基础设施和公共服务，减少财政直接投资和政府直接经营项目；对于中部地区，创新财政支农政策并向国家大型商品粮基地和优质粮食产业工程倾斜，培育新的经济增长点，设立地区发展专项基金支持新型工业化和城镇化建设。

再次，在生态与环境建设方面，财政支出应着力构建资源节约型社会、环境友好型社会和推进支持生态建设，应加强财政政策性融资，增加环境保护资金投入，支持清洁生产，推进技术进步，加强污染的综合治理，发展环保产业，支持环境保护机构的监管活动和国际环境的合作与交流；在财政预算内安排稳定的专项资金和补偿资金支持天然林保护、退耕还林、水土流失治理、草原保护与建设、生态保护体系建设和生态法律体系建设；将环境和生态保护纳入财政支出绩效考核体系目标。

第四，在协调国内发展和对外开放方面，通过财政贴息、财政参股等多种途径对外商投资的科技企业和基础领域的重点项目给予支持和引导，提高外商投资利用水平；在转变对外贸易增长方式方面，加大对高新技术产品、软件和医药出口基地建设的财政投入，鼓励中西地区出口贸易增长，引导进口产品结构优化，加强国内短缺资源、技术和关键设备等重要商品进口的组织协调，加强财政外交完善进口谈判机制以减少恶性竞争、减少不合理的贸易条件、有效应对贸易壁垒和贸易摩擦。

3. 提高社会福利

首先，促进效率和保障公平。支出政策的重点是保障公平，解决和谐社会所要求社会保障制度的建立和完善问题。建立社会保险、补充保险、社会救助和个人责任相结合的多层次的社会保障体系，落实社会各界的养老、医疗、失业、工伤和基本生活保障。财政可以补贴的形式允许企业交纳的社会保障费在税前列支，鼓励企业按时足额缴纳，可以直接支出的形式从财政其他收入中拨付资金，以补充社会保障收入不足和不够支付的部分，保障没有独立的收入来源的社会救济和社会福利的支付。此外，还应建立社会保障基金的财政管理制度，对社会保障资金实行统一管理，建立社保基金预算管理体制、财务管理和会计核算制度、统计制度和信息系统，建立由税务部门征收、财政部门管理、社会保险机构执行、专门的基金信托机构管理和运营并保持各部门之间的工作相互协调制约的机制，建立高效的社会保障基金的投资运营机制，健全社会保障基金的财政补助和调剂使用机制，健全社会保障基金的财政监督机制。

其次，加大对再就业的支持力度。加大再就业专项资金的投入规模，主要用于社会保险补贴、岗位补贴、小额贷款担保和贴息、再就业培训补贴、职业介绍补贴、社区劳动和社会保障工作补贴等支出；调整财政支出结构，逐步提高就业和社会保障支出占财政总支出的比重；提供公益性岗位投资、即时岗位援助等多种方式的财政帮助。此外，在通过财政支出鼓励下岗失业人员自谋职业和自主创业的同时，还应支持企业吸纳下岗失业人员。

再次，调节收入分配差距。增加支农和扶贫投入，加强农业综合生产能力，促进农民收入增长和农村社会事业发展，切实解决农村贫困人口的生产生活问题，以有效调节因二元结构导致的城乡收入差距；逐步完善地区间纵向和横向转移支付制度，增加中央财政对中西部地区、东北老工业基地的转移支付，引导发达地区加大对落后地区的财力支持，有效调节区域政策取向导致的地区收入差距。此外，财政应支持建立与经济发展水平相适应的工资制度，清理各类不科学的津贴和补贴，建立最低工资保障制度，形成合理的工资增长机制。

（四）和谐社会对预算与国债的要求

因为财政预算与财政收支直接相关，国债是一种特殊的财政收入且与财政支出直接相关，因此和谐社会对预算与国债的要求一部分由财政收支来体现，可参照上文的详细论述，下面针对不能由财政收支体现的部分展开论述。

1. 和谐社会对预算的要求

从近期看，我国的预算政策要求控制赤字、增收节支、推进部门预算改革。

首先，控制赤字。我国存在着庞大的隐性负债，实际赤字较高。其中，养老金成本、国有企业及国有银行系统的不良资产、粮食亏损挂账等几项直接的和或有的隐性负债问题严重，财政赤字压力巨大，财政预算需要防范和控制赤字规模的继续膨胀。但是构建和谐社会和进行各项经济改革需要一定的资金支持，经济中出现的新情况和新问题需要一定的财力解决，因此，财政赤字不可大幅削减，只能进行总量维持下的增量控制。

其次，增收节支。在收入方面，应依法加强税收征管，严格控制减免税，堵塞各种税收漏洞，切实做到应收尽收，加强非税收入管理，确保财政收入应有的增长；财政超收收入应妥善使用，优先保证重点项目和重点领域的支出；合理安排财政支出结构，在保证重点支出的同时，严格控制一般性支出，厉行节约，减少铺张浪费。

再次，推进预算改革。近期应积极推进部门预算改革，做到改变预算编制制度和改进预算执行制度相结合，增强预算的公平、公开、透明和完整性；推进国库集中收付改革，完善政府采购制度；积极试点绩效预算改革，分步实施，逐步推进。远期将全面深化预算管理制度改革。要从预算分配、执行到绩效考评等各个环节进行制度创新：扩大基本支出预算改革范围，继续深化“收支两条线”管理改革，逐步将符合条件的行政事业性收费及其他非税收入全部纳入预算管理，扩大编制综合财政预算的改革试点部门；加快建立科学规范的政府收支分类体系，强化预算执行的全过程监控，积极探索建立财政资金绩效评价体系；全面推进中央和地方国库集中支付制度改革；深化政府采购制度改革，扩大政府采购范围和规模。

2. 和谐社会对国债的要求

首先，调整建设国债发行规模。长期以来我国经济增长过度依赖国债投资，国债规模很大，债务风险程度很高，要降低债务风险威胁，就要适当缩减国债的发行规模。同时，为了使国债对经济增长保持一定的拉动力，满足政策连续性的要求，长期建设国债的发行规模不宜锐减。应保证国债对在建工程的后续投入和重大建设项目的收尾投入，支持“三农”、社会发展、中西部区域和老工业基地的经济发展、生态建设和环境保护等“十一五”规划的重要环节。

其次，调整建设国债发行结构。优化国债期限结构，转变国债政策的调控功能，在实现筹资功能的同时还要面向资本市场，因此，需要减少长期建设国债、增加短期国债的发行数量，以增加公开市场操作的工具，配合货币政策的实施；优化国债品种结构和利率结构，引进多种储蓄债券、预付税款债券和专项债券等新品种，提高可转让国债所占的比重，尽量做到国债利率的多极化和弹性化；调整国债项目资金投向结构，发挥长期建设国债的支持功能，应力求提供优质的公共服务与公共基础设施，增加环境基础设施和污染防治的国债项目，支持粮食生产，改善农村生产生活条件，加大对社会事业和区域经济发展的支持等等。

本文参考文献：

1. 贾康：“构建和谐社会过程中财政的作为”，《经济参考报》，2006年1月14日。

2. 马凯主编：《2005年中国国民经济和社会发展报告》，中国计划出版社2005年版。

3. 孟春、阎坤主编：《中国稳健财政政策研究》，中国财政经济出版社2005年版。

4.《中共中央关于制定国民经济和社会发展第十一个五年计划的建议》（辅导读本），人民出版社 2005 年版。

5. 潘玉君、武友德、邹平、明庆忠等编著：《可持续发展原理》，中国社会科学出版社 2005 年版。

6. 阎坤、王进杰：《公共支出理论前沿》，中国人民大学出版社 2004 年版。

7. 吕炜：《经济转轨的过程与效率问题》，经济科学出版社 2002 年版。

8. 陈共：《财政学》，中国人民大学出版社 1999 年版。

9. 叶振鹏、张馨：《公共财政论》，经济科学出版社 1999 年版。

10. 张馨：《公共财政论纲》，经济科学出版社 1999 年版。

11. 刘溶沧："谈谈公共财政问题"，《求是》，2001 年第 12 期。

12. 韩海林："关注和谐社会中人的和谐因素"，人民日报社新闻信息中心，2005 年 5 月 18 日。

13. 项怀诚："社会主义政治文明与公共财政建设"，《人民日报》，2003 年 2 月 12 日。

14. 常修泽："论和谐社会的体系、关键和经济着力点"，载《中国经济时报》。

15. 何兆斌："论社会主义和谐社会与公共财政改革"，选自《第二届中欧政府管理高层论坛——社会治理创新国际研讨会论文集》。

16. 人民网："构建社会主义和谐社会"理论专题。

17. 吴俊杰、张宏等编著：《中国构建和谐社会问题报告》，中国发展出版社 2005 年版。

阎　坤

我国政府财政支出调控居民消费的实证研究

内容提要

● 与国际上的同口径指标相比，目前我国政府消费率与居民消费率明显地偏低，低于世界平均水平，居民消费率低于低收入国家的平均水平。

● 我国政府投资率呈现出“U”字型的发展，反映了经济社会发展对政府投资的需求，有其客观原因。

● 政府消费与政府投资对居民消费相反的影响效应，使得政府财政支出对居民消费的挤出效应在长期和短期上发生了变动：在短期上看政府财政支出对居民消费是挤入的，但从长期上来看，政府支出对居民消费却是挤出的。

● 长期均衡中，经济建设支出与其他支出对居民消费是挤出的，社会文教支出、行政管理支出对居民消费是挤入的。短期影响中只有其他支出发生变化，变为挤入效应。

● 基于历年我国政府财政支出和居民消费之间关系的实证分析的结果，我们提出如下基本结论与政策建议：一是依靠扩大进出口总额来扩大居民消费、增加居民收入的措施将很难奏效；二是对于促进居民消费，政府投资的效果要好于政府消费；三是合理控制行政管理支出，使其有利于转型时期市场经济的发展；四是改变政府支出结构，继续增加促进社会发展的社会文教支出；五是针对政府支出短期对居民消费挤入而长期变为挤出的现象，我国财政政策取向应适时调整。

自 1997 年以来，我国国民经济逐渐陷入通货紧缩困境。针对不利的国内外经济形势，我国政府采取了一系列政策措施，特别是持续实行积极的财政政策扩大内需，使得国民经济维持了 7%以上的年增长速度，在东亚和世界经济低迷的大环境下成为一枝独秀。截至 2002 年底，我国实施了近 5 年的积极财政政策，国民经济没有走出通货紧缩的阴影，民间消费和投资需求增长依然缓慢，但从 2003 年开始，我国走出通货紧缩的阴影（见图 1），居民消费物价指数在合理的范围内走高。

我们认为，判断以调控财政支出为重点的财政政策是否合理，关键要弄清楚我国的财政支出和居民消费之间的关系。在最终消费需求中，居民消费需求最为重要。因为消费占国民收入的比重最大（西方一般是 60%左右，我国则一直徘徊在不到 50%的水平），因此刺激消

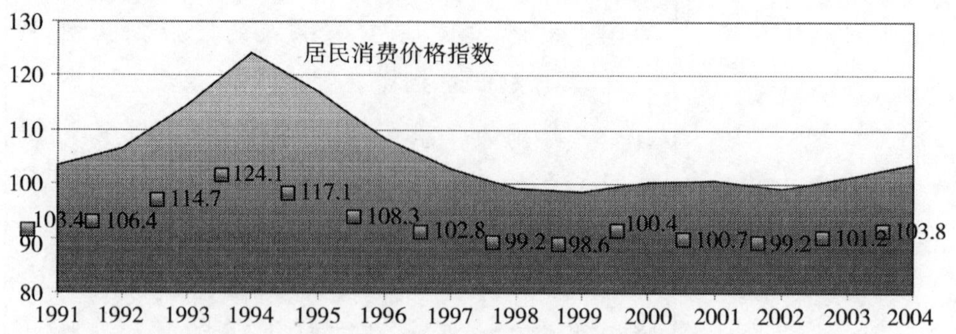

图 1 居民消费价格指数年度走势图

费需求是拉动国民经济增长的最重要方面（据国家统计局核算，2004 年按 GDP 支出法① 计算，最终消费对经济增长的贡献率为 55.25%，拉动经济增长 5.25 个百分点）。本文的目的就是要对国家财政支出与居民消费需求之间的关系作较为深入和实证的研究，为人们判断财政支出政策提供一个较为坚实的理论依据，并提出一些政策建议。

一、我国政府财政支出和居民消费的变化

（一）政府消费与居民消费的变化

最终消费由政府消费和居民消费构成，两者在 GDP 中所占比重是最终消费内部一对重要的比例关系。分析政府消费率② 和居民消

① 按支出法计算的 GDP 分为最终消费、资本形成和净出口三项，最终消费由城乡居民消费（以下称居民消费）和政府消费构成，其占 GDP 之比为最终消费；资本形成总额包括固定资本形成额和存货增加，其占 GDP 之比为投资率，或资本形成率；消费率和投资率相加有时会大于 100%，主要因为净出口为负，使 GDP 总额减少，分母缩小。

② 政府消费率的数据使用支出法国内生产总值结构中的政府消费项跟当年名义 GDP 的比值计算。

费率① 的变化，有助于看清政府消费和居民消费的比例关系是否合理，也有助于分析政府规模是否过大。我国政府消费是指政府部门为全社会提供公共服务的消费，包括国防、社会保障、科教文卫，以及向住户以免费或低价提供的货物和服务等方面的开支。适度的政府消费是维护社会经济正常运转的必要条件，也是扩大内需、调节景气周期的重要手段。

如图 2 所示，居民消费率下降幅度大于政府消费率，居民消费率偏低的程度更为明显。1992—2004 年，政府消费率由 13.50%下降到 11.64%，居民消费率由 48.17%下降为 41.94%。我国消费率水平波动比较平缓，特别是政府消费率水平，在 1985—2004 年间，最大为 0.135，最小为 0.114，标准差仅为 0.01。而居民消费率在 80 年代和 90 年代初较高（均值位 0.509，标准差为 0.019），自 1992 年代以来有所下降并更为平缓（均值为 0.468，标准差为 0.011）。

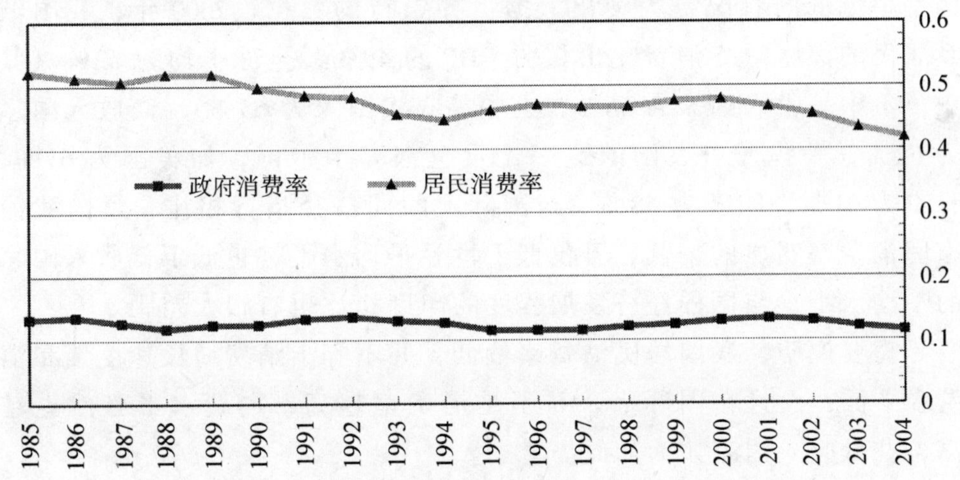

图 2　政府消费率与居民消费率历年变化

国际比较显示，中国的政府消费率与低收入国家的平均水平相

① 居民消费率的数据使用支出法国内生产总值结构中的居民消费项跟当年名义 GDP 的比值计算。

当，大大低于亚洲的平均水平，从一定年份看，根据世界银行的数据，2000 年，我国政府最终消费占 GDP 的比重为 11%，低收入国家平均为 11%，下中等收入国家为 12%，上中等国家为 13%，高收入国家为 16%，世界平均为 15%，以各国较长时间的平均数据做比较，我国的政府消费率也偏低。国外学者对 118 个国家 1960—1985 年数据的一项研究表明，以政府消费占 GDP 的比重表示政府最优规模，这些国家的政府最优规模平均为 23%，换言之，在这样的政府消费水平上，政府提供的公共服务可以产生最优效果，而又可以避免政府规模过度膨胀。相比之下，我国 20 世纪 90 年代政府消费率平均仅为 12%左右，明显低于平均水平。在我国发展社会主义市场经济的过程中，尤其是在进入全面建设小康社会的经济发展新阶段，如果政府消费率持续偏低，将难以满足社会对政府公共服务越来越大的需求。

从国际比较的角度看，我国不仅最终消费率偏低，而且其中居民消费率偏低的状况更为突出。据世界银行的数据，2000 年，我国城乡居民的家庭最终消费支出仅占 GDP 的 49%，全球平均为 62%（其中，下中等收入国家为 56%，上中等收入国家为 65%），高收入国家为 62%；一些人口大国的这一比重也都高于中国，如美国为 67%，日本为 61%，印度为 68%。与国际上的同口径指标相比，目前我国家庭消费率明显的偏低，不仅低于世界平均水平，也低于低收入国家的平均水平，与同样经济发展程度的印度相比也有很大差距。

需要说明，我国居民消费率偏低，并不等于消费增长速度慢和消费水平低；而且在国际上，并不是消费率越高，消费水平必然也越高，在低收入国家尤为如此。

（二）政府投资的变化

目前我国的政府投资，主要集中在基础设施、公用事业、部分重大基础工业项目、区域开发、生态保护、国土整治、国防、航天和高新技术开发等领域。一般而言，由于存在“市场失灵”的情况，需要政府在公共产品和公共服务领域进行投资。进一步说，我国是发展中大国，工业化的历史任务尚未完成，基础设施和高新技术产业相对落后，地区差异极大，需要政府投资来缓解“瓶颈”制约，对促进工业化进程发挥有比较积极的作用，也需要对欠发达地区加大政府投资力度，带动地区协调发展。此外我国尚处于经济增长方式和经济体制的转换过程中，抵御外部经济金融危机冲击的力量比较薄弱，适当的政府投资有助于调节社会总供求，启动消费，防止经济下滑。

对自1985年以来的统计资料分析表明（见图3），我国政府投资率[①]呈现出个“U”字型的发展，由1985年的9.33%逐渐下降到1994年的-0.41%，之后又上升到2004年的8.51%。1994年以来政府投资率快速上升反映了经济社会发展对政府投资的需求，有其客观原因，例如治理通货紧缩，抗击“非典”和“申奥”成功等，需要增加政府直接投资。特别是为了应付亚洲金融危机的冲击和国内通货紧缩的影响，我国连续数年实行积极财政政策，发行建设国债扩大政府直接投资，必然会促使政府投资率提高。但是也说明，整个投资率的回升在很大程度上是由政府投资率快速上升所拉动的。

在国际比较中，我国政府投资率低于周边的一些亚洲国家，比发达市场经济国家要高一些。例如，1996年，韩国的政府投资率为5.5%，巴基斯坦为2.6%（1997年），美国为1.7%，加拿大为2.2%（1997年），德国为2.2%，意大利为1.3%，荷兰为2.4%（1995年），英国为0.8%。中国1996年的政府投资率为2.7%，与巴基斯坦大体相当，显著低于韩国（即使中国2001年政府投资率上升到3.8%，也仍然低于韩国1996年的水平）。与上述发达市场经济国家相比，我国的政府投资率明显高于英国、意大利和美国，略高于荷兰、加拿大和德国。在我国目前所处的经济发展和体制转轨阶段，政府投资占GDP的比重高于发达国家，应该说是正常的。在同样经济发展水平的亚洲

① 政府投资率的数据使用政府支出与政府消费之差跟当年名义GDP的比值计算。

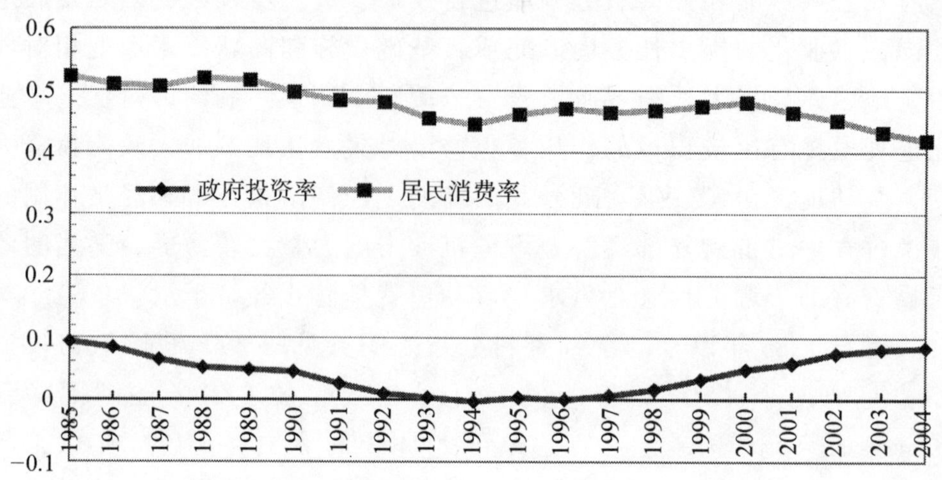

图 3　政府投资率与居民消费率变化

国家中，我国的政府投资率则不能算高，甚至可以说是比较低的。巴基斯坦的政府投资率与我国接近，韩国这样的新兴工业化国家更是大大高于我国，这说明政府投资率的高低取决于不同国家的历史条件和经济发展道路。事实上，在政府投资率为既定的前提下，关键在于政府投资的方向是否合理，如果政府投资集中在公共产品和公共服务领域，这样就有利于带动而不是排斥民间合理的消费与投资的增长，也表明政府合理的行使了经济职能。

二、我国政府财政支出对居民消费作用的实证分析

（一）模型的提出

我们把财政支出按照两种方式划分：一种是按投资支出和消费支

出划分，另一种是按支出的功能性质划分，然后考察政府支出对居民消费挤出效应。因此我们建立两个模型方程：政府的消费支出和投资支出对居民消费的影响的方程，即（1）式；按财政功能性质划分的政府支出项目对居民消费的影响方程，即（2）式。

$$CC = a_1 + a_2 \cdot Opn + a_3 \cdot GC + a_4 \cdot GI + \varepsilon_1 \tag{1}$$

$$CC = c_1 + c_2 \cdot Opn + c_3 \cdot GECO + c_4 \cdot GEDU + c_5 \cdot GDEF + c_6 \cdot GMAG + c_7 \cdot GETC + \varepsilon_3 \tag{2}$$

其中，CC 表示居民消费，GC 表示政府消费，GI 表示政府投资，Opn 表示贸易变量或开放程度，GECO、GEDU、GDEF、GMAG 和 GETC 分别表示经济建设支出、社会文教支出、国防支出、行政管理支出和其他支出。

居民消费率的数据[①] 使用支出法国内生产总值结构中的居民消费项跟当年名义 GDP 的比值计算；政府消费率的数据使用支出法国内生产总值结构中的政府消费项跟当年名义 GDP 的比值计算；政府投资率的数据使用政府支出与政府消费之差跟当年名义 GDP 的比值计算；贸易变量的数据使用对外经济贸易基本情况中的进出口总额项跟当年名义 GDP 的比值计算；经济建设支出、社会文教支出、国防支出、行政管理支出和其他支出的数据分别使用国家财政按功能性质分类的支出中的项目跟当年名义 GDP 的比值计算。这里使用数据变量的样本长度均为 1978—2004 年，使用 EViews 5 软件对数据进行分析。

由于我国自 1978 年改革开放以来，进出口总额跟我国政府部门和私人部门的关系越来越紧密，成为了一个非常重要的影响因素，因此我们将贸易变量引入了模型中。在经验的研究中估计回归方程标准的方法是用普通最小二乘估计（OLS）（Levine 和 Renelt，1992；Fischer，1993），然而这样的估计可能会产生一些解释方面的问题（比如

① 数据来源都取自中国经济统计数据查询与辅助决策系统。

某些重要的影响因素)，如果忽略了这样的变量或跟被解释变量相关的变量，那么最小二乘估计将会是有偏的，并且会产生系数估计的不一致。为了得到政府支出对居民消费的挤出效应结果，避免伪回归，首先要先进行协整检验，然后使用协整理论建立协整方程，得到变量间的长期稳定关系，然后利用误差修正模型，考察长期均衡对变量短期变动的调整，最后通过脉冲响应函数图得到变量短期变动调整的轨迹。

（二）政府的消费支出和投资支出对居民消费的长期作用

为了避免伪回归，进行协整检验，首先要检验变量的平稳性，这是通过进行单位根检验得到的，然后再进行协整检验。检验结果见附录。

经过相关检验，我们可以知道，变量 CC、Opn、GC、GI 之间存在着一个长期稳定关系，即协整关系，其对应的协整向量和正则化的协整向量 β 与调节参数 α 的估计由表 1 列出。

表 1　　协整向量和调节向量的估计

变　量	协整向量	β	α
CC	-65.03	1.000	-0.350（-2.75）
Opn	-8.14	0.125（3.72）	-0.340（-0.706）
GC	-43.04	0.662（2.67）	0.082（1.076）
GI	36.39	-0.560（-6.68）	0.548（5.23）

注：括号中为对应的 t 值。

这样，我国居民消费、贸易、政府消费、政府投资这四个变量之间存在长期稳定关系，记这一协整关系的偏差（或均衡误差）为 e，表示如下：

$$-65.03 \cdot CC_t - 8.14 \cdot Opn_t - 43.04 \cdot GC_t + 36.39 \cdot GI_t = e_t \qquad (3)$$

对应的正则化的均衡为：

$$CC_t = -0.125 \cdot Opn_t - 0.662 \cdot GC_t + 0.560 \cdot GI_t + e_t \qquad (4)$$

协整关系表示的是变量间的长期均衡关系，由变量 t 值（表 1 第三列中的括号）显著我们可以认为由居民消费、贸易变量、政府消费和政府投资构成的协整关系是显著有效的。

由 GC 的系数为 $-1 < -0.662 < 0$，可以认为政府消费对居民消费是部分挤出的，一个单位的政府消费支出增加长期来看会导致 0.662 个单位的居民消费减少；GI 的系数为 $1 > 0.56 > 0$，可以认为政府投资对居民消费是部分促进的，一个单位的政府投资支出增加长期来看会导致 0.56 个单位的居民消费增加。但是，由于 $|-0.662| > |0.560|$，政府消费挤出的边际力度大于政府投资进入的边际力度，而且自从 1980 年以后，政府消费率水平都远大于政府投资率，所以从长期上来看，政府支出对居民消费是挤出的，挤出的大小随着政府消费率水平与政府投资率水平的差的大小同向变动。自从 1998 年以来，我国政府采取扩张性的财政政策，在政府消费率缓慢上升的同时，政府投资率水平迅速上升，这可以说在很大程度上减小了对居民消费的挤出，这也是扩大内需政策的实施效果之一。

（三）政府财政支出的各要素对居民消费的长期作用

我们用（2）式来考察政府支出的各要素对居民消费的长期挤出效应。政府支出的各要素包括：经济建设支出、社会文教支出、国防支出、行政管理支出和其他支出。先用普通最小二乘估计（2）式，发现 GDEF 变量并不显著，因此我们剔除此变量，修改后的（2）式为：

$$CC = c_1 + c_2 \cdot Opn + c_3 \cdot GECO + c_4 \cdot GEDU + c_5 \cdot GMAG + c_6 \cdot GETC + \varepsilon_3 \qquad (5)$$

计算得到（5）式变量协整关系的统计量 $L_T = 112.4 > 11.07$，这里 11.07 为 χ^2（5）在 5%的显著性水平下的临界值，因此取附录中（4）式为 ECM 的设定形式，即认为常数项出现在 ECM 中协整向量之外，我们初步选取滞后阶 k = 1。表 2 给出了 CC、Opn、GECO、GEDU、GMAG、GETC 间的协整检验结果。

表 2　　CC、Opn、GECO、GEDU、GMAG、GETC 之间的协整检验

特征根	H_0	H_1	λ_t	c_1
0.911	r=0	r≥1	184.3	103.2*
0.885	r≤1	r≥2	128.7	76.07*
0.811	r≤2	r≥3	79.28	54.46*
0.720	r≤3	r≥4	40.60	35.65*
0.362	r≤4	r≥5	11.34	15.41**
0.047	r≤5	r≥6	1.077	3.76**

注：“* *”表示 5%的显著性，“*”表示 1%的显著性。

对于表 2，由 $\lambda_t = 40.60 > 35.65$ 拒绝 H_0 而接受 H_1：r≥4；而由 $\lambda_t = 11.34 < 15.41$ 而接受 H_0：r≤4，所以秩 r = 4，即存在协整关系，其对应的协整向量和正则化的协整向量 β 与调节参数 α 的估计由表 3 列出。

表 3　　协整向量和调节向量的估计

变　量	协整向量	β	α
CC	142.99	1.000	0.07（0.196）
Opn	34.46	0.241（9.37）	0.008（0.009）
GECO	58.59	0.410（7.93）	-0.189（-0.68）
GEDU	-324.4	-2.27（-6.72）	-0.015（-0.22）
GMAG	-987.9	-6.91（-11.6）	0.035（0.58）
GETC	1130.4	7.91（14.4）	-0.251（-4.08）

注：括号中为对应的 t 值。

得到的正则化的协整方程为：

$$CC_t = -0.241 \cdot Opn_t - 0.41 \cdot GECO_t + 2.27 \cdot GEDU_t$$

$$+6.91 \cdot GMAG_t - 7.91 \cdot GETC_t + e_t \qquad (6)$$

从表3中可看出变量Opn、GECO、GEDU、GMAG、GETC均显著地进入协整方程，因此我们构造的方程（6）式表示的变量间的长期关系是显著有效的。

从系数上可以得到，经济建设支出和其他支出对居民消费是挤出的，经济建设支出的挤出效应要小点（$-1 < -0.41 < 0$），属于部分挤出，其他支出的挤出效应比较明显（$-7.91 \ll -1$），可以说是具有挤出的“乘数效应”；社会文教支出和行政管理支出对居民消费是促进的，而且他们都明显的挤入居民消费（$2.27 \gg 1$ 和 $6.91 \gg 1$），具有挤入的“乘数效应”。

社会文教支出的扩大，表现在我国近些年来对教育的重视。我国长期以来人口压力很大，加上近几年下岗人数众多，就业形势越来越严重，不少人为了获得工作岗位，继续深造学习，政府也继续对教育培养扩大招生规模，导致居民的教育开支迅速上升。

消费是收入的函数，政府几次以来对公务员涨工资，有效的提高了我国一大批人的消费水平，这也可解释为提高行政管理支出对居民消费的挤入效应。

经济建设支出中，很多都是维护社会经济正常运转的必要条件，大都会涉及排他性的支出项目，难免会对居民消费会造成部分的挤出。

（四）政府财政支出对居民消费的短期作用

文中通过误差修正模型考察短期对居民消费的挤出效应，然后结合脉冲响应函数结果可以得到短期挤出效应向长期挤出效应变动的路径。

1. 政府的消费支出和投资支出对居民消费的短期作用

协整方程（4.5）式对应的第一（即因变量为 ΔCC_t）误差修正方程为：

$$\Delta CC_t = -0.35 \cdot (CC_t + 0.125 \cdot Opn_t + 0.662 \cdot GC_t$$

$$- 0.560 \cdot GI_t) + 0.42 \cdot CC_{t-1} + 0.074 \cdot OPN_{t-1}$$
$$- 0.31 \cdot GC_{t-1} - 0.022 \cdot GI_{t-1} + 0.202 + e_t \quad (7)$$

其他三个关于 ΔOpn_t、ΔGC_t 和 ΔGI_t 的误差修正方程都可根据（7）式协整方程中的调节向量，依表3类似地写出。残差的检验以（7）式为例，其残差图形已明显呈现出围绕均值上下波动的稳定特性且滞后6阶的自相关之和为0.152，Ljiung－Box 的 $Q = 0.85$，Jarque－Bera 的正态性检验为0.592（P值＝0.74），所以我们可以认为ECM中初步选取滞后阶 $k = 1$ 是可行的。

从表1中可以看出，协整关系对居民消费短期变化的调整在t检验的意义（t统计量值为－2.75）下是显著的，它说明变量间存在这一长期稳定关系能在一定程度上调节居民消费的短期变化，进而抑制其波动；但是由于政府消费和政府投资项的调整系数分别为 $0.082 > 0$ 和 $0.548 > 0$，因而协整关系对他们的短期波动不能进行调整反而会有助推作用，尤其是政府投资，其调整系数的t统计量值为5.23，是很显著的。

由于政府投资的调整系数要远大于政府消费的调整系数（相差了6.7倍），虽然政府消费率水平长期以来偏高于政府投资率水平，但在短期上来看，政府投资对居民消费的挤入效应要大于政府消费对居民消费的挤出效应，导致从总的政府支出来看，其对居民消费短期上是挤入的。近几年来的政府消费率和政府投资率间差距的缩小，使得在短期上呈现的政府支出的挤入效应更强，这对拉动我国内需起到了积极的作用。

我们对误差修正模型的残差进行 Cholesky 正交化分解，做出单位政府消费和政府投资冲击下脉冲响应函数结果，见图4。

从图4上我们能看出，政府投资的冲击对居民消费的影响较为平缓，在单调上升变动后，在4期开始进入长期稳定水平；政府消费的冲击反应比较复杂，到3期达到峰值，然后又小幅回复，从第5期开始进入长期稳定水平，由政府消费冲击反应的稳定值比较大，也可以

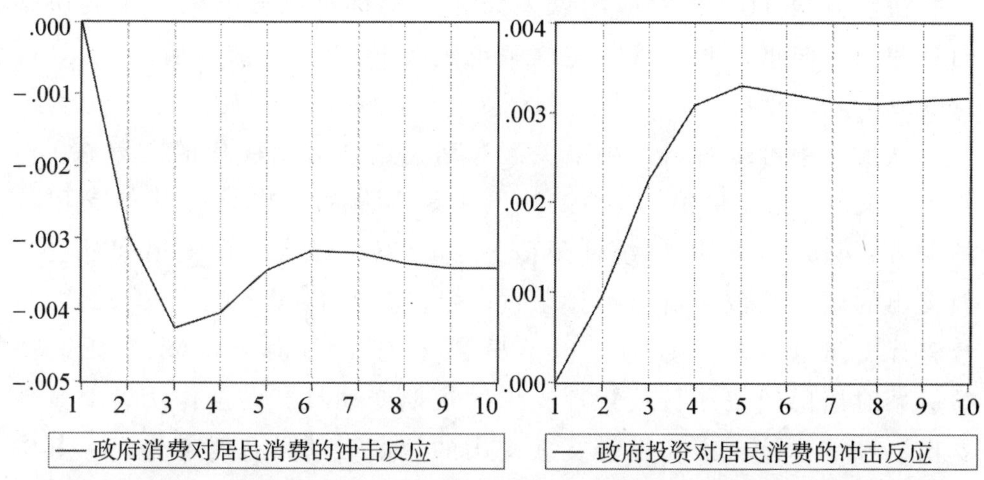

图 4　政府消费与政府投资对居民消费的冲击反应结果

得到在长期来看政府支出对居民消费还是呈现出挤出效应，这跟（5）式得出的结论是相同的。

从短期看，居民消费的变动是由较稳定的长期趋势和短期波动所决定的，短期内系统对于均衡状态的偏离程度的大小直接导致波动幅度的大小。从长期看，协整关系式起到引力线的作用，将非均衡状态拉回到均衡状态（$\alpha < 0$ 的情形），表现为协整关系对变量短期变动的调整；或者协整关系式起到助推的作用（$\alpha > 0$ 的情形），表现为变量的短期变动引起非均衡状态继续偏离（政府消费和政府投资项的调整系数分别为 $0.082 > 0$ 和 $0.548 > 0$，且 $0.548 \gg 0.082$）。政府消费的挤出效应与政府投资的挤入效应相叠加，随着时间的延续，最终突破挤出效应与挤入效应相等的临界值，趋向长期均衡状态的挤出效应。因此，从图 4 中也可看出，政府消费与政府投资对居民消费相反的影响效应使得政府支出对居民消费的挤出效应在长期和短期上发生了变动：在短期上看政府支出对居民消费是挤入的，但从长期上来看，政府支出对居民消费却是挤出的。

2. 政府财政支出的各要素对居民消费的短期作用

协整方程（6）式对应的误差修正方程都可以根据表 3 中的协整向量和调节向量得到，其残差检验也表明 ECM 选取滞后阶 k = 1 是可行的。

从表 3 中可以看出，协整关系对居民消费短期变化的调整在 t 检验的意义（t 统计量值为 0.196）下不是显著的；也只有其他支出项的调节系数是显著的（t 统计量值为 -4.08），经济建设支出和社会文教支出的调节系数为负但不显著（t 统计量值为 -0.68 和 -0.22），行政管理支出的调节系数为正也不显著（t 统计量值为 0.58），因而协整关系对居民消费和行政管理支出的短期变动具有助推作用，对其他支出、经济建设支出和社会文教支出的短期变动具有调节作用，其中其他支出调节作用显著。

从大小上来说，居民消费项的调节系数最小，因而它的变动速度会比较缓慢，短期挤出效应的分析将会出现复杂的结果，以其他支出的变动为例（协整关系对其调整很显著）：当其他支出对居民消费产生一个单位的冲击后，协整关系对所有的变量要进行调整，社会文教支出项和行政管理支出项跟其他支出项同向变动，经济建设支出项和经济建设支出项反向变动。由于居民消费的变动速度比较缓慢，因而对居民消费来说，受到的冲击将会是复杂的多因素的冲击，短期的挤出效应结果可能会跟长期挤出效应结果产生不一致。

下面给出经济建设支出、社会文教支出、行政管理支出和其他支出对居民消费的脉冲相应函数结果图，来考察短期的挤出效应，见图 5。

从图 5 中我们能看出，从短期上来看，经济建设支出冲击的挤出作用比较陡峭，在 5 期之后进入长期稳定水平；行政管理支出和其他支出冲击对居民消费短期来看都是比较平缓的挤入的，分别在 6 期和 5 期后进入长期稳定水平；社会文教支出在第二期有少许挤出，以后各期都是挤入的，并且在第 5 期后进入长期稳定水平。

因此从短期上来说，经济建设支出是挤出的，社会文教支出、行政管理支出和其他支出是挤入的。跟长期的挤出效应相比，社会文教

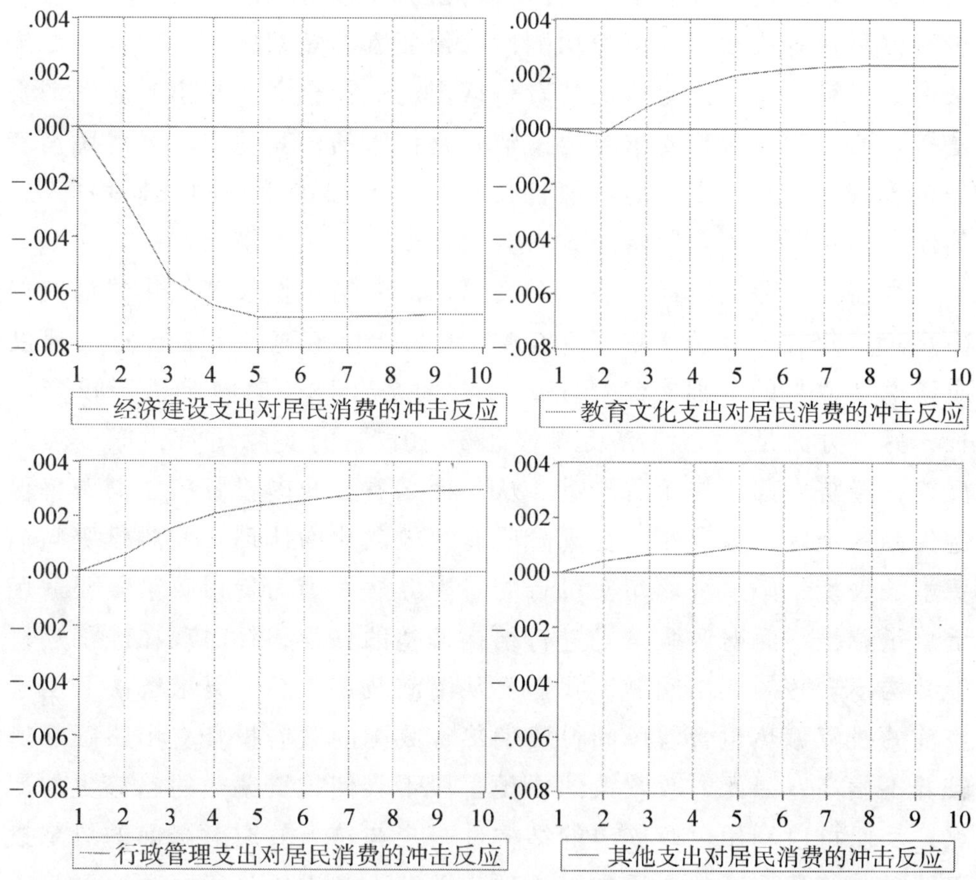

图 5 政府支出的各要素对居民消费的冲击反应结果

支出和行政管理支出是一致的，但其他支出的效应在短期发生了变化，这就是由于居民消费项的调节系数远小于其他项的调节系数造成的。

三、结论及政策建议

从政府消费支出和投资支出的划分来看政府支出的挤出效应，无论长期还是短期，政府消费支出会挤出居民消费；政府投资支出会促进居民消费。从政府支出中功能性支出要素的短期挤出效应分析结果来看，经济建设支出对居民消费是挤出的；社会文教支出对居民消费是挤入的；行政管理支出对居民消费是挤入的；其他支出对居民消费是挤入的。从政府支出的功能性支出要素与居民消费的长期均衡看，其他支出对居民消费影响的方向会发生变化，变为挤出。

当前，我国经济运行中一个突出矛盾是结构性投资偏热与消费偏冷。2004年我国经济实现了9.5%的增长。仅从速度上看，这一速度应该说是适当的，但在结构上，一方面是25.8%的固定资产投资增长，另一方面是社会消费品零售总额10.2%的实际增长，形成强烈反差，经济内部结构矛盾严重。从长期来看，我国投资率、消费率比例失调的问题一直存在，在现阶段有比较激化的体现。面对投资与消费增长失衡，必须采取切实可行的解决办法。因为货币政策主要适用于总量调控，而财政政策是进行结构调整的良策，针对现在经济运行中结构不合理的突出问题，我们要从财政政策入手，寻求解决。由于当前的投资偏热包含着民间投资偏热，我国的政府投资支出跟国际比较并不偏高，因此财政政策的干预手段不会使投资偏热的趋势更加严重，反而可以利用财政支出的结构性挤出与挤入效应对当前的局部投资偏热与消费偏冷的矛盾加以治理。因此，基于历年我国政府财政支出和居民消费的变化与我国政府财政支出对居民消费作用实证分析的结果，我们提出如下认识判断和政策建议：

第一，依靠扩大进出口总额来扩大居民消费、增加居民收入的措施，将很难奏效。人们普遍认为进出口总额越大，居民收入应该越高，相应居民消费率也应该有所提高。但通过观察按政府投资与消费划分的协整模型，即方程式（4），可以看出进出口总额实际上对促进居民消费起负作用（进出口总额前的系数为负），而居民收入与居民消费是正的线性关系，也可以说进出口总额的扩大，并没有增加居民的收入，反而降低了居民收入，究其原因是在中国出口份额中占据重要地位的初级产品和劳动密集型产品的利润率大幅下降。消费和投资是促进经济增长的三大主要动力。从长期发展来看，中国加入 WTO 后，国际市场存在较大的不确定性，进出口总额保持高速增长的可能性不大，靠进出口贸易来拉动内需的增长存在较大的不稳定性。出口对经济增长的净贡献率将进一步下降。因此，中国的出口导向型发展战略面临着各方挑战。

第二，对于促进居民消费，政府投资的效果要好于政府消费。通过观察按政府投资与消费划分的协整模型，即方程式（4），可以看出政府消费前的系数为负，政府投资前的系数为正，且政府消费前系数的绝对值要大。因此，政府扩大居民消费，要在扩大政府投资上下工夫，尤其要扩大公共物品和服务的支出，改善它对居民消费的作用。如为住、行消费升级，需要增加住宅建设和交通建设的投资；为教育培训旅游观光、文化娱乐、体育健身、卫生保健等服务消费，需要增加完善相关基础设施的条件。今后要继续加强农村水、电、路、通讯等基础设施建设，为扩大农村消费创造条件。

第三，无论从短期看，还是从长期看，经济建设支出对居民消费都是挤出的，但挤出作用不大。通过观察政府财政支出各要素的协整模型，即方程式（6），可以看出经济建设支出前的系数为负，其系数绝对值是该模型各变量系数绝对值中最小的。虽然目前经济建设支出占总政府财政支出比重最大，但其比重历年来已大为下降（见附录中表 3），经济建设支出对居民消费具有挤出效应，但其属于部分挤出，且具有逐年减少趋势，可见经济建设支出与促进居民消费矛盾并不显著，这也间接地说明，相对于我国目前处于工业化初期，基础设施还较为薄弱的状况，要维护社会经济正常运转，继续扩大这方面的经济建设支出仍具有重要意义。对其排他性的支出项目，我们应有所减少。

第四，合理控制行政管理支出，使其有利于转型时期市场经济的发展。文中政府财政支出各要素的协整模型，即方程式（6）的实证分析结果显示，行政管理支出前的系数为正且较大，通过附录中附表3可以看出行政管理支出占政府财政支出的比重有逐年递增趋势。因此，行政管理支出起到挤入居民消费的作用，且效果逐年递增。我们知道，政府的行政性成本与政府行为存在正相关关系，不同时期的市场缺陷决定着不同时期的政府活动或政府行为，也决定着政府的行政成本的大小。市场经济存在着一些无法弥补的缺陷，政府的存在解决了市场不能解决的一些问题，弥补了市场的缺陷，但社会也必须为之付出公共行政成本。但政府以行政手段支配的非国有资源过多，如各种审批、收费、基金等，也是造成行政性不必要成本增加的最主要原因。因此，政府应合理控制行政管理支出，使其既有利于经济转型时期的经济发展，又不会造成政府资源的浪费。

第五，改变政府支出结构，继续增加对社会发展的投入，改善消费预期，提高消费倾向。实证分析结果显示，社会文教等支出无论是对居民消费的长期均衡还是短期影响，都是挤入的，增加社会文教等支出，有利于改善消费预期，提高消费倾向。因此，针对经济发展和社会发展严重不协调的问题，政府要减少直接用于经济建设方面的投资，鼓励社会资本对基础设施建设的投资，以法律形式要求各级政府保证对教育、医疗、文化、体育、环保、社会保障等社会发展方面的支出比例，特别要增加农村社会发展事业的投入，减轻农民在教育、医疗方面的负担，减少农民教育、医疗支出对其他消费的挤出效应。进一步健全城市社会保障体系，稳定城市居民对未来的支出预期，提高消费倾向。

第六，当经济整体过“热”时，应采取稳健（或叫预算平衡型）财政政策；当经济低迷，通货紧缩时，应采取积极（或叫扩张型）财政政策，一旦经济走出低迷，财政政策取向应有所调整，因为政府财政支出短期可以促进居民消费，长期却是挤出居民消费，持续不变的扩张型财政政策有可能使国民经济重新走入通货紧缩的困境。从图4中也可看出，政府消费与政府投资对居民消费相反的影响效应使得政府支出对居民消费的挤出效应在长期和短期上发生了变动：在短期上看政府支出对居民消费是挤入的，但从长期上来看，政府支出对居民消费却是挤出的。

总之，分析我国政府消费率、政府投资率和居民消费率自1985年来的变动，针对当前我国经济面临的消费与投资结构失调问题，我们认为在执行稳健的财政政策的过程中，调整政府投资支出的结构，对于功能性支出要素——经济建设支出要尽量缩减排他性支出，扩大公共物品和服务的支出，社会文教支出和行政管理支出应该扩大，其他支出应降低。通过这样财政政策的实施，可以产生挤入居民消费的效应，促进居民消费率的提高。

王宏利

附录：

一、模型方法理论介绍

本文是按照 Ahmed（1999）的研究框架，改进了它的回归方程，来估计变量间的影响关系。为了估计结果和对结果进行讨论分析，首先介绍一下后文要用到的分析方法。

（一）单位根检验

由于变量间成立协整关系首先要求所涉及的变量具有相同个数的单位根即同阶单整，因此，单整检验即为协整分析的第一步。单整检验一般使用增广的迪克－富勒（Augmented Dickey－Fuller，以下简记为 ADF）检验。实施这一检验是通过对

$$\Delta y_t = \rho_0 + \rho_1 y_{t-1} + \rho_2 t + \sum_{s=1}^{k} d_s \Delta y_{t-s} + \varepsilon_t \qquad (1)$$

进行回归来实现。其中 t 为时间趋势。若变量无时间趋势，令 $\rho_2 = 0$ 时，基于对（1）式回归的检验结论有时对滞后阶 k 非常敏感。k 的选取既要使残差消除自

相关性又要尽量避免减少信息量，而残差有无自相关可通过 Ljiung - Box 的 Q 统计量来检验。

（二）协整检验

协整概念是个强有力的概念，如果假定一些经济指标被某种经济系统联系在一起，那么从长远来看这些变量应该具有均衡关系，这是建立或检验模型的基本出发点，协整可以被看作这种均衡关系性质的统计表达式。

协整检验从检验对象上可以分为两种：一种是基于回归系数的协整检验，如 Johansen 检验；另一种是基于回归残差的协整检验，如 CRDW（Cointegration Regression Durbin - Waston）检验，ADF 检验。基于回归系数的检验具有更强的检验能力（Johansen，1988），我们后文做的协整检验就是用 Johansen 的协整检验。

关于协整检验，数据中有无确定的趋势直接决定 ECM（误差修正模型）中出现无约束的截距项还是无截距项。设定的合适与否有可能直接导致检验结论的正确性，Johansen（1991，1994）证明了当数据呈现随机和确定趋势时，出现在 ECM 中的协整向量不应包括截距，而 ECM 则应包括一个截距项。若不如此，模型就被不恰当地设定并可能导致错误的统计推断。

若非稳定的变量 X_t（向量）没有确定的趋势，则约束的截距项 μ（$=\alpha'\beta_0$）在 ECM 中作为协整向量的一部分出现，即：

$$\Delta X_t = \Gamma_1 \Delta X_{t-1} + \Lambda + \Gamma_k \Delta X_{t-k+1} + \alpha(\beta' X_{t-k} - \beta_0) + \varepsilon_t \quad (2)$$

这里，β 为协整向量，α 为对应的调节参数（向量），$\beta' X_{t-k}$ 为非稳定变量 X_{t-k} 的稳定的线性组合即协整关系。而常数项 μ 的约束为 $\mu = \alpha\beta_0$，令 $\beta^* = (\beta', \beta_0)$，$X_{t-k}^* = (X_{t-k}, -1)$，则（3.2）式为：

$$\Delta X_t = \Gamma_1 \Delta X_{t-1} + \Gamma_2 \Delta X_{t-2} + \Lambda + \Gamma_k \Delta X_{t-k+1} + \alpha\beta^* X_{t-k}^* + \varepsilon_t \quad (3)$$

由（2）式可知，在这种情况下，协整向量应包括截距 β_0，而由（3）式，ECM 则没有截距。

如 X_t 中某些（或全部）分量存在线性时间趋势，则常数项出现在协整向量之外，即：

$$\Delta X_t = \Gamma_1 \Delta X_{t-1} + \Lambda + \Gamma_k \Delta X_{t-k+1} + \alpha\beta' X_{t-k} + \mu + \varepsilon_t \quad (4)$$

由（3.4）式，常数项 μ 显然无约束地出现在（4）即 ECM 之中，检验数据中不存在线性趋势〔即选择（2）还是（4）〕的统计量由 Johansen（1990，1992）

给出。

Granger在协整概念的基础上，进一步提出了著名的Granger协整定理，该定理的重要意义就在于其证明了协整概念与误差修正模型的必然联系。若非平稳变量之间存在协整关系，则必然可以建立误差修正模型；若用非平稳变量可以建立误差修正模型，则该变量之间必然存在协整关系。

（三）误差修正模型

误差修正模型是用来得到因变量短期调整的一种方法。当长期均衡关系是 $y^* = \theta \cdot x^*$ 时，误差修正项是如 $y_t - \theta \cdot x_t$ 的形式，它反映了y关于x时点的短期偏离。

$$\Delta Y_t = \Gamma_1 \Delta X_{t-1} + \Lambda + \Gamma_k \Delta X_{t-k+1} + \alpha\left(Y_{t-1} - \beta' X_{t-1} - \mu\right) + \varepsilon_t \quad (5)$$

误差修正模型不单纯的使用变量水平值（指变量的原始值）或变量的差分建模，而是把两者有机地结合在一起，充分利用这两者所提供的信息。

从短期看，被解释变量的变动是由较稳定的长期趋势和短期波动所决定的，短期内系统对于均衡状态的偏离程度的大小直接导致波动幅度的大小。从长期看，协整关系式起到引力线的作用，将非均衡状态拉回到均衡状态（$\alpha < 0$ 的情形），表现为协整关系对变量短期变动的调整；或者协整关系式起到助推的作用（$\alpha > 0$ 的情形），表现为变量的短期变动引起非均衡状态继续偏离。

（四）脉冲响应函数

脉冲响应函数可以用来考察误差修正模型中扰动项的影响是如何传播到各个变量的。对第i个变量的冲击不仅直接影响第i个变量，并且通过误差修正模型的动态（滞后）结构传导给所有的其他内生变量。脉冲响应函数描绘了在一个扰动项上加上一次性的一个冲击（one - time shock），对于内生变量的当前值和未来值所带来的影响。文中就使用脉冲响应函数图考察变量间影响关系，它从短期上刻画了一个变量一次冲击后对另一个变量影响的变动轨迹。

二、实证模型的相关检验

（一）模型变量的单位根检验

变量的单位根检验是通过附录中（1）式来完成的。附表1给出了检验结果。基于Ljiung - Box的Q检验，我们对变量CC、CI、Opn、GEDU、GMAG和GETC选取滞后阶 $k = 0$，而变量DEF、GECO对k的取值比较敏感，但取 $k = 2$

亦可满足要求。根据附表1，我们认为变量都服从一阶单位根过程。

附表1　　变量的单位根检验

变量	ADF	临界值	变量	ADF	临界值	结论
CC	-2.93	-3.25***	ΔCC	-3.05	-2.67*	I (1)
CI	-2.02	-2.64***	ΔCI	-3.40	-2.67*	I (1)
GC	-1.59	-2.63***	ΔGC	-6.27	-4.42*	I (1)
GI	-0.65	-1.62***	ΔGI	-3.3	-2.68*	I (1)
Opn	1.92	-1.62***	ΔOpn	-5.17	-3.75*	I (1)
GECO	-2.56	-1.62***	ΔGECO	-2.82	-2.68*	I (1)
GEDU	0.27	-1.62***	ΔGEDU	-2.04	-1.96**	I (1)
GDEF	-1.81	-2.65***	ΔGDEF	-2.26	-1.96**	I (1)
GMAG	1.22	-1.62***	ΔGMAG	-2.33	-1.96**	I (1)
GETC	0.46	-3.24***	ΔGETC	-4.3	-3.62**	I (1)

注："***"表示10%的显著性，"**"表示5%的显著性，"*"表示1%的显著性。

（二）政府的消费支出和投资支出与居民消费的协整检验

建立协整方程，我们要先检验数据中是否存在确定性趋势，以选取正确的模型设定；而且要根据数据有无时间趋势设定ECM中有无截距，并基于此进行迹检验和最大特征根检验以及相应的协整向量和调节向量的估计。为此，我们使用Johansen和Juselius（1990，1991）的极大似然比检验（3）式，其中λ_i和λ_i^*（i=1~4）分别为数据中有无线性趋势时的特征根。

$$L_T = -T\sum_{i=2}^{4}\ln\left[(1-\lambda_1^*)/(1-\lambda_i)\right] \sim \chi^2(3) \tag{6}$$

L_T用于检验原假设：部分或全部变量的数据中无确定的线性时间趋势，对应的备选假设为数据中有确定性趋势。

对（1）式我们所计算变量协整的特征根为：

$\lambda_1=0.869$　$\lambda_2=0.349$　$\lambda_3=0.231$　$\lambda_4=0.000$

$\lambda_1^*=0.869$　$\lambda_2^*=0.502$　$\lambda_3^*=0.235$　$\lambda_4^*=0.093$

计算得到统计量 $L_T = 135 > 7.82$，这里 7.82 为 χ^2（3）在 5%的显著性水平下的临界值，因此拒绝原假设而接受备选假设即确认数据中有确定性趋势。这样，我们取附录（4）式为 ECM 的设定形式，即常数项出现在 ECM 中协整向量之外。我们初步选取滞后阶 k = 1，后面基于协整方程（或 ECM）的残差进行 Ljiung – Box 的 Q 检验和 Jarque – Bera 的正态性检验将最终检验 k = 1 是否合适。

附表 2 给出的是变量间是否成立协整关系的迹检验 λ_t 和最大特征根检验 λ_m。对于 $\lambda_t = -T\cdot\sum_{i=r+1}^{4}\ln(1-\lambda_i)$，r 为秩即协整关系的个数，4 为变量个数，其原假设 H_0 是秩为小于或等于，备选假设 H_1 为秩大于或等于 r + 1。而对于 λ_m，其 H_0 指秩为 r，H_1 指秩为 r + 1。

对于附表 2，我们首先指出其临界值必须使用 Johansen（1992）通过仿真给出的数据有线性趋势时的临界值 c_1，Johansen（1992）强调了协整关系中设定截距项，取决于数据中有无线性趋势；本文通过附录中（3）式的似然比检验确认 ECM 中应包括截距项，故使用 Johansen 的临界值。这一临界值跟软件 EViews 自动给出的临界值稍有差别，但不影响检验结论，这可能是样本数据较小造成的。

从附表 2 中的 λ_t 检验可明显看出秩 r = 1。而由 λ_m，从对应第一行可看出拒绝 r = 0，有第二行接受 H_0：r≤1，所以其结论也是 r = 1。这样，我们最后的结论是变量 CC、Opn、GC、GI 之间存在着一个长期稳定关系，即协整关系。

附表 2　　CC、Opn、GC、GI 之间的协整检验

特征根	H_0	H_1	λ_t	c_1	H_0	H_1	λ_m	c_1
0.869	r = 0	r≥1	62.61	54.43*	r = 0	r≥1	46.68	32.33*
0.349	r≤1	r≥2	15.82	29.57**	r≤1	r≥2	9.78	20.89**
0.231	r≤2	r≥3	6.03	15.29**	r≤2	r≥3	6.11	14.05**
0.000	r≤3	r≥4	0.001	3.79**	r≤3	r≥4	0.001	3.82**

注："**"表示 5%的显著性，"*"表示 1%的显著性。

三、历年政府财政支出各要素占总财政支出的比重

见附表 3。

附表 3　　历年政府财政支出各要素占总财政支出的比重

年份	经济建设费类支出（亿元）	社会文教费类支出（亿元）	国防支出（亿元）	行政管理费类支出（亿元）	其他支出（亿元）
1990	0.444	0.239	0.094	0.134	0.089
1991	0.422	0.251	0.098	0.122	0.108
1992	0.431	0.259	0.101	0.124	0.085
1993	0.395	0.254	0.092	0.137	0.123
1994	0.413	0.259	0.095	0.146	0.086
1995	0.419	0.257	0.093	0.146	0.085
1996	0.407	0.262	0.091	0.149	0.090
1997	0.395	0.267	0.088	0.147	0.102
1998	0.387	0.271	0.087	0.148	0.107
1999	0.384	0.276	0.082	0.153	0.105
2000	0.362	0.276	0.076	0.174	0.112
2001	0.342	0.276	0.076	0.186	0.120
2002	0.303	0.269	0.077	0.186	0.165
2003	0.301	0.262	0.077	0.190	0.169

中国城乡居民消费结构分析及其优化的财税政策取向

内容提要

城镇居民平均消费倾向略高于农村居民，说明城镇居民会拿出更大部分收入用于消费，而农村居民与城镇居民比较则更倾向于储蓄。2004年，城镇与农村居民的消费收入弹性都在增加，尤其农村居民的消费收入弹性增加快，并超过了城镇居民的消费收入弹性，说明我国政府增加农民收入的若干国策取得了明显的效果，并且开始启动了农村居民的消费潜力。

从消费结构内部看，食品仍然是城乡居民消费的主体，但是城乡居民其他消费的地位则存在较大差异，城镇居民的文教娱乐消费仅次于食品排在第二位，而农村居民则是居住消费排在第二位，交通通讯消费都处于城乡居民消费的第三位。进入21世纪后，交通通讯与娱乐教育消费增加的趋势明显加快。

我国目前的消费环境与其他发达国家人均1000美元收入水平条件下的消费环境相比，消费品相对较为丰富，其消费所需的外部支撑条件也较为完善，如交通消费所需要的交通基础设施有了突飞猛进的变化。这些因素也为我国居民消费结构的相对提升奠定了基础条件。

我国东部省区间经济发展水平存在较大的差异性，而中、西部地区省区间的经济发展水平则相对平衡。相反，我国中东部地区各省城镇与农村居民的消费结构差异较小，西部地区各省城镇与农村居民之间消费结构差异较大。

长期以来，我国居民收入与消费水平的地域差异呈扩大趋势，这种扩大趋势近年来才有所遏制，这反映了我国落后地区经济加快发展已经取得了一定的成效，但差距仍然很大。

优化城乡居民消费结构的财税政策建议：(1)“十一五”期间财税政策促进消费、保持经济稳定增长的重点应落在扩大城镇居民的消费，同时，重视提高农民收入，促进农村居民的消费；(2)“十一五”期间，财税政策应多侧重于加快生活服务基础设施建设方面；(3)中央实施财税政策，扩大消费时，不仅要考虑国家大区域概念，还要考虑区域内部存在发展不平衡与消费结构差异的现象；(4) 为扩大消费，财税政策应克服收入差距过于悬殊使高收入阶层消费倾向下降与低收入阶层无力形成有效需求的局面；(5) 财政支出、特别是国债资金的使用上更多地投向农村、社会保障、社会公益事业与转移支付。

财政部金人庆部长指出，“我国处于工业化、城镇化、国际化加速的时代，市场潜力巨大，坚持以扩大内需为主是我们发展经济的长期指导方针。‘十一五’期间，财政部门将努力优化投资消费结构，扩大消费的拉动作用，不断增加城镇居民和农民收入”①，“中国急需转向内需拉动型经济增长”②。因此优化消费结构成为“十一五”期间财税政策的重点。消费结构是指人们在消费过程中的多种消费资料或劳务的构成或比例关系，可以用各项消费支出在消费总支出中所占比重来表示。它是反映居民生活消费质量变化状况以及内在结构合理化程度的重要标志。那么政府只有了解我国居民消费结构状况及其发展趋势，才能采取正确的政策，以促进消费，保持经济稳定地增长。作为国民收入分配的主渠道，国家财政分配和再分配的状况及其政策取向，对于居民消费结构，从而对于国民经济的持续稳定增长，有着极大的影响和制约。本文从分析中国城乡居民消费结构及其变化入手，以提出对其进行优化的财税对策。

---

① 金人庆：“‘十一五’财政政策重点是刺激消费需求”，《中国经济周刊》，2005 年 11 月 28 日。

② 保罗·萨缪尔森和罗伯特·蒙代尔：“中国急需转向内需拉动型增长”，《人民日报》，2005 年 12 月 26 日。

一、城乡居民消费结构现状分析

（一）城乡居民消费支出结构

图 1 是 2004 年城乡居民各项消费支出构成图，食品消费支出分别占居民消费总支出的比重为 37.68% 和 46.25%，表明目前我国城镇居民的消费水平已经开始进入富裕阶段，农村居民的消费也已经开始

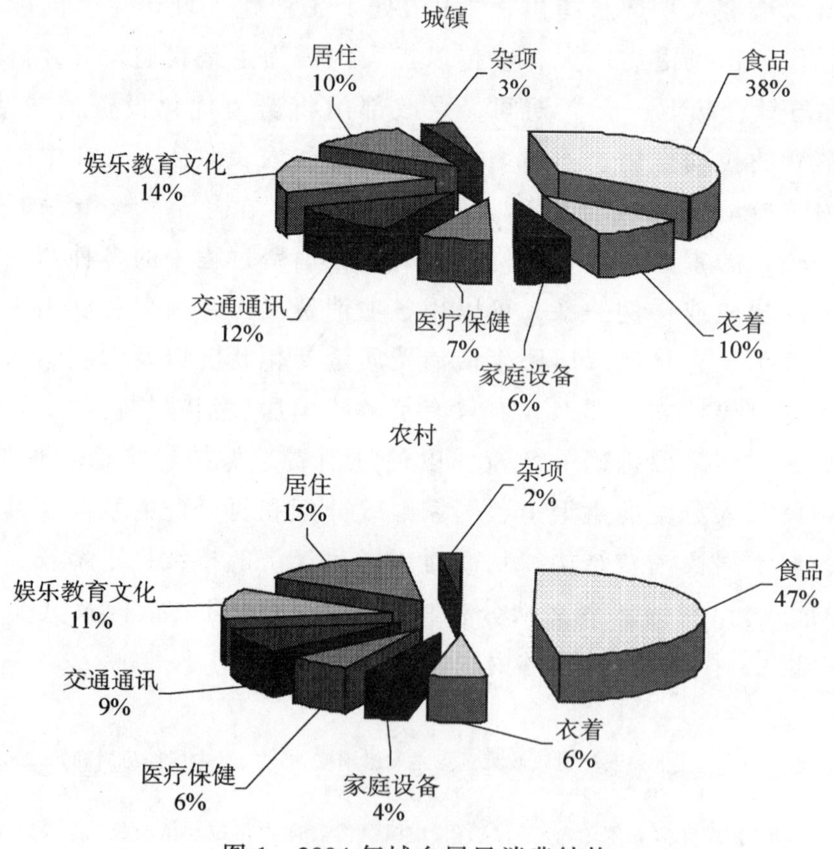

图 1　2004 年城乡居民消费结构

迈向小康阶段。但是由于城乡居民之间内部还存在着收入差异，因而不同收入组之间的消费结构也存在很大的差异。

（二）城乡居民各类消费支出的消费倾向分析

消费倾向是指居民随着收入增加，对各类消费项目的偏好程度。可以用平均消费倾向和边际消费倾向两个指标来反映。平均消费倾向是指居民收入中用于当年消费的各类消费项目的比重，是一种静态指标，而边际消费倾向是一种动态指标，反映未来居民随着收入水平的增长，各类消费需求相应地增长趋势。

平均消费倾向可以直接用当年各类消费需求数量与当年收入水平比值计算，2004年城乡居民的消费水平之比为3.29∶1，平均消费倾向分别为0.762和0.744，城镇居民平均消费倾向略高于农村居民。说明城镇居民会拿出更大部分收入用于消费，而农村居民与城镇居民比较更倾向于储蓄。

边际消费倾向则可以利用扩展线性支出系统模型来计算。扩展线性支出系统模型如下：

$$C_i = a_i + b_i Y$$

其中 C_i 为第 i 类商品的消费支出，i = 1，2，……，8；Y 为各类收入家庭的人均生活费收入，a_i，b_i 为待估参数，b_i 即为边际消费倾向。边际消费倾向反映了居民收入增加后相应地消费增量结构，即反映出居民消费增加部分中更多地用于哪类消费。采用2004年城乡居民不同收入组居民消费支出结构来计算城乡居民的边际消费倾向。结果表明，城乡居民边际消费倾向分别为0.646和0.499，这意味着每增加1元的收入，城乡居民相应地增加0.646、0.499的消费支出，城镇居民的消费倾向高于农村居民的消费倾向。从消费结构内部看，食品仍然是城乡居民消费的主体，但是城乡居民其他消费的地位则存在较大差异，城镇居民的文教娱乐消费仅次于食品排在第二位，而农村居民则是居住消费排在第二位，交通通讯消费都处于城乡居民消费的第三位。见表1。

表1　2004年居民消费支出的平均消费倾向和边际消费倾向

项　目	城镇居民		农村居民	
	平均消费倾向	边际消费倾向	平均消费倾向	边际消费倾向
消费总支出	0.762	0.646	0.744	0.499
食品	0.295	0.179	0.345	0.156
衣着	0.077	0.054	0.042	0.029
家庭用品	0.046	0.047	0.032	0.026
医疗保健	0.052	0.057	0.041	0.029
交通通讯	0.079	0.095	0.051	0.058
文教娱乐	0.110	0.112	0.085	0.057
居住	0.079	0.073	0.121	0.117
其他	0.024	0.028	0.023	0.022

（三）城乡居民各类消费支出的收入弹性分析

消费需求的收入弹性是指当收入变化1%，价格不变时所引起的商品需求量变化的百分比。消费收入弹性反映了居民各类消费支出对收入变化的敏感程度。消费需求的收入弹性计算公式为：

$$E_m = \frac{\Delta Q/Q}{\Delta M/M} = \frac{\Delta Q}{\Delta M} \cdot \frac{M}{Q}$$

其中，E_m 为消费的收入弹性系数；M为收入；ΔM为收入的改变量；Q为消费支出；ΔQ为消费支出改变量。

根据2002年城乡居民收入与消费支出计算城乡居民消费收入弹性值分别为0.8197和0.6578，2004年它们分别为0.9162和1.0366。我们发现城镇与农村居民的消费弹性都在增加，尤其农村居民的消费收入弹性增加快，并超过了城镇居民的消费收入弹性，农村居民消费需求对收入的敏感程度现在高于城镇居民，说明我国政府增加农民收入的若干国策取得了明显的效果，并且开始启动了农村居民的消费潜力。

二、城乡居民消费结构动态变化分析

（一）城镇居民消费结构动态变化分析

随着收入水平的增加，城镇居民的消费结构也发生了很大的变化。其中食品消费支出一直是居民消费最主要项目，但消费比重下降很快，从1980年的56.66%下降到2004年的37.72%，下降了18.94个百分点。衣着消费支出的比重也下降很快，由1980年的第二位下降到2004年的第五位。而娱乐教育、交通通讯和居住消费支出的比重则上升最快，分别上升了6.55、10.30和8.82个百分点，其位次到2004年也仅次于食品消费，上升到第二、三、四位。

表2　　城镇居民消费支出比重变化统计表　　单位：%

	1980年	1985年	1990年	1995年	2000年	2004年
食品	56.66	52.25	54.25	49.92	39.18	37.72
衣着	14.79	14.56	13.36	13.35	10.01	9.56
家庭设备用品	2.91	8.60	8.48	8.39	8.79	5.67
医疗保健	0.60	2.48	2.01	3.11	6.36	7.35
交通通讯	1.45	2.14	3.17	4.83	7.90	11.75
娱乐教育文化服务	7.83	8.17	9.56	8.84	12.56	14.38
居住	1.39	4.79	4.76	7.07	10.01	10.21
杂项	10.16	7.02	5.21	4.28	5.17	3.34

消费结构变动是用来反映各个阶段平均每年消费结构变动程度。城镇居民消费结构变动度结果表明，城镇居民消费结构总体上呈现变

动加快的趋势。而且在不同阶段，居民消费结构变动的主要领域不同。20世纪80年代，主要是以家庭设备用品和食品消费变动为主。说明这一时期，居民消费主要是解决温饱以后，呈现出对家庭耐用消费品需求的增加。20世纪90年代，主要是以食品、居住消费为主，说明随着收入水平的增加，食品消费比重下降趋势加快，而居住水平的提高成为这一阶段消费的重点领域。而进入21世纪后，交通通讯与娱乐教育消费增加的趋势明显加快。

（二）农村居民消费结构动态变化分析

随着收入水平的增加，农村居民的消费结构也发生了很大的变化。其中食品消费支出一直是居民消费最主要项目，但消费比重下降很快，从1980年的61.77%下降到2004年的47.23%，下降了14.54个百分点。衣着消费支出的比重也下降很快，由1980年的第三位下降到2004年的第五位。而娱乐教育和交通通讯消费支出的比重则上升最快，分别上升了6.24和8.46个百分点，其位次到2004年也仅次于食品消费和居住消费，上升到第三、四位。见表3。

表3　　农村居民消费支出比重变化统计表　　单位：%

	1980年	1985年	1990年	1995年	2000年	2004年
食品	61.77	57.79	58.8	58.62	49.13	47.23
衣着	12.32	9.69	7.77	6.85	5.75	5.50
家庭设备用品	2.55	5.1	5.29	5.23	4.52	4.08
医疗保健	2.11	2.42	3.25	3.24	5.24	5.98
交通通讯	0.36	1.76	1.44	2.58	5.58	8.82
娱乐教育文化服务	5.09	3.89	5.37	7.81	11.18	11.33
居住	13.85	18.23	17.34	13.91	15.47	14.84
杂项	1.95	1.12	0.74	1.76	3.14	2.21

从农村居民消费结构变动度来看，农村居民消费结构总体上也呈现出变动加快的趋势。在不同阶段，居民消费结构变动的主要领域不同。20世纪80年代，主要是以居住和家庭设备用品消费比重增加，食品和衣着消费比重降低的结构变动为主。说明这一时期，居民消费主要是解决温饱以后，呈现出对居住条件改善和家庭耐用消费品需求的增加。20世纪90年代，主要是以食品消费为主，居住、交通通讯与娱乐消费次之。

三、消费结构的国际比较

根据世界各国居民消费结构变动过程来看，不同经济发展阶段，居民消费结构呈现不同的比例关系。2003年我国人均GDP为1090美元，2004年我国人均GDP达到1269美元，与世界各国人均GDP1000美元时居民消费支出构成情况相比，我国城镇居民的恩格尔系数已经低于世界平均值，而农村居民的恩格尔系数还高于世界平均值，由恩格尔系数判断我国城镇居民目前消费水平相对高于世界1000美元时的平均消费水平，而农村居民目前的消费水平则低于世界1000美元时的平均消费水平。

从消费结构内部看，城乡居民衣着和家庭设备的比重相对低于世界平均值，而医疗保健、文教娱乐的比重都高于世界平均值。城镇居民居住消费比重低于世界平均值，而交通通讯则高于世界平均值；农村居民则与之相反，居住消费比重高于世界平均值，而交通通讯消费则低于世界平均值。从各项消费支出位序看，人均1000美元时世界平均消费支出位序为食品、居住、衣着、家庭设备、交通通讯、文教娱乐、其他和医疗保健（见表4），说明居民消费已经由衣食消费转向以居住消费需求为主的阶段。而我国城乡居民的消费位序则与世界平均水平之间存在很大差距，我国目前居民消费结构比人均1000美元时世界平均消费结构较为先进。分析其原因，一方面，从国际购买力水平看，我国目前的购买力水平要相对高于人均1000美元时世界平均购买力水平；另一方面，不同时期，世界消费环境发生了很大变化，我国目前的消费环境与其他发达国家人均1000美元收入水平条件下的消费环境相比，消费品相对较为丰富，其消费所需的外部支撑条件也较为完善，如交通消费所需要的交通基础设施有了突飞猛进的变化。这些因素也为我国居民消费结构的相对提升奠定了基础条件。此外，由于经济全球化进程的深化，消费全球化趋势明显，消费全球化所带来年消费模仿与示范效应使得国际消费方式进入我国，也带动了我国消费结构的相应提升。

表4　世界主要国家和地区人均GDP1000美元水平的居民消费支出构成

单位：%

	食品	衣着	居住	家庭设备	医疗保健	交通通讯	文教娱乐	其他
平均值	40.84	11.36	11.57	9.12	4.51	8.51	6.96	6.96
美国	31.44	11.08	16.33	10.46	6.12	11.15	7.33	6.21
法国	45.32	13.6	7.39	9.75	6.31	6.6	7.39	2.17
德国	39.47	13.26	10.61	13.26	3.35	6.47	7.25	4.21
英国	44.35	11.49	12.6	10.64	1.93	8.6	6.63	3.39
日本	37.17	11.93	13.49	7.66	29.77			
意大利	45.84	9.42	12.45	8.02	4.48	8.61	4.85	6.32
香港	34.76	14.79	12.53	8.6	6.15	7.97	7.81	7.39
新加坡	30.43	9.32	10.42	7.93	2.78	11.97	10.22	16.93
韩国	53.85	9.18	7.95	4.04	4.82	7.07	5.67	7.41
中国台湾	49.06	5.3	15.49	5.2	4.64	4.77	8.77	6.77
奥地利	43.35	13.99	10.36	10.45	2.76	9.24	6.65	3.2
匈牙利	46.57	12.05	6.8	8.1	5.92	6.39	10.54	3.63

续表

	食品	衣着	居住	家庭设备	医疗保健	交通通讯	文教娱乐	其他
西班牙	42.89	11.52	10.37	9.55	2.94	7.37	4.74	10.6
希腊	45.12	13.26	15.68	6.69	3.95	7.78	7.84	0.64
墨西哥	40.04	11.99	11.21	11.58	3.21	7.63	4.71	9.63
南非	30.23	9.63	12.23	14.93	2.9	14.62	6.03	7.45
泰国	34.32	11.4	10.71	8.26	6.97	10.96	4.44	12.93

资料来源：《大连经济动态》，2003年第3期。

四、居民消费结构的区域差异

我国地域辽阔，经济条件和自然条件复杂，经济发展很不平衡，与此相应，我国城乡居民的收入水平、消费水平与消费结构必然具有不平衡性和地域性的特点。

（一）我国居民收入与消费水平的区域差异分析

1. 2004年居民收入与消费水平的区域差异分析

居民收入水平的地区差异决定了地区间消费水平的不平衡性。2004年，全国城镇居民人均可支配收入为9421.61元，最高地区上海的人均收入与最低地区宁夏的人均收入比为2.31:1，城镇居民人均消费支出为2.17:1。农村居民人均纯收入为2936.40元，最高地区上海的人均收入与最低地区贵州的人均收入比为4.10:1，农村居民人均消费支出为2184.65元，最高地区上海的消费支出与最低地区贵州的消费支出比为4.88:1。

而2002年，全国城镇居民人均可支配收入为7702.8元，最高地区上海的人均收入与最低地区贵州的人均收入比为2.23:1，城镇居民人均消费支出为2.35:1。农村居民人均纯收入为2475.63元，最高地区上海的人均收入与最低地区西藏的人均收入比为 4.26:1，农村居民人均消费支出为 1834.31 元，最高地区上海的消费支出与最低地区西藏的消费支出比为 5.3:1。

从以上数据及其分析我们可以看出，中国各省（包括直辖市与自治区）间的收入与消费的相对差距正在逐渐缩小。

各区域间消费的地区差异程度可以用变差系数来反映，计算公式为：

$$V=\frac{\sqrt{\frac{\sum_{i=1}^{n}(x_i-\bar{x})^2}{n}}}{\bar{x}}\times 100\%$$

其中，x_i 为 i 样本的人均消费水平，$\bar{x}$ 为 n 个样本的人均消费水平，n 为样本个数。

计算 2004 年全国城乡居民收入与消费水平的变差系数，结果表明城镇与农村居民收入与消费水平的相对差异较为突出，这反映了现阶段我国城乡经济发展极不平衡的特点。从东、中、西三大地带看，东部地区各省（包括直辖市与自治区）之间居民收入与消费的地区差异相对较为突出，中部地区的地区差异则相对较小。见表 5。这表明了我国东部省区间经济发展水平存在较大的差异性，而中、西部地区省区间的经济发展水平则相对平衡。

表 5　　2004 年居民收入与消费地区相对差异情况

单位：%

	收入差异				消费差异			
	全国	东部	中部	西部	全国	东部	中部	西部
城镇居民	26.23	25.03	4.83	9.72	26.56	26.95	8.34	11.90
农村居民	44.10	32.77	5.52	13.03	46.20	41.38	12.11	13.21

各地区之间不仅存在收入和消费差距，由于我国二元经济的存在以及城市化水平的差异，使得城乡居民之间的消费差异也具有地域性

特点，2004年各地区城乡居民消费数据表明，中西部地区的城乡之间的消费差距相对大于东部地区的城乡之间消费差距，2004年上海市城乡居民消费水平比值为1.974，是各地区城乡居民消费差距最小的地区，而西藏地区城乡居民消费水平比值为6.95，是各地区城乡居民消费差距最大的地区。如果将2004年城镇居民消费水平最高的上海与农村居民消费水平最低的西藏进行比较，城乡之间消费差距更在10倍以上，这反映出中国地区间的收入与消费的差距近年来虽然正在逐渐缩小，但城乡居民之间的实际消费差距仍然很大。

2. 我国居民消费水平动态变化的地域差异分析

根据1980—2004年各地区城乡居民消费水平变动情况看，总体上看，城乡居民消费增长也呈现出东部高、西部低，南部高北部低的现象。北京城镇居民消费增长最快，人均消费支出由1980年的490元增加到2004年的12200.4元，增长了24.90倍；而河南城镇居民消费增长最慢，人均消费支出由1980年的384元增加到2004年的5294.19元，增长了13.79倍。与城镇居民消费增长地区差异相比，农村居民消费增长地区差异相对较大，浙江农村居民消费增长最快，人均消费支出由1980年的191.88元增加到2004年4659.11元，增长了24.28倍。城乡居民地区差异的变差系数结果也表明长期以来，我国居民消费水平的地域差异呈扩大趋势，这种扩大趋势近年来才有所遏制，这反映了我国落后地区经济加快发展已经取得了一定的成效。

（二）我国城乡居民消费结构差异状况的聚类分析

我国居民消费结构不但呈现出明显的城乡差异，不同地区的城乡居民消费结构也各有特点，为了更深入细致地分析我国城乡居民消费结构差异，我们对全国各省市城乡居民消费结构差异进行聚类分析，以揭示不同地区城乡居民消费结构差异的特征，并进一步分析产生这些差异的原因。

利用2004年各项消费支出数据，计算出全国各省、直辖市、自治区（不含西藏，也不包括香港、澳门和台湾地区）城乡居民消费结构的差异状况。其中 D_f，D_c，D_h，D_d，D_y，D_t，D_e，D_g 分别表示城乡居民食品、衣着、住房、家庭设备用品、医疗、交通运输、娱乐文教及杂项支出比重的相对差异率，并将相对差异率定义为：

$$D=(d_u-d_r)/d_r\times 100\%$$

d_u 和 d_r 分别表示城镇和农村居民某项消费支出占总支出的比重。利用上述公式，样本间的距离使用平方欧氏距离，分别采用最短距离法、最长距离法、中间距离法、重心法、类平均法和离差平方和法对 30 个不同地区城乡居民消费结构差异进行聚类分析，从以上使用六种不同聚类方法得到的六种树形聚类图来看，聚类效果并不完全相同。聚类效果最好的要数类平均法和离差平方和法。类平均法在定义两类之间的距离时，利用了两类之间所有样本的距离，克服了最短距离法和最长距离法只由几个少数样本来决定类与类之间距离的缺欠。离差平方和法则是把方差分析的思想引入进来，利用该方法进行分类，可以得到较好的分类效果。该方法最大的特点在于同一类内的差异都比较小，而不同类之间的差异都比较大。从树形聚类图来看，类与类之间的界限很清晰，很容易进行分类。

从离差平方和法得到的树形聚类图来看，全国 30 个地区粗略地可以分为三大类，第一类包括：上海、北京、浙江、天津、湖南、江苏、福建、广东，共包含 8 个不同的地区。第二类包括：河北、内蒙古、辽宁、吉林、黑龙江、江西、山东、湖北、广西、海南、四川，共包含 11 个不同地区。第三类包括：山西、河南、安徽、重庆、贵州、云南、陕西、甘肃、宁夏、新疆、青海，若将分类细化，将 30 个地区分为六类。

第一类包括：上海

第二类包括：北京、浙江

第三类包括：天津、湖南、江苏、福建、广东

第四类包括：河北、内蒙古、辽宁、吉林、黑龙江

第五类包括：江西、山东、湖北、广西、海南、四川

第六类包括：山西、河南、安徽、重庆、贵州、云南、陕西、甘肃、宁夏、新疆、青海

从聚类结果看，城乡居民消费结构差异与地区的经济发展水平密切相关。一类地区，上海郊县是我国农村经济最发达的地区，2004年，人均纯收入为7066.33元，比全国平均水平高出4129.93元，人均消费支出也比全国高出4144.2元。二、三类地区除湖南外，一般是我国经济较发达的地区，农村居民收入高，消费水平也较高，农村基本上实现小康。四类地区代表着全国的平均水平。各省区居民的人均收入与全国水平较为接近，其消费水平也和全国平均水平大体相当。主要分布在我国东北地区。五类地区收入的平均水平一般比全国平均水平稍低，主要分布在我国西南地区。六类地区一般是我国经济发展比较落后的地区。这些地区的居民人均收入、购买力、生活消费支出均低于全国平均水平，我国农村贫困人口多分布在这些地区，农村经济发展较为缓慢。

以上聚类分析研究结果说明：我国中东部地区各省城镇与农村居民之间消费结构差异较小，西部地区各省城镇与农村居民之间消费结构差异较大，这对于我国快速发展的目标以及国民经济的长远发展都不利。

五、城镇居民收入差距对城镇居民消费结构的影响分析

分析我国改革开放以来收入分配的变化对经济增长的影响，以消费结构机制来解释这种影响要更符合我国的实际：改革开放之后的收入差距扩大有利于消费结构演进，从而有利于消费需求持续扩大，使

经济增长得到了持续动力。但是，进入本世纪后消费结构升级的结果则要求缩小收入差距，以形成一个可以使消费结构继续升级的更大的高收入群体。

居民收入水平虽然在整体上能决定消费结构的变动趋势，但是同一时期内不同收入阶层或不同地区家庭的收入差距往往会造成这些家庭消费结构的巨大差异，从而对社会消费结构变动产生消极影响，以至制约社会经济的正常发展。下面我们应用时间序列数据和截面数据，实证分析收入差距对中国居民消费结构的影响。

我们选取斜率为常数，截距随收入等级和时间不同而变化的时间序列方程，方程的形式为：

$$C_{it} = \alpha_{it}^{*} + \beta Y_{it} + \mu_{it}; \ i = 1, 2, \cdots, 7; \ t = 1, 2, \cdots, 11 \quad (1)$$

式中 $\alpha_{it}^{*} = \bar{a} + \alpha_i + d_t$，$\bar{a}$ 为平均截距，也就是说，该模型把与个体有关的省略变量的影响分离出来，附加在截距项上，使得截距系数的值随个体和时间不同而改变。α_i 为各收入等级差异与平均收入无关的因素（潜变量）对消费者行为的影响；d_t 为随时间变化与平均收入无关的因素（潜变量）对消费者的影响。α_i 和 d_t 值的不同能反映各收入等级差异所带来的购买力动机强弱。α_i 和 d_t 值越大，说明城镇居民中该收入等级的购买力越强，反之亦然。对上式进行差分变换：

$$C_{it} - \bar{C}_{it} = \beta_k (Y_{it} - \bar{Y}_{it}) + \mu_{it} - \bar{\mu}_{it} \quad (2)$$

式中，$\bar{C}_{it}$，$\bar{Y}_{it}$，$\bar{\mu}_{it}$ 均为平均数。利用普通最小二乘法估计式(2)，即可得到 β_k 的估计值，进而计算式（4）和（5）可得收入等级效应和时间趋势效应。

$$\bar{a} = \bar{C}_{it} - \hat{\beta}_k \bar{Y}_{it} \qquad i = 1, 2, \cdots, 7 \quad (3)$$

$$\alpha_i = \bar{C}_i - \bar{C}_{it} - \hat{\beta}_k (\bar{Y}_i - \bar{Y}_{it}) \qquad i = 1, 2, \cdots, 7 \quad (4)$$

$$d_t = \bar{C}_t - \bar{C}_{it} - \hat{\beta}_k (\bar{Y}_t - \bar{Y}_{it}) \qquad t = 1, 2, \cdots, 11 \quad (5)$$

下面根据模型（1）研究收入等级因素对我国消费结构的影响，

资料采用1995—2003年城镇居民家庭抽样调查资料中分7个收入组的时间序列与横截面结合资料。共建立八个消费模型分别考察了收入等级因素对居民总支出、食品支出、衣着支出、家庭设备用品及服务支出、交通通讯支出、娱乐教育文化服务支出、居住支出消费模型。在这八个模型中，$C_{it}^{(k)}$表示第i收入组的居民在第t年的人均实际生活费支出、食品支出、衣着支出、家庭设备用品及服务支出、交通通讯支出、娱乐教育文化服务支出、居住支出；Y_{it}表示第i收入组的居民在第t年的人均实际收入。模型估计结果如下：

模型1：总消费支出模型

$$C_{it}^{(1)} = 1042.02 + 0.573Y_{it} + a_i^{(1)} + d_t^{(1)}$$

（12.92）（17.31）

模型2：食品消费模型

$$C_{it}^{(2)} = 1262.02 + 0.493Y_{it} + a_i^{(2)} + d_t^{(2)}$$

（10.42）（16.31）

模型3：衣着消费模型

$$C_{it}^{(3)} = 462.02 + 0.093Y_{it} + a_i^{(3)} + d_t^{(3)}$$

（16.42）（12.61）

模型4：家庭设备用品及服务消费模型

$$C_{it}^{(4)} = -116.02 + 0.195Y_{it} + a_i^{(4)} + d_t^{(4)}$$

（6.15）（10.17）

模型5：医疗保健消费模型

$$C_{it}^{(5)} = 62.02 + 0.035Y_{it} + a_i^{(5)} + d_t^{(5)}$$

（4.16）（7.34）

模型6：交通通讯消费模型

$$C_{it}^{(6)} = -13.92 + 0.035Y_{it} + a_i^{(6)} + d_t^{(6)}$$

（9.42）（18.33）

模型7：娱乐教育文化及服务消费模型

$$C_{it}^{(7)} = -63.02 + 0.146Y_{it} + a_i^{(7)} + d_t^{(7)}$$

（16.42）（7.071）

模型 8：居住消费模型

$$C_{it}^{(8)} = -73.32 + 0.015Y_{it} + a_i^{(8)} + d_t^{(8)}$$

（10.66）（18.53）

上述模型中各系统 T - 统计量在置信水平 95%下显著，且可决系数 R^2 除居住消费模型外都比较高。这说明模型 1—模型 8 较好的拟合了中国城镇居民的各项消费支出。

根据以上模型计算收入等级因素与时间因素对消费结构的影响效应如表 6、表 7 所示。

表 6　　中国城镇居民消费的收入等级效应 α_i

收入等级	总支出	食品	衣着	家庭设备	医疗保健	娱乐文教	交通通讯	居住
最低户	-179.57	-142.75	-128.25	41.27	32.67	23.61	-16.83	21.53
低等户	-131.35	-83.75	-83.01	18.32	17.46	17.92	-15.38	17.92
中下户	-79.27	-39.41	-41.84	3.95	12.59	10.62	-10.72	10.51
中等户	39.29	2.91	2.89	-16.93	10.26	3.28	1.03	6.13
中上户	97.48	47.92	69.42	-12.31	-15.52	-3.51	8.91	-3.91
高等户	129.54	89.42	127.31	-35.21	-57.31	-8.64	19.36	-13.85
最高户	194.73	148.43	167.39	-82.45	-73.01	-16.72	25.72	-38.82

表 7　　中国城镇居民消费的时间序列效应 d_t

时间	总支出	食品	衣着	家庭设备	医疗保健	娱乐文教	交通通讯	居住
1995	-42.51	-51.23	-11.42	48.31	-5.71	2.16	-3.21	-9.23
1996	-31.67	-31.20	-1.26	29.41	-13.45	-6.81	-8.33	-2.94
1997	-16.21	3.17	4.28	14.26	-5.82	-17.62	-11.92	6.92
1998	2.81	16.24	7.83	2.91	2.91	2.91	0.31	8.91
1999	27.31	28.19	8.29	-14.25	8.42	12.81	8.31	17.82

续表

时间	总支出	食品	衣着	家庭设备	医疗保健	娱乐文教	交通通讯	居住
2000	42.15	34.17	12.43	-19.62	13.92	27.34	13.92	19.36
2001	64.26	39.17	18.16	-21.45	24.41	31.56	17.35	23.71
2002	81.63	45.61	25.74	-32.82	32.15	45.71	28.41	29.53
2003	94.17	51.64	32.29	-36.72	41.91	56.53	39.25	37.75
2004	108.23	58.47	38.13	-42.56	50.77	68.85	51.16	47.62

收入等级对城镇居民消费结构有很大的影响，处于不同等级居民的消费行为差异很大。

就总支出而言，最低户、低等户和中下户的 α_i 值小于零，而中等户、中上户、高等户和最高户的 α_i 值大于零。它表明，相对于低收入组的居民而言，高收入组居民有较强的购买动机。

从各项支出类别上看，最低户、低等户和中下户在食品和衣着支出上的 α_i 小于零，这表明他们的基本需求难以得到满足，在食品、衣着方面有着较强的购买潜力。而中等以上收入户的食品、衣着消费已得到充分满足，支出弹性很小。

最低户、低等户、中下户在家庭设备、文化教育、医疗保健和居住方面的 α_i 值大于零，这表明他们在基本生活不能得到满足的情形下，对奢侈品的支出弹性极小。而高等户和最高户的 α_i 值小于零，表明他们对这些消费品有着较强的现实购买力。

文化教育、医疗保健和居住在我国还包括较大的福利成分，这也可以被看作是福利收入，福利收入在低收入家庭全部收入中所占的比重明显大于高收入家庭，收入水平越低，福利收入所占比重越大，这体现了福利收入使低收入家庭受益更大之效能，也可以用来解释低收入家庭 α_i 值大于零的一个原因。

时间变化对居民消费行为的影响作用程度也是很明显的。这一点可以通过引入时间变量加以反映。时间因素也可以看作是预期因素。

我国城镇居民的消费行为在时间上有很大的趋同性。观察样本区间1995—2003年间 d_t 值变化，可见总支出的时间效应总体上是呈递增趋势，1997年是一个拐点。1998年以来，由于投资增长失去最终需求的支撑，造成大量生产能力过剩，致使全国半数以上主要工业品生产能力利用率不足50%，直接影响了就业和经济效益，使银行呆坏账增多，金融问题凸显，经济增长速度下滑。其次，这有可能导致未来经济波动的频率和幅度加大。2003年我国进入新一轮高速增长时期，但过多依靠中间投入增长带动的状况仍未改观，当发展到一定阶段，必然会受到最终需求的制约，使增长速度放慢下来，导致消费者对未来经济景气看低，在这众多因素综合作用下，居民消费需求显著减少。

六、结论与优化城乡居民消费结构的财税政策建议

（一）结论

居民消费水平和消费结构是反映国家或地区经济发展水平的一个重要标志。从消费结构看，城乡居民居住消费和交通通讯消费是增长最快的两个领域，说明在未来一定时间内我国消费促进经济增长主要是依靠居住消费和交通通讯消费两个领域。居民消费区域差异状况同时也是反映区域经济差异的一个重要指标。从东、中、西三大地带看，东部地区城乡居民收入与消费的地区差异相对较为突出，中部地区的地区差异则相对较小。这表明了我国东部省区间经济发展水平存在较大的差异性，而西部地区内部省区间的经济发展水平则相对平衡，但从我国城镇与农村居民之间消费结构差异看，东部地区各省差

异较小，西部地区各省差异较大，从全国省际差异看，我国居民消费水平的地域差异呈扩大趋势，这种扩大趋势近年来才有所遏制，这反映了我国落后地区经济加快发展已经取得了一定的成效，但城乡居民之间的实际消费差距仍然很大。

我国城镇居民的收入分配差距与城镇居民消费需求之间有显著的负相关关系。也就是说，城镇居民收入分配差距的扩大，是导致城镇居民消费倾向不断下降，消费需求增长乏力的重要原因。所以，要扩大城镇居民的消费需求，就必须重视对城镇居民收入分配的调控。应通过发挥政府的收入分配职能，采取各种收入再分配和创造就业机会等增收措施，努力增加低收入阶层，中等收入阶层的收入，以缩小城镇居民的收入分配差距。城乡居民收入差距是我国居民总体收入差距的一个重要组成部分，从收入决定消费的角度思考，尽管城乡居民消费习俗不同，消费环境和消费水平也存在很大差异，但城乡居民消费支出的差异却主要由其收入差距引起。

（二）优化城乡居民消费结构的财税政策建议

1.“十一五”期间财税政策促进消费、保持经济稳定增长的重点应落在扩大城镇居民的消费，同时重视提高农民收入，促进农村居民的消费

2004年城乡居民的消费水平之比为3.29:1，平均消费倾向分别为0.762和0.744，说明城镇居民会拿出更大部分收入用于消费，而农村居民与城镇居民比较更倾向于储蓄。2004年，城镇与农村居民的消费弹性都在增加，尤其农村居民的消费收入弹性增加快，并超过了城镇居民的消费收入弹性，说明我国政府增加农民收入的若干国策取得了明显的效果，并且开始启动了农村居民的消费潜力。因此，保持经济稳定增长，财税政策应侧重于扩大城镇居民消费，同时，重视提高以农民为主的中低收入人群的收入水平，挖掘农村居民的消费潜力。对于城市，要完善企业的分配制度。现在的内资企业职工在计税

工资上的标准远远大于外资企业的职工，在内外资企业的所得税方面，需要在时机成熟时统一税率。还要完善公务员和事业单位工资分配制度。对于广大的农村地区，培育其消费潜力，应将重点放在加大生活基础设施的投资力度上，放在改善农民的生产、生活条件上，将其消费的潜力逐渐释放出来。

2. “十一五”期间，财税政策应多侧重于加快生活服务基础设施建设方面

文中指出，进入 21 世纪后，交通通讯与娱乐教育消费增加的趋势明显加快。适当多增加一些公共支出，主要用于生活基础设施建设、城市与农村公共设施建设、治理环境等投资风险小，既有经济效益又有社会效益的项目，不仅可以增加和改善经济发展与居民生活的环境条件，较彻底消除长期以来制约经济增长的“瓶颈”因素，而且，为适应新的产业结构调整和升级，适应新的经济增长要求做好准备。大幅度增加教育投入，将教育经费更多地转向基础教育尤其农村基础教育，特别是加大对农村经济基础较差地区的基础教育财力，同时减轻城镇居民的教育支出负担；加大国家对公共卫生事业、就业和社会福利等公共服务领域的投入，缓解各地经济和社会发展不平衡的矛盾，在保障社会公平上迈出更大步伐。

3. 中央实施财税政策，扩大消费时，不仅要考虑国家大区域概念，还要考虑区域内部存在发展不平衡与消费结构差异的现象

文中分析指出我国东部省区间经济发展水平存在较大的差异性，而中、西部地区省区间的经济发展水平则相对平衡。但我国中东部地区各省城镇与农村居民的消费结构差异较小，西部地区各省城镇与农村居民之间消费结构差异较大，这样增加了政府实施财税政策，扩大消费的难度，这对于我国快速发展的目标以及国民经济的长远发展不利。财税政策不但要致力于改善大区域的总量供给，完善产业政策，优化产业结构，还要致力于区域内部发展的平衡与协调，只有实现各地区以及地区内部产需之间的互动，才能培育有效消费和新的消费增

长点。

4. 为扩大消费，财税政策应克服收入差距过于悬殊使高收入阶层消费倾向下降与低收入阶层无力形成有效需求的局面

通过比较分析 2002 年与 2004 年居民收入与消费水平的区域差异，可知，中国地区间的收入与消费的差距近年来正在逐渐缩小，但差距仍然很大。因此，政府应充分发挥财政支出的宏观调控作用，运用财政支出政策，加大对落后地区的支持和对低收入阶层的照顾，以缩小地区间经济发展差距和个人财富分配差距：一是建立财富的二次分配体制，努力增加低收入者收入，调节过高收入，取缔非法收入，保障最低收入，缩小居民收入差距；二是通盘考虑我国社会保障体制改革的思路，立足现有国情，加大对城镇低收入居民和农村贫困户的资助力度，通过建立和健全社会保障制度，为失业、下岗人员和贫困家庭提供基本经济保障，以减轻企业的社会负担，这既有利于现代企业制度的建立，又可解除居民投资的后顾之忧，有利于促使居民将储蓄存款转化为投资与消费；三是要加大货币和财税政策对就业的倾斜，通过税收减免、小额信贷等政策，促进社区服务、餐饮等劳动密集型服务业的发展，降低城市化门槛，努力增加就业岗位，鼓励农民转换生产方式，进城务工和经商，减少农民的比例，提高其购买力；四是可将政府的大型采购项目较多地分配给落后地区，增加落后地区居民的收入，促进落后地区的经济发展。

5. 财政支出、特别是国债资金的使用上更多地投向农村、社会保障、社会公益事业与转移支付

众所周知的是，多年来，国债资金大量投入在工业、企业等基本建设上。不断攀升的投资率使投资与消费这一基本经济结构关系的矛盾日益凸显，已经到了对宏观收入分配政策进行调整、予以充分重视的时候了。投资与消费的矛盾，最直接的宏观后果是，GDP 中能够用于国民分配的数量长期相对压缩。这也部分地解释了，为什么扩大内需的政策很多，效果却并不明显。因此，国家应继续调整国债资金的

使用方向和结构，向农村倾斜、向社会保障体系建设倾斜、向环境保护倾斜、向基础教育等社会事业倾斜。

课 题 顾 问：白景明
课题负责人：何华祥　吴雪
课题组成员：赵复元　郭占春　曹文辉　王宏利
课 题 执 笔：王宏利

循环经济与政府责任

——循环经济研究系列报告之一

内容提要

循环经济承载着全面、协调和可持续发展的先进科学理念，它不仅关系到某一国家和地区的未来，也关系到全球、全人类的繁荣。中国是世界上最大的发展中国家，随着经济快速增长和人口的不断增加，资源不足、环境和生态保护的形势日益严峻，发展循环经济、建设节约型社会的任务尤为紧要。和传统经济模式相比，循环经济在经济学特征上具有诸多的外部性，不可能完全依靠市场调节来推进，需要依靠国家干预的强制力量。因此，政府作为一种制度性因素，在发展循环经济中负有十分重要的责任。这一责任的本质意义就是要通过政府的引导和干预使市场经济的外部性因素内部化，大力“倡导、规划、保障、推进、示范”循环经济，实现经济、社会、环境效益的和谐发展。

人类文明进入 20 世纪以来，经济增长和资源短缺的矛盾逐渐成为社会进步的瓶颈。循环经济作为一种新的经济发展模式和增长方式，作为走可持续发展道路的具体途径，正在受到国际社会的广泛关注。循环经济承载着全面、协调和可持续发展的先进科学理念，它不仅关系到某一国家和地区的未来，也关系到全球、全人类的繁荣。中国是世界上最大的发展中国家，随着经济快速增长和人口的不断增加，资源不足、环境和生态保护的形势日益严峻，发展循环经济、建设节约型社会的任务尤为紧要。

一、循环经济的概念、三层次和基本特征

循环经济的提出与实践是人类对人与自然关系不断认识、反思的结果，是对自身发展范式的一次必然的、积极的挑战。20 世纪 60 年代前后，在世界发达国家生产和消费大规模扩张的同时，资源高消耗、环境高污染引起了国际社会的广泛关注和重视。为了保障经济可持续发展，美国经济学家鲍尔丁首先提出循环经济的理论和概念，后来得到联合国的承认，先后在美国、德国、英国、瑞典和日本等经济发达国家推广和实施。美国在 70 年代末就制定了一系列以循环经济为目标的能源政策，80 年代建立了国家和各州政府废弃物排放量最少化的管理体系。日本在 90 年代提出“新千年计划”，明确把发展循环经济作为国家发展目标，把 2000 年作为循环经济社会的元年。从 80 年至 90 年代，循环经济已经成为世界发达国家经济发展的模式。

循环经济是运用生态学规律来指导人类的社会经济活动，是建立在物质不断循环利用基础上的新型的经济发展模式。它要求把经济活动组织成一种“资源——产品——再生资源”的封闭式流程，使所有

的原料和能源在循环中合理利用，把经济活动对自然的影响控制在最小的程度，从而实现环境与经济建设的协调发展。

循环经济体系分为三个层次：一是企业内部的小循环。即企业根据清洁生产的要求，采用新的设计和技术，将单位产品的各项消耗和污染物的排放量限定在先进标准许可的范围之内。这是循环经济在微观层面上的体现，也是最基础的部分。二是区域范围内企业之间的中循环。即工业园区按照生态产业链的要求，将一系列保持相连的生态产业链组合在一起，通过企业和产业间的废物交换、循环利用和清洁生产，减少和杜绝废弃物的排放。这种以核心企业为主体，在企业之间建立工业共生和代谢生态群落关系，使物质流和能量流在企业间实现高效配合和充分循环。三是在社会层面的大循环。即整个国家和社会按照循环经济的要求，制定相关法律，构建社会废弃物回收利用网络的循环体系，使传统排放于自然环境中的废弃物作为资源纳入新的循环经济中，实现清洁生产、干净消费、资源循环、环境净化。

循环经济的核心是“减量化、再使用、资源化”三原则（即3R原则）。首先在生产的输入环节，减少进入生产和消费流程的物资和流量，尽可能多次或多种方式地利用物资，避免过多地变成垃圾。其次在生产过程环节，延长产品的服务和时间长度，尽量多次和多种方法使用产品，避免过早地变成废弃物。再次在生产的输出环节，把废弃物变成资源以减少最终处理量，如把废弃物资源化后形成与原来相同的产品和与原来不同的新产品，由此形成一种“低开采、低消耗、低排放、高利用”的经济增长方式。与原来传统的“资源——产品——废弃物”线型经济增长方式相比，循环经济是对传统生产方式的一次革命。

和传统的粗放型经济发展模式相比，循环经济有如下基本特征：

第一，参与要素的多元化。发展循环经济是一项系统工程，需要各方面要素的参与。关键要素包括：首先是观念，要使绿色、环保、节约成为全社会的基本共识，普及和提高政府、企业、公民的环境和资源意识；其次是制度性因素，由于循环经济存在经济外部性特征，不可能完全自发形成，因此必须要求政府的强力措施做保障，如规划指导，立法规范，政策调控等等，此外，市场机制也将在制度形成中发挥一定作用；再次是科技因素，循环经济和知识经济密切相关，正是科技进步使人类由自发的节约节俭到有组织、有规模地发展循环经济模式成为可能，节能降耗、废物处理、能源替代等新技术的研发和利用都是促进循环经济实现的必要条件。

第二，构成环节的多层次。作为经济发展模式，循环经济的组织结构中存在不同的层次，各个层次上又具有不同的侧重点，比如公民的节俭消费、企业清洁生产、工业园区的“绿色”定位、城市的和谐发展，等等，都是循环经济发展模式不可或缺的构成层次。循环经济理想化的最高层次是全球经济和自然、资源的高度和谐。

第三，运行原则的一致性。无论是循环经济的哪一个组织层次，遵循的原则都是一致的，即通常所说的“3R原则”：减量化（Reducing）——要求以最少的原料和能源投入实现既定的生产和消费目的；再使用（Reusing）——指尽可能多地使用产品，减少一次性产品所造成的浪费；再循环（Recuclimg）——对“废弃物”实现多层次的再生循环利用。通过这三个原则，实现循环经济的核心理念“最佳生产、最适消费、最少废弃”。

第四，发展战略的规划性、长期性。循环经济追求的是经济、社会、环境效益的统一，是人类对自身长远发展的一种理智选择，具有理念在先、实践在后的发展特点，因此需要规划和长期的探索。循环经济的具体内容必须经过理论和实践的反复检验，通过由点及面、由微观到宏观的推广和应用，逐步实现由量变到质变的跨越。

二、中国发展循环经济的必要性和紧迫性

我国正处于经济社会发展的重要战略机遇期，必须认真解决长期积累的突出矛盾和问题，突破发展的瓶颈制约，落实“五个统筹”，实现国民经济持续快速协调健康发展和社会全面进步。发展循环经济正是在科学发展观的指导下，使经济社会切实转入可持续发展轨道、构建社会主义和谐社会的必然选择。

第一，发展循环经济是解决资源约束矛盾、保障国家经济安全的现实需要。对于任何国家来说，资源的永续利用都是保障国家经济安全的重大战略措施。在过去20年里，中国一直保持着较高的经济增长率，但是也付出了巨大的资源代价，资源短缺越来越成为经济发展的掣肘，甚至在一定程度上威胁着国家安全。当前我国在资源方面存在的突出问题，一是资源储量不足，其中，关乎人类基本生存的淡水、耕地、森林和草地资源以及直接关乎经济发展的石油、天然气、铁矿石等能源的总量和人均占有量都处于短缺状态。二是资源消耗高、产出低。特别是能源利用效率低下，单位GDP中能源消耗量大大高于世界平均水平，相当于日本的11.5倍，美国的4.3倍。在过去的20年里我国以能源消费翻一番支撑了GDP翻两番的经济发展目标，以此计算，照现有能源储量，在未来20年里，通过能源翻一番来支持GDP翻两番将存在很大困难。三是资源的再利用率低。我国在资源的重复利用和再生利用方面水平都很低。对于可再生的太阳能、风能、水能，我国开发利用的都还很不够，工业废弃物的回收也存在欠缺。中央在“十一五”规划建议中明确提出，到2010年人均国内生产总值要比2000年翻一番；同时要实现资源利用效率显著提高，单位国内生产总值能源消耗比“十五”期末降低20%左右。为

实现这一目标，必须大力促进资源的高效利用和循环使用。

第二，发展循环经济是减少环境污染、加强生态保护的根本出路。在资源紧缺的同时，我国经济社会发展中还面临着环境污染、生态破坏的危险。目前，发达国家的环境问题主要是环境污染，发展中国家主要是环境破坏，而在我国，则同时存在着环境破坏和环境污染这两类环境问题：水环境每况愈下、大气污染严重、固体废物排放量日益增加、草地退化、水土流失、森林生态系统质量下降、生物物种锐减已经十分严重。“高消耗、低效益、高排放”的粗放型经济发展模式、经济利益和环境保护的冲突、公众环保意识淡薄所带来的环境污染和环境破坏不仅使经济发展蒙受了巨大损失（2001 年有关研究表明，环境污染造成的经济损失约占当年 GDP 的 3%—4%），而且直接降低了人民的生活质量、威胁着群众的生命健康。对此，我国从上世纪 80 年代起采取了一些治理措施，但是基本上都是“头痛医头，脚痛医脚”，属于末端治理。这种方式一方面投资大、周期长，另一方面往往使污染物由一种形式转化为另一种形式，从而导致治理效果的“事倍功半”，难以从根本上解决问题。因此，迫切需要发展循环经济，采取源头防治的方式，使清洁生产、生态农业、绿色消费尽快得到推广和应用，把经济社会活动对自然资源的需求和生态环境的影响降低到最小程度，实现经济的可持续增长，营造良好和谐的生存环境。

第三，发展循环经济是增强企业竞争力、形成新的经济增长点、推进产业结构优化升级的必要举措。我国资源利用方面存在着产出率低、利用效率低、综合利用水平低、再生资源回收利用率低的特点，这已经成为企业降低生产成本、提高经济效益和竞争力的重要障碍。同时，随着国际社会对节能降耗、环境保护重视程度的提高以及贸易保护的需要，有关节能、环保方面的技术标准逐渐成为新的贸易壁垒。因此，我国企业若想在国际竞争中立于不败，必须大力响应循环经济的要求，按照“减量化、再利用、资源化”的原则组织研发和生产。此外，循环经济模式的推广，必将带来环保产业、高新技术产业、传统产业改造领域的新机遇，有利于刺激投资、增加就业机会。最后，还应该看到，循环经济客观上有助于推动我国经济结构调整进程。我国在产业结构方面一直存在着产业级次和区域布局上的不合理，既要调整以资源依赖型和劳动密集型产业居于主导、高新技术产业和第三产业落后的产业布局，也亟需改造激活一部分老工业基地和资源城市的生产潜力。发展循环经济，正是要实现对高新技术产业的大力支持，增强科技成果转化能力，推动精加工制造业，重视传统产业改造，因此客观上将加快我国经济结构调整和产业技术升级的步伐。

第四，发展循环经济是对国际社会负责、对人类发展负责的重要表现。我国作为世界上最大的发展中国家，能够以相对短缺的资源，依靠本国力量，解决好13亿人口的生存和发展，保持经济的持续增长，维护社会的安定团结，这本身就是对国际社会的最大贡献；同时，还应该看到，采取发展循环经济的方式，遏制环境污染和生态退化，是对周边国家、对人类共同家园、对子孙后代负责的行为。中央在“十一五”规划建议中强调，“我们一定要有高度的历史责任感、强烈的忧患意识和宽广的世界眼光”，发展循环经济正是这种精神的现实体现，是本着对历史、对未来、对世界负责的态度，全面提高我国的综合国力、国际竞争力和抗风险能力的重要途径。

三、政府在发展循环经济中的主要责任

发展循环经济需要诸多要素的参与。其中，政府作为一种制度性因素，其重要性毋庸置疑。和传统经济模式相比，循环经济在经济学特征上具有诸多的外部性，不可能完全依靠市场调节来实现，必须依

靠国家干预的强制力量。因此，就实践循环经济而言，政府的决定性意义在于使经济外部性因素内部化，实现经济利益、社会和环境利益的整合统一。具体说来，政府要起到“倡导、规划、保障、推进、示范”几方面的作用。

第一，宣传教育，倡导循环经济。循环经济既是人类发展的现实需要，同时也是“居安思危”的前瞻性选择，它需要最广泛、最普遍的社会个体的参与。必须提高全民对循环经济重要性、紧迫性的认识，要形成全社会节约资源、爱护环境的良好氛围，使循环经济的主要理念成为全社会的共识。为此，各级政府首先要转变观念，认真领会中央精神，以科学发展观为指导，切实摈弃传统的发展模式和发展观念，认识到循环经济的重要性，把发展循环经济当作为官一任、造福一方的重要举措。要充分利用广播电视、报纸杂志等媒体形式，加大循环经济的宣传力度，加大关于节约、环保等公益广告的投入，在全社会倡导绿色生产生活和文明消费方式。

第二，组织领导，规划循环经济。循环经济是一项理论超前于实践、前无古人的伟大事业，关系到国家的长治久安和子孙后代的发展繁盛，其具体步骤、方式、时间规划需要人为干预和推进，以保证其尽早起步、加快进程。其中，政府必须担当组织领导、规划指导的重任。作为一届责任政府，从中央到地方，都应该把发展循环经济作为本级政府经济社会发展中的基本原则，在编制总体规划、各类专项规划、区域规划以及城市规划中要充分考虑循环经济的发展理念，还应该针对本级政府实际情况，编制相应的中长期节能、废物利用、生态保护等循环经济方面的专项纲要；应当建立循环经济评价指标体系和相关统计制度，把循环经济执行情况作为考核一方政府业绩的重要指标；在宣传中要注意典型的树立和推介，既重视国外先进经验的借鉴，也要在国内树立循环经济建设中的先进集体、地区和个人典型。

第三，立法规范，保障循环经济。立法因素是政府强力干预循环经济的主要表现，借此强制保障和规范推动循环经济实现由理念到实践的转变。在我国要立足建立健全包括从中央和地方两个层面、基本法和专项法以及行业标准相结合的循环经济法律法规体系：在中央层面上，除基本法、专项法外，还要研究制定资源综合利用、废弃物品回收管理、包装物使用规范等方面的专项法规，完善用能设备、能效系数、重点行业取水定额等国家行业性标准。在地方层面上，既要贯彻执行国家法律规章，同时还要针对本地实际，明确重点领域，制定地方性实施标准及规范。我国已经颁布了专项《节约能源法》和《清洁生产促进法》及相关法规，地方也出台了一些规章制度，如《山东省节能管理规定》、《江苏省节能监测办法》、《天津市大气污染防治规划》等等，但发展循环经济是一项长期而细致的工作，今后立法工作的任务还很艰巨，基本法、专项法以及相关行业标准都还有待进一步研究制定，同时保证法律监督也是政府部门应当考虑的重点。

第四，政策调控，推进循环经济。政府通过政策的制定和实施，以有利于循环经济事业为导向，重新调度和配置一部分经济利益。采取的宏观调控政策包括：在投资政策上对于围绕资源利用、环境保护、降耗节能方面的重大建设项目和科技研发项目进行直接投资或资金补助、贷款贴息。在财税政策上对政府采购、税收优惠和经济补偿等方面鼓励环境效益好的企业。在价格政策上通过调整水、电、石油等资源性产品的价格，建立反映市场供求状况和资源稀缺程度的价格形成机制，更大程度地发挥市场在资源配置中的基础性作用，刺激企业节能意识，限制高耗能、高污染行业的发展。

第五，典型试点，示范循环经济。在发展循环经济过程中，由点及面、循序渐进的探索十分重要。政府应当多层次、多内容开展循环经济试点工作，一是选择重点行业、重点领域、工业园区和特色城市推广循环经济模式；二是可以对相关行业标准进行前期定点试验；三是协助一些节能降耗高新技术的示范推广。通过试点，既要及时总结经验教训，制定修改相关法律法规，加快整体规划的研究实施；同时要做好典型示范，树立一批力行循环经济、经济效益和社会效益双赢的优秀生产企业、研发单位、工业园区、城市，充分发挥榜样的模范推进作用。

财政部财政科学研究所
《建立节约型社会的公共政策研究》课题组
课题负责人：苏　明　白景明
课题协调人：赵云旗
课题组成员：吕旺实　杨良初　文宗瑜　马晓玲　韩凤芹
李　明　何华祥　王立刚　赵福昌　孟翠莲
李亚茹　高小平　王建新　申学锋　刘　微
刘军民　王志刚　刘　芳　王宏利　王　璐
课题执笔人：文宗瑜　刘　微　赵云旗

发展循环经济的国际经验

——循环经济研究系列报告之二

内容提要

发展循环经济是建立节约型社会的一个重要组成部分，我国在发展循环经济中，应广泛吸收国际的先进经验，结合我国的实际情况，制定有效的政策和措施。为此，本报告总结分析了国际上部分典型国家发展循环经济的做法和经验。主要有四个方面：一是发展循环经济，立法先行；二是建立以政府为主导，企业和公众共同执行的组织体系；三是循环经济的费用共同负担；四是用具体措施落实循环经济的立法。

循环经济的提出和实施是在经济发展到一定阶段的产物，20世纪70年代以后，欧美等发达工业国家先后提出和实施了有关政策。在此之前人类的工业生产和经济活动已经给那里的生态环境造成了严重破坏，资源利用率低、致资源短缺的问题日益明显，这引起了相关国家政府的高度重视，采取了果断的措施发展循环经济。以立法为核心，产—学—民—官一体的执行系统取得了很好的效果，本文将介绍部分典型国家发展循环经济的经验，主要集中在循环经济立法、组织体系、费用负担和具体措施四个方面。

一、发展循环经济，立法先行

纯粹市场经济带来环境问题，发展循环经济本身不能仅靠个别企业或个人的利益行为，所以政府要取得循环经济的整体效应，就必须通过法律来强制执行。不同的国家的立法强制有共同的地方，也有差异。

（一）德国逐步地建立和健全循环经济法律体系

德国是世界上公认的发展循环经济起步最早、水平最高的国家之一。1972 年，德国第一部《废弃物处理法》出台，标志着德国循环经济探索的开始。该法律确定了废弃物处理的几个关键原则：无害化；处理责任的划分；污染者付费等。开启了废弃物排放后的末端处理。

1973 年，发生在西方国家的石油危机使德国意识到垃圾中所蕴含的资源和能量。1975 年，德国政府发布了第一个国家废物管理计划。该计划的目标包括：废物处置的优先顺序是预防—减少—循环和重复利用。在污染者付费原则基础上，针对处置进行成本分担。该计划实现了从废物处置向废物经济的转变。

1986 年，针对垃圾变得越来越多的现实。德国政府在 1972 年法律基础上修订颁布了《废弃物限制处理法》。规定了预防优先和垃圾处理后重复使用原则。并首次对产品生产者的责任进行了规定。发展方向从“怎样处理废弃物”的观点提高到了“怎样避免废弃物的产生和如何循环利用废弃物”。在此基础上，德国于1991年通过了《包装条例》，要求将各类包装物的回收规定为义务，设定了包装物再生循环利用的目标。这是世界上第一次在国家法律中出现循环经济概念，把废弃物处理提高到发展循环经济的高度，并建立了配套的法律体系。

1996年出台的《循环经济和废弃物管理法》是德国循环经济法律体系的核心。该法把循环经济定义为物质循环流动型经济。明确企业生产者和产品交易者担负着维持循环经济发展的最主要责任；该法明确规定了废弃物管理处置的基本原则和做法：首先，是尽量避免和减少废物的产生；其次，是对垃圾进行最大限度的再利用，在确定无法再利用的时候才考虑进行销毁等清除处理。在处理垃圾的过程中，不得威胁到人类健康、动植物、水源、土壤等。该法明确了德国环境政策原则：预防，通过源头防控，使废物产生最小化，使污染者负担原则，排污者承担避免或消除环境受损的义务和费用；官民合作原则，经济界、公民以及社会团体应参与解决环境问题。

在这一法律框架下，德国根据各个行业的不同情况，制定促进该行业发展循环经济的法规。比如《饮料包装押金规定》、《废旧汽车处理规定》、《废旧电池处理规定》、《废木料处理办法》等。

在《循环经济与废弃物管理法》生效后，德国的循环经济已经成为企业以及普通民众生活的一部分，取得了明显的效果。目前，德国的循环经济正向整体性物质流管理阶段迈进。

（二）日本先总体后具体的立法经验

与德国先在具体领域实施，然后建立系统整体的循环经济法规不同，日本的循环经济则是先有总体性的再生利用法，然后再向循环经济的具体领域推进。1991年，日本国会再次修订了1970年的《废弃物处理法》（该法至今已修改过20次），并通过了《资源有效利用促进法》。1993年，日本又以减少人类对环境的负荷为理念制定了《环境基本法》，实现了环境立法从完备单项法律体系为目标走向法典化的重要一步。此后，《容器和包装物的分类收集与循环法》与《特种家用机器循环法》分别在 1995 年与 1998 年被通过。到 90 年代末，伴随着这三项法令的实施，日益增长的公众意识逐渐演变成为一种需要，需要改变现存的社会经济体系，并发展一种能使得日本在 21 世纪克服其环境与资源限制的新型社会经济体系。日本国际贸易工业部工业结构委员会在 1999 年 7 月准备了一份《循环经济规划》的报告，这份报告认为，为了同时取得环境保护与经济的可持续发展，必须建立起"一种循环型经济体系"，以便将环境保护与节约资源融合到经济活动的各个层面。2000 年被命名为日本"资源循环型社会元年"，同年日本国会通过了六项法案：《建立循环型社会基本法》、《废弃物处理法》（修订)、《资源有效利用促进法》（修订)、《建筑材料循环法》、《可循环食品资源循环法》、《绿色采购法》。2002 年还通过了《车辆再生法》。目前日本的循环经济立法是世界上最完备的，这也保证日本成为了资源循环利用率最高的国家。它的循环经济立法模式与德国不同，在立法体系上更有规划，采取了基本法统率综合法和专项法的模式。2000 年前后形成的循环经济法律体系如表 1 所示。

表 1

法律层次	法律名称	制定时间
基本法	《环境基本法》	1993 年
	《建立循环型社会基本法》	2000 年
综合法	《废弃物处理法》	1970 年
	《资源有效利用促进法》	1991 年
专项法	《容器和包装物的分类收集与循环法》	1995 年
	《特种家用机器循环法》	1998 年
	《建筑材料循环法》	2000 年
	《可循环性食品资源循环法》	2000 年
	《绿色采购法》	2000 年
	《多氯联苯废弃物妥善处理特别措施法》	2001 年
	《车辆再生法》	2002 年

《建立循环型社会基本法》是调整循环经济的基本法，处于循环经济立法的核心地位。它立足于日本环境与资源的现实情况，战略性的将立法提高到建立循环型社会的高度，以可持续发展为宗旨。《建立循环型社会基本法》认为，制定这部法律的目的是遵照环境法的基本理念，确定建立循环型社会的基本原则。根据技术和经济的可行性，鼓励采取主动而积极的行动，减少环境负荷，促进经济健康发展，逐步实现社会的可持续发展。

（三）美国联邦与地方分别立法

而在世界上最大的垃圾生产国美国，每年仅生活垃圾就高达 2 亿吨，因此垃圾的回收和再利用成为美国施行循环经济的焦点和动力。为促进和发展循环经济，在 20 世纪 70 年代，美国联邦政府制定了专门的《固体垃圾处理法案》，20 世纪 80 年代后，美国的加利福尼亚、新泽西、俄勒冈等州政府也根据各自的情况，制定了相关的法律法规，以法律法规的形式对资源再生利用规范化。1990 年加州通过了《综合废弃物管理令》，它要求通过资源削减和再循环减少 50%废弃物，未达到要求的城市将被处以每天 1 万美元的行政罚款。加州规定玻璃容器必须使用 15%—65%的再生材料，塑料垃圾袋必须使用 30%的再生材料；威斯康星州规定塑料容器必须使用 10%—25%的再生原料；由 7 个州组成的州际联盟规定 40%—50%的新闻纸张必须采用再生纸。

（四）法国以及欧盟的立法经验

1975 年 7 月，法国政府制定第一部《垃圾处理法》，指令各地区 15 年内实现生活与工业垃圾的统一收集和运输，并将其分成日常及危险两类，送到指定地点分别处理。该法以卫生和健康为主要目的，要求妥善处理垃圾废品，尽量减少对环境的污染。1992 年 7 月，法国政府又制定了第二部《垃圾处理法》，指令各地区 10 年内实现垃圾分类及回收再利用。该法律体现了新的环保观念，要求充分做到垃圾的循环再利用。同时，还明确规定全体公民有主动参与环保的义务和责任。在此基础上，法国政府有关部门制定了不同垃圾处理的法规，使多种类的垃圾从收集、运输到最终处理都有章可循。2002年12月，法国政府将废旧轮胎列入国家强制回收项目，责令法国境内的轮胎生产与销售商自2003年起，每年投放市场多少吨新轮胎，次年必须回收吨数相等的旧轮胎，回收费用全部由生产和销售商承担。

2003年2月，欧盟颁布了有关发展循环经济的法规：《废弃的电器电子产品管理指令》和《禁止在电器电子产品中使用有害物质的规定》，这两项法律要求笔记本电脑、台式电脑、打印机、CPU、主板、鼠标、键盘、手机等业务，必须在2005年8月13日以前建立完整的分类、回收、复原、再生使用系统，并负担产品回收的责任；从2006年7月1日起，除个别情况外，禁止使用铅、水银、镉、六价镉和某些溴化阻燃剂等物质。

（五）韩国的“责任制”

自2002年起，韩国开始实行“企业废弃物再利用责任制”，规定生产企业对纸盒、金属罐、玻璃瓶、合成树脂等4种包装材料以及家电、轮胎、润滑油、日光灯、电池等5种产品必须负责回收和循环利用。如果回收、再利用数量达不到规定的比例，将对企业处以回收处理费用1.15至1.3倍的罚款。空瓶的回收比例如低于80%，则要缴纳罚金。这项制度对减少废弃物排放、促进回收再利用发挥了明显的作用。

二、以政府为主导，企业和公众共同执行的组织体系

推进循环经济的发展，不能只靠立法，还需要强有力的制定体

系，综合所有国家的经验来看，政府的主导作用很明显，另外主要依靠企业和公众的共同行动才能达到较为满意的效果。

（一）监督制度

德国建立了专门的监督企业废料回收和执行循环经济发展要求的机构。生产企业必须要向监督机构证明其有足够的能力回收废旧产品才会被允许进行生产和销售活动。根据法规，每年排放 2000 吨以上具有危害性垃圾的生产企业有义务事先提交垃圾处理方案，以便于卫生监督部门进行监督。德国各地都有为企业提供垃圾再利用服务的公司。向企业提供相关技术咨询和垃圾回收处理等服务。一些国营公司有义务负责区内企业的垃圾回收和再处理。此外，德国的私营垃圾处理公司也发展迅速。

（二）回收制度

在包装回收系统实施“绿点”计划在发展循环经济中，非盈利性的社会中介组织可以起到政府公共组织和企业盈利性组织所没有的作用。德国的包装物双元回收体系（DSD）就是一个发挥了巨大作用的回收中介组织。政府除对它规定回收利用任务指标以及进行法律监控外，其他方面均按市场机制进行。

（三）贷款支持

在制定有关循环经济的政策时，日本政府把促进和发展循环经济的优惠政策放在重要的位置。政府通过提供补助金、低息贷款、免税等经济手段帮助企业建立循环经济生产系统。国家和地方政府承担的是一种制定政策措施的责任。

（四）税收政策

用税收政策作为政府调节循环经济的有效杠杆，是美国联邦政府采取的一项重要措施。美国联邦政府 1978 年出台的《能源税收法》，对购买太阳能和风能能源设备所付金额中头 2000 美元的 30%和其后 8000 美元的 20%，从当年须交纳的所得税中抵扣；开发利用太阳能、风能、地热和潮汐的发电技术投资总额的 25%，可以从当年的联邦所得税中抵扣。1992 年，美国联邦政府又出台了两项优惠政策，即生产抵税和可再生能源生产补助，其内容主要包括，风能和闭合回路生物质能发电企业自投产之日起 10 年内，每年生产 1 千瓦时的电，可享受从当年的个人或企业所得税中免交 1.5 美分的待遇。另一项优惠政策是，通过国会年度拨款为免税公共事业单位、地方政府和农村经营的可再生能源发电企业，生产 1 千瓦时的电能补助 1.5 美分。此外，美国的《能源政策法》还规定，企业用太阳能和地热发电的投资永久享受 10%的低税优惠。1978 年，美国联邦政府颁布了《公共事业管制政策法》，规定电力公司必须按“可避免成本”购买独立发电系统生产的电力，这一政策为可再生能源发电技术和化石燃料发电技术的公平竞争创造了条件。在美国联邦政府发展循环经济政策的指导下，一些州政府也出台了不少发展循环经济的优惠政策。亚利桑那州规定，对分期付款购买回用再生资源及污染控制型设备的企业，可减销售税 10%；康奈狄克州对前来落户的再生资源加工利用企业，除了可获得低息风险资本小额商业贷款外，州级企业所得税、设备销售税及财产税也可相应地减少。

（五）财政措施

1994 年 4 月，瑞典议会通过了《瑞典转向可持续发展》的提案，以此作为瑞典 21 世纪社会发展的基础。同时，政府对发展循环经济给予有力的财政支持。2000 年，瑞典政府为了推动环保汽车的发展，拨款 5 亿克朗支持高等院校和其他科研机构从事环保汽车技术研究。对可以利用资源的回收并应用到社会和生产领域的，瑞典政府也制定了相应的经济优惠政策。

韩国则实行诱导企业自觉、主动地从源头上减少废弃物排放的“企业废弃物减量化制度”。该制度适用于纤维制造业等 14 个排放指定废弃物的行业和每年排放其他废弃物超过 1000 吨的企业。规定有关企业必须制定减量排放计划，定期检查、评估计划落实情况，针对发现的问题提供技术诊断和指导，保证减量计划的完成。同时，对减量排放成绩突出的企业给予奖励。

为提高企业进行废弃物再利用的积极性，韩国还实行了“公共机关废弃物再利用产品优先采购制度”，规定中央及地方政府、公营企事业单位等 629 个单位，必须优先采购企业使用废弃物制造的产品。韩国在强化制度约束、促进资源循环利用的同时，还十分重视进行机制建设，通过构建废弃物再利用“产业链”，对废弃物循环利用提供稳定、可靠的保障。

（六）组织措施

根据循环经济的发展情况，美国联邦政府除了加强美国环境保护局的职能外，还专门成立了美国全国物资循环利用联合会。该联合会涉及 5.6 万家废弃物回收利用企业，提供就业岗位 110 万个，每年的毛销售额高达 2360 亿美元，为员工支付的薪水总额达 370 亿美元。该行业的发展规模与美国的汽车业基本相当，其中最大的一块是纸制品的回收利用，年销售收入达 490 亿美元，其次是钢铁和铸造业，年销售收入分别为 280 亿美元和 160 亿美元。美国全国物资循环利用联合会还与美国环境保护局联合专门开设网点，并将每年的 11 月 15 日定为“回收利用日”。如今循环消费、旧货网上拍卖等司空见惯，月交易额达 3 亿美元，这些都与美国全国物资循环利用联合会的工作分不开。

三、循环经济的费用共同负担

发展循环经济需要付出巨额的成本费用，这些费用不可能由政府或某个组织来独立承担，它必须分流，由每个企业和个人各自承担自己的废弃物处理费用。

（一）德国的绿点费

德国的包装物双元回收体系（DSD）是专门组织回收处理包装废弃物的非盈利社会中介组织。1995年由95家产品生产厂家、包装物生产厂家、商业企业以及垃圾回收部门联合组成，目前有1.6万家企业加入。DSD的中介性表现在它本身不是垃圾处理企业而是一个组织机构，它将有委托回收包装废弃物意愿的企业组织成为网络，在需要回收的包装物上打上绿点标记。然后由DSD委托回收企业进行处理。现在，欧盟有10个国家都在使用这一标志。“绿点”的标志为一个首尾相连的绿色箭头构成的圆圈。远看形似一个绿点，意为循环利用。任何商品的包装，只要印有它，就表明其生产企业参与了“商品包装再循环计划”。并为处理自己产品的废弃包装交了费。“绿点”计划的基本原则是：谁生产垃圾谁就要为此付出代价。企业交纳的“绿点”费，由DSD用来收集包装垃圾，然后进行清理、分拣和循环再生利用。DSD内部实行少数服从多数的表决机制。DSD1998年的运作出现赢余。由于它是一个非盈利性机构，因此盈利部分于1999年作为返还或减少第二年的收费。

（二）日本——四方公担责任

在日本，为了建立循环型社会，国家、地方政府、企业和公众在合理承担各自责任的前提下采取必要措施，并使其公平合理的负担采取措施所需的费用。日本政府对循环型社会公共设施的完善提供财政支持。国会每年通过的与环境有关的预算超过1万亿日元，其中用于垃圾处理和再利用的预算为1500亿日元。目前，日本家庭生活垃圾的处理由地方政府负责，所需费用主要来自地方税收。工业垃圾的处理和再利用则由企业自行负责。要求企业在经营中采取必要措施，抑制原材料、产品和容器变成废弃物；当它们成为可循环资源时，由企业负担费用进行适当的循环；当其不能循环使用时进行适当处置。在实施《排出者责任》和《扩大生产者责任》的基础上，日本政府还实行了由原因企业担负原状恢复的费用等措施。

以科技和教育为后盾，加强技术研发和普及循环经济知识。由国家承担促进建立循环型社会的科技发展的任务，包括制定与完善可循环资源的循环和处置造成环境负荷程度的评价方法，研究开发抑制产品变成废弃物的技术，以及对可循环资源进行适当循环和处置的技术。循环型社会的建立还需要得到企业和公众的理解与配合，国家也需采取必要措施，就建立循环型社会的相关知识，促进宣传、教育和学习。

（三）韩国、美国——垃圾收费

韩国自1992年起实行过“废弃物预付金制度”，规定企业必须按其出库的产品数量，预先缴纳一定比例的资金，最终依据其废弃物数量再部分给予返还。一般返还资金占预付金的40%—50%，其余部分用于废弃物的处理及节能环保设施的建设和技术开发。鉴于含有有害、有毒物质或回收利用比较困难的废弃物在管理上存在难度，韩国规定对杀虫剂容器、化妆品玻璃瓶及防冻液、口香糖、婴儿尿不湿、香烟、塑料制品征收一定数额的“负担金”。“负担金”数额按品种及规格来确定，如杀虫剂容器，500毫升以下每个收7韩元，超过500毫升的每个收10韩元；防冻液每升收30韩元；合成树脂制品每公斤收3.8至7.6韩元不等。逾期不缴者追加50%的罚金。企业如自行回收再利用，则免收“负担金”。

为了控制废弃物的产生和对环境造成污染，美国联邦政府采取倒垃圾收取费用的措施。目前，这种措施正在美国200多个城市实行。该项措施可以使废弃物在重量上减少10%—20%，在体积上减少40%—60%。垃圾预交金用于废弃物回收处和回收新技术的研发。为减少原生资源的使用，促进和扩大再生资源的利用，美国联邦政府还用政策来调节资源的循环利用。例如征收新鲜材料税，促使相关部门和企业少用原生材料；征收填埋和焚毁税，该税种主要针对将垃圾直接运往倾倒场的企业，收取填埋税使垃圾处理途径的价格趋于上涨，因而可以使减量化和再生利用显出吸引力。

（四）法国——谁污染，谁交钱

法国商品的工业化包装率极高，家庭包装垃圾与其他垃圾的体积可达9:1，造成资源的严重浪费。为此法国等欧盟国家于20世纪90年代初公布了《包装条例》，用法律形式来确立包装材料的生产和经营者应承担的义务。该条例的基本原则主要包括：谁生产垃圾就要为此付出代价。根据条例，法国商品或包装生产企业要到“生态包装”集团注册，交纳“绿点标志使用费”，并获得在其产品上标注“绿点”标志的权利。“生态包装”集团则利用企业交纳的“绿点”费，与地方政府合作收集包装垃圾，并负责进行清理、分拣和循环再生利用。在水资源的问题上，法国政府也实行了“谁污染水，谁交钱治理”，“谁用水，谁花钱”的“以水养水”政策。对工农业用水，地方公共水文管理局完全根据其污水排放量和废水污染程度收取费用；而对于家庭用水，地方公共水文管理局则在水费中增加了污水处理等各种费用。

四、用具体措施落实循环经济立法

在任何一个国家，在发展循环经济时，政府的主要职能是立法和对整个循环经济体系起引导和调节的作用；立法以后要有具体措施、甚至是技术手段来落实，各国做法又有不同。

（一）德国的跟踪单

德国企业必须保证在生产过程中最大限度地控制垃圾的产生。必须有措施保证垃圾能得到有效回收利用并对环境不造成危害。某些产品只有在保证其产生的垃圾可以得到符合规定的利用和处理的前提下才可以进行生产和销售。所有的企业必须有分离垃圾的装置。将废纸、玻璃、塑料以及金属等废料分开放置。保证所有的废料能够得到最大程度的再利用。针对一些需要监督的垃圾的处理，垃圾产生者、处理者以及有关监督机构事先会共同制定一个垃圾处理方案。监督机构承认这个处理方案后，会向垃圾产生者和处理者出具一个“垃圾清理执照”。在每次运输处理垃圾时，会有“跟踪单”来记录垃圾流动的过程。以便监督这次垃圾处理是否根据拟定的处理方案进行。

（二）日本的《排除者责任法》

日本在企业责任中贯彻了环境法的预防为主、防治综合、综合治理、污染者负担责任、合理利用自然资源的原则。另外，在企业的责任上，《建立循环型社会基本法》与各专项法相衔接，《特种家用机器循环法》、《建筑材料循环法》等法律中还具体规定了企业的义务和违反这些义务的行政处罚。公众的责任是要抑制产品变成废弃物，尽量循环使用，并适当处置废弃产品。当然这更多是民事主体对自己的物的处置，若无强行法的禁止性规定，民众享有处分自己财物的自由。因而与其说是民众的责任，不如说是法律对民众的一种号召。因为大多数消费品已经课征了保护环境的税。

进入 20 世纪 90 年代，日本政府出台了国家、地方政府、企业和国民在保护生态环境方面的责任和义务，确定了《排出者责任》和《扩大生产者责任》。《排出者责任》主要针对企业和国民，其内容包括谁排出谁负责等；《扩大生产者责任》是针对生产企业的行为，主要内容包括企业不仅在生产过程、消费阶段要承担责任，对产品废弃后的处理等也负有责任。法律规定避免企业生产经营活动和公众的消费活动产生废弃物，尽量实现可循环利用的生产消费方式。企业在商品的制造、加工或者销售和其他经营活动中，对其经营活动涉及的产品和容器应事先进行自我评价，据此设计可以降低产品和容器环境负荷的多种措施，以此来抑制该产品和容器变成废弃物，在其成为可循环资源时则促进其循环，并降低循环和处置带来的环境负荷。也向公众提供必要信息，以便抑制产品和容器变成废弃物，或者在其已经变成可循环资源时对其进行循环或处置。

（三）美国循环利用的“份额标准”

美国联邦政府现在有 12 个州实行了可再生能源份额的标准政策。缅因州、得克萨斯州、亚利桑那州和威斯康星州的经验证明，可再生能源的标准十分重要，例如在得克萨斯州，可再生能源份额标准可以培养大型而又充满活力的可再生能源市场，并把可再生能源供应与整个竞争性电力系统相结合。可再生能源份额标准可以向低成本的有资格的可再生能源提供扶持，并确保在可再生能源发电厂商之间实现最大程度的竞争。

美国企业内部的循环经济是自发的行为，起初的目的是为了节省成本、树立良好的企业声誉。其方式是组织厂内各工艺之间的物料循环。上世纪 80 年代末，杜邦公司的研究人员把工厂当作试验新的循环经济理念的实验室，创造性地把循环经济三原则发展成为与化学工业相结合的“3R制造法”，以达到少排放甚至零排放的环境保护目标。他们通过放弃使用某些环境有害型的化学物质、减少一些化学物质的使用量以及发明回收本公司产品的新工艺，到1994年已经使该公司生产造成的废弃塑料物减少了25%，空气污染物排放量减少了70%。同时，他们在废塑料如废弃的牛奶盒和一次性塑料容器中回收化学物质，开发出了耐用的乙烯材料等新产品。

（四）韩国、丹麦的“交易网络”和“循环工业园”

韩国为了提高企业对废弃物的利用率先后出台了两大举措。举措之一：建立废弃物排放企业和利用企业交易网络。政府所属的“韩国环境资源公社”建立专门网站，供具有合法废弃物排放资格的生产企业和持有资格证的废弃物再处理企业进行信息互换。举措之二：建设“生态产业园区”。建立“生态产业园区”的出发点就是克服传统产业布局的弊端，有意识地把废弃物排放企业和再处理企业安排建在一个园区内，形成有机的循环组合。上游企业排放的废弃物作为资源直接供给下游企业进行再生利用，以此从本源和总体上减少排放和提高废弃物的利用效率。韩国“国家清洁生产支援中心”2004年9月开始研究在温山、半月等6个工业园区建设“生态产业园区”的计划，2005年已经确定了3个“示范区”先行一步以取得经验。“生态产业园区”的建成及推广，将使产业循环组合对资源循环利用的推动作用充分展现，把韩国的资源循环利用提高到新的水平。

而在丹麦则有著名的卡伦堡生态工业园区模式，这种模式可称之为企业之间的循环经济，其方式是把不同的工厂联结起来，形成共享资源和互换副产品的产业共生组合，使得一家工厂的废气、废热、废水、废渣等成为另一家工厂的原料和能源。这个工业园区的主体企业是电厂、炼油厂、制药厂和石膏板生产厂，以这四个企业为核心，通过贸易方式利用对方生产过程中产生的废弃物或副产品，作为自己生产中的原料。其中燃煤电厂位于这个工业生态系统的中心，对热能进行了多级使用，对副产品和废物进行了综合利用。电厂向炼油厂和制药厂供应发电过程中产生的蒸汽；通过地下管道向卡伦堡全镇居民供热，由此关闭了镇上3500座燃烧油渣的炉子；将除尘脱硫的副产品工业石膏，全部供应附近的一家石膏板生产厂作原料。同时，还将粉煤灰出售供造路和生产水泥之用。炼油厂和制药厂也进行了综合利用。炼油厂产生的火焰气通过管道供石膏厂用于石膏板生产的干燥，减少了火焰气的排空。一座车间进行酸气脱硫生产的稀硫酸供给附近的一家硫酸厂；炼油厂的脱硫气则供给电厂燃烧。卡伦堡生态工业园还进行了水资源的循环使用。炼油厂的废水经过生物净化处理，通过管道向电厂输送，每年输送电厂70万立方米的冷却水。整个工业园区由于进行水的循环使用，每年减少25%的需水量。

财政部财政科学研究所
《建立节约型社会的公共政策研究》课题组
课题负责人：苏　明　白景明
课题协调人：赵云旗
课题组成员：吕旺实　杨良初　文宗喻　马晓玲　韩凤芹
李　明　何华祥　王立刚　赵福昌　孟翠莲
李亚茹　高小平　王建新　申学锋　刘　微
刘军民　王志刚　刘　芳　王宏利　王　璐
课题执笔人：王建新　吕旺实

我国财政支持循环经济的现状分析与政策建议

——循环经济研究系列报告之三

内容提要

本报告首先总结了目前我国循环经济的进展状况和财税政策支持循环经济发展的现状，其次分析了我国财税政策支持循环经济存在的主要问题及其原因。在此基础上，提出了我国政府发展循环经济的基本思路和应该采取的财税政策建议。认为：加强支持循环经济发展的直接预算投入，实行企业所得税优惠、增值税转型、资源税改革与完善，利用政府采购政策等，是我国政府支持发展循环经济的主要财税措施。

自20世纪90年代起，我国正式引入了循环经济的理念，并开始了有效的探索实践。经过数年的发展，我国循环经济已取得较大进展。

为了促进经济增长方式的转变，开创新型工业化道路，财政对循环经济的发展给予了积极的支持。但存在的问题也是不容忽视的，认真分析这些问题，寻求可行的对策，对于大力推进循环经济的发展十分重要。

一、我国循环经济的进展状况

（一）20世纪70~80年代，是我国发展循环经济的初步探索阶段

与世界发达国家相比，我国循环经济起步较晚。但是，与循环经济有关的一些理念以及与发展循环经济有关的一些实质性的内容，在我国早已有过研究和实践，在政策和法律方面也有过一些规定。20世纪70年代开始，我国便注意利用政策和法规手段推动环境保护和资源的综合利用、循环使用等工作。在1973年第一次全国环境保护工作会议上，原国家计划委员会拟订的《关于保护和改善环境的若干规定》中就提出努力改革生产工艺，不生产或者少生产废气、废水、废渣；加强管理，消除跑、冒、滴、漏等要求。1985年，国务院又批转了原国家经济委员会起草的《关于加强资源综合利用的若干规定》，对企业开展资源综合利用规定了一系列的优惠政策和措施，并附有相关产品和物资的具体名录。该规定的公布实施，有力地促进了资源综合利用工作的开展。资源的综合利用，实际上就是循环经济的主要内容之一。此外，《中华人民共和国水污染防治法》（1984）、《中华人民共和国环境保护法》（1989）、《中华人民共和国大气污染防治法》（2000）等，对污染的预防均有一些规定。

（二）20世纪90年代，循环经济在我国进入了最初试点阶段

1993年第二次全国工业污染防治工作会议提出，污染防治应由

末端治理向生产的源头和全过程转变，开始推行清洁生产。1997年4月，国家环保总局制定并发布了《关于推行清洁生产的若干意见》，要求地方环境保护主管部门将清洁生产纳入已有的环境管理政策，以便更有效地促进清洁生产。这一时期，清洁生产实际上已经作为循环经济的核心内容进入实践环节，只是没有明确提出循环经济的概念。1998年上半年，上海市计委组团赴德国考察环境保护，首次将循环经济的理念引入中国。1999年，国家环保总局在广西贵港市开展了国内第一个生态工业园区的建设，即广西贵港国家生态工业（制糖）示范园区，正式启动了全国循环经济和生态工业建设试点工作。从2000年起，在借鉴德、日等国发展循环经济经验的基础上，根据我国工业化快速发展、投资对经济增长贡献大、生产领域环境污染突出的特点，推广新的试点，开始了对具有中国特色的循环经济发展模式的探索。

（三）进入21世纪后，是我国大力推广和发展循环经济的阶段

在这一时期，我国政府将循环经济作为国家战略发展目标。2002年10月16日，江泽民同志在全球环境基金第二届成员国大会讲话中指出："只有走最有效利用资源和保护环境为基础的循环经济之路，可持续发展才能得以实现。"胡锦涛总书记在2003年中央人口资源环境工作座谈会上也强调："要加快转变经济增长方式，将循环经济的发展理念贯穿到区域经济发展、城乡建设和产品生产中，使资源得以最有效的利用。最大限度地减少废弃物排放，逐步使生态步入良性循环，努力建设环境保护模范城市、生态示范区、生态省。"中央领导人的高度重视极大地促进了我国循环经济的进展，无论是循环经济的立法工作，还是各种类型的试点工作，都以加速度的方式向前推进。2002年6月29日，《中华人民共和国清洁生产促进法》获得通过。这是我国第一部以提高资源利用效率、实施污染预防为主要内容，专门规范企业清洁生产的法律。此后，我国加大了对"三废"综合利用和

可再生资源回收利用的技术开发力度，进一步扩大循环经济的试点工作。2004年9月26日，我国第一部地方循环经济领域的法规——《贵阳市建设循环经济生态城市条例》颁布。这一条例的颁布与施行，有利于规范政府、企业、公众在推进循环经济过程中的行为，为贵阳市循环经济生态城市的建设提供了法制保障。9月29日，国家发展和改革委员会召开全国循环经济工作会议，提出用循环经济理念指导“十一五”规划的编制。

总之，经过政府的积极推动和各有关部门的密切配合，我国已经出现了一批从不同范围、不同层次实践循环经济理念的先进典型，循环经济试点工作取得了喜人进展。具体表现在以下三个方面：

一是越来越多的企业建立起以清洁生产为核心的企业内部的物质循环。这些企业从生产的源头和全过程充分利用资源，努力实现废物的最小化、资源的最大化、终极处置的无害化。自2002年颁布《清洁生产促进法》以来，我国已在20多个省（区、市）的20多个行业、400多家企业开展了清洁生产审计，建立了20个行业或地方的清洁生产中心，全国化工、轻工、电力、煤炭、机械、建材等行业已有4000家企业通过了清洁生产审核，5000多家企业通过了ISO14000环境管理体系认证。如广西贵港国家生态工业（制糖）示范园区以蔗田系统、制糖系统、酒精系统、造纸系统、热电联产系统、环境综合处理系统为框架，各系统内分别有产品产出，各系统之间通过中间产品和废弃物的相互交换而互相衔接，形成了三条主要的生态链，即“甘蔗→制糖→蔗渣造纸”、“制糖→糖蜜制酒精→酒精废液制复合肥”、“制糖（有机糖）→低聚果糖”，三者相互间构成了横向耦合的关系，在一定程度上形成一个比较完善和闭合的生态工业共生网络结构。这些举措大大促进了企业技术进步和管理水平的提高，产生了明显的经济效益和环境效益。如辽宁省有500多家重点企业完成清洁生产审核，并实施了审核方案，仅此一项每年就新增经济效益16亿多元，减排二氧化碳等污染物5万多吨。青岛第二啤酒厂近年来通过开展清洁生产，大幅度降低了资源和能源的消耗，减少了污染物排放量。与2001年相比，万元产值消耗标煤由71公斤下降到58公斤，居同行业领先水平；千公升啤酒耗水从2001年的7.2吨下降到5.9吨；千公升啤酒水污染物COD的产生量从10.8公斤下降到7.1公斤。

二是在行业层面上建设了一大批生态工业园区。在这些生态工业园区，按照循环经济理念和产业生态学原理，企业之间形成工业代谢和共生关系，使上游企业排放的废物转化为下游企业生产的原料，实现企业群之间的资源最佳利用和废物最少产生的目标，甚至做到污染"零排放"。2003年以来，我国在国家级经济技术开发区、高新技术区等开展循环经济试点。天津、烟台、大连、苏州等国家重点开发区，相继开展建设生态工业园区工作、提升了开发区的水平和档次。目前已经建立了16个各种类型的生态工业示范园区，一些园区取得了显著的经济、社会和环境效益。如烟台开发区，2004年同2001年相比，开发区的产值由60亿元猛增到202亿元，GDP增长了两倍多，但万元GDP水耗由11.3吨下降到8.2吨，万元GDP能耗由0.49吨标煤下降到0.22吨标煤，万元GDP的COD排放量下降了0.05千克，万元GDP的烟尘和二氧化硫排放量也都有所降低。天津经济技术开发区投资2亿多元，实施海水淡化、垃圾发电、区域水循环及固体废物循环等工程、园区废水废物实现循环利用，成功吸引了台湾企业投资1亿多元建设电子废物回收加工项目，并拟将其发展为华北地区电子废物回收加工中心。大连开发区以生态工业理论指导，启动实施了废旧家电循环利用、木材替代和中水回用等9个工业生态链项目，电镀工业园实现废水"零排放"。山东鲁北企业集团是我国第一个工业类型的循环经济生态工业园区，它彻底改变了传统意义上的"资源—产品—废物"的线形物质流动模式，通过采取关键生产技术创新、过程耦合、工艺联产、产品共生和副产物、废弃物的减量化、再循环、再利用等一系列措施，形成了磷铵—硫酸—水泥联产、海水一水多用、盐碱热电联产三大生态产业链，比较成功地实践了"资源—产品

—废物—再生资源”的循环经济发展模式，从而实现了资源的有效整合，使主要产品的成本降低30%以上，发展经济与保护环境达到“双赢”，对推动循环经济工作具有重要的示范作用。

三是区域循环经济不断得到扩大。区域循环经济是用生态产业的链条把工业与农业、生产与消费、城市与农村、行业与行业有机地结合起来，通过发展“动脉产业”和“静脉产业”，推进区域经济发展，建设环境友好型社会。我国生态省（市）和循环经济省（市）都形成了一个行政区域的经济社会自然复合生态系统，它们都属于区域性的循环经济。最早提出建设生态省的是海南省，辽宁省则是最早提出建设循环经济省的试点省份。目前，全国已有10个省按照循环经济理念制定了生态省建设规划并逐步实施，循环经济示范省（市）达到5个，有47个城市（城区）获得国家环境保护模范城市（城区）称号，166个地区成为国家生态示范区，79个乡镇成为环境优美乡镇。一些社区学校从推广可持续消费和生态文明入手，开展绿色社区、绿色学校创建活动，构成了区域循环经济和可持续发展的细胞工程。区域循环经济的发展和扩大，有效地促进了地区产业结构和产业布局的优化，加强了自然生态环境的保护，经济效益和社会效益日趋明显。

二、我国财税政策支持循环经济的现状

建设节约型社会，大力发展循环经济，是贯彻落实科学发展观的内在要求，也是实现我国经济社会可持续发展的必然选择。发展循环经济离不开财税部门的支持，长期以来，我国财税部门运用财政税收政策，促进资源节约和环境保护，支持发展循环经济和建设节约型社会，取得了一定的成绩。

促进资源节约和环境保护是财税政策支持循环经济发展的着力

点。财政部出台实施的支持节约利用资源和环境保护的财税政策涉及国民经济和社会发展的各个方面。在我国现行税制体系中，已制定了一些侧重于节约资源和保护环境的税种。如资源税是以不可再生资源——矿产为征税对象的，资源税的开征有利于抑制对矿产资源的滥采滥挖和掠夺性开采，保护矿产资源，促进合理开发和有效利用。为了限制损害环境产品的生产和消费，国家将高能耗、不可再生以及不利于环境保护的消费品如鞭炮、焰火、汽油、柴油等商品纳入消费税的征税范围。此外，还开征了耕地占用税，对占用耕地建房及从事其他非农业建设的行为实施税收调节，这对抑制乱占滥用耕地，合理利用土地资源和保护农用耕地，起到了积极的作用。国家还通过优惠政策激励企业发展循环经济。1996 年国务院批转的国家经贸委等部门《关于进一步开展资源综合利用的意见》，将资源综合利用确定为国民经济和社会发展中的一项长远的战略方针。1997 年和 2000 年，原国家计委、国家经贸委先后颁布和修订了《当前国家重点鼓励发展的产业、产品和技术目录》，并与财政部、国家税务总局等部门联合发布了有关的优惠政策，对环保企业和产品实行税收减免。对符合本目录的国内投资项目，在投资总额内进口的自用设备，除《国内投资项目不予免税的进口商品目录（2000 年修订）》所列商品外，免征关税和进口环节增值税，从而调动了企业开展资源综合利用的积极性与主动性。

近些年来，财政部、国家税务总局以及各地政府部门根据党中央、国务院转变经济增长方式的重要指示精神，认真研究和出台了一系列财政税收政策，从财政上给予支持，从税收上对于环保企业在生产、流通、消费等领域实施调控，以达到防治污染、有效利用资源、发展循环经济的目的。

第一，在财政支持方面，拿出专项资金扶持循环经济发展。20 世纪 90 年代以后，我国社会主义市场经济秩序初步确立，市场开始对资源配置起到基础性作用，而能源结构性矛盾也随之凸显出来。为了认真贯彻实施可持续发展战略，国家提出了“节能降耗”、有效利用资源的决定，要求加大能源利用和环境保护的财政扶持力度。1994年，成立中国节能投资公司，继续对节能基建进行投资。2003 年，财政部、国家环保总局联合颁布《排污费资金收缴使用管理办法》，规定排污费资金纳入财政预算，作为环境保护专项资金管理，全部用于环境污染防治，任何单位和个人不得截留、挤占或者挪作他用。环境保护专项资金应当用于下列污染防治项目的拨款补助和贷款贴息：重点污染源防治项目，包括技术和工艺符合环境保护及其他清洁生产要求的重点行业；区域性污染防治项目，主要用于跨流域、跨地区的污染治理及清洁生产项目；污染防治新技术、新工艺的推广应用项目，主要用于污染防治新技术、新工艺的研究开发以及资源综合利用率高、污染物产生量少的清洁生产技术、工艺的推广应用；还有国务院规定的其他污染防治项目。

第二，采取用力措施鼓励废物、废气和废料综合利用。一是对利用废水、废气、废渣等废弃物为主要原料进行生产的企业，在五年内减征或者免征企业所得税。二是对企业生产原料中掺有不少于 30%的煤矸石、石煤、粉煤灰、烧煤锅炉的炉底渣（不包括高炉水渣）的建材产品，包括以其他废渣为原料生产的建材产品免征增值税。三是对企业以“三剩物”和次小薪材为原料生产加工的综合利用产品实行增值税即征即退政策。四是对油母页岩炼油、垃圾发电和废旧沥青混凝土回收利用实行增值税即征即退政策；对综合利用煤矸石、煤泥、煤系伴生油母页岩等发电、风力发电、部分新型墙体材料产品实行增值税减半征收政策。五是对废旧物资回收经营单位销售其收购的废旧物资免征增值税。生产企业增值税的一般纳税人购入废旧物资回收经营单位销售的废旧物资，按 10%计算抵扣进项税额。

第三，利用税收政策减少污染排放物。对含铅汽油与无铅汽油分别按 0.28 元/升和 0.20 元/升的税率征收消费税。对生产销售达到低污染排放限值的小轿车、越野车和小客车减征 30%的消费税。对各级政府及主管部门委托自来水厂（公司）随水费收取的污水处理费，免征增值税。

第四，制定优惠政策鼓励清洁生产。一是内资企业在我国境内投资的符合国家产业政策的技术改造项目，其所需国产设备投资的40%，可从设备购置当年比前一年新增的企业所得税中抵免；企业环保设备投资符合条件的，也比照这一规定执行。二是对列入《当前国家重点鼓励发展的产业、产品和技术目录》、对环境保护和资源综合利用具有重要意义的产业、产品，如安全、高效的农药原药新品种、废气、废液、废渣综合利用、环保检测仪器新技术设备制造、环境污染治理工程及检测和治理技术、防护林工程、荒漠化防治等，在规定范围内免征进口设备的关税和进口环节增值税。为鼓励使用先进环保产品，将一些高科技环保设备，如排气量为5.9升及以上的天然气发动机、风力发电设备及零部件、用于造纸工业中污水处理的碱回收锅炉等，列入了进口商品税则暂定税率。

2004年，财政部进一步运用税收政策，促进资源节约利用和环境保护。如适当扩大消费税、资源税的征税范围，调整税额税率，改变计征办法等；制定一些有针对性的税收政策，多管齐下，有促有抑，既鼓励保护环境、节约资源的经济活动健康发展，又限制损害环境、浪费资源的经济活动，努力促进以尽可能少的资源消耗，尽可能少的废物排放，尽可能小的环境代价，取得最大的经济产出，实现经济、环境和社会效益相统一，建设资源节约型和环境友好型社会。

2005年，在第七届绿色中国论坛、中国循环经济发展高峰会等会议上，财政部多次表示，“十一五”期间，国家财政将重点从增加环保资金投入、完善税收政策、推进污水处理产业化、促进资源有偿使用四个方面大力支持发展循环经济，促使中国走上可持续发展之路。

首先，进一步调整财政支出结构，加大对循环经济的支持。逐步加大对清洁生产、可再生资源和新能源开发等项目的支持力度，并整合资金，重点用于支持与发展循环经济有关的科技研发、技术推广和重大项目建设示范。早在 2004 年，财政部就根据《清洁生产促进法》的规定，在中央财政预算中设立了清洁生产的专项资金，重点支持清洁生产的规划、培训、技术标准的制定以及冶金、轻工、纺织、建材等污染相对严重行业中的中小企业清洁生产示范项目的建设。目前，财政部正在根据《可再生能源法》，抓紧研究建立可再生能源发展专项资金，重点支持可再生能源开发利用的科学技术研究、标准制定、资源勘察和示范工程。为支持循环经济发展，国家发展和改革委员会在国债资金中共安排 11.2 亿元，支持开展资源节约和循环经济重点项目，带动社会资金 102 亿元。地方上，江苏省财政投入 1800 万元用于支持循环经济发展，主要投向农村能源和秸秆还田项目。其中，1300 万元的补助资金重点用于建设生态家园富民工程、小型沼气工程、生物链工程、大中型畜禽场三零工程、秸秆气化集中供气工程、村级生活污水净化沼气池工程，以及“十五”期间生态农业示范县建设项目工程，500 万元补助资金重点用于秸秆机械化还田项目。

其次，调整和完善税收政策，支持资源节约和环境保护。近年来国家推出资源的利用优惠政策，包括使用新型绿色材料给予税收优惠等等。在《国务院批转国家经贸委等部门〈关于进一步开展资源综合利用意见〉的通知》（1996）、《关于公布〈当前国家鼓励发展的环保产业设备（产品）目录〉（第一批）的通知》（2000）等文件中，也颁布了一系列税收优惠政策，鼓励环境产业发展，支持资源节约和环境保护。目前，财政部正在研究制定一系列有利于资源节约和环境保护的政策，包括企业利用“三废”等取得的收入给予适当的减免税优惠；对企业构筑用于环境保护、节约能源和安全生产等专用设备投资给予投资抵免税的优惠政策；控制资源产品的出口，降低乃至取消部分资源性产品的退税率；积极研究修改涉及土地矿产资源等方面的税法和税收政策，等等。

再次，调整出口税收政策。取消部分资源型产品的出口退税率，对资源型产品免征进口税率，修改涉及土地、矿产资源的税收，加快推进污水、垃圾处理产业，包括制定污水、垃圾处理标准，污水、垃圾处理的市场化运作。

另外，中央财政将支持建立健全生态建设和环境保护政策机制。按照“污染者付费”原则，充分考虑资源的稀缺性和环境成本，逐步提高排污收费水平，将环境要素成本化；按照“谁开发谁保护、谁利用谁补偿”的原则，建立健全生态补偿机制；以支持推进城市污水、垃圾处理产业化为突破口，推进污染治理市场化；加大对污染防治、生态建设、环境保护试点示范及其监管能力建设的资金投入。

三、我国财税政策支持循环经济存在的主要问题和原因

（一）存在的主要问题

虽然财政在支持循环经济发展方面取得了一定的成绩，但随着企业发展循环经济步伐的加快，财政支持循环经济仍然存在一些问题，应该引起高度重视。

1. 财政支持的力度还不够，循环经济发展缺乏必要的、足够的资金扶持

从财政的角度来说，大力发展循环经济，实现经济社会可持续发展，能促进财政收入的稳定增长，减少相应的环保开支，二者是相互促进和双赢的关系。因此，国外政府对循环经济的支持力度是很大的。如美国联邦政府直接拨款资助可再生能源的研究项目，美国国家环保局从 1978 年开始，对设置资源回收系统的企业提供财政补贴，补贴最高时达到 90%。德国对兴建环保设施的补贴数额相当于投资

费用的1%，对建造节能设施所耗费用补贴为25%。日本国会每年通过的与环境有关的预算超过1万亿日元，其中用于垃圾处理和再利用的预算为1500亿日元。法国仅1984年对清洁工艺的投入就达5亿法郎。瑞典2000年为了推动汽车行业的循环经济体系，拨款5亿克朗支持高等院校和其他科研机构从事技术开发。与国外相比，我国财政资金投向循环经济发展的数额还很少，长期以来保护环境、节约资源都不是财政支出政策的重点，没有引起足够的重视，环境与资源保护的专门财政资金渠道窄，财政预算拨款有困难。我国的资源与环境预算所占财政支出预算总额的比重很低，目前全国用于环境投资的公共资金仅占GDP的1.3%，其中还包括企业投资、民间投资和其他投资，真正的财政投资所占比重不到1%。以节能投入为例，在我国现行的预算支出结构中，只有环保支出科目，但没有节能支出科目，也没有建立独立的节能发展专项资金，相关节能产业的投入分散在企业技改资金和高新技术发展创新项目资金中，政府对节能的投入只是暂时性的，缺乏长期的、经常性的支出预算，处于不稳定的状态。能源研发方面的投入更是微乎其微，据不完全统计，国家在能源方面的研发投入占研发总投入的比例仅为6.4%。

由于政府支持力度小，企业在实施循环经济时负担过重。如2004年辽宁省在发展循环经济中，企业自身投入达19亿，而省环保局投入仅有1.9亿。由于企业缺少资金，虽然积极性很高，但起步很难，严重影响了循环经济的推广速度。

2. 税收优惠机制不够完善

国际上通用的发展循环经济的税收优惠政策是多方面的，如投资抵免、加速折旧、再投资退税、延期纳税等。但我国在这方面手段比较单一，如对清洁生产、节能的税收优惠政策基本采用减免这一措施，缺少灵活性和针对性，影响税收优惠政策实施的效果。税式支出注重事后鼓励，未能控制污染源头，难以起到防止和限制排污行为的作用。目前，我国政府比较关注对治污硬件的优惠，而对软件几乎没有优惠。另外，现行的某些税收优惠减免措施在扶持和保护产业和部门利益的同时，也对生态环境产生了负面效应，如为了保护农业而对农膜、农药尤其是剧毒农药等免征增值税。

3. 税制的设计不利于促进循环经济的发展

在我国现行税制中，并没有设置专门的针对循环经济的税种，与循环经济相关的税种主要有资源税、消费税、城建税和固定资产投资方向调节税等几种，但这几项税收收入占国家税收总收入的比重只有8%左右，不足以对循环经济的发展产生巨大影响。如资源税，由于征税范围过窄，只是侧重于对不可再生资源的保护，而对可再生资源则缺乏必要的政策重视和支持，以致森林砍伐无度、水土流失严重、沙漠化日益明显。由于税率过低，税档之间差距太小，对合理利用资源起不到明显的调节作用。由于计税依据不合理，如纳税人开采和生产应税产品销售的，以销售数量为课税依据，纳税人开采和生产应税产品自用的，以自用数量为课税依据，这就使得企业对开采而无法销售或自用的资源不负任何税收代价，结果导致资源的无序开采和积压浪费。在资源消费环节，没有把煤炭、主要大气污染物和一些容易给环境造成污染的消费如电池、一次性快餐盒、白色垃圾等列入征税范围，也影响了税制在促进循环经济上发挥充分的调节作用。

4. 缺乏经济惩罚机制

从国际经验来看，建立经济惩罚机制是推动发展循环经济的有力措施之一。如韩国从1992年就建立了“废弃物再利用责任制”，对违反这一制定的企业和单位，罚金最高达到100万韩元。我国对损害循环经济发展的行为虽然已经有了一些经济处罚办法，但处罚力度远远不够，还不能对企业的行为起到有效的约束作用。因此，企业宁愿支付罚款也不愿意在环保方面进行投入，这对于引导企业自觉开展循环经济，将循环经济推广到越来越多的行业中去，是十分不利的。

约束机制的不完善突出地表现在排污收费问题上。我国的排污收费制度是根据“污染者付费原则PPP”提出的一项治理污染的手段。

该制度对我国污染控制和环境管理建设起了积极作用，但在实施中也存在一些问题。首先是计费依据不合理。现行的排污收费主要依据污染物排放浓度超标收费，基本上不考虑污染物排放总量，这不利于污染物排放的控制；其次是排污收费标准太低。我国自 2003 年 7 月 1 日起执行了新的排污收费标准，排污收费标准有所改善，但部分收费项目仍低于污染治理设施运行成本。排污收费过低一方面使企业宁愿交纳少量的排污费也不愿主动治理或减少排污，使得排污费的调节作用弱化；另一方面排污收费收入不能满足治理环境的资金需求，导致污染治理不力，环境恶化。此外，排污费由环保部门征收，不仅阻力极大，而且排污资金的使用效率也不理想。

（二）原因

我国财政支持循环经济之所以存在上述问题，原因是多方面的，归结起来主要有如下四点：

1. 各级领导对发展循环经济的重视程度不够

发展循环经济对我国可持续发展战略意义重大，中央和国家对此也高度重视，但各级地方政府与部门并没有给予应有的重视。虽然多数省份制订了发展循环经济的方案，也开展了一定的试点工作，但宣传的力度不够，除环保部门外，其他实际部门的干部知道的很少。究其原因，主要是各级领导受地方利益的驱动，中央政府即便提出保护环境、加大循环经济投入的要求，地方政府为了地区利益的最大化，单纯地追求 GDP 的增长和财政收入的增加，也不能完全贯彻中央的有关政策。在财政支出的选择偏好上，地方政府往往放弃环境保护和节约能源，不仅对循环经济的发展支持不力，还大量引进高污染的企业与项目，这在经济欠发达地区尤其严重。

地方政府与部门对支持循环经济重视不够，还有一个原因就是他们对发展循环经济的重要性缺乏足够的认识。一些地方政府和环保部门对发达国家通过财政支持循环经济的情况了解不够，对发达国家

“先污染、后治理”的局限性认识不足，对我国 GDP 高速发展背后付出的巨大环境资源代价没有深刻认识。甚至认为，发展循环经济是发达国家的事情，中国发展循环经济为时尚早，将来经济发达了再搞也不晚，他们的认识还停留在“先富裕、后治理”的阶段。这些观念也严重地影响了各级政府支持循环经济的力度。

2. 现行财政体制有待完善

目前我国的分税制仍然停留在过渡阶段，不仅在税收划分上存在着不合理的现象，如增值税中央拿走 75%，省级财政再拿去一部分，留给县级财政的就极少了，因而造成县级财政困难。而且各级政府的事权划分很不清楚，一些属于中央财政的事权仍由地方来承担，一些属于地方的事权却由中央包揽。所以在许多事情上，出现中央利益和地方利益的博弈现象。这种现象不仅表现在农村义务教育上，而且也突出反映在环境治理、生态保护等循环经济方面。如在发展循环经济中，有些事情中央要求地方出钱支持，而地方又等着中央出钱支持，互相推诿和等靠，势必减弱对循环经济的支持。

3. 财政支出结构调整滞后

在循环经济发展较好的国家，一般都把发展循环经济作为政府财政支出的重点投入领域，从财力上对循环经济予以大力支持，包括对一些重大项目进行直接投资或资金补助。1994 年以来，随着公共财政为基础框架的财政改革的推进，我国按照公共财政的要求，配合政府职能的转换，对财政支出结构进行了及时的、必要的调整，主要是向“三农”问题、教育科技、社会保障、公共卫生、环保等领域倾斜，并取得了明显的成效。但是，有些调整至今仍然停留在理论的层面，真正的实践还有些滞后，其中最突出的表现就是还没有把发展循环经济作为财政支出的重点支持对象，财政支出预算中用于发展循环经济的部分极少。我国县及县以上工业企业“三废”排放和治理的情况表明，污染治理项目当年完成的投资额，1995 年为 98.73 亿元，占财政总支出的 1.44%，占 GDP 的 0.17%。到 2000 年，治污投资增加到 239.44 亿元，但所占国家财政总支出的比例仍然仅有 1.51%，占当年 GDP 的比例仅 0.27%。这种增长速度显然难以满足环保和发展循环经济的实际需要，如果再不加强倾斜，任由循环经济投入处于低水平阶段，发展循环经济只会继续停留在理论和口号上。

4. 法律体制不够健全

从国际上看，凡是循环经济发展较好的国家，有关循环经济的法律都十分健全，特别是日本，到目前已颁布实施了《推进建立循环型社会基本法》等 7 项法律，加强和健全法律体系，是日本发展循环经济的重要经验之一。我国虽然也制定了一些保护环境、节约能源等方面的法律，如《节约能源法》（1997）、《环境保护法》（1989）、《固体废物污染环境防治法》（1995）、《清洁生产促进法》（2002）等，但到目前为止，并没有一套专门的针对循环经济的法律，这与日本等国相比有很大差距。我国促进循环经济发展的法律体系建设现在还处于初级阶段，一些关系到循环经济的具体问题缺乏相关法律或政策的明确规定。如循环经济企业的责任和义务没有专项法律明确规定，在单个企业的循环经济方面，关于废弃条件的设置、强制回收和回用名录的建立、回收和回用率的确定、经济刺激机制的系统化和可操作化、工艺标准及技术性规范的设立、循环信息的公开等问题，也有待进一步的立法。

在仅有的环境保护等法律中，还存在着简略笼统、缺乏操作性的问题。如环境标准是环保部门监督执法实施环境管理的重要依据，对企业实施循环经济战略具有重要影响。目前颁布的国家环境标准有 364 项，各地也颁布了地方性的标准。但是，由于受现实技术和经济条件的制约，以及标准工作的复杂性与紧迫性的影响，环境标准的分类指导性不强，对环境标准宽严度的掌握不够准确，环境标准的社会性和影响力有待进一步加强。由于法律体系不够健全，财政部门缺乏支持循环经济的法律依据，因而势必影响了对循环经济的支持。

四、我国发展循环经济的基本思路与相关财税政策建议

（一）我国发展循环经济的基本思路

由于循环经济发展具有较强的外部性，具有关系到我国整体经济的持续健康协调发展的战略性，在现阶段我国发展循环经济过程中，必须正确处理好政府与市场的关系，二者的关系定位应该以市场为基础，政府发挥引导、促进作用，努力建立一种政府引导、市场驱动、公众参与的循环经济发展机制。具体来说，应首先明确企业、工业园区、城市和区域层面是发展循环经济的主体，鼓励多种形式的主体致力于循环经济的发展。政府应该依据循环经济发展的特点，加快建立有利于循环经济发展的制度环境与政策条件。主要包括：与市场经济相适应的产权、价格等基础性制度，财政、金融、税收和投资等鼓励性制度，与有利于循环经济发展相关的政府政绩考核制度等。通过一定的制度安排，创造有利于循环经济发展的制度环境，规范引导政府、企业和居民个人的经济运行行为。

除了经济手段外，政府还应通过法律手段来促进循环经济的发展，这不仅包括立法还应包括执法等相应的监督管理体系。国际经验表明，健全的法律是全面推进循环经济发展的重要保证。要结合我国的具体国情，加快研究建立和健全循环经济的法律法规体系。当前要抓紧制定节能、节水、资源综合利用等促进资源有效利用以及废旧家电、电子产品、废旧轮胎、建筑废物、包装废物、农业废物等资源化利用的法规和规章。研究建立生产者责任延伸制度，明确生产商、销售商、回收和使用单位以及消费者对废物回收、处理和再利用的法律

义务。与此同时，还应对现有的法律如《节约能源法》《可再生能源法》及《清洁生产促进法》等一系列法规的贯彻落实进行依法监督管理，真正做到有法必依。

（二）促进循环经济发展的财税政策

财税政策是促进循环经济发展的重要手段，但财税政策只是循环经济发展的一个方面，其作用的发挥也必须紧紧围绕我国循环经济的发展重点来展开。发展循环经济的基本途径和重点包括：在资源开采环节，要大力提高资源综合开发和回收利用；在资源消耗环节，要大力提高资源的利用效率；在废弃物产生环节，要大力开展资源的综合利用；在再生资源环节，要大力回收和循环利用各种废旧资源；在社会消费环节，要大力提倡绿色消费。

利用财政政策促进循环经济发展过程中，应坚持以下几个原则：第一，坚持未来财税体制改革的整体性。第二，鼓励性政策与限制性政策相结合的原则。政府一方面应制定激励性政策鼓励与循环经济发展相关的产业的发展，另一方面要求对高能耗、高污染等与循环经济发展相悖的产业加以限制。财政税收政策的制定也应从这两个方面加以考虑，鼓励与限制并举，更好地体现国家的政策导向。第三，发展循环经济是一项系统工程，应坚持运用多种财税手段进行全方位促进与多环节引导相结合的原则。循环经济的发展既涉及到资源的开采、生产环节，也与资源的消耗环节紧密相关，与此同时，还涉及到社会消费环节。整体来说，发展循环经济需要财税政策的支持，但是依据不同环节的特点，所适应的财税政策也是不同的。

根据上述原则，我们提出以下建议：

1. 加大支持循环经济发展的直接预算投入

多年以来，在与循环经济发展的相关领域缺乏政府投资的有效支持，节能、节水等领域的技术改造主要由企业承担，其后果是投资能力较弱，技术改造升级进程缓慢。一般来说，市场经济条件下，企业作为促进循环经济发展的主体，其直接动力来自于通过节约降耗来增加企业自身经济效益，而不会单纯为了追求社会效益来发展循环经济。在企业经过较少的投入、较低水平的技术改造即可以实现较大的经济效益，即实现一般意义的循环发展的目的后，其进一步发展循环经济的动力就显不足。主要原因在于资金、技术和政策的束缚。从资金看，由于循环经济发展在我国现阶段尚不具有规模性，而且诸如节能、节水、环保等很多领域的技术具有较强专业性，在当前我国以国有商业银行为主体的信贷供给体系下，企业很难获得银行贷款，而其他直接融资途径也较为缺乏，直接导致大量节能、节水、资源综合利用等技改项目难以及时实施，很多好的新技术、新工艺、新产品难以得到推广和普及。从技术研发看，由于高新技术具有较强的外部性，单纯以企业为主体进行投入也是不现实的。所以政府还应加大对与循环经济发展相关的产业的投入。政府直接投入主要包括预算投资、预算补贴、财政贴息、研究和开发投入等方式，支持的重点包括法规制定、公众宣传、教育培训、信息服务、课题研究，特别是组织和引导企业对关键性、共性和前瞻性节能、节水、环保产品的技术进行开发、示范和推广应用，设备的改造和更新等。

2. 促进循环经济发展的税收政策

（1）企业所得税优惠。所得税是引导社会投资方向，优化产业结构的重要政策工具。随着全球经济一体化的步伐不断加快，我国市场的运行、政策制定都必须充分考虑国际规则，下一步所得税改革总体方向是，统一内外资企业所得税，实行国民待遇原则，而在 WTO 框架下，所得税领域的税收优惠也将由以往的降低所得税率、减免所得税或所得税返还等直接减免向税前抵扣、加速折旧等间接减免过渡。所得税的政策重点在加快推进两法合并的背景下，还可以从以下几个方面给予倾斜：其一，加大对节能、节水和环保等与循环经济相关的产品设备的研发费用的税前抵扣比例，如调整现行企业所得税政策中规定的对企业研究开发经费比上年实际发生额增长 10% 以上的，允许其按150%的比例在所得税税前扣除的规定，取消上述的“年实际发生额增长10%”的比例限制，调整为对企业的技术开发费用，按实际发生额的150%在当年应纳税所得额中扣除。其二，对购置的与发展循环经济相关的生产设备，允许按适当的比例缩短折旧年限或实行加速折旧，对企业购买的软件形成无形资产的，也可按适当的比例缩短摊销年限。

（2）增值税转型。增值税在我国当前的税制结构中占有重要地位。与其他税种相比，增值税的中性特点更为突出，而且环环紧扣的抵扣机制使得任何一个环节的税收减免都将影响其抵扣链条的完整运行，从而容易产生税收上的漏洞。因此，在考虑运用增值税手段支持循环经济发展时，应考虑增值税制度建设的整体要求。从当前我国增值税的现状看，可主要从以下两个层次来支持循环经济的发展。其一，加快推进全国范围内的增值税转型。2004年东北地区部分行业的增值税转型试点已经为全国范围内全面推进由生产型增值税向消费型增值税的转型积累了丰富的经验，而且近年来财政收入一直快速增长，财政的承受能力相对较强。在全国范围内推进增值税的转型，对技术含量高、附加值高的产品尤为有利。其二，为了鼓励资源综合利用和废旧物资的循环利用，当前我国对部分资源综合利用产品实行了免征增值税的规定，取得了较好的效果，应该说这也是促进循环经济发展的重要措施。下一步应考虑继续完善和扩大与循环经济发展相关的领域的增值税优惠，如选定一些节约效果异常显著且因价格等因素制约其推广的重大节能、环保设备和产品，国家在一定期限内实行一定的增值税减免优惠政策，或在一定期限内，实行增值税即征即退措施，达到增加企业发展后劲、扩大技术、产品的推广和使用。

（3）资源税的改革与完善。鉴于当前资源税征收中存在的课税依据不科学、征税税额过低等问题，考虑到自然资源的开采利用，无论企业是否销售获利，都对资源造成破坏，不可再生资源尤其如此。所以资源税的改革完善应主要包括：其一，应改变资源税计量依据，由现在的按企业产量征收改为按划分给企业的资源可采储量征收，促使企业尽量提高资源的回采率。同时，调整资源税征收办法，将税率与资源回采率和环境修复挂钩，按资源回采率和环境修复指标确定相应的税收标准。第二，在合理划分资源等级的基础上，对资源税税额进行相应地调整。目前，我国政府已经在局部地区做了有益的尝试。如提高了河南等 8 省市区的煤炭资源税，调整了原油天然气的资源税税额标准等，两次调整虽然幅度不大，但是反映了政府运用资源税调控能源发展的趋向。

（4）扩大消费税征收范围和提高消费税税率。将汽油、电等纳入能源税的开征范围，也可以称之为能源消费税。具体包括：其一，汽油、柴油属于不可再生的资源，世界各国都采取较高税率来限制其消费。所以应借鉴国际通行的办法，一方面提高汽油的消费税税率；另一方面对含铅和无铅汽油实施税收差异，来鼓励无铅汽油的消费，以保护环境。从可操作性看，在国家迟迟不能出台燃油税的情况下，一个变通的方式就是提高汽油和柴油的消费税税额，同样也可以达到燃油税的目的，这应是一项近期即可操作的政策。当前我国汽油消费税是含铅汽油按 0.28 元/升的税率，无铅汽油仍按 0.2 元/升征收，按当前的汽油价格水平，消费税仅占油价的 7%左右，在当前油价不断上涨的条件下，可考虑先将汽油消费税的税率提高到含铅汽油 0.5/升，无铅汽油不变。

其二，对一切自然资源的消费和污染生态环境的消费行为征税。除了汽油外，当前的消费税还应对使用电、气等产品的消费者征收一定比例的税收。这无论从国际还是国内看，都有相关经验可以借鉴。从化石能源中筹集部分资金，国际上个别国家已经有过初步尝试，如英国对所有用户的电费都包含有化石燃料税，税率为 2.2%；德国从 1999 年起对所有使用电、天然气、石油的用户征收能源税。在我国也存在着水利基金、三峡基金等具有专项用途的基金。征收基金一方面可以使消费者增加成本，从而达到节约能源使用的目的；另一方面还可把专项征集的资金用于发展与循环经济相关的节能、环保及资源综合利用等产业的发展。在当前电力较为紧张的形势下，可考虑对使用电的用户征收电力消费税，征收环节可以放在电网环节，也可以对最终用户环节征收。但是在电网环节征收可以区别不同的发电方式，更好地发挥税收的调控作用。如对运用新能源和可再生能源发电的入网价格可免征电力消费税，而对煤炭等发电的入网价格可加重征收电力消费税。事实上，无论在哪个环节，最终用户都是税收的最终负担者。

3. 政府采购政策

政府采购是市场经济发展的必然产物，2003年我国开始实施《政府采购法》后，政府采购规模已由试点初期的几十亿元，增加到近两千亿元。政府采购不仅可以节约财政支出，而且它还是政府通过财政手段调控经济的有效手段。从国外经验看，市场化国家政府通常把环境保护、生态平衡、资源节约与合理开发利用等特定政策目标纳入政府采购的通盘考虑，从而反映政府的政策意图。

利用政府采购政策支持循环经济的发展，首先应加大节能、环保等与循环经济相关的产品的认证力度，这是政府采购工作的前提和基础。目前我国已确定了21种产品为节能产品，但总体看我国节能认证工作还属刚刚开始，参与节能产品认证的品种太少。应根据循环经济的发展特点，制定相应的节能、环保、资源综合利用等产品的标准，为规范循环经济相关产品市场及将这些产品纳入政府采购做好技术准备。在此基础上，政府应积极推进节能、环保、资源综合利用等产品的政府采购工作。如国务院办公厅2004年30号文件已明确要求“将节能产品纳入政府采购目录”。通过政府的绿色购买行为，优先采购具有绿色标志的产品、资源循环再生产品、通过ISO14000体系认证企业产品和其他节能、节水、节约资源的绿色产品，以此鼓励企业清洁生产，引导社会团体和公众积极参与绿色消费活动，影响消费者消费方向和企业的生产方向，从而促进循环经济的发展。

财政部财政科学研究所
《建立节约型社会的公共财政政策研究》课题组
课题负责人：苏　明　白景明
课题协调人：赵云旗
课题组成员：吕旺实　杨良初　文宗喻　马晓玲　韩凤芹
李　明　何华祥　王立刚　赵福昌　孟翠莲
李亚茹　高小平　王建新　申学锋　刘　微
刘军民　王志刚　刘　芳　王宏利　王　璐
课题执笔人：赵云旗　韩凤芹　申学锋

我国西部生态环境建设与林业财政政策导向

内容提要

搞好生态环境建设是落实“五个统筹”科学发展战略的关键任务之一，是西部大开发政策的重要内容。本报告从贯彻可持续发展战略、促进区域经济协调发展以及实施西部大开发政策的角度阐述了西部生态环境建设的重要性；通过分析目前西部生态环境面临的问题及其原因，提出了搞好西部生态环境建设的基本原则、战略重点和宏观政策建议。报告认为，林业是目前西部生态环境建设的主体，政府财政应当从战略高度重视西部林业建设的投入。报告对近年出台的一系列林业财政政策措施进行了具体分析，认为在加大林业财政投入的同时，应当关注林业财政投入的资金管理和支出绩效。

一、从宏观全局认识西部生态环境建设的重要性

（一）西部生态环境建设对国家实施可持续发展战略的意义

可持续发展的基础是生态环境的保护。首先，良好的生态环境是经济可持续发展的前提。有了良好的生态环境就可避免和减少影响经济发展的各种灾害。保护天然林资源，植树造林，退耕还林等工程的实施，可提高森林覆盖率，减轻水土流失。保护土地资源，严禁乱采滥砍、乱挖，合理利用土地等措施的开展，可使土地荒漠化的速度得到缓解，进而控制荒漠化状况。实施生态农业，建立生态工业，构建生态经济体系，就可以保护环境，减少环境污染，提高环境质量。其次，良好的生态环境是社会可持续发展的保证。社会的可持续发展既是国家可持续发展的主要目标，也是可持续发展的主要基础之一。经济与社会发展和环境的协调是国际社会普遍关注的重大问题。社会可持续发展是建立在经济的可持续发展基础上的，没有经济的可持续发展，就没有社会的可持续发展。而良好的生态环境又是经济可持续发展的根本。

西部地区是我国的生态屏障，在国家生态环境保护中具有战略地位。一是长江、黄河、珠江等重要江河的发源地在西部地区，上游的生态环境状况直接关系到长江与黄河中、下游地区的生态安全。西南地区的森林资源，是长江流域的“绿色水库”，不仅为长江流域提供水源，而且调节全流域的气候和水资源供应平衡，是长江流域可持续发展的先决条件。西北地区的植被，是黄河流域的“绿色屏障”，保护着黄河流域免于风沙和水土流失的威胁。二是西部地区生物资源十

分丰富，在我国 11 个物种丰富、特有物种数量较多的陆地生物多样性关键区中，有 7 个位于西部地区，有一个处于中西部接壤地区。西部地区丰富的物种资源对于生态系统的稳定平衡以及我国 21 世纪抢占生物技术制高点，都具有重要的意义。

（二）生态环境建设与区域经济发展的关系

区域经济发展一般是指在一定时空范围内所进行的以资源开发、产业组织和结构优化为中心的一系列经济社会活动。区域经济发展的目标就是要使区域内部的自然资源得到优化配置和合理利用，经济得到持续稳定增长，社会发展得到不断进步，生态环境状况得到良性循环。区域经济发展应强调可持续性，从时间尺度讲，是指当代人的发展活动在满足当代人生存需要的同时，保证后代人发展活动的正常进行和满足后代人的生存需要。区域经济发展的可持续性要求特定区域的发展活动必须改变过去沿袭的高资源消耗、高经济增长、高环境污染的粗放型经济增长方式，转走追求资源合理开发利用、经济适度稳定增长、环境质量逐步改善的集约型经济增长方式和社会发展道路。

生态环境是区域经济发展的自然基础，如果经济的快速发展速度是以牺牲生态环境质量为代价的，当生态环境质量下降到一定程度后，生态环境的恶化不仅不能继续换取经济的发展，而且会使经济发展受到严重阻碍。因此区域经济发展必须以生态环境质量为前提。我国人均占有资源很低，未来的发展应是将中华传统文明与西方现代绿色文明结合起来，走一条低物质消耗的发展之路。20 世纪 90 年代以来，以信息技术革命为中心的高科技革命，促使绿色科技的发展，而现代科技的绿色浪潮，使现代科技的基本职能和价值目标由单纯开发利用自然向有效保护和大力建设自然的根本转变。中国应充分利用经济后发展优势，注重引进绿色环保技术，避免重走西方国家“先发展，后治理”的老路。

（三）西部生态环境建设对西部大开发的影响

西部地区的生态环境建设是全国经济发展的前提。但是，由于长期对西部生态系统进行掠夺性开发，西部的生态环境已经恶化到影响全国经济发展、人民生活改善的严重地步。世纪之交，中央提出的西部大开发战略有两大目标：一是促进西部经济持续、快速发展；二是西部生态环境的恢复和建设。经济建设的宏伟目标，在国家的支持、地方的努力和各方面的支援下，是比较容易实现的。但是，生态环境的恢复和建设与经济建设比较起来要艰难得多。伴随大规模经济开发的进行，如何保证西部生态环境的恢复和建设，这不能不说是对我们的严峻考验。

即使对西部本地区而言，走先发展后治理之路也是行不通的。因为走这条道路，必须付出牺牲环境的高额代价。一方面西部地区生态环境十分脆弱，过去、现在的历程已使它背负了过多的负担，几乎没有能力在破坏之后“恢复元气”；另一方面，西部地区是我国经济发育迟缓的地区，经济落后，财力匮乏，一旦陷入污染的泥沼，会无力自拔。西部地区，尤其是大石山区和西北的缺水山区，都存在着严重的生态退化，经济落后、自然资源贫乏、土地承载能力低下种种问题。这些地区几乎没有可能完全依靠自身的力量走上工业化道路，一些地方甚至步入贫困与生态退化之间的恶性循环。边发展边治理是必要的，如果任凭资源的无序开发，听任环境的退化，环境质量的下降就会越来越成为发展的阻力，从而导致生产条件不断下降，投资者会望而却步。

目前，西部地区脆弱的生态环境，对经济发展形成了一种硬性制约。西部的经济结构，长期建立在对生态系统的掠夺性经营基础上。随着生态系统日益恶化，经济系统的效益不断下降，经济发展难以为继。如果不把生态环境保护作为经济开发的前提，经济开发的后果就是短期收益增加而长期收益受损。

二、西部生态环境的现状和主要问题

我国西部地区地域辽阔，区域差异大，生态系统类型多样，生态环境脆弱：西北地区降雨稀少，干旱高寒，经济欠发达，生态环境恶劣；西南地区地形复杂，长期以来由于资源过度利用，自然生产力遭到破坏，水土流失和土地荒漠化问题严重。

（一）西部地区面临三大生态环境问题

1. 水资源短缺与浪费并存

水是西部开发过程中生态环境建设所必须的首要条件。从总体上看，除了四川盆地和零星地区，西部大部分地区严重缺水，但缺水情况有所不同。在西北干旱和半干旱地区，年降水量在200毫米以下，多年平均年蒸发量高达1200毫米以上，水资源供需矛盾突出。由于水资源分布的不均衡和干旱、半干旱地区的水资源短缺，造成可利用水资源不足的矛盾和相应产生的地下水超采问题日趋严重。在气候干旱和人口增长的压力下，不少湖泊水位降低，水面缩小甚至干涸，河流干涸断流。在西南地区，尽管年降水量很高，但由于山高谷深，缺少水利设施，河水利用难度非常大。山地植被减少与水土流失形成了恶性循环，破坏了水源涵养功能，加剧了用水紧缺状况。一方面，西北地区干旱缺水，另一方面，作为黄河中上游的西北地区水资源利用粗放、浪费严重。全国农业灌溉水的利用系数平均约为0.45，而先进国家为0.7甚至0.8。黄河灌区灌溉渠系水利用系数更低，只有0.42左右，几乎没有节水灌溉设施。农业生产中采用大水漫灌，加剧了水资源的供需矛盾，还带来了土地盐碱化问题。全国工业用水的重复利用率据统计为30%—40%，西部地区更低，而发达国家为

75%—85%。

2. 森林和植被锐减，水土流失十分严重

人口持续增长和资源开发力度加大使西部地区的植被越来越少，西北地区的平均森林覆盖率为5%，只及全国平均水平的1/3。长江中上游地区森林面积锐减，水土流失和生态环境被破坏，这是1998年长江发生历史上罕见的特大洪水的重要原因之一。植被覆盖率下降，森林面积减少，降水量和冰川储量减少，河川径流量不断降低。林线后移、森林减少后，涵养水源和保持水土的能力减弱，水土流失日益严重。目前，西部地区的水土流失面积达104万平方公里，其中四川、重庆、贵州、青海、陕西等省市的水土流失面积已超过本省国土面积的40%以上。在水土流失区，表土流失致使土壤物质循环处于失调状态，土壤的物理性状恶化和养分供应不足，有机质及营养成分降低，土壤肥力下降。

根据水利部遥感调查，全国土壤侵蚀面积为492万平方公里，占国土面积的51.6%，其中有410万平方公里分布在西部地区，占83.3%，西部地区土壤侵蚀面积超过10万平方公里的省区中（不包括重庆），水力侵蚀面积超过10万平方公里的省区有7个，除中部的山西外，其余六省区均在西部，水土流失在西部地区主要表现为，西北地区的风蚀和西南地区的水蚀以及青藏高原的冻融侵蚀。长江中上游地区水土流失面积为55万平方公里，占总面积的35%，不但使当地土层日趋贫瘠，不少地区因土地“石化”丧失基本生存条件，而且造成江河湖泊泥沙淤积，加剧长江下游洪涝灾害的发生。

3. 土地风蚀沙化风蚀沙害严重，荒漠化加剧

中国已经称为受荒漠化危害最为严重的国家之一。目前，全国荒漠化土地面积262万平方公里，占国土面积的27%，并且以每年2460平方公里的速度扩展。有近4亿人受其危害，每年因荒漠化造成的直接经济损失达540亿元，相当于西北五省区1996年财政收入的3倍。其中西北和内蒙古6省区是我国沙化最严重的地区，总面积达188万

平方公里，占全国沙化面积的71.7%。地理学家研究发现，三四千年前黄河流域气候温和，降水丰沛，植被覆盖面积也较大，土壤疏松，腐殖质含量高，自然地理环境十分适宜于人类居住。但随着历史的变迁，由于种种原因，西部生态环境受到了极大的破坏。

（二）原因分析

1. 历史原因

从历史上看，长期战乱和大规模的移民政策对西部地区的生态环境造成了直接的破坏。新中国成立后，在大炼钢铁、办公社食堂等运动的过程中，西部与其他地区一样，强调“以粮为纲”，在生态环境恶劣的区域也把粮食置于林业和畜牧业之上，对环境造成的损失很大。由于人口增长，人们砍伐森林、次生林、灌木林，大量开垦土地，甚至刨草皮、挖草根，使这些地区的生态状况不断恶化。在“文革”时期极左思潮的指引下，各地开始了大规模的开荒垦地，造成江河上游地区水土大量流失，下游地区泥沙大量淤积。

改革开放以后，非公有制经济蓬勃发展，经济主体的活力被激发出来，经济市场开始发挥作用。然而，由于各项制度的不健全，缺乏有效监督机制，经济市场的秩序管理出现了一定程度的混乱，急功近利的现象十分普遍。在一些地区为了局部地区利益和眼前利益，进行掠夺式的经济开发是以无限制的牺牲生态环境为代价的。

2. 经济原因

从中国经济发展的历史演进看，西部经济地位的逐渐衰落。关中经济区是中国历史上第一个重要的经济区。在秦汉隋唐的长期历史演变中，关中都保持全国重要的政治地位。但关中的耕地毕竟不足，难以应付越来越多的人口增长。随着长江中下游的开发，中国经济重心向东南方移动。经济的衰落，使生态环境的保护退居次席。

传统上，我国建筑以木材为主要建材，因而砍伐森林的现象屡屡发生。历史上每一次的攻城掠地，都与其后的重建相联系，重建又必然与毁林相联系。土木结构的建筑受到侵蚀后，难以维持久远的时日，加上营造建筑物时，多就近取材，所以中国历史上的森林资源破坏十分严重，而长安附近的森林破坏尤其严重。

西部区域的原材料初级产品的产业定位，制约了西部资本原始积累。西部地区的产业结构调整的速度慢，第一产业农业在工农业总值和社会总产值的比重变动不大，而且轻工业过弱的状况有加剧的趋势，经济发展中产业定位于初级产品是制约其发展的重要原因之一，制约了西部资本的原始积累。现在西部财政和企业尚不完全具备环保达标能力。西部地区由于工业基础薄弱，企业盈利能力差，治理成本高，并缺乏资金积累；政府财政收入有限，普遍群众未解决维持温饱问题。经济发展还停留在重资源开发，轻环境保护的阶段。例如云南滇池的水污染问题，当地政府投入了众多人力、物力和财力并未从根本上解决，需要几十亿元的投入。

3. 生态环保意识淡漠

环境保护意识主要有三个方面：对自然界及其发展规律的认识；对人类与生态环境之间的理解；对环保活动的参与程度。由于历史文化传统和经济发展水平不同，我国与一些发达国家相比，环境保护意识存在很大的差距，西部地区尤甚。改革开放后，环境污染越来越突出，但从总体上说，我国公众环境意识的水平依然不高。其主要特点是：外热内凉，参差不齐，公众无公害意识严重，表现在：第一，说的多，做的少。新闻媒体和著书立说中反映的环境意识水平与实际生活中的行为很不协调。第二，学者和政府官员对环境问题关注较多，而一般居民环境意识普遍欠缺。第三，城镇居民的环保意识较强，农村人口的环境意识普遍较差。第四，对环境问题的认识较强，但实际承受能力有限。即使在城市居民中，环境意识的水平与环境保护行动的能力也存在较大差距。

分析我国公众环境意识差的原因，主要有几个方面：一是贫困人口比例大，生存和温饱是第一的意识强烈，落后的生产方式，低下的生产力发展水平使人们没有能力去顾及环境保护，所以，影响公众环境意识最重要的原因就是人们的经济发展水平。二是公害无罪感意识。在我国公民中，公害无罪感意识还比较普遍和严重。尤其是与当地经济利益发生冲突时，宁愿放弃环境保护也不愿停产，经济开发中“先污染，后治理”的情况还比较普遍。三是治污成本高，一些微利的小企业不愿治污。四是地方政府官员为政绩上的短期行为使然。

三、加强西部生态环境建设的总体思路和政策建议

（一）西部生态环境保护的基本原则

1. 因地制宜，因害设防

西部地区地域辽阔，自然条件复杂多样，南部丘陵、西南的云贵高原、西北的黄土高原、青藏高原、东北的内蒙古高原之间的生态环境状况差异极大，内部情况也很复杂，各自面临的具体生态环境问题也大不相同。西部地区生态环境建设要防治的对象主要是水土流失和荒漠化，地质灾害参与其中。因此，在西部生态环境保护建设中就必须认真贯彻因地制宜的方针，按照不同地区生态环境特征和突出问题，制订生态环境保护建设重点和配套技术、政策措施，宜林则林，宜草则草，宜牧则牧，宜农则农，林、草、牧、农相结合。

2. 保护优先，善待自然

长期以来，以人类为中心的自然观以及所谓“人定胜天”的思想，被实践证明是片面的，甚至是有害的。人类从做过的许多事情中得出了一个重要教训，就是我们人类不管有多大能耐，都要学会和大自然和谐相处，顺应善待。对西部地区目前还保存的自然资源和地带性生态系统都要进行保护，依靠大自然的自我修复能力来保护和改善

自然生态环境。西部生态环境保护与建设，要把防止新的人为破坏和注重生态环境的重建与恢复作为重点，扭转粗放式经营和掠夺式开发利用对生态环境造成的破坏。只有以保护为基础、作前提，再加上一些积极的生态环境建设措施，才能消除边建设、边破坏的现象，加速改善生态环境的进程。

3. 综合措施，突出林草

西部地区的自然生态环境恶化的原因多种多样，因此，西部地区生态环境建设也就必须采取多种多样的措施，包括在生物措施、工程措施及农（林、园）艺措施三大类别。由于林草植被覆盖率低、水土流失严重、生态环境质量退化是西部生态环境面临的主要矛盾和问题。因此，在众多措施中，林草植被建设，包括天然森林和草原植被的保护、恢复，造林种草以及林草植被的培育管理等，是治本的措施，在生态环境建设的措施体系中具有普遍性的根本意义。

4. 全面规划、综合治理

西部生态环境保护、建设涉及各部门、各行业的切身利益，是一项复杂、庞大的系统工程，需要建立起有效的协调管理和运作机制，通过全面规划、总体协调和部署，突出重点区域和重点项目，优先建设一批关联性强、带动面广的生态环境建设项目和生态产业，以此为突破口，全面推动生态产业发展和生态环境建设步伐。同时，生态环境建设区域性、综合性明显，应当面向区域的不同层次（景观、小流域、生态经济区域等）综合考虑，坚持以小流域为单元，依托村庄，综合考虑山、水、林、草、田、路，将生态建设与水土保持结合起来，将退耕还林还草与基本农田保护结合起来，全面规划，综合治理，工程、生物、农业耕作三管齐下，提高生态建设的综合效益。在西部生态环境建设中，还要遵循生态建设与防治环境污染统一规划、同步实施、防治结合、综合治理原则。对西部的开发项目统筹规划，合理布局，依法调控，并全面推行清洁生产，实行生产全流程的污染控制，遏止西部地区环境的继续恶化。

5. 多元投资、机制创新

生态环境建设是需要相当大的投入的，它既有还历史旧债的含义，又具有作生态补偿的新意，在国家经济实力逐渐增强的条件下，要优先予以保证国家生态环境建设投入，并逐步加大力度。生态环境建设是关系到千百万人民群众生活的大事，没有群众的积极参与，建设投入也不能产生足够强的积极效果。瞄准目标，依靠政策，加大投入，组织群众，通过机制创新和产权优化配置，把市场机制引入生态环境建设和生态产业开发之中，采取“谁建设谁拥有”、“谁保护谁受益”的办法，探索生态公益效益经济补偿机制和方式，建立有效的激励、约束机制，利用经济杠杆鼓励企业和个人投资、承包、建设、经营，创建生态环境和生态产业建设能赚钱的政策和法制环境，形成全民办生态、多元化投资生态环境建设、大力发展生态产业的新局面。

（二）西部生态环保建设的重点

1. 继续实施退耕还林（草）和天然林保护工程

退耕还林还草是西部生态环境建设的一个主要内容。森林生态系统是地球陆地上覆盖面积最大、结构最复杂、生物种类最丰富、功能最强大的自然生态系统，在维护自然生态平衡中处于其他任何生态系统都无法替代的主体地位，林业发展滞后必然导致自然灾害加剧并造成人类生存环境危机，草地资源又是自然生态防御体系中的重要组成部分。因此，改善生态环境提高森林（或植被）覆盖率，治理水土流失是西部生态环境保护、建设的基本目标。退耕还林还草、恢复林草植被作为加强西部生态环境建设的主体和根本性措施，也是难度最大的一项任务。它要求做到在植被不再减少、不再退化的前提下，逐步恢复和逐步扩展，最终达到生态健全的状态。

在退耕还林还草工程中，应打破部门界限，综合协调，让一些不符合生态与社会效益的耕地退耕以恢复天然植被；与此同时，在条件较好的土地上，集中使用农、林、水等各方面的资金，综合建设基本农田、饲料基地或经济林果基地。退耕还林还草工程还应进行统一规划、科学论证。比如，年降水量在400毫米以下的地区，应明确规定以灌、草为主的植被建设方向，充分利用草原生态系统的自我修复能力，并与围栏、轮牧、小水利、人工草场等措施结合起来。退耕还林和退耕休牧还草的成败的关键是，在退耕还林还草后，能否真正建成替代的、可持续发展的生产条件。因此，必须认真贯彻执行国家制定的退耕还林还草、封山绿化、以粮代赈、个体承包等政策规定，进一步完善西部地区社会生产条件，调节好群众的物质利益关系，确保"退得下，还得上，稳得住，能致富"。

天然林是西部森林资源的主体，在维护自然生态平衡、提高环境质量和保护生物多样性等方面具有不可替代的作用。要切实保护好现有天然林，通过森林管护、林草植被恢复建设、人工造林、封山育林等，优化品种与生态结构，不断增加森林面积，提高森林资源质量。改革天然林现行管理体制，加大科技含量，加强和提高管理水平，实现资源有效保护与合理利用的良性循环。同时，加快森工企业的战略性转移，适度利用林内资源，发展林区后续产业，妥善解决国有林区企业下岗职工的转岗安置和下岗职工的基本生活保障。

2. 合理开发、利用和保护水资源

合理利用水资源，在水资源可持续利用和保护生态环境的条件下，相应地合理配置水资源。注意开源节流，以节流为主，开源为辅，优先利用地表水，谨慎开发地下水，充分利用当地水，适当引用外来水，加强水资源的统一管理。统一管理的主要任务是通过全面综合规划，对水资源进行合理配置，量、质并重，城乡兼管，地表水和地下水统一管理，统筹考虑生活、生产、生态各方面需求，合理制定水资源开发利用规划，促进水资源的高效利用。改变大水漫灌的传统农业用水方式，发展现代节水灌溉农业和现代旱作农业，提高灌溉水利用系数，最大限度的发挥现有水资源的经济、社会、生态效益。西部地区工业的主要基础是能源、矿产和农牧产品加工，适当避免发展用水量大的产业。

合理开发水资源，加强水利基础设施和水资源工程建设。近期的水利工程应以对现有和在建工程进行调整、更新、改造和配套为主，新建工程也应以地方中小型水利工程为主，辅以少数大型工程。有重点地修建控制性调水工程，强化防汛抗旱工程设施和非工程设施的建设和管理。对现有和拟建的调蓄水库要根据实际情况，分别处理。同时做好西线南水北调工程、黄河黑山峡水利枢纽和大柳树灌区工程、黄河中游水利枢纽和两岸灌区工程、西部水能资源综合开发等中、远期工程的准备。在水利工程建设中，慎重考虑生态影响和经济效益，因地制宜确定工程类型和布局而不是单纯地开发和修建水利工程。调整现有的水利投资机制，满足为合理配置水资源所需的资金，改正现在的一些不合理现象。

合理保护水资源，通过调整产业结构和转变经济增长方式，建设高效节水防污的经济与社会。西部地区作为我国的能源、矿产品基地，其工业用水耗水量大，利用率低，污染严重。因此，西部地区应坚决走出一条科技含量高、经济效益好、资源消耗低、环境污染少、人力资源优势得到充分发挥的新型工业化道路。石油石化企业要进一步做好水源建设，推行节水减污的清洁生产技术。煤矿开采和生态环境应协调发展，国家应鼓励企业进行水利设施建设和污水处理回用。逐步调整产业结构，积极推进城镇化，建设高效节水防污的城镇、乡村和现代农业体系。

3. 环境污染的防治

环境污染治理的重点是解决主要地区和主要流域的水污染，城市大气污染及城市垃圾污染。以水污染处理工程、大气污染治理工程和固体废弃物污染治理工程带动环境污染治理。把推行清洁生产作为治理工业污染的根本性措施。

西部省、区各城市要进一步完善和落实城市环境规划，从扩大城市环境容量和维护城市生态平衡出发，制订城市环境质量限期改善的计划，并将责任目标分解到有关部门和单位。综合运用价格和工程措施，加快污水处理、垃圾处理与综合利用等城市环保基础设施建设。以治理城市垃圾污染为重点，逐步转向生产全过程污染控制为重点。

防治污染是西部地区生态环境保护建设的重点和可持续发展的重要条件之一。要加强对新建项目的管理，杜绝对污染项目的保护，淘汰浪费资源，污染环境的产业、产品、工艺，并加大对污染防治资金的投入，严格执行环境保护法规，对已经受到污染的水环境，应坚决及时地进行治理。加快西部地区的能源建设，改善能源消费结构，大力推广节能技术和以水能、太阳能、风能等为主的再生能源开发，促进天然气、洁净煤等清洁能源产业体系建设，减少对大气环境的污染。发展高效低毒农药，推广无公害生产技术，农林草病虫害防治逐步以生物防治为主，综合治理农业环境污染。

4. 防沙治沙、水土保持与防护林体系建设

荒漠化是我国西部最严重的生态环境问题，导致土地生产力的加速衰退，造成严重的经济损失。防沙的重点是防治原有耕地、草地、林地的沙化。人类利用一些外来水源，可以在沙漠周边建设一些人工绿洲，但从总体上说，不应当也不可能消灭沙漠或“征服”沙漠。西部地区需要治理的是两千年来人类活动造成的那 38 万平方公里的沙漠化、荒漠化土地。治沙的重点又要放在近 20 年来新形成的 6 万平方公里沙漠和荒漠化土地上，具体放在沙漠与绿洲的过渡带上。我们应当收缩战线，集中整治，而不必全面铺开。

水土流失和土地沙化是西部地区最突出的生态环境问题，造成水土流失和土地沙化的重要原因就是毁林、毁草、开荒，陡坡种粮等一系列人类活动。因此，加强水土保持，就是要认真实施退耕还林还草，加强西部地区生态环境的保护和建设，从根本上扭转这一地区生态环境日益恶化的状况。结合退耕还林还草，“三北”防护林体系建设、天然林保护、草地保护与建设工程等进行水土流失综合治理。突出以林草植被建设为主的生物措施是保持水土、防治水土流失、恢复

和提高土地生产力的根本性措施。大力示范推广水土保持型生态农业建设模式和配套技术体系，依靠科技、依托生态产业治理水土流失。

5. 生态产业建设

生态产业是按生态经济原理和先进适应配套技术组建起来的基于生态环境系统承载能力，具有较完善生态功能和高效经济过程的网络型、进化型产业，系统内物质、能量能多级利用、高效产出，资源环境能有序开发、持续利用，促进资源消耗型传统农业向资源环保型、高效持续的生态经济、生态社会转型。生态产业以生态适宜度为依据，尽可能减少对环境的不利影响，有利于改善和提高生态环境质量，并利用良性生态系统促进生态产业自身的生长和发展。

西部生态环境保护建设作为西部地区社会、经济可持续发展战略的重中之重，生态产业的建设可以说是西部生态环境保护建设是否可持续发展的关键。西部地区生态产业建设，就是要根据本地区的自然资源条件和优势，结合已有的生态产业建设方面的科学技术和经验，大力发展具有资源优势和市场潜力的主导产业和拳头产品。重点发展以保护和改善农村生态环境和促进农业发展为主的生态农业。根据不同的自然生态环境，发展旱作型、水土保持型、防风固沙型、种养加复合型、农牧复合型等高效生态农业，营造生态家园。大力推广生态农业技术，发展无公害农产品、绿色食品，并辅之以精深加工，不断延伸产业链条，使农业和农村经济的常规发展变为可持续发展。发展以“名优特新”林果、中药材、天然保健品等为主的绿色产业，充分发挥西部地区独特的自然气候条件。西部地区有丰富多彩的自然景观资源，要大力发展以回归自然为主题的生态旅游产业。结合西部地区丰富的能源资源，合理开发农村可再生能源，发展以能源资源的规模化开发和永续利用，提高环保能力和水平为主的清洁能源产业。

（三）进一步强化西部生态环境建设的宏观对策

1. 完善法律法规制度

完善的法律法规制度对保护生态环境、发展经济和开发不发达地区的作用，国外已有不少有益的经验。世界各发达国家从200多年“先污染后治理”的教训中得出了“科技、资金加法律”的环保之道。首先，要制订和完善生态环境保护法规，包括资源环境有偿使用、生态补偿、生态环境工程设施及生态景观有偿服务等，明确保护建设重点及开征生态环境税收等协调配套的法律法规，有效遏制环境污染、破坏生态环境的行为，促进生态经济良性循环和可持续发展。其次，要制订和完善与生态环境保护、建设方面相关的法律法规和政策，包括价格、税收、财政、信贷、补偿等，为调动企业、农民和社会各界参与生态环境保护、治理、建设的积极性和创造性，提供法律依据和政策支持。逐步建立健全以若干法律为基础、各种行政法规相配合的法律法规体系。同时注意退耕还林还草，山地、荒地、林地、耕地及水源等方面的环境保护生态建设以及发展生态产业和南水北调、西电东送、禁伐天然林等方面的立法。建立一些诸如农村荒山、荒地、沙化地“谁治理、谁所有、谁受益”的法律制度，以保障西部地区环境建设的稳定性、持续性，并进一步完善我国的生态环境保护的法律体系。

完善生态环境保护法规，协调与生态环境相关的各种法律法规，在对某种生态环境要素进行保护执法时，注重该种法规规章对其他生态环境要素的相关影响。各地要根据具体情况，针对当地面临的突出的环境问题，及时修订原有的法规，并因地制宜，加快制定新的地方性法规，力求经济效益、社会效益与生态环境质量“三赢”，使地方立法既与当地的经济、社会和环境建设同步发展，又具有较强的针对性、适用性和可操作性，成为生态环境和资源保护建设法律体系中不可或缺又富于鲜明地方特色和创新性的重要组成部分。

2. 完善政府间环境保护协调机制

保护和改善西部生态环境是一项涉及到农、林、水、环保、国土资源、气象等多部门、多行业，中央与地方各级政府等多主体利益协调的综合性工作。长期以来，由于没有建立起宏观与微观、国家与地方、部门与部门之间的有效合作、运转灵活、相互协作的体制和机制，往往从局部眼前利益出发，各自为政，多头管理，使有限投入得不到有效发挥。同时，在生态环境建设中注重增加数量，扩大规模，忽视质量和效益的提高，造成了生态环境工程建设与管护措施不协调，配套性差，直接影响着生态环境工程建设成果的巩固和效益的提高。

完善政府间环境保护协调机制，首先要理清中央与西部各地方政府之间的关系。中央政府应在西部生态环境保护建设中发挥主导作用，在国家宏观经济政策中纳入资源环境因素，制定相关的法律法规，运用法律、经济、技术以及必要的行政手段，加强对西部生态环境保护、建设的宏观管理。在政策措施上，中央要充分考虑西部地区各地的实际情况，不搞"一刀切"。中央要对有关西部生态环境保护、建设的基础科研要给予大力支持，同时密切关注国外生态环境保护与建设方面的最新进展和进行信息收集、处理。对那些建设周期长，资金需求量大，社会效益明显，涉及面广且外溢性大的生态环境保护、建设工程，中央要担负起主要责任，并协调好各方利益关系。对那些地方效益明显的工程，地方各级政府要发挥积极性与主导性，中央政府可给予必要的资金、政策与技术支持。同时，理顺西部地区各省（区、市）之间、东中部地区与西部之间的各种关系，尽可能发挥西部生态环境保护与建设的整体效益。在一些大型生态环境建设项目上，中央政府与地方政府可以相互合作，共同成立有关生态环境保护、建设的委员会。

其次，要理清各级政府内各部门之间的关系。西部地区生态环境保护建设和实现可持续发展，环境保护部门责无旁贷，但是环境保护不能只靠环保部门。西部地区各级政府部门必须充分认识到西部地区生态环境建设的重要性，统一思路、齐抓共管。各级政府部门间应该建立一个内部环境保护协调机制，避免各部门自成系统，相互协调不够，互相冲突和脱节。环保部门要做好综合协调与监督工作，计划、农业、林业、水利、国土资源和建设等部门要加强自然资源开发的规划和管理，做好生态环境保护与恢复治理工作。

3. 建立、健全稳定的投入保障机制

稳定的投入保障机制，首先是要能充分利用一切可利用资金、资源，坚持国家、地方、集体、企业、个人等一起上，多渠道、多层次、多方位筹集建设资金的方针。其次，生态环境保护、建设资金投入要逐步规范化、机制化，能够适应西部地区生态环境保护、建设可持续发展的需要，充分发挥各渠道、各层次资金的作用与各自的优势。

加大国家在西部地区生态环境建设方面的投入，国家资金在西部生态环境建设中要起到积极的引导作用。国家预算内基本建设投资、财政支农资金、农业综合开发资金等的使用，都要把生态环境建设作为一项重要内容，统筹安排，并逐年增长。同时，完善政府资金的投入机制，综合运用自主投资、政策贷款、财政贴息、转移支付、以工代赈等形式，使国家资金在西部生态环境建设中起到“四两拨千斤”的作用。

西部地区生态环境保护与建设不仅有利于本地区社会经济的可持续发展，对东中部地区的发展也有着重要的影响。例如长江和黄河流域中上游地区生态环境保护与建设就有利于下游地区社会经济的可持续发展。因此，进一步规范与完善东中部省、市对西部地区生态环境保护、建设资金的投入和效益补偿机制，尽可能地把生态建设的经济外部性成本内部化，加大东中部地区对西部地区生态环境保护、建设方面的资金支援，积极探索东中地区与西部地区共同进行生态环境保护与建设的可行性和高效的投资机制。

充分发挥民间资本的作用。西部地区生态环境建设虽然是一项社会效益明显的宏伟工程，但不少建设项目和工程仍具有巨大的经济效益。比如生态产业的建设就具有广阔的发展前景和巨大的经济效益潜力，不少地方正在进行的生态农业、生态旅游业开发等已经开始突现经济效益。在以国家资金为主的生态环境建设项目中，也应该积极吸收各种民间资本参与，发挥民间资本的优势。国家要进一步扩大产业开放的领域，取消各种人为的限制，切实保障民间投资者的权益，并制定相应的投资刺激政策，如减免税收、财政贴息和投资补贴等，积极引导各种民间资本。进一步完善利用承包荒山、荒地、沙地等以农业综合开发与环境综合治理建设为主的土地承包机制，引导个人和企业在生态环境建设中的投入。

引导金融机构对西部地区生态环境保护、建设的投入。国家政策性银行要加大对西部地区生态环境保护与建设项目的支持力度，加大对西部地区企业的环境污染整治方面的技术改造的金融支持。加强对西部地区农牧民的小额信贷与中小企业信用担保体制建设，完善金融机构对西部地区生态环境建设的资金投入机制和政策措施，提高西部地区农牧民和中小企业进行生态环境保护和建设方面的投入能力。在条件可能的情况下，发行西部地区生态环境建设方面的债券，积极探索通过资本市场筹集西部生态环境建设资金的形式。

积极争取利用国外资金。生态环境保护与建设已引起全球性的关注和重视，西方发达国家已在生态环境保护与建设，特别是在环境污染治理与生态产业建设方面取得了不少宝贵经验和先进技术成果。环境保护与污染治理方面的生态技术作为一种新兴产业，正方兴未艾，而我国的环保产业发展潜力巨大。据有关资料显示，从 2001 年到 2015 年，我国环保产业产值年平均增长速度要达到 23%，预计到 2005 年环保产业产值要达到 2819 亿元，占当年 GDP 的 2.15%，2015 年为 20654 亿元，占到当年 GDP 的 6.98%，2001—2015 年环保投入占 GDP 比重要超过 1.5%的水平。在我国进一步进行对外开放中，可以制定相关的政策措施，引导国外资金在环境污染治理与生态产业建设领域的投入。争取国外的长期低息贷款和赠款，积极利用世界银行贷款、日元贷款等国际金融机构和政府间贷款进行造林绿化和治理水土流失。

四、林业生态环境保护与建设的财政政策

林业是生态建设的主体，是经济社会可持续发展的一项基础产业和公益事业。随着我国经济的快速发展和人民生活的不断改善，林业的地位越来越重要，越来越受到社会的普遍关注。中央政府对西部林业生态环境保护与建设给予高度重视，在保护天然林、退耕还林还草、植树种草、城市绿化、治理水土流失等方面采取了相应措施。财政部门大力调整支出结构，把林业生态环境保护与建设作为支持西部大开发和财政支农的重要内容，加大了扶持的力度。近几年来连续推出了一系列支持西部林业生态环境保护与建设的财政政策措施。据统计，中央财政用于林业的总支出由1996年的7亿元左右增加到2002年的302亿元左右，重点用于以下几方面：

（一）支持实施天然林保护工程，切实保护好重点森林资源

我国现有森林资源总面积约24亿亩，其中天然林面积16亿亩。这些天然林主要分布在长江上游、黄河上中游的西南、西北地区和东北内蒙古的大、小兴安岭地区，能否有效地保护好这些地区的天然林资源，不仅关系到各大流域生态环境的改善和经济的发展，而且对我国整个国民经济的可持续发展也将产生极其深刻的影响。我国从1998年开始实施天然林保护工程试点，2000年10月正式全面启动，工程期到2010年。

1. 天然林保护工程的主要内容

这项工程分两部分：一部分是东北、内蒙古等重点国有林区；另一部分是长江上游、黄河上中游地区。共涉及17个省（区、市）和黑龙江大兴安岭林业集团公司、新疆生产建设兵团。工程的主要内容

是：

（1）东北、内蒙古林区大幅度调减木材采伐量，长江上游、黄河上中游林区全面禁止天然林采伐。

（2）实施森林资源管护，通过建立管护队伍，改善管护手段，使工程区内的 14 亿亩森林得到有效保护。

（3）在长江上游、黄河上中游地区新增造林种草面积 2.2 亿亩。

（4）妥善分流安置由于停伐而下岗的富余人员 74 万人。

2. 天然林保护工程的财政政策措施

为确保工程的顺利实施，国家采取了一系列财政扶持政策，从 2000 年到 2010 年工程总投入将达到 968 亿元，其中中央承担 80%，补助资金 789 亿元；地方承担 20%，配套资金 179 亿元。这些资金主要用于 7 个方面：用于长江上游、黄河上中游地区工程区内的公益林建设；森林管护事业费；政策性社会性支出补助费；基本养老保险补助费；下岗职工基本生活保障费；下岗职工一次性安置费补助；地方财政减收补助（也称转移支付补助），对由于停伐或调减木材产量而造成的地方预算内财政减收，由中央与地方共同承担，中央补助部分通过财政转移支付方式予以拨付。

（二）支持开展退耕还林还草工程，治理水土流失

水土流失是西部地区最突出的生态问题，而造成水土流失的主要因素之一是陡坡地开垦。据统计，全国 25 度以上坡耕地共有 9100 万亩，分布在 22 个省份 1060 个县，其中西部地区占 70% 以上。目前，我国水土流失面积已达 367 万平方公里，占国土面积的 38%，在生态环境方面付出了巨大的代价。1999 年起，退耕还林还草工程开始试行。

1. 退耕还林还草工程的主要内容

1999 年，四川、陕西、甘肃三省先行启动退耕还林还草工作，当年共完成退耕地造林种草 572 万亩，宜林荒山荒地造林种草 100 万

亩。2000年，国家正式开展退耕还林还草试点示范工程。当年国家下达退耕还林还草试点任务565万亩，宜林荒山荒地造林种草任务701万亩。涉及长江上游、黄河上中游以及有关地区的17个省份的188个县。2001年试点进一步扩大，当年安排退耕地还林还草630万亩，宜林荒山荒地造林种草845万亩。2002年，在试点的基础上，退耕还林还草工程全面启动，当年实际安排退耕地还林还草3572万亩，宜林荒山荒地造林种草4223万亩，拨付资金144.91亿元，其中：粮食补助93.35亿元，现金补助10.57亿元，转移支付补助2.37亿元，种苗补助38.62亿元。截至2002年底，中央共拨付退耕还林还草工程资金221.99亿元，其中：粮食补助142.1亿元，现金补助16.37亿元，转移支付补助3.62亿元，种苗补助59.9亿元。按照规划，到2010年，工程区内的25个省（区、市）及新疆生产建设兵团的1897个县及县级单位共完成退耕地还林还草任务2.2亿亩，宜林荒山荒地造林2.6亿亩。届时陡坡耕地基本退耕还林还草，严重沙化耕地基本得到治理，新增林草植被4.8亿亩，工程区林草覆被率增加4.5个百分点，控制水土流失面积13亿亩，防风固沙控制面积15.4亿亩，工程治理地区的生态环境得到较大改善，为实现社会主义现代化建设第三步战略目标提供生态保障。

2. 退耕还林还草工程的财政政策

为支持开展退耕还林还草工程，国家制定了一系列财政扶持政策措施：

(1) 国家向退耕户无偿提供粮食。实行退耕还林还草，农民减少了耕地，自然就减少了粮食产量，对此，国家向退耕户无偿补助粮食。粮食补助的标准，主要是根据农户退耕面积、当地实际平均粮食单产和还林还草情况综合确定。长江上游及南方地区一般每亩退耕地每年补助300斤，黄河上中游及北方地区则为200斤。粮食补助的期限，还生态林的补助8年、还经济林的补助5年、还草的在1999—2001年还的补助5年、2002年以后还的补助按2年计算。补助粮食的折价款，按每斤 0.7 元计算，2002 年底以前全部由中央财政承担，纳入当年预算，从 2003 年起，补助粮食的折价款采取在银行挂账的方式解决。粮食调运费由地方政府承担，不能转嫁到农民身上。也不得以任何形式将补助的粮食折算成现金发放给农民。

（2）国家给退耕户适当现金补助。为鼓励农民退耕还林还草，并考虑到农民退耕后近几年一方面减少了收入，另一方面还要维持医疗、教育、日常生活的必要开支，国家在一定时期内给农民适当的现金补助。现金补助的标准按退耕面积每年每亩补助 20 元计算，补助期限与粮食补助期限相同。补助款由中央财政预算安排。

（3）国家向退耕户提供造林种草的种苗费补助。农民退耕后，要在退耕地上还林还草，并按“退一还二、还三”的要求，在宜林荒山荒地造林种草，为此，国家给予种苗费补助。补助标准为每亩退耕地或宜林荒山荒地补助 50 元，可直接发给农民自行选择采购种苗，也可由政府部门组织集中采购，但要征求退耕还林还草者意见，并采用公开竞价方式，签订书面合同。

（4）对应税的退耕地，自退耕之年起，对补助粮达到原收益水平的，国家扣除农业税部分后再将补助粮发放给农民；停止粮食补助时，不再对退耕地征收农业税；对进行生态林草建设所产出的农业特产品收入，自取得收入年份起 10 年内免征农业特产税。

（5）对地方财政减收给予适当补偿。实施退耕还林还草工程的地方，由于土地退耕后减少了农业税收入，使地方财政收入减少，为此，中央财政对农业税减收部分，以转移支付的方式给予 80% 的补助。补助期限与粮食、现金相同。

（6）退耕还林必须坚持生态优先。退耕土地还林营造的生态林面积，以县为单位核算，不得低于退耕土地还林面积的 80%。对超过规定比例多种的经济林，只给种苗造林补助费，不补助粮食和现金。

（7）在确定土地所有权和使用权的基础上，实行“谁退耕、谁造林、谁经营、谁受益”的政策。退耕土地还林后的承包经营权期限可以延长到70年。承包经营权到期后，土地承包经营权人可以依照有关法律、法规的规定继续承包。退耕还林土地和宜林荒山荒地造林后的承包经营权可以依法继承、转让。

(8) 退耕还林还草所需前期工作和科技支撑费用，国家按照退耕还林还草的任务量给予一定的补助，列入国家年度基本建设计划。

(9) 实施退耕还林还草的地区，要把退耕还林还草与扶贫开发、农业综合开发、水土保持等政策措施结合起来，对不同渠道的资金，可以统筹安排，综合使用。要调整农业支出结构，统筹安排使用支农资金。实施退耕还林还草地区的财政扶贫资金可重点用于该地区包括基本农田、小型水利在内的基础设施建设和农牧民科技培训、科技推广，提高缓坡耕地和河川耕地的生产能力，提高农民的科技水平，促进退耕还林还草。

(三) 支持开展防沙治沙工程，提高林草植被覆盖率

一是支持全国防沙治沙工程。1991年兰州会议后，全国防沙治沙工程正式启动，该工程共涉及27个省（区、市）的598个县，中央财政为此专项安排了防沙治沙事业费、荒漠化普查监测经费等，除此之外，还利用财政贴息的方式，引导银行信贷资金用于防沙治沙工程。据统计，1992年以来到2002年底，中央财政安排贴息资金约3.2亿元，实际引导银行贷款约60亿元。累计完成荒漠化治理面积800多万公顷。

二是支持开展京津风沙源治理工程。2000年正式启动了京津风沙源治理工程。根据《京津风沙源治理工程规划》，该工程的范围是：西起内蒙古的达茂旗，东至河北的平泉县，南起山西的代县，北至内蒙古的东乌珠穆沁旗。共涉及北京、天津、河北、山西及内蒙古等五省（区、市）的75个县（旗、市、区），总国土面积为45.8万平方公里。工程的建设期限为10年，工程的建设总目标是：到2010年，完成退耕还林3943.61万亩，其中退耕地造林2012.57万亩，荒山荒

地荒沙造林1931.04万亩；营造林7416.19万亩；草地治理15941.70万亩，其中禁牧8526.70万亩，建暖棚286万平方米，购买饲料机械23100套；建水源工程66059处，节水灌溉47830处，完成小流域综合治理23445平方公里；生态移民18万人。通过对现有植被的保护，封沙育林，飞播造林、人工造林、退耕还林、草地治理等生物措施和小流域综合治理等工程措施，使工程区可治理的沙化土地得到基本治理，生态环境明显好转，风沙天气和沙尘暴天气明显减少，从总体上遏制沙化土地的扩展趋势，使北京周围生态环境得到明显改善。工程的补助政策是：

（1）退耕还林3943.61万亩，与前述退耕还林政策完全相同。

（2）造林营林，人工造林每亩300元，中央补助100元；飞播造林每亩120元（含飞后管护），封山育林每亩70元，全部由中央投入；中央投资部分由中央基本建设资金解决。

（3）林木种苗建设，暂按其建设投资的70%由中央基本建设资金解决。

（4）人工种草每亩投资120元，其中中央补助60元。飞播牧草每亩投资100元，其中中央补助50元。围栏封育每亩投资70元，其中中央补助40元。基本草场建设每亩投资500元，其中中央补助80元。草种基地建设每亩投资1200元，其中中央补助500元。中央投资部分由中央基本建设资金解决。

（5）禁牧舍饲补助，饲料粮补助标准为0.225公斤/天/公顷，其中牧区按全年禁牧365天计算，农牧交错区按180天计算，补助期限为5年，补助资金由中央财政按每斤0.5元安排（从2003年起改为银行挂账解决）。禁牧舍饲后所需的棚圈按每平方米200元计算，其中中央补助150元，饲料加工机械设备按每台（套）2500元计算，其中中央补助2000元。中央投资部分由中央基本建设资金解决。

（6）水源及节水配套工程每处中央补助1万元。小流域综合治理工程每平方公里中央补助20万元。中央投资部分由中央基本建设资金解决。

（7）生态移民暂按 5000 元/人计算，全部由中央基建资金解决。

（8）科技支撑暂按中央基建投资的 3% 计算，由中央基建资金解决。

从 2000 年到 2002 年底，中央实际安排京津风沙源治理工程专项资金 49.26 亿元，其中财政专项资金 12.09 亿元；财政转移支付 0.17 亿元；基建投资 37 亿元。

（四）探索和建立森林生态效益补偿机制，对生态公益林实施有效的保护

生态公益林一般是指涵养水源、保持水土、防风固沙、调节气候、保护生物多样性并为人类提供良好生态环境以及服务于国防、科研的防护林和特种用途林。几年来，国家先后实施了天然林保护、退耕还林等林业重点工程建设，对重点林区进行了保护。国家《森林法》明确规定："国家设立森林生态效益补偿基金，用于提供生态效益的防护林和特种用途林的森林资源、林木的营造、抚育、保护和管理"。2001 年初，相关主管部门设立了森林生态效益补助资金，这项资金由财政预算安排，主要用于提供生态效益的防护林和特种用途林的保护和管理。从 2001 年起，中央财政预算安排 10 亿元，选择河北、湖南、广西等 11 个省（区）的 2 亿亩公益林先行试点，旨在探索一套行之有效的资金投入和管理机制，建立健全重点防护林、特种用途林保护和管理模式。

（五）支持开展农村小型生态设施建设，改善农村生态环境，促进农村小康社会建设

为了配合国家实施天然林保护、退耕还林工程，减少乱砍滥伐，从 2001 年起，中央财政专项安排 1 亿元资金用于支持开展农村小型生态公益设施建设。该项资金的使用范围主要是解决缺柴地区发展薪

炭林，解决或减少林区的乱砍滥伐问题，切实保护好生态环境。

支持开展林业生态环境建设，是近几年来财政支农的重中之重，除上述财政扶持政策外，国家还对“三北”、长江中下游地区重点防护林体系建设以及湿地、野生动物保护等给予了大力支持，这将有力推动我国林业生态环境保护与建设的开展，使我国的生态环境不断得到改善。

（六）政策效果初步显现，林业资金管理和财政支出绩效应当成为关注重点

从上述政府支持西部林业生态建设的政策措施不难看出，财政在促进西部生态环保建设方面的作用是不可替代的。从近年来的实际情况看，这些财政政策措施的实施效果也是十分明显的。西部大开发 5 年来，政府在西部地区生态保护的投入达 1100 亿元人民币。截至 2004 年底，西部地区累计完成陡坡耕地退耕还林 1.18 亿亩、荒山荒地造林 1.7 亿亩。仅 2004 年一年，西部地区退耕还林工程区林草覆盖率就平均增加 2 个百分点，内蒙古一些荒漠化草原植被覆盖率增加 20%以上，宁夏实行全境禁牧、青海实施以草定畜取得初步成效，京津周边地区土地沙化趋势得到初步遏制。

同时我们应当看到，促进西部生态环保建设的财政政策在支持力度、措施到位、各级政府之间和相关主管部门之间的权责分工等方面，仍有许多值得改进之处。特别是与西部生态建设投入有关的财政支出绩效评估、中央财政专项支出分配办法以及“地方配套”问题，应当成为我们关注的工作重点，彻底改变长期以来在财政支出方面存在的重分配轻管理、重拨款轻监督的情况。鉴于西部林业建设的重要性和特殊性，建议对林业财政资金的管理、使用建立全方位、多层次的规范监管、稽查、评价体系。

张振国　苏　明　傅志华　刘克勇　唐龙生

我国能源发展战略及其与财税政策的关系

——可持续能源战略的财税政策研究系列报告之一

内容提要

党的十六大提出了全面建设小康社会的历史任务——到2020年中国经济将比2000年翻两番。十六届三中全会又及时提出了全面、协调、可持续的科学发展观和“五个统筹”的战略思想。刚刚结束的十六届五中全会进一步明确提出，要在“十一五”末实现单位GDP的能耗水平比“十五”末下降20%。在这样的战略部署下，能源问题引起社会各界广泛关注，即中国的能源基础能否支撑中国经济的长远发展目标？中国能否保证能源可持续供应及国家整体的能源安全？公共财政政策在促进能源可持续发展中处于什么地位，应发挥什么作用？这是我们应当深入思考、认真回答的重要问题。我们认为：

1. 能源的重要性越来越明显，现实中的能源短缺问题也越来越严峻。能源是国民经济和社会发展的动力，是环境保护和大众健康的重要因素，也是国民经济的生命线。中国近年来已出现能源供需紧张、资源约束加强的现象；从长远看，如不采取适当措施，能源约束问题将会更加突出。中央适时提出科学的发展观以及建立资源节约型社会的重大决策，为我国未来确立了资源可持续发展的方向。

2. 落实中央重大战略决策，需要我们制订科学的能源发展战略。已有的研究表明①，无论是推进工业化、城市化，还是实现经济增长方式的转型，需要中国在新的发展时期实施“保证供应、节能优先、环境友好、市场推动”的可持续能源发展战略。这一战略的核心是节能与提高能源使用效率并重，同时要发展可再生能源，以此实现“以能源消费增长翻一番，支持国民经济增长翻两番”的中国2020年能源战略目标和可持续发展目标。

① 参见中国能源发展战略与政策研究课题组：《中国能源发展战略与政策研究》，经济科学出版社2004年版。

3. 可持续能源发展战略目标的实现需要政府的有力推动。能源是国家战略性物资，保障能源安全是一项重要的公共产品，单纯依靠市场力量解决不了中国的能源问题。为此，需要政府按照市场经济通行的经济管理和公共管理方式，制订适当的正向激励政策与逆向的限制措施，促使中国能源发展战略目标落到实处。在现实经济生活中，一方面是能源出现了局部的供应紧张，另一方面却表现为能源开采、使用、管理上的损失浪费和低效，突出表现是在我国人均能源占有量低于世界平均水平的现实下，存在着严重的能源浪费现象，使得整体的能源效率大大低于发达国家的水平。能源效率低下与我国现实的能源利用技术水平较低有关，同时也与我国能源节约意识淡薄、政府公共管理缺乏有效引导与制约有关。能源的可持续发展需要政府公共政策的有效推动、引导与制约。

4. 财税政策对实现能源发展战略极其重要。市场经济条件下，在政府的各种政策组合中，财税政策始终处于重要的位置。有效地发挥财政预算、国债投入、财政贴息、担保、政府采购、税收优惠、限制性税收政策等多种政策工具的杠杆作用，将其作用范围延伸到能源的生产、转换、流通、消费等各个环节，发挥其最佳的政策效应，以此解决具有公共产品或准公共产品性质的能源问题，无疑具有重要意义。

5. 新的能源形势需要公共财政体制与财税政策不断更新、调整、完善，做到“与时俱进”。改革开放以来，我国曾先后出台过一些关于能源方面的财税政策。随着 1992 年明确建立社会主义市场经济，特别是 1994 年进行财税体制改革以来，原来在计划经济体制和转型经济环境下制订的财税政策不是不适应现在的市场经济条件，就是被取消或“名存实亡”，没有在解决能源问题上发挥应有的作用。现行的一些政策，相当部分已经明显不能适应形势发展的需要，必须进行改革与完善。在总结、评价以往财税政策的基础上，在新的政策制度环境下，如何围绕着上述发展战略目标的实现，研究出台一些新的财税政策，已迫在眉睫。

6. 今后中国能源发展应抓住下一轮财税改革的机遇。当前中国正在进一步深化公共财政管理制度改革，并正在设计和即将出台新一轮税制改革方案。其改革的基本原则与运用财税政策支持能源发展的精神是一致的。支持能源发展战略要抓住这一难得的历史机遇，奠定今后中长期公共财政体制与财税政策在促进能源可持续发展中的重要基础。

现代经济发展史表明，能源是国民经济增长的基础，随着经济社会发展水平的不断提高，未来我国经济对能源的依赖度也将不断增加，能源的可持续供应将面临较大的压力。与此同时，能源结构的优化、能源效率的提高以及如何治理能源消费所引起的环境污染问题都是我国中长期经济发展中面临的重要任务。能源在经济发展中的重要地位以及其自身的行业特点决定了政府在能源发展中将发挥应有的作用，而财税政策作为政府宏观经济政策的重要组成部分，它与能源发展的关系是怎样的？在能源发展战略中将如何发挥作用呢？

一、未来一个时期中国面临的能源问题及能源发展战略选择

世界能源消费结构在经过战后几十年的发展，已完成由煤炭向石油的转换后，正朝着高效、清洁、低碳或无碳，以天然气、核能、太阳能、风能为主体的多元化能源体系发展，而从更长远的趋势看，将是可再生能源对化石能源的替代。而我国当前仅仅是完成了第一次能源变革，刚刚进入石油、天然气快速发展的阶段。当前中国的能源消费结构是以煤炭为主体的多元化消费结构，在整个能源消费中，煤炭占72%、石油占20%、天然气2%，其他6%。所以说，当前我国经济社会面临的能源问题及下一步能源发展战略的选择问题，与世界其他国家也是有所区别的。

（一）能源在国民经济发展中的重要地位日益突出

能源是人类社会消除贫困、改善生活质量、促进经济发展的主要动力。能源不仅是一种普通商品，而且它还是一种具有战略意义的资源。主要是因为它不仅涉及到短期内能源市场供需平衡的问题，而且

从长远的角度看，它还关系到如何为经济的可持续发展目标而保证长期的能源供应。

能源在经济发展中的重要地位表现在，能源是一种重要的基础产业。虽然当前理论界对基础产业有不同的定义，但他们无一例外地都将能源列为基础产业的范畴。所谓基础产业是指，其他产业发展对它的依赖性较高，在较长时期内对它的需求将稳步增长、规模较大，在产业结构中处于“供给”地位的产业。此外，能源对经济发展的影响还表现在，能源与环境问题之间密切联系，经济增长需要能源供应支撑，能源消耗带来环境污染，环境污染反过来又造成经济损失，破坏经济持续增长的基础。

1. 煤炭资源

丰富而廉价的煤炭资源在我国经济发展中一直扮演着最重要的角色。从我国目前的能源现状来看，煤炭是最具竞争力的能源，与石油、天然气等其他资源相比，煤炭具有储量大、开采成本低和缺乏替代产品的比较优势。据预测，我国煤炭资源的远景总量约为50592亿吨，目前已探明的可采储量总额为10025亿吨，占世界总储量的11.1%，仅次于俄罗斯、美国，居世界第三位。煤炭实际开采量自1989年突破10亿吨大关以来，已连续多年保持世界第一产煤大国的地位。同时，我国富煤贫油的现实也决定了我国是一个以煤炭为主要能源的国家，目前煤炭在一次性能源生产总量和消费总量构成中占据着高达70%的绝对优势。作为一个人口大国，我国未来几年煤炭消费的潜力巨大，在目前新的替代产品尚未出现以前，煤炭仍将是我国能源的支柱产业，这是不容置疑的。与此同时，煤炭所产生的环境污染问题也越来越引起广泛关注。当前国际社会普遍关注燃煤对环境污染的问题，各国都正积极进行洁净煤和煤炭气化等技术的研究，并已取得重要进展，这些技术可大大减少煤中二氧化碳及其他有害气体的排放。在以煤炭为主的能源供给格局中，只有解决好煤炭清洁利用问题，才能减少环境污染、提高煤炭使用效率。

2. 石油

从世界范围讲，能源结构中的石油对世界经济发展至关重要，油气工业不但是世界经济不可或缺的重要组成部分和投资的重要领域，而且已经成为推动现代工业、运输业和经济发展的重要动力，是关系到国民经济命脉和国家经济安全的重要战略物资，是一种与政治、经济、军事和外交等方面密切相关的特殊商品。从世界经济发展史看，西方工业国经济的高速发展与石油密切相关。如20世纪50年代初到70年代初，世界主要资本主义国家经济实现了高速增长，而这一时期的世界石油消费量增长率与世界经济增长率基本上同步。1956—1959年，世界经济增长率2.95%，石油消费增长率5.35%；1961—1973年，世界经济增长率4.91%，石油消费增长率则达7.42%。1973和1979年两次石油危机后，世界各国特别是那些主要石油消费国和进口国，都十分重视国家石油安全问题，先后建立了石油战略储备制度。战略储备是资源保障体制的合理延伸，其根本目的是应对突发事件，保障国家的经济、政治、国防安全。

我国石油工业发展取得了辉煌的成就，并且石油资源在能源中的重要战略地位越来越突出，目前，石油、天然气在我国的一次能源消费结构中，分别占23.4%和3%，以石油为主要燃料和原材料的工业部门的产值约占全国工业总产值的1/6。但随着我国经济的高速发展，国内石油供需矛盾日益突出，石油开发生产已难以适应石油消费的大幅度增长，石油勘探开发和市场供需中的一些矛盾日益突出。一方面，石油后备储量不足，资源接替紧张，增储上产的难度越来越大。目前，全国剩余可采储量约26亿吨，石油储采比在16左右，可采储量的接替率不足1，后备储量接替比较紧张。同时，在探明石油储量中，已动用的占到75%左右，而未动用的储量中有近一半属于难动用、低渗透资源。据统计，我国的石油产量在20世纪70年代的年均增长率为13%，80年代降到2.7%，90年代只有1.5%。今后，国内原油产量不可能大幅增长，而石油需求旺盛，对进口石油的依赖程度越来越大。1993年我国开始成为石油净进口国，2003年原油进口首次突破1亿吨。2004年原油和石油制品净进口量达1.51亿吨，占国内石油表观消费量[①] 的46.6%。

3. 新能源和可再生能源

核电在世界能源格局中由于其高效清洁占有重要的地位和作用，在我国也越来越受到重视。核电是唯一先进可靠、能大规模快速发展并能有效替代煤电的清洁能源，更快发展核电将能有效缓解煤炭、运输、环保的压力，实现我国发电能源多样化，是保障能源安全的重大战略选择。在我国能源中长期发展规划中，到2020年核电装机容量将达4000万千瓦。然而，从核电占全部电力装机容量的比例看，2004年为1.6%，到2020年也只有4%。

（二）未来一个时期中国经济社会发展所面临的能源问题

自2002年起，中国经济已经进入新一轮高增长周期，同时表现出了日益显著的重化工业特征[②]，其表现是以房产、汽车、基建行业为主导，以钢铁、有色金属、建材、化工等行业为支撑。重化工业阶段的形成机制主要归因于居民消费结构升级、城市化进程的加快和基础设施建设等中长期因素，重化工业特征除了重化工业增加值占工业增加值的比重高以及相应的经济增长机制的转变外，还具有能源消耗较大、投资品占工业产品的比重显著上升的特点，表现较为明显的是近年来钢铁和有色金属的快速增长，对电力消耗增长很快。从能耗水平看，我国能源利用效率与发达国家相比，差距很大。目前，我国能源利用效率为33%，比发达国家低10个百分点；我国石化、电力、钢铁、有色、建材、化工、轻工、纺织等8个行业主要产品单位能耗平均比国际先进水平高40%。我国目前技术上可行的年节能潜力约

① 表观消费量=产量+进口量-出口量。

② 刘世锦：《我国正在进入新的重化工业阶段》，中国经济时报2004年1月16日。

为2.5亿—3亿吨标准煤[①]。从能源结构的优化看，中国以煤炭为主的能源消费结构在世界范围内都非常突出，在短期内不论煤炭资源的供应是过剩还是短缺，但从长期看，我国能源需求大于供给是必然趋势。从我国的能源供应结构看，水电和煤炭资源相对丰富，但油、气等清洁、高效、优质能源严重不足，随着需求量大幅度增长，供需矛盾进一步尖锐。煤炭消费不仅能耗低，而且也是我国最大的污染源，也使我国成为世界上二氧化碳主要排放国之一。

无论从经济发展阶段看还是从当前的能耗水平看，未来较长一段时间内，国内能源供应将面临潜在的总量短缺，尤其是石油、天然气供应将面临结构性短缺。2010年我国能源总需求量将达到20亿吨标准煤，2020年可能超过30亿吨标准煤，石油消费的对外依存度将继续提高，严重的能源供求形势对能源的可供量、承载能力以及国家能源安全提出了严重挑战。

1. 中国化石能源人均可采储量“先天不足”

从化石燃料的资源量来看，中国人均能源可采储量远低于世界平均水平[②]，2004年人均石油可采储量只有1.8吨，人均天然气可采储量1715立方米，人均煤炭可采储量145吨，分别为世界平均值的7%、6%和94%。我国石油产量不可能大幅增长，2020年预计为1.8亿—2.0亿吨，然后将逐渐下降。我国煤炭资源虽然比较丰富，但探明程度较低。目前可供建设新矿的尚未利用的精查储量仅203亿吨[③]，远远满足不了近期煤炭建设的需要。另外，尚未利用的经济精查储量中86%分布于干旱缺水、远离消费中心的中西部地区，开发、运输和利用的难度势必加大。目前支撑中国能源绝对比重的依然是常

---

① 唐元，《应当把节约资源作为一项基本国策》（内部研究报告）。

② 冯飞等：“国家能源战略的基本构想（总报告）”，参见中国能源发展战略与政策研究课题组：《中国能源发展战略与政策研究》，经济科学出版社2004年版。

③ 张荣立等：“煤炭工业协调稳定发展与开发建设布局研究”，《中国煤炭》，2003年第4期。

规化石能源。而常规化石能源可采储量的“先天不足”，在客观上决定了从一个较长的经济发展时期来看，中国能源是无法做到自给，因此必须在利用好国际市场以及发展新能源、可再生能源、促进节能等方面下功夫。

2. 工业化、城市化发展阶段对能源需求具有更高的依赖性①

从我国即将进入的发展阶段来看，我国的工业发展现实表明，中国已经进入工业化发展中期。重工业产值占工业总产值的比重比1990年的50.6%提高到2004年的66.5%。而重工业单位产值的能耗约为轻工业的4倍，这是近年来经济增长对能源需求弹性明显提高的重要因素。从我国的城市化发展进程来看，目前，中国城镇人口占总人口的比例为39.09%，与同等收入国家比低了近15个百分点。未来一个时期，农村人口向城市化转移是必然趋势。而城镇人口平均年消耗能源为农村的3.5倍。如果每年城市化水平提高1个百分点，意味着增加1300万城市人口，相应需大量增加能源供应。从居民消费结构来看，在人均GDP达到1000美元时，居民消费进入一个新的结构升级阶段，如人均占有住房面积增加，每千人拥有汽车数量提高，家用电器拥有率提高，都使人均能耗水平呈增长趋势。从中国在国际贸易中的产业分工来看，目前中国正日益成为世界的制造中心，“中国制造”正在冲击着国际贸易的原有体系。但是也应该看到，目前中国的进口多为高附加值的产品与服务，而出口多为一般制造业产品，单位价值的进口耗能要明显小于单位价值的出口的耗能，形成了国际间能源需求逐步向中国转移的不平等事实。这种进出口结构伴随着日益增大的进出口量的影响，国际贸易分工中的这种格局以及由此伴生的能源需求转移在短时期内都不会有根本改善。尽管中国人均消耗能源约为世界平均值的45%左右，远远低于世界平均水平，但是中国正

① 参考中国能源发展战略与政策研究课题组：《中国能源发展战略与政策研究》，经济科学出版社2004年版。

在进行的重化工业发展阶段、日益加快的城市化进程、逐步提高的居民消费结构以及在国际贸易分工中所处的地位等多种因素，都决定了中国今后一个时期对能源增长会有更高的依赖。

3. 落后的粗放型经济增长方式加剧了能源紧张局面

尽管改革开放以来中国用了20年左右的时间使经济总量翻两番，同时政府着力强化了提高企业能源使用效率，但总体而言，中国并没有完全走出高增长、高消耗、高污染的粗放型扩张的经济增长方式。中国目前的能耗水平与国际先进水平尚有很大差距，尽管20年来我国主要高耗能产品的单耗与国际先进水平的差距在逐渐缩小，但是总体上主要工业产品的单耗水平仍比国际先进水平大约高出30%以上。从单位产值能耗水平来看①，按1995年美元不变价格计算，2002年世界平均单位产值能耗为每百万美元374吨标准煤，而中国达1196吨标准煤，为世界平均水平的3.2倍。中国能源系统的总效率，即开采、加工炼焦、贮运到终端消费的总效率，2002年为33.4%，比国际水平约低10个百分点。具体数据比较如表1所示。

表1　　主要高耗能产品单耗的国际比较

名称	单位	1990年			2000年			2004年		
		国内平均水平	国际先进水平	国内外差距/%	国内平均水平	国际先进水平	国内外差距/%	国内平均水平	国际先进水平	国内外差距/%
火电供电煤耗	克标准煤/千瓦时	427	322	+32.6	392	316	+24.1	379	312	+21.5
吨钢可比能耗	千克标准煤/吨	997	629	+58.5	784	646	+21.4	705	610	+15.6
水泥综合能耗	千克标准煤/吨	201.1	122.6	+64.0	181.0	125.7	+44.0	157.0	127.3	+12.3

① 国家经贸委“市场经济条件下政府节能管理模式研究”课题组：《市场经济条件下政府节能管理模式研究》，中国电力出版社2004年版。

续表

名称	单位	1990年			2000年			2004年		
		国内平均水平	国际先进水平	国内外差距/%	国内平均水平	国际先进水平	国内外差距/%	国内平均水平	国际先进水平	国内外差距/%
乙烯综合能耗	千克标准煤/吨	1580	857	+84.4	1212	714	+69.7	1004	629	+59.6

资料来源：国家电网公司；中国钢铁工业协会；中国建筑材料工业协会；中国化工节能技术协会；日本能源经济研究所《日本能源与经济统计手册》2005年版；日本能源学会志，2004年NO.7。

4. 能源环境为经济的长期可持续发展敲响了警钟

尽管目前中国的GDP只占世界总量的1/32，但是温室气体排放量却达到世界总量的10%[①]；2001年世界银行发展报告列举的全球污染最严重的20个城市中，中国一个国家就占了16个；中国大气污染造成的损失已经占到GDP的3%—7%。这说明，高污染、高耗能、低效率的经济增长方式不具有可持续性，迫切需要我们转变经济增长方式。

5. 能源安全成为中国今后一个时期无法回避的重大战略问题

中国的能源安全突出表现为石油安全。随着人均生活水平的提高，人均耗能尤其是石油消费量都将有显著提高，另一方面，受国内资源供给的约束需要大量进口能源尤其是石油，这就使得中国的能源安全尤其是石油安全变得非常突出。除了石油安全外，保证电力、天然气网管输送的安全也是能源安全的一个重要内容。国家整体的政治、经济、外交、贸易、技术等都与能源安全息息相关。随着经济的持续健康发展，保证能源安全成为政府的一个无法回避的重大战略问题。

---

① 参见中国能源发展战略与政策研究课题组：《中国能源发展战略与政策研究》，经济科学出版社2004年版。

6. 制定和实施科学合理有前瞻性的能源发展战略已迫在眉睫

能源问题是一个大的系统，涉及到能源资源、能源开发、能源效率、能源安全、能源结构、能源成本、能源安全、能源生产与供给、能源转换、能源消费等诸多方面，彼此的关联性极强。比如，改变能源需求的机制具有相当的难度，能源供给具有很强的路径依赖性，能源环境具有一定程度的不可逆性，补救的成本很高。另一方面，由于能源是一种具有战略意义的稀缺资源，能源方面的国际合作远没有其他方面充分，很多项目受制于本国政府的能源政策，无形中给国际合作增加了许多难度，完全借助于外界力量发展能源，既是不可行的，也是危险的。在能源领域完全靠市场力量有时并不能全面实现经济社会发展目标及整体社会的福利最大化。因此，就需要政府统筹资源、环境与经济社会可持续发展，制定和实施相应的能源发展战略，实现能源、经济、环境与社会的长期可持续发展，既具有特别的战略意义，也非常紧迫。

（三）中国的能源发展战略选择①

多年以来，我国一直坚持能源开发与节约并重，比单纯强调能源开发，更符合中国经济和能源发展的客观规律。在新时期我国能源发展战略要实现的任务更多，科学发展观的提出以及全面建设小康目标的实现都对我国的能源发展提出了更高的要求。在本世纪头 20 年，中国的能源战略要着眼于长远，实现增长方式的“转型”，走可持续能源发展战略。增长方式的“转型”主要体现在以下四个方面：一是能源供应要从满足简单经济发展的基本需求为目标，转向保障需求与环境效益并重，通过优化能源结构来达到保证环保目标的实现。二是政策重点由注重供应侧保障能力，转向提高供应能力与需求侧提高能

---

① 参考中国能源发展战略与政策研究课题组：《中国能源发展战略与政策研究》，经济科学出版社 2004 年版的有关研究成果。

源效率联动，而且将后者置于更为重要的地位。三是能源产业的发展方式由政府计划和行政管制，向政府引导下的充分发挥市场化机制的方向转变。四是能源发展应从单纯依赖国内资源的“自我平衡”转变到国际化战略，充分利用国内外两种资源、两个市场。可持续的能源发展战略具体指中国要走一条“能源消耗最少，环境污染最小”的发展道路，实行“节能优先、结构多元、环境友好、市场推动”的战略，依靠体制创新和科技进步，实行能源国际化战略，力争实行GDP翻两番、能源消费翻一番的目标；优先满足人民群众尤其是贫困群众生活的能源需要，有效保证国家的能源安全，最大限度地减少能源的生产、转换和使用对环境和健康的影响；初步形成能源可持续发展的新机制，为今后更长远的发展奠定基础；将可再生能源和新能源的研究与发展置于重要的位置，加速推进其市场化进程。

具体来说，中国可持续能源战略措施包括：第一，立足国内资源、充分利用国际资源，形成能源工业稳定持续发展的新机制，其中最主要的就是采取综合措施确保石油安全，既要加快国内油气资源的勘探开发，强化采油、提高采收率，还要发展替代燃料和技术并积极利用国际石油资源，此外，还要建立和完善石油战略储备制度和预警体系，以保障石油资源的持续稳定供应。第二，政府通过建立有效的经济激励制度推动促进节能优先战略的实施。第三，尽最大可能实现能源结构优化，主要包括：逐步降低煤炭在一次能源消费中的比例；加速发展天然气，使之在替代煤炭消费方面发挥重要作用；积极发展水电、核电和可再生能源，使之初步形成一定规模，为今后更大规模地替代化石燃料奠定基础。第四，通过政府驱动、公众参与、总量控制、排污交易实施环境友好的能源战略。对主要污染物实行更为严格的总量控制；通过提高排污收费标准、实行排放交易并逐步将环境污染的外部成本内部化等方式，扩大污染企业的排污成本，从而降低污染量。第五，加快能源领域的市场化改革，以体制改革和技术创新来推动可持续发展战略的实施。第六，立法推动可再生能源规模化发展。总之，21世纪前半叶是我国实现工业化的重要发展时期，需要长期稳定的能源供给，应根据中国能源资源和消费增长趋势，积极利用国际资源，统筹考虑煤炭、石油、天然气、核能及可再生能源的协调发展。

二、政府在实现能源发展战略中的重要地位和应有的作用

政府在实现能源发展战略中的地位和应有作用，一方面与政府在市场经济条件下的职能息息相关，另一方面也与能源的特殊性有联系。

政府和市场是两个最主要的资源配置主体，依据现代经济学理论，在资源配置过程中，市场配置资源具有经济效率高的优点。所以，在资源配置过程中，应主要发挥市场机制的作用，政府调节应在以市场调节为基础的条件下，在市场失灵领域进行调节。由于能源在国家经济社会生活中的重要战略地位和特殊性，在能源发展战略的实现中，必须积极发挥政府的作用，政府发挥作用主要与能源发展战略的特殊性相结合。依据发达国家和发展中国家市场发育的不同水平，在中国这样的发展中国家，政府在能源发展中的作用发挥应包括两个层次：一是打破政府多年以来对能源市场垄断地位，让市场的因素更多地发挥作用；二是对市场调节难以发挥作用的领域，由政府进行适当而必要的干预。具体来说，以下存在的市场失灵为政府发挥作用提供了基础：①私人企业提供公共品的不足，如在节能信息和石油安全方面；②外部性，在没有政府和社会约束的条件下，私人企业没有动力和压力将外部成本内部化，从而提供超过社会最优化的产品，如能源消费所带来的污染问题；③垄断力量的存在，无论是自然垄断还是

市场力量形成的垄断，如果不受限制，企业都有提高价格、降低供应的倾向，损害消费者的利益并带来无谓的社会损失。比如，随着能源的可持续发展压力的不断增强，能源效率的提高、新能源和清洁能源的开发以及能源安全问题将变得越来越重要，而这些领域完全交由市场去调节，很难达到预期的目标，这些领域都不同程度地需要政府的干预。

能源在国民经济发展中占有的重要地位决定了政府在实现能源发展战略中发挥作用，而且能源产业自身的特殊性也决定了在实现能源发展战略中需要政府的干预。主要表现在：能源作为不可再生资源，是传统行业中唯一受供应能力限制的产品，即当市场需求量增加时，生产商受制于开采环境不可能在较短的时期内迅速提高供应量，求大于供的局面不会随着时间的推移而有所改变，从而导致能源产品的价格会大幅提高。从可再生和不可再生的标准看，对不可再生能源需要进行科学的勘探、合理的开采和有效地使用，而对可再生能源则需要进行较大的投入进行研究开发和市场化运营，从保护能源及能源的可持续供应角度，这些单纯依靠市场的力量也是难以完成的。能源投资与开发具有前期资本投入量大、投资周期长、投资风险较高等特点，属于典型的资本密集型产业，而新能源和可再生能源相对于传统化石能源，更具有技术密集型的特点；从能源产业的地位来看，能源产业属于国民经济的基础性产业，能源的结构调整比其他产业的结构调整涉及的面相对要宽，对其他行业的影响与冲击也就更大，因此受到的制约因素较多，难度也会相应变大。从我国的整体经济发展战略对能源产业的依赖性来看，我国人均资源尤其是能源的相对匮乏，决定了能源在今后相当长的一个历史发展时期都将是一个主要的约束因素，政府及有关部门必须在能源产业具有前瞻眼光。从能源产业对环境的影响来看，能源既是国民经济发展的动力，同时也是环境破坏的主要因素，由于过度使用能源造成的环境透支对经济发展的制约正在迅速增长，必须引起我们的足够重视。再加之能源政策一旦失误所造成的不可逆性及对全局形成的消极影响后果的严重性，都决定了市场在能源领域并不总能达到最优。除此之外，能源（特别是石油）还属于一种特殊商品，在我国国内的储量难以满足国内需求的情况下，石油的大规模进口将提高我国经济发展的对外依存度，这在一定程度上将影响到一个国家的能源安全乃至整个经济安全问题和外交战略。能源的特殊性使我们不得不对能源产业及能源政策采取有别于其他产业的态度，在一定程度和一定领域中需要借助于政府这只“有形的手”，使“无形的手”和“有形的手”相互配合，发挥合力，维护国家整体的能源安全与可持续发展。

政府在能源资源配置中的主要职能应包括资源勘察、规划和区划，实施法律、法规，监督和评价等。从政策手段看，应重点采用经济手段激励能源的开采、分配、使用和废物处置。应采用价格、税收、信贷等经济手段来调节能源生产和消费结构。从不同的能源品种特性看，主要应采取以下措施：

（一）加大力度扶持清洁能源

在我国中长期内还难以改变以化石燃料为主体的能源结构背景下，政府应不断增加研究开发投入。研究开发的重点一方面是研究减轻与消除化石燃料的环境影响、提高能源效率的技术；另一方面，则转向开发生态友好的替代能源资源。能源技术创新的成败关键取决于技术性能、经济有效性、安全性、环境影响和原材料可获得能力。具体来说，政府的作用体现在通过政策的扶持，积极引导市场的力量投入到清洁煤技术、核电、风电、水电等清洁能源领域。

煤炭洗选加工业（以下简称洗煤业）是对煤炭进行洗选、型煤、配煤、水煤浆的深加工过程，可以有效降低煤炭中灰分、硫分，是实现煤炭清洁利用的基础和前提。清洁煤技术需要政府支持的理由主要在于：第一，它是一种新兴技术，它的研究与开发具有较强的外部性，也就是说这种技术的社会效益很大。此外，技术的市场化、规模化也需要政府的支持。第二，煤炭资源的消费对环境的影响很大。而清洁煤技术中的洗选煤可以脱除煤炭中 50%—70% 的黄铁矿硫和大部分灰分，可以减少燃煤排放的烟尘和二氧化硫，提高能源的使用效率，有利于提高煤炭利用率。用洗选过的煤生产合成无烟煤，可比用原煤节约 20%—25%；锅炉用洗选过的煤可比用原煤节约 10%—15%。

加快发展核电，不但有助于提高清洁能源在电源及能源结构中的比重，减少环境污染，还可以减少对进口石油的依赖，保证能源安全，特别是在我国东部沿海地区，经济快速发展，电源建设不足，电力供给紧张，一次能源匮乏，尽快发展核电应当是最佳选择之一。政府的作用领域包括理顺核电管理体制，制定核电发展中长期规划，并在核电发展初期给予强有力的政策与资金支持。

（二）节约能源、提高能效

节能存在着市场失灵的现象，单纯依靠市场的力量，让企业通过节能与否因素来考虑对财务成本的影响，这一力量较小，而且效果不明显。世界银行的调查情况表明，市场机制对实现节能只能起到 20%的作用。① 主要原因是：一方面，能源生产和消费中的环境污染没有纳入成本；另一方面，基于效益外溢的原因，私人公司对具有公共性质的研究开发投资不足，不愿投资于节能技术的开发利用。而且节能产品在市场中往往存在“信息不对称”现象，消费者缺乏对相关信息（如产品性能、能源效率、节能量等）的正确了解，妨碍节能产品的推广使用，使之缺乏竞争力。从解决“市场失灵”和“信息不对称”的角度看，有必要大力加强政府在节能工作中的地位和作用。

政府在节能事业中的作用，首先应该重点放在解决“市场失灵”和“信息不对称”的市场缺陷上来。在限制高能耗产品的同时，鼓励

① 财政部财政科学研究所课题组：《我国鼓励节能的财税政策研究》。

节能产品的技术研究和开发。具体来说：第一，限制高能耗产品，制定和实施最低能效标准，将高耗能产品从市场上淘汰，引导用能产品提高能效，弥补“市场”的不足。第二，研究制定适应市场经济要求的节能激励政策；研究制定抑制资源过度消费、有利于企业开展节能的税收及税负转移政策；研究制定公共财政支持政策；研究进一步深化能源价格形成机制，建立能源价格预报制度；对能源消耗高、污染重的产品和设备课以重税，强制实施高能耗产品淘汰的政策，建立基于市场的节能信息传播机制、能源管理技术服务，以克服节能新技术、新产品推广中的市场障碍等。同时，强化节能信息、宣传和培训工作，提高公众和各级领导的节能意识。

（三）石油的安全和市场化

当前从世界范围讲，从利用煤气资源转向利用其他能源的条件在各方面并不成熟，因此，加速推广替代能源的政策代价可能会过于高昂，而且还需要长期连续的财政补贴。① 从中国的情况看，2003 年中国原油净进口 9112 万吨，占世界石油需求增长的 41%，中国石油进口在消费中所占比例已达 40%，有机构预测，到 2015 年，中国对石油进口的依存度会达到 50%。② 但是石油工业包含多个环节，由于各个环节不同的技术经济特征，我们习惯上又把它们分为：上游的勘探开发市场或资源市场；中游的贸易和运输市场，包括管道运输、船舶运输和其他形式的运输等；下游的成品油销售和零售市场或天然气的配售市场等。对于不存在规模经济和自然垄断特征的环节可以广泛引入市场竞争机制，尽可能获得较高的经济效益。而对于天然气管道和石油运输管道等网络系统，由于存在自然垄断的特征，所以需要采取

① 亚德里安·拉佚斯：“谁来承担石油安全的任务”，《国际经济评论》，2004 年 11 月 12 日。

② 丁一凡：“世界能源形势的变化与中国的能源安全”，《国际经济评论》，2004 年 11 月 12 日。

有效监管下的特许垄断经营制度，从而保护生产者和消费者的利益，又避免资源浪费。

保障石油安全是政府的天职，但是安全不等同于政府控制。① 从消费者的角度看，石油安全就是以合理的价格能够把石油产品可靠、稳定、不间断地输送到消费者手中。石油安全分为两个层次，一是石油战略安全，二是石油市场安全。从石油战略安全看，政府的是通过外交、政治、经济甚至是军事手段发展同产油国良好的外交关系，维护世界石油市场的稳定，维护石油通道安全，此外，还要建立国家石油战略储备以及石油预警系统等来保证国民经济发展对石油的需求得到满足。从石油市场安全的角度看，政府通过打破垄断、引入市场竞争机制等手段，促进石油市场的发展和深化，与此同时，政府要建立有效、公开、透明的监管体系，保护消费者的利益，维护市场的稳定，促进社会福利的改善。只有建立一个有效、规范的石油市场，才能保证我国经济发展对石油的强劲需求，保证人民群众生活水平的不断提高。

（四）减少能源环境污染

无论从理论上还是从世界各国的实践经验看，环境污染问题都是政府必须着力解决的问题。我国的环境污染较为典型的是能源消费性污染。目前全国酸雨区面积约占国土总面积的30%，而且有逐步蔓延的趋势。另一方面，全球大规模的能源消费所产生的二氧化碳等温室气体对全球气候变化的潜在威胁，已经成为国际社会关注的焦点。由于我国大规模的能源消费和以煤炭为主的能源消费结构，目前每年的二氧化碳排放量已占全球总排放量的13%以上。能源消费所产生的外部成本（环境污染）没有实现内部化应该是环境污染的一个重要原因，所以，政府一方面应制定污染的最高排放标准并实施较为严格

① 徐玉高："全球石油市场中的政府与石油企业"，《国际石油经济》，2004年第11期。

的监管，如修改和完善目前不合理的小用户用煤质量标准，并将目前的指导性标准上升为强制性标准；另一方面积极采用经济手段进行调节，提高二氧化硫、二氧化碳排污收费标准，鼓励实施分段式二氧化硫排污收费方式等；对于已采用先进技术、排放量很低的企业，降低收费额；对于未采用减排技术、对环境影响较大但又未超标的企业，调高收费标准，刺激企业采用有效的减排技术；对于严重影响环境、超标排放的污染源，实施惩罚性征收标准等。

（五）加快能源领域的市场化改革

在充分发挥政府在能源领域的作用的同时，政府还必须扩大能源领域的市场化改革。长期以来我国能源行业在市场中居于垄断地位并长期得到政策扶持和贸易投资保护。与此同时，以国有经济为主体的所有制形式使能源供给部门效率低下、历史包袱沉重，政企不分，企业承担办社会职能。而在近年来的改革中，产业链分离（电力行业的“厂网分离”）与一体化（煤炭行业的煤、路、港、航的一体化整合）改革也带来了一些问题。在这一背景下，政府应依据能源发展战略的目标，区分能源行业的不同特点，划分能源生命周期的不同阶段，对真正具有公共品性质且市场的力量难以调节的领域和环节进行政策扶持，而其他原来进行垄断经营的领域全部交给市场。如电力部门在发展的早期，由于电厂建设和电力长距离输送线路建设的资本投资巨大，具有明显的自然垄断特征，为了避免资源浪费和培育电力消费市场，几乎所有国家均采取了特许经营和政府规制的制度安排。随着电机技术和电网进步以及电力市场的进一步发展，在靠近消费市场的地方建设电厂和输送到终端消费者的固定成本大幅度下降，在发电环节和配送环节已经不具备自然垄断特征时，政府就有必要打破垄断，引入竞争，而只对长距离输送的电网仍然实行管制下的特许经营。此外，还应逐步取消政府对能源领域产品的价格管制，如我国当前对成品油价格和电力价格等仍实行一定的价格管制，应该说主要是在特定发展阶段为保证贫困人口能够获得基本的能源供应而建立的，但是这不仅将阻碍能源市场的发展，而且还将导致人们对能源消费的无节制性。

三、财政体制与政策在实现国家能源发展战略中的作用

（一）实现能源发展战略目标需要财税政策的积极配合

正如前文分析的，能源产业的很多领域并不能通过市场化来解决，其中一个最有说服力的领域是节能。节能事业更多地表现为一种正外部性，可以理解为社会效益，需要政府发挥财政职能积极介入。随着中国公共财政体制的逐渐完善和新一轮税改的稳步推开，国家对能源领域的支持力度将进一步加大。

能源发展战略属于国家的产业政策，需要政府借助于一系列经济政策予以保障。能源产业发展，一是离不开政府的调控，二是离不开政府的有效引导与支持。从政府调控经济的角度看，现代经济的发展要受到“两只手”的调节：一只是看不见的手，指的是市场机制，通过市场对资源进行基础性配置；一只是看得见的手，指的是政府宏观调控，主要是弥补市场调节的不足或失灵。政府宏观调控的主要工具，一个是财政政策，一个是货币政策，采取的主要手段是税率、汇率和利率，即通常所说的“三大法宝”。当然，在我国这样一个社会主义市场经济国家里，国家计划也是政府宏观调控的重要工具。这三者之中，国家计划提供宏观调控目标和总体要求，财政政策和货币政策具体实施执行。财政政策和货币政策相辅相成，但也有不同的分工。对宏观经济来讲，货币政策更多的是作用于总量调控，财政政策

更多的作用于结构调整。在宏观调控中，这两个政策应该密切相关，并且调控的力度、调控的方向要大体一致，才能形成合力，取得调控成效。但具体采取什么样的财政政策和货币政策，要根据宏观经济运行态势，相机抉择。因此，在政府可以选择的调控政策工具组合中，财税政策居于非常重要的地位。从政府支持与引导的角度看，任何一个具有公共产品（或准公共产品）特征的产业发展，就离不开公共财政的支持，或多或少地属于公共财政的支持范围。因此，从这一意义上讲，能源发展战略的有效落实以及能源产业的健康发展，都需要公共财政的有力介入，都需要财税政策的有效配合。

公共财政体制及财税政策在支持能源产业发展主要体现在以下两个方面。一方面，可以加大预算资金投入力度，如提供充足的部门事业费、研发资金以及项目建设资金，对项目投资进行贴息或担保，对政府支持的产品与服务（如节能产品）强制性地纳入政府采购范围等。另一方面，也可以通过有针对性的税收限制政策和税收优惠政策引导社会投资，引导和优化消费者的消费习惯，体现和配合政府的能源政策意图，以此支持政府的能源发展战略与政策的有效落实。

（二）能源财税政策的具体作用

财税政策作为国家实行宏观经济调控的重要政策手段之一，对社会经济的综合、协调发展有着重要影响。财税政策的政策手段主要包括：税收减免、抵押贷款、政府采购、现金回扣补贴、加速折旧、科研资助、开征能源税、收费以及中介机构扶持等。其中每一政策措施的特点和适用领域及发展作用的效果也都有所不同，而不同能源品种的生命周期及发展规律也有所区别，所以我们应依据能源产业的特点以及财税政策的特点和发展趋势，最大限度地发挥财税政策在能源发展战略中的作用。

1. 支持节能、促进能效提高的财税政策

如针对不同的节能项目和能源耗费行为，可以采取不同的、行之有效的财税政策。见表 2。

表 2　　支持节能的财税政策措施

具体政策措施	政策特点
税收减免	对节能产业实行低税，甚至给予一定范围和时期的免税，以鼓励和扶持节能产业的发展。
加速折旧	通过加大企业节能设备前期的应纳税扣除额，以延期纳税的优惠方式，鼓励节能设备的推广应用。
开征能源税	对不同能耗产业和耗能行为开征能源税，通过征税或差异税率来加大高能耗产业的生产成本，促使企业改进耗能技术设备，提高能源使用效率，控制能源消费的快速增长，引导能源结构升级，达到环境保护的目的。
贴息贷款及贷款担保	通过政策性银行或给予财政贴息的方式，促进节能事业发展。
现金回扣补贴	对购买使用节能产品和设备的用户直接给予财政补贴，影响节能产品价格，吸引用户购买节能产品。
政府采购	通过直接购买的方式，引导和示范节能产品的使用，促进技术商业化和快速普及，为节能产品提供一定的市场，通过扩大生产规模和降低产品流通和营销成本，降低能效技术的成本。
抵押贷款	对购买和使用大型、符合一定认证标准的节能设备时，购买者可向有关机构申请抵押贷款服务，鼓励节能设备的推广使用。
科研资助	对节能技术的研究开发与推广使用给予一定的资金支持与政策优惠，分担一定的技术研究与推广方面的风险，引导节能技术的发展方向。
收费	提高生产成本，促使外部成本内部化，促进能源效率投资，改善生产和消费。
中介机构扶持	对咨询、服务、信息处理与传播以及产品能效标准认证等有关节能的中介机构，提供一定的经费资助或税收优惠，以促进节能技术和意识和信息的规范化与普及，推动政府节能工作的顺利开展。
自愿协议	指工业界整体或单个企业在自愿的基础上，为提高能效与政府签订的一种协议，政府给予承诺方以某种形式的激励。

2. 确保国家能源安全的财税政策

能源安全不是一个简单的产业安全问题，也不仅仅是经济安全问题，它实际上已经成为整个国家安全的重要组成部分。政府可以通过必要的财税政策措施，提高国内能源生产与供应效率，促进国外能源市场的开拓，建立国家战略能源储备体系。

3. 推动环境保护的财税政策

受政府财力的限制，在环境保护中应打破“环保靠政府”传统思维，扩大环境保护的投资渠道，政府（公共部门）唱主角，市场难以发挥作用，社会资金游离环保市场。从税收政策看，应充分体现“污染者付费原则（PPP)”和“使用者付费原则（UPP)”，通过经济手段来加强环境保护的责任和限制环境污染行为。制定政策法规，培育和扩大环境保护市场的作用没有得到发挥，调动企业和社会参与环保的积极性。

4. 从需求侧调节能源结构的财税政策

政府在市场经济条件下采取行政干预手段，对某种具体的能源品种进行限制性消费，或只对某种能源的节约采取政策措施，都可能达不到预期的目的，这主要是因为能源品种之间有相当的可替代性。国际上促进能源节约和调节油品消费结构方面，通常采用的政策措施是实施能源消费税收政策。但因各国的政策目标不同，有的侧重于调节能源结构，有的注重节能，有的则侧重于环保。

5. 支持能源研发及技术推广的财税政策

支持洁净煤的基础技术和共性技术研发，支持煤气化、煤液化等环保性好、投入大、具有一定风险的洁净煤技术示范项目。对于关键引进技术的消化吸收、示范项目所需进口设备和技术，给进口关税、进口环节增值税优惠和融资支持；对商业化的洁净煤技术项目，给予低利率贷款或财政贴息支持。支持选煤企业加大技术改造力度，将洁净煤技术项目优先纳入国家重点技改项目，享受节能专项贷款、企业技术创新贷款支持等。

财政部财政科学研究所《可持续能源财税政策研究》课题组

课 题 负 责 人：贾 康 苏 明

课题组主要成员：傅志华 包全永 韩凤芹 王宏利

牟 岩

本 报 告 执 笔：傅志华 包全永 韩凤芹

健全和改进我国能源财税政策体系的基本思路

——可持续能源战略的财税政策研究系列报告之二

内容提要

本报告从理论与实践相结合的角度分析了能源财税政策体系的完整性及作用规律。报告认为，应当将能源财税政策体系的设计目标与我国现实财政政策能力结合起来，在此基础上提出了全面构建正向激励型政策、逆向限制性政策及“交叉补贴”政策三大类财税政策体系的基本设想。根据能源战略的目标以及相关财税政策措施的特点，具体分析了各类财税政策工具的作用范围、方式、效应及其规律。

一、健全和改进能源财税政策体系的基本目标

（一）构建能源财税政策体系目标的一般要求

不管是从经济、环境的可持续发展角度，还是从提高生产力水平满足人民日益多样的物质文化生活需要角度，能源问题始终是关系国民经济全局的一个重要的战略性问题，可靠、清洁、经济、有益于环保的能源始终是经济增长与社会发展的动力。而能源问题又是一个非常复杂的问题。不管是从能源的生产、转换、流通、消费链条分析，还是从种类众多的能源品种分析，都决定了能源领域是一个庞大的体系，要制定出切实可行的能源政策也是一个非常困难的事情。要使能源政策发挥有效的作用，必须借助于财税政策工具和手段。一定意义上我们甚至可以认为，符合本国国情的财税政策手段是政府能源政策的“助推器”。从广义来讲，改善能源的公共财政体制与税收政策属于能源政策的一部分。相对于能源这一领域而言，公共财政体制与税收政策作为公共政策的一部分，服从于政府实施公共管理的需要。财税政策有很多具体的政策手段，但就改善能源的财税政策的本质来讲，有些政策手段（如税收优惠政策）属于独立的政策工具；有些政策手段（如预算投入政策）并不能构成一个独立的政策工具，需要与其他政策（如投资政策、产业政策等）相结合来发挥作用。因此，构建能源公共财政体制的目标就是使有效的公共财政和税收政策手段服从和服务于政府的能源政策。深入分析如何构建能源公共财政体系，就需要从系统分析政府的能源政策入手。

在分析我国的能源政策之前，借鉴一下美国的能源政策或许有益。美国总统小布什在 2001 年上任刚刚一周，即指示政府有关部门

成立专门的研究小组，研究美国未来的能源政策。美国能源政策[1]的总体目标是，把可靠、经济、有益于环保的能源奉献给美国的未来。其能源政策制定的原则是，该政策应是一个长期的综合性的战略；该政策将推动环保型新技术的开发，以扩大能源供应并鼓励使用更清洁和更高效的能源；该政策寻求提高美国人民的生活水平。按照这些原则，美国提出了5个具体的国家能源政策目标，即节能工作必须现代化；能源基础设施必须现代化；能源供应必须扩大；保护和改善环境的工作必须加速；国家的能源安全必须加强。上述能源政策是小布什总统在就任后的第二周即成立的“国家能源政策研究组”提出的重要建议，直接上升到政府层面实际贯彻执行。相比而言，尽管我国也有能源政策或发展战略，但似乎大部分内容仅仅停留在学术研究层面，并未完全上升到各级政府的操作层面，也并未引起社会公众的特别关注。《中国能源发展报告（2003）》[2] 提出了中国能源发展的总体思路，即以可持续发展为主题，以结构调整和优化为主线，以全面创新为动力，增强竞争能力，提高能源效率，促进能源、经济与环境协调发展。《中国能源发展战略与政策研究》[3] 认为，新时期中国应实施“保证供应、节能优先、结构优化、环境友好、市场推动”的可持续发展战略。当国家确定了科学的有前瞻性的能源发展战略与政策之后，要得到更好地贯彻落实，就需要其他政策手段主动配合，而其中的财税政策手段将发挥着日益重要的作用。公共财政体制与税收政策手段如何更好地服从和服务于国家的整体能源发展战略及政策，是本部分要解决的突出问题。

---

① 国土资源部信息中心译：《美国国家能源政策：美国国家能源政策研究组报告》，中国大地出版社 2001 年版。

② 《中国能源发展报告（2003）》编委会：《中国能源发展战略（2003）》，中国计量出版社 2003 年版。

③ 中国能源发展战略与政策研究课题组：《中国能源发展战略与政策研究》，经济科学出版社 2004 年版。

（二）中国公共财政政策能力的特殊国情现状的分析

在界定能源公共财政与税收政策手段的总体思路之前，需要对我国的政府公共管理水平以及财政的可持续发展能力等现状及其发展前景进行粗线条的判断，这是下文将要提到的各种可能的政策建议的现实背景约束条件：

（1）财政收入较长时期大幅增长的基础并不稳固。近年来，财政收入（主要是税收收入）表现为连年大幅增长，税收增长速度高于GDP增长速度。考虑到我国从1994年开始实行了力度较大的分税制财政体制改革，因此我们仅考虑1995—2004年的财政收入增长变化情况，具体如图1所示。但是，由于财政收入（主要是税收收入）占GDP的比重从1995年起伴随着财政收入增幅超过GDP水平而逐年上升，目前已经接近20%。同时，我们选取国际上部分国家在2001年不含社保税的税收[①] 占GDP的比重的有关数据作为参照，具体如表1所示。经过对比发现，一般欧洲国家的税收收入占GDP比重较高，这可能与他们的经济发展阶段和高福利有关。我国的财政收入已经处于较高的水平[②]（大致相当于中等发达国家水平）。从长远来看，财政收入一般要与GDP的增长相适应，不可能长期高于GDP的增幅。因此我们的判断是，财政收入较长时期大幅增长的基础并不稳固，或者说财政收入连年大幅增长是不可持续的，最终是会与GDP的增长相适应的，我们的一切政策出台要考虑财政收入的约束。

---

① 之所以选取不含社保税的国外税收作为比较的参照，主要是考虑到中外在税制结构上的差异。国外一般是征收社保税，而我国这部分收入并不属于税收，甚至也未纳入财政收入的统计范围，因此为了数据可比性，需要将国外的财政收入中剔除社保税。

② 严格说来，财政收入比税收的口径要大，但是税收占财政收入的绝对比重。如2001年我国的税收收入占GDP的比重为15.95%，而同期财政收入占GDP的比重为17.1%。衡量我国的财政收入占GDP比重时，参照国外的税收收入占GDP比重，目的是为了说明问题，并不十分严谨。

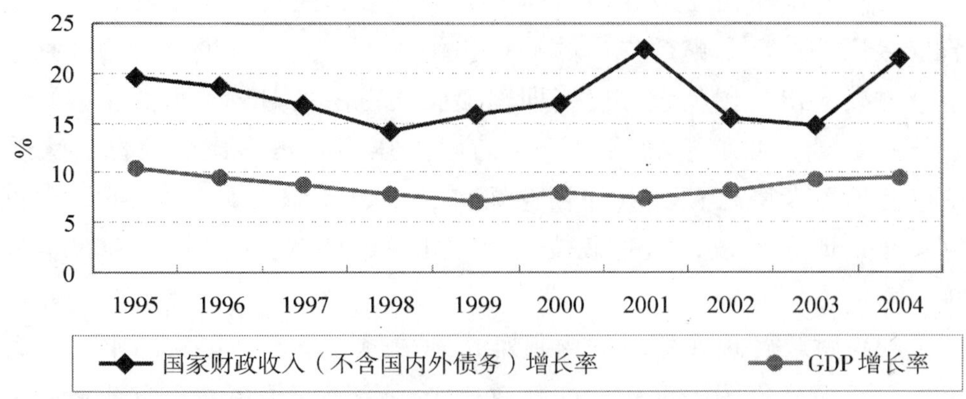

图 1　1995—2004 年财政收入与 GDP 增长率比较

资料来源：根据《中国财政年鉴 2003》、《中国统计年鉴 2004》以及温家宝总理于 2004 年 3 月 5 日在第十届全国人民代表大会第二次会议上和 2005 年 3 月 5 日在第十届全国人民代表大会第三次会议上作的《政府工作报告》有关数据测算。

表 1　2001 年部分国家税收收入占 GDP 比重　单位：%

国　　家	税收（不含社保税）占 GDP 比重	国　　家	税收（不含社保税）占 GDP 比重
美国	15.77	阿根廷	17.73
德国	22.4	印度	14.40
韩国	15.53	丹麦	47.38
埃及	17.62	波兰	20.47
法国	26.32	比利时	30.68
荷兰	24.78	芬兰	34.71
摩洛哥	23.47	意大利	30.00
马来西亚	19.12	瑞典	37.64
匈牙利	26.21	南非	27.60
泰国	15.59	罗马尼亚	17.03
加拿大	30.2	突尼斯	21.08
巴西	20.69	奥地利	28.3

资料来源：朱振民，周传华："论税收超 GDP 增长与全面减税"，见廖晓军主编：《2004 财税改革纵论》，经济科学出版社 2004 年版，第 256—257 页。

（2）财政支出压力在短时期内不会有根本改观。各级财政收支矛盾依然比较突出，财政支出的缺口仍然较大，一个有说服力的证据是中央财政支出的国债依存度（即国债收入占中央财政支出的比率）达到 60%，地方政府也面临着严重的收支压力。再考虑到我国有大量的或有债务及隐性债务（如社保缺口、乡镇政府欠账等），不管中央财政还是地方财政，这种收支压力是长期的，短期内不会有根本好转。

（3）财政管理在短时间内很难达到成熟市场经济国家的水平。近年来，我国进行了力度较大的财政改革，除了所得税共享改革集中于收入方面外，其余财政改革均集中于财政支出方面，如预算编制改革、政府采购制度、国库单一账户改革、“收支两条线”改革、部分财政资金的绩效评价等，使我国的财政管理在短时期内跨上了一个新的水平。但是，实事求是地讲，我国目前的财政管理水平与市场经济成熟的发达国家相比，还有相当长的距离。一个不容忽视的现象是，尽管目前中央三令五申地要求地方要树立科学的发展观，减少劳民伤财的“政绩工程”、“形象工程”，但是各级政府以及政府有关部门仍然还有类似投资的冲动。很多以政府主导的工程项目，不是为社会带头节约，最大限度地发挥财政资金的使用效益，引导社会节能，而是贪大求洋、铺张浪费。另一个例子，作为财政管理的一个方面的公车改革，据有关专家测算，一辆公车可能只有不到 1/3 的时间在真正为公家出力，其余超过 2/3 的时间是为个人谋利益。而公车改革绝对是对全局有利、节约纳税人资金的好事，但是由于可能会触动部分人的既得利益而迟迟不能取得突破。而与之遥相呼应的现象就是尽管我国人均 GDP 刚刚突破 1000 美元，在国际上人均排名处于 100 名之外，但是我国公路上的高级豪华车的数量远远高于欧洲发达国家，其中大部分是在消耗纳税人的资金，而其他真正更有价值更有意义的事情（如发展节能和可再生能源事业），政府却一时拿不出足够的资金给予支持。从这一意义上讲，我国在财政支出方面还没有真正建立决策科学、民主理财、监督制衡的体系。

(4) 财政支出结构调整是一个长期的过程。很多财政支出的调整在本质上讲是一种财政支出的增量调整，短期内进行存量的调整需要政治上的很大勇气，需要相关各方的讨价还价，因此在任何国家都是一个非常困难的事情，理论上需要压缩的财政支出短期内不会大幅度削减，因此也就无法为真正需要增加的财政支出腾出足够空间。

(5) 尽管在理论上讲政府公共财政应该在能源领域加大支持力度，但是在财政长期处于收支压力的状态下，在目前的收支配置格局下，寄希望于从公共财政预算中大幅度地提高在能源方面的投入或在能源生产、转换、流通和消费等实行过于优惠的税收政策是不现实的，也是不可行的。

基于以上判断，要使政府的能源财税政策具有可行性，我们认为必须进行思路创新，即首先为实施某些财税政策增加的支出（如总预算增加投入）与税收政策的减收（如实行税收优惠政策要减少收入）找到其对应的资金来源，对国民收入初次分配进行调节，对不同行业、产业实行“有保有压”的政策，因此我们尝试提出将能源公共财政与税收政策区分为正向激励政策、逆向的限制政策与“交叉补贴”三部分。而上述的第三个方面中“交叉补贴”则是我们这种思路的最直接体现，这也是本研究报告思路创新的一个突出特点。

（三）改进能源公共财政体制与税收政策的近期和中长期目标设想

近期和中长期目标要结合具体的能源类型及我国现有的技术创新能力。能源按照能否不断补充和再生可分为两大类：一是可再生能源，如太阳能、水能、生物能、潮汐能、风能、地热能；二是不可再生能源，又称可耗竭能源，如煤炭、石油、天然气等矿物能源、铀、钍、铌等。按照人类社会开发利用的进程和频率可分为两大类：常规能源和非常规能源，前者如煤炭、石油、天然气、水能等；后者又称为新能源，如风能、太阳能、地热、潮汐能、生物能等。按照联合国开发计划署的分类，可再生能源分为三类：大中型水电、传统生物质能和新可再生能源。传统利用的水能和直接燃烧的薪柴、秸杆等，是可再生能源的初级阶段。新可再生能源，一般指小水电、生物质能、地热能、太阳能、风能、海洋能（包括潮汐能、波浪能、温差能等）。通常又把地热能、太阳能、风能、海洋能等与氢能、核能一起视为新能源。可见，可再生能源与新能源概念之间存在一些交叉，下文分析中除个别情况下引用其他研究成果之外，处于约定俗成的习惯，将不对可再生能源与新能源做过多概念性的区分，统一使用可再生能源和新能源的称谓。我国在新能源方面的个别领域，如太阳能热水器、地热取暖等方面已经具备了同常规能源技术相竞争的能力，但是绝大多数新能源技术还不具备经济可行性。我国在核聚变技术方面尽管没有达到商业化的阶段，但是我国在这方面的研究已经处于国际领先的水平，但是很多方面（如光伏电池、并网大型风电机组、离网风力发电等）与国际先进水平尚有相当差距。因此，短期内我国能源依然要依靠煤炭、石油、天然气等化石能源，因此调整与优化能源结构，充分利用国际资源解决石油供不应求的结构性矛盾，大力开拓煤炭资源的清洁与优质开发利用，重点发展以利用清洁煤为基础的电力工业，实施政府推动促进节能优先战略，以及实施环境友好战略等，是短时期内我国能源发展的重点。在中长期阶段，能源发展的重点应是促进可再生能源与新能源的快速发展，寻找常规能源的替代能源。

能源经济大致可以分为能源生产与供给、能源转换、能源储运、能源消费、节能、能源公共管理等领域，上述领域并不都属于公共财政的支持范围，因此在使用公共资金时就需要格外慎重。能源公共管理是典型的政府职能，需要纳入公共财政支持范围。能源生产与供给可以分为常规的化石能源生产与供应和可再生能源的生产与供给。常规的化石能源的生产与供给是目前能源供给中的主力，一般而言是一种市场化竞争较为充分的领域，市场在其资源配置中起着基础性的地位，而政府在常规化石能源生产与供给中主要发挥引导和激励（限制）的作用，但是不可能也不应该代替市场行为。因此，公共财政在常规化石能源的生产与供给中所需要使用的政策手段主要是，通过少量财政资金的使用以及一定的税收优惠政策，引导和优化常规化石能源生产与结构优化，促进清洁能源的供给与开拓市场。可再生能源的生产与供给则要区分不同情况，由于不同的可再生能源在产品生命周期中所处的阶段不同，因此需要公共财政支持的重点与方式也不一样。从产品生命周期来看，任何一项可再生能源新技术从产生、发展壮大到成熟的产业化过程中，大致可以分为研究开发阶段、技术示范和商业化示范阶段、规模化降低成本阶段和大面积推广阶段等，不同类型的可再生能源技术处于不同的技术发展阶段（见表2）。

表2　　中国可再生能源技术成熟度

技术类别	技术成熟度			
	研究开发技术	试点示范技术	早期商业化应用需要政府支持的技术	已商业化技术
小水电				√
太阳能热水器				√
被动太阳房			√	
小阳灶			√	
太阳能干燥器		√		
光伏电池			√	
大型并网运行风电机组			√	
小型和微型风电机组			√	
地热发电				√
地热采暖				√
传统生物质能技术				√
户用沼气池			√	
大中型沼气工程技术			√	

续表

技术类别	技术成熟度			
	研究开发技术	试点示范技术	早期商业化应用需要政府支持的技术	已商业化技术
城镇有机废物利用技术		√		
生物质气化技术		√		
其他现代生物质能技术	√			
波力发电	√			
潮汐发电				√
海洋温差发电	√			
制氢新技术	√			
氢能储存技术	√			

资料来源：张正敏、王庆一等：《中国可再生能源开发利用：潜力与挑战》，煤炭工业出版社2002年版。

目前，在整个能源供给结构中，可再生能源和新能源所占的比重还很低（详见表3），支持可再生能源和新能源发展应该成为中远期能源政策的战略重点。

表3　　中国新能源和可再生能源开发利用量在全国一次能源消费量中的比例

	1990年		2000年		2004年	
	Mtce	%	Mtce	%	Mtce	%
总计	1250.5	100.0	1512.8	100.0	2280.8	100.0
煤炭	725.1	60.1	861.3	26.9	1333.7	58.5
石油	163.8	13.1	302.5	20.1	447.2	19.6
天然气	20.7	1.6	32.6	2.1	51.2	2.2
核电	0	0	6.2	0.4	19.8	0.7
可再生能源	313.9	25.1	309.4	20.4	432.9	18.9
其中：大中型水电	34.7	2.8	51.3	3.5	74.0	3.2

续表

	1990 年		2000 年		2004 年	
	Mtce	%	Mtce	%	Mtce	%
新可再生能源	17.2	1.4	37.2	2.4	59.9	2.6
传统生物质能源	262.0	21.0	219.1	14.5	299.0	13.1

注：Mtce 表示百万吨标准煤。

资料来源：王庆一编著："能源数据 2002 年版"，《能源政策研究》，2002 年第 1 期；国家电网公司。

因此，改进能源的公共财政体制与税收政策也需要从近期目标与中远期目标分别进行研究。

(1) 近期的公共财政与税收政策目标是，促进常规能源的生产、转换、储运，优化和引导能源消费结构，促进节能，积极促进新能源和可再生能源的研究、开发与利用，推动能源体制改革，理顺中央与地方在能源领域中的责任与利益关系，配合能源"走出去"的大战略积极开拓国际市场，维护国家的能源安全。

(2) 中远期公共财政与税收政策的目标是，通过实施有效的财税激励政策，在促进常规能源结构优化和鼓励节能的基础上，加速可再生能源和新能源的研发进度，促进其早日市场化、商业化，逐步提高新能源和可再生能源在能源消费结构中的比重，实现整个国家能源结构的战略性转变，促进经济、社会、能源与环境的可持续协调发展，构建适应和谐社会要求的经济、高效、环保的能源体系。

二、能源公共财政税收政策体系及其作用规律

考虑到公共财政改革的基本模式，可以将能源公共财政与税收政

策区分为正向激励政策、逆向的限制政策与“交叉补贴”三大类：

（一）正向激励政策[①]

正向激励政策具体包括如下几个方面：①增加预算投入政策（包括投入比重和使用方向）；②国债投入政策[②]；③财政贴息政策；④税收优惠政策与建立税式支出制度；⑤在控制总量的前提下，尝试对个别项目恢复政府性基金，或者将原有基金项目进行转型、改造后，嫁接于优质能源项目；⑥政府采购政策。上述正向激励政策中的前4个属于降低能源生产、消费的成本的范畴，其基本原理是试图通过降低产品的成本来达到增加能源供给和产品消费的效果。但是，这些政策的力度一般而言是逐个减弱的，适用于能源生产、转换、储运和消费的不同阶段，同时也适用于产品的不同生命周期，下文将对此有详细的分析。

一般而言，从研究开发阶段、技术示范和商业化示范阶段、规模化降低成本阶段和大面积推广阶段，需要政府支持公共财政支持的力度应该是逐级减弱的。由于恢复个别政府性基金项目与当前的非税收入改革大方向可能有一些冲突（下文还将具体分析），如果我们将其他的正向激励政策，如增加预算投入政策（包括投入比重和使用方向）、国债投入政策、财政贴息或补贴政策、税收优惠政策与建立税式支出制度、政府采购政策等的政策力度视为逐级递减的话，正好可以与不同的技术阶段相适应。为了便于说明，我们尝试利用图2来表示正向激励政策的作用规律，该图横轴从左到右表示产品和技术的生命周期，依次为研究开发阶段、技术示范和商业化示范阶段、规模化

① 在讨论正向激励政策时，有时为了内容和结构的完整，也可能将其与限制性政策放在一起进行分析。

② 公共财政模式下，从广义来讲国债投入也应该属于预算投入的一部分，这里只是结合中国国情，为了便于说明问题，上文的预算投入可以狭义地理解为利用税收资金等财政收入安排的支出。

降低成本阶段和大面积推广阶段等四个阶段，纵轴从下到上按政策的力度依次为可以实施的政策工具，即政府采购、税收优惠、财政贴息、国债投入、预算投入等。

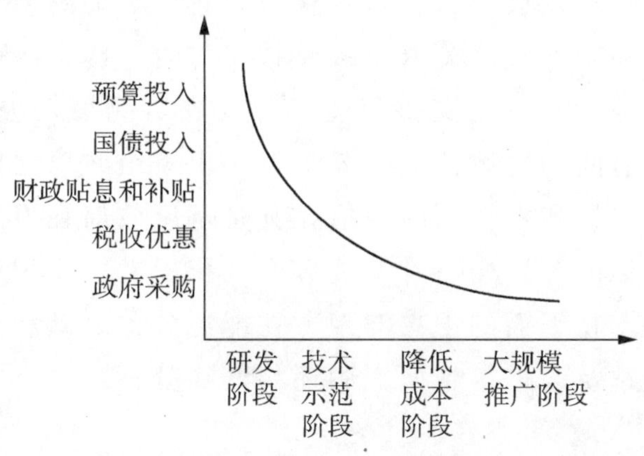

图 2　正向激励型财税政策工具与能源技术生命周期的关系

下面对有关正向激励政策工具分别进行分析。

1. 增加预算投入政策。国家预算投入政策属于典型的利用公共资金支持事业发展的范畴，因此所支持的事业必须具有公共产品性质或具有准公共产品性质，是单纯依靠市场所不能解决的存在市场失灵的领域。公共预算资金需要发挥的作用是要有效地引导和整合技术、投融资体制和能源管理体制，利用竞争驱动使新技术生产的产品成本下降，同时使公共部门和私有部门的风险最小，使产品迅速占领市场。

因此，公共预算资金在能源领域中不可能“均匀”地使用，我们认为要把握以下几个重点：①能源管理部门事业费；②节能的研究、示范、宣传与推广；③新能源和可再生能源的研究与发展；④中央对地方在可再生能源、新能源和节能方面的转移支付；⑤能源体制改革过程中能源企业分离企业办社会职能所需支出以及职工的社会保障费用等；⑥在能源方面的公共预算内投资支出；⑦国家石油战略储备所需支出及日常维护费用。

要保障上述开支得到满足，就需要在当前的预算管理制度上相应进行一些调整：①在预算科目中增加支持新能源与可再生能源发展科目、支持节能事业发展科目，每年相应安排一定的财政资金支持重点项目；②在采取因素法测算对下级转移支付时，将下级政府支持可再生能源和新能源发展以及支持节能事业发展情况纳入决策模型之中；③通过理顺政府间的财政体制，妥善解决上下级政府之间在能源方面的利益冲突，保护和发挥下级政府尤其是基层政府在发展可再生能源和新能源、优化能源结构以及节能方面的积极性，实现国家整体利益最大化，这一点在下面的中央与地方在能源公共财政和税收体制改革方面存在的问题及改进措施研究中还将详细分析。

2. 国债投入政策

尽管国债资金也属于财政性资金，但是按照中国的国情，国债资金一般不负责部门事业费支出，只负责项目资金或其一部分。国债资金需要投资项目用以后的收入来分期偿还，因此其支持力度应该弱于公共预算投入。国债投入一般重点投向基础性产业，而能源、节能等在任何国家都属于国民经济的基础，理应在国债资金中占较大的份额。

3. 财政贴息政策

财政贴息可以通过少量财政资金的投入，引导更多的社会资本投入到政府鼓励的领域，放大财政资金的使用功效，起到“四两拨千斤”的作用。财政贴息一般适用于新建或技改项目，或者说是与能源供应、转换、储运与节能有关的生产者有关，政策的最初作用点是有效引导与能源有关的供给，降低供给的成本或风险，最终满足社会的需求。从公共财政的内涵与能力来看，财政贴息代表了今后财政资金的使用方式改革的方向，也是支持与能源供应、转换、储运与节能有关的生产者的一种非常有效的政策手段，政府有必要在这方面进一步加大政策力度。

4. 财政补贴政策

财政补贴政策是国际上使用较为普遍的一种支持节能以及与能源有关的技术研发和示范推广的政策手段。比如，美国联邦政府在2001年用于推广“能源之星”的财政经费大约有3500万美元，其中为节能型家电现金补贴项目提供的经费大约为800万美元。英国的家庭能效计划向低收入家庭安装保温设施提供491.75欧元的补贴，对用户采取节能措施增加的成本进行补贴；英国所有用户的电费中都包含有化石燃料税，税率为2.2%，用于可再生能源发电的补贴。法国则为能源效率技术的研究、开发和示范项目提供补贴。德国对包括住宅和工业在内的各个领域的能源生产和能效技术的研究、开发和示范提供补贴，最高可达投资的35%。挪威为技术革新和高效技术的研发提供补贴。丹麦每年用于提高能源效率的补贴金额为1.35亿欧元，从1993年起实施促进工业节能的补贴项目，对工业和服务业引入二氧化碳排放税。奥地利则是根据燃料和可再生能源情况，对区域供热的电厂以及保温隔热等提供补贴。日本对节能设备的推广项目实行补贴制度。在发展中国家中，泰国在能源节约等领域中的经济激励政策最为完善，也很值得借鉴。泰国电力局利用经济手段引导消费者购买高效产品，即对购买高效产品的消费者提供补贴，如向购买达到最高能效等级（5级）空调的消费者提供30%的无息贷款（约10000泰铢），购买能效等级达到4级的产品提供5000泰铢的无息贷款。从国际经验以及WTO的规则来看，国外应用较多的是补贴给消费者，引导消费者使用某些产品或服务。

财政补贴政策的特点是较为灵活，补贴对象既可以是生产者，也可以是下游的或终端的消费者。具体到一项政策，究竟是补贴给生产者还是给消费者，还需要具体分析。①从政策的作用机理上分析，直接补贴给生产者，可以降低生产者的生产成本，在一定程度上降低产品的出厂价格并影响其销售价格，甚至影响生产者的生产规模和投资决策。直接补贴给消费者，可以有效地降低消费者的消费价格，引导消费者的消费偏向和消费习惯，最终会通过引导消费者的消费行为达到间接引导生产者的生产和投资行为的目的。②从政策的最终效果上看，一般而言，一个产品或服务的生产者的数量会远远小于消费者的数量，直接补贴给消费者远比补贴给生产者更能激发消费者对某些产品或服务的认可程度，有效地实现政策制定者最初的政策设计目标；同时，通过引导消费者的消费行为间接引导生产者生产行为，也比直接补贴给生产者更为“高明”，是市场经济条件下成熟规范的政府经常采用的一种政策手段。③从政策实施的难易程度上看，正是因为生产者与消费者双方在数量方面上的巨大差距，直接补贴给消费者也远比直接补贴给生产者困难，前者的政策执行与操作成本应该远远高于后者，因此要使直接补贴给消费者政策得到有效执行，就需要具备一定的政策实施条件。直接补贴给消费者的政策实施条件可以概括为，政府自身的行为非常规范，具有良好的服务意识，真正做到依法行政，对资金的有效监督制约制度与体系能够真正建议起来，杜绝资金使用上的损失浪费以及挪用现象发生，最大限度地减少资金流转过程中可能出现的贪污和腐败行为。

联系目前实际，我们认为我国当前并不完全具备上述政策实施条件。原因主要是，我国的财政资金的全程监督制约体系还不完善，还存在着较为严重的挪用资金以及资金使用上的浪费与腐败现象。因此，我们的结论是：①就短期而言，我国主要应以实行直接补贴给生产者的财政补贴政策为首选政策手段，而对直接补贴给消费者可在个别地区、个别领域进行试点；②就长远来看，直接补贴给消费者应该成为财政补贴政策的未来政策取向，我国要积极创造条件，逐渐减少直接补贴给生产者的范围，相应扩大直接补贴消费者的比重，最终过渡到全部直接补贴给消费者。

5. 税收优惠政策

所谓税收优惠政策，是指对部分特定纳税人和征税对象给予一定鼓励或照顾的各种特殊规定的总称。在税制中之所以存在着一些税收优惠政策，主要是基于两方面的原因：一是税制制定上的需要。比如，对纳税人出现的一些特殊情况，如遭受严重自然灾害、大额捐助等，给予一定的特殊处理。二是作为政府实现公共政策的一种必要手段。税收优惠政策的存在与实施在一定程度上可以体现着税收政策的效率与公平，提高整个社会的福利水平。但是，税收优惠政策终究是正常税收的一种偏离，只能限制在一定范围之内，过多过滥的税收优惠政策会使纳税人为了单纯追求“普惠制”而失去自身加强管理、不断创新的动力，反而会损害效率与公平，不利于整个社会发展。同时，税收优惠政策手段并不是在产品或项目的整个生命周期都能发挥作用。比如，税收优惠政策并不适用于研究开发阶段。原因很简单，因为在这一阶段，投资项目基本上没有利润而言，甚至技术能否研究成功也不清楚，不具备发挥税收优惠政策积极效应的基本条件。一般而言，税收优惠政策只适用于技术示范、降低成本阶段以及大规模商业化的初期，这时项目开始出现少许盈利，盈利的趋势是逐渐增加，由于成本较高一时还很难以占领市场，通过税收优惠政策帮助生产者降低成本，提高市场占有率。需说明的是，在大规模商业化的初期尽管也可以辅以适量税收优惠政策，但是这时税收优惠政策并非最佳政策。

国际上对待税收优惠政策，一般是通过建立税式支出制度，将税收优惠政策视为一种特殊的财政支出，来达到有效管理和规范税收优惠政策的目的。按照我国下一般税制改革的整体思路，在税制中仍将保留部分税收优惠政策，以达到政府的政策目的。但是，今后的税收优惠政策将与过去多年来所实行的税收优惠政策有根本性的区别。过去，税收优惠政策内容过多地局限于某一地域，有时甚至是具有某些所有制类型的个别企业和项目上，政策的宏观导向作用并不明显，类似的按地域、按所有制、按企业以及项目内容的税收优惠政策会被逐渐减少以至最终被全部取消；而今后的税收优惠政策出台的着眼点是促进经济发展和社会发展，实现政府经济社会协调与可持续发展，体现税收政策的公平性，有利于提升综合国力，其优惠内容主要应体现在支持特定产业发展上，达到鼓励或限制个别产业发展目的，以此配合政府的产业发展政策。能源是国民经济发展的动力，在新一轮税改中，对部分能源领域的某些方面实施税收优惠政策，对促进我国高效优质和清洁能源的供应与发展，促进节能，优化能源结构，促进经济社会环境的可持续发展，都具有重要意义。

6. 政府采购政策

应该明确的是，纳入政府采购目录的产品与服务应该是技术已经相对成熟的阶段，正好对应于上述降低成本阶段和大规模商业化阶段的初期。在这一时期，产品或技术的特点是，在技术或理论上已经成熟，但是市场占有率较低。通过政府采购的激励效应促进产品开拓市场，使生产者大量生产以降低成本。政府采购政策的重点是支持可再生能源与节能产品。同一项产品或服务，当化石能源与可再生能源都能满足需要时，政府采购应该确定一个原则或理念，即优先采购可再生能源产品或服务，同时强制性地将节能产品纳入采购目录。

7. 财政担保政策

财政担保是使用风险投资的原理支持政府倡导的领域加快发展。鼓励节能与积极开发新能源、可再生能源，优化能源结构，引导高效利用能源等正好是政府倡导的领域。具体到政策操作层面，不一定是政府直接对与能源有关的项目提供直接的财政担保，也可以通过对能源提供担保的公司提供补贴、公用经费、专款资助等多种形式进行。

8. 保持或恢复部分政府性基金的可能性

国家清理整顿非税收入（主要是各种政府性基金）已经进行了很多年，总的政策取向是将大部分政府性基金予以取消，适宜改为税收的改为税收，原则上将仅保留一小部分。在这种情况下，出台新的政府性基金的难度较大，比较可行的方式是将现存的某些基金改变用途转化为支持能源尤其是可再生能源、新能源和节能事业发展的基金。设立类似的基金与下面将要探讨的“交叉补贴”政策有一定相关性。

(二) 逆向限制政策

逆向限制政策具体包括：①研究固定资产投资方向调节税征收的弹性机制（不作为一个独立征收的税种，而是作为国家产业政策的一个辅助部分发挥作用的可行性研究，研究重点是如何与税法精神相协调）；②扩大消费税征收范围研究；③加快开征燃油税的政策措施；④研究推行开征能源税或碳税政策的可行性。

上述政策仅仅是一个理论框架，比较可行的有如下政策：

1. 在一定范围内适当保留固定资产投资方向调节税

固定资产投资方向调节税政策是为了应对投资过热而特意设计的。从 1995 年至 1998 年期间，GDP 增长率逐年递减，国家从整体上出现了需求不畅、消费萎缩、投资疲软等需求不足迹象，中央政府为了应对经济增长下滑局面，决定从 1998 年下半年开始实行积极财政政策。作为积极财政政策一揽子组合手段中的一个方面，从 1998 年下半年固定资产投资方向调节税减半征收，1999 年起暂停征收。截至目前，国家对固定资产投资一直实行这一政策。暂停征收固定资产投资方向调节税，对鼓励投资拉动经济增长，起到了积极的促进作用。

从国家层面上讲，一项固定资产投资，理论上大致可以分为三类：即鼓励类、不鼓励也不限制类、限制及淘汰类。对于这三类投资项目，需要使用不同的政策手段。其中，限制及淘汰类投资一般需要使用行政或法律手段，经济手段并不总能奏效，而对鼓励类和不鼓励也不限制类投资，使用经济手段则非常有效。并且，鼓励类和不鼓励也不限制类投资项目适用的经济政策应该有所区别，即前者适用于激励类政策，后者适用于逆向限制类的经济政策。目前的暂停征收固定资产投资方向调节税，也可以理解为对所有投资项目一律实行零税率。如果不考虑投资项目的投资类型，一律适用于零税率，则不能有效地贯彻落实国家的产业发展政策，反而会出现一哄而上，降低社会的整体福利水平的情况。举例而言，面对2004年愈演愈烈的全国拉闸限电状况，各地出现了新一轮的投资建电厂热潮。以广东为例，由于缺电，大量进口小型发电机及机组，大多是输出功率小于375千伏安的。有专家指出，中小型发电机和柴油发电机，特点是高耗能、高污染，大量的小型发电机组上马使用，则会使能源紧张的状况更为加剧，并导致空气质量下降和酸雨增多等现象。而针对这种现象，如果对中小型发电机和柴油发电机的投资项目继续征收固定资产投资方向调节税，对国家鼓励的大型发电机组不征收固定资产投资方向调节税，更能够向社会各界体现出国家的产业发展政策的导向作用。除电力行业外，煤炭、石油、天然气等同样存在类似现象。

如果我们保留固定资产投资方向调节税政策手段，对鼓励类的投资项目暂停征收（或永远不再征收）固定资产投资方向调节税（即税率为0)，对不鼓励也不限制类投资项目仍然按暂停征收之前设计的税率征收，对不同的投资项目实行差别化管理，其政策效果比目前的单一的零税率能够更好地体现出国家的产业政策意图。从这一意义上讲，固定资产投资方向调节税可以作为政府产业政策的一个辅助工具来使用。

因此，我们认为，应该在一定范围内继续保留和使用固定资产投资方向调节税政策手段，对不属于国家鼓励范围，但是也不适合采用行政和法律手段管理和调控的不属于限制范围的一些投资项目，继续按原税率征收固定资产投资方向调节税。

2. 扩大消费税征收范围

我们在正向政策里面已经初步讨论了与能源有关的消费税政策，当时仅仅是对现行消费税税目中已经存在的一些商品提出了建议。这里主要分析扩大消费税的征收范围问题。对高耗能产业和产品除个别的采取强制性行政淘汰手段外，也可以采取一些经济上的限制措施，而对其开征消费税或特别消费税就是一个很好的政策选择。开征特别消费税可以配合国家产业政策，对限制或禁止性的产业，通过特别消费税来抑制。

3. 尽快开征燃油税

燃油税方案从 1998 年开始酝酿到现在已经整整 7 年了。开征燃油税的种种好处经常可以见诸有关媒体，这里不再重复。据悉，反对或认为目前不具备开征燃油税的所谓“理由”是，当前油价太高，担心社会不能承受。其实，从长期来看，石油属于不可再生能源，其价格上涨是正常现象，也许油价永远也不会降到以前的水平。燃油税迟迟不能出台，也损坏了政府在公众中的公信力，显示了法制进程的缓慢和办事效率的低下。

因此，我们的看法是，从需求与价格相互影响这一角度讲，油价越高，越说明当前需求过高，越应该采取限制性措施，提高价格，降低需求，减少损失浪费，提高能效利用水平。燃油税政策出台得越早，其政策的积极效果越明显，其节能的效果越显著。我们愿借此机会再度呼吁，国家要当机立断，早日出台燃油税政策。

4. 改革矿产资源补偿费的征收办法

有两种方式：①从现行的按生产量征收改按储量征收，减少能源开采过程中的损失浪费，提高开采效率。②改现行的按生产量为按储量与生产量两个环节征收，对矿山投产一定时期生产量达到储量的一定比例水平以后，每年按生产量征收资源补偿费改为减半征收或者全部免征，以此来鼓励生产经营者对矿山的保护性开采与使用，降低矿山开采成本。

（三）“交叉补贴”政策

1. “交叉补贴”政策的总体思路

这一政策的总体思路是，从传统的化石能源（主要是原煤、原油、天然气）中通过某种方式筹集一部分资金，同时对优化资源结构的能源转换方式（如原煤不直接燃烧，而是作为发电用煤等情况）给予一定优惠，所筹资金全部定向用于可再生能源、新能源研发和节能项目中，达到优化资源使用方式的效果，促进可再生能源、新能源和节能产业发展的目的。

因此，筹集这部分资金是否具有可行性，筹集的具体方式，以及对优化资源结构的使用方式如何进行优惠等，是下面要分析的重点。

2.“交叉补贴”政策具有可行性

从化石能源中筹集部分资金具有可行性，也具有经济和政治多重意义。从传统的化石能源中获取能量满足人类生产和生活的需要，是基于目前人类的技术水平所能使用的普遍的能源利用方式。但是，这种能源利用方式具有天生的缺点。一是化石能源属于不可再生能源，终有一天资源会被人类耗竭。由于各个国家的资源禀赋差距很大，具体到某一个国家的某种化石能源，其耗竭之时是大不相同的。中国作为一个最大的发展中国家，能源约束是长期的，因而能源安全问题也就是一个关系全局的战略问题，非常具有紧迫性。二是传统的化石能源所产生的 CO_2 是地球温室气体的“罪魁祸首”，SO_x 则是形成酸雨的主要因素，适当限制能够产生 CO_2 和 SO_x 的能源使用方式，也是弥补环境损失的一种方式。尤其是在当前，中国还没有出台类似的碳税的情况下，通过其他方式适当对化石能源征收一部分资金，也是补偿环境损失的需要。多年来，国家一直都在大力倡导发展可再生能源、新能源以及节能事业，但是成效并不显著。原因固然很多，国家财政长期紧张，一时拿不出足够的资金支持上述事业发展，我们认为是最主要的原因。通过对化石能源征收部分资金，最终对不同资源的市场比价进行结构性调整，加大可再生能源、新能源以及节能事业的支持力度，是一件非常具有战略意义的重大举措，值得我们进行尝试。另一方面，通过这种方式大张旗鼓地筹集资金，可在宣传声势上形成支持可再生能源、新能源和节能事业发展的强大氛围，唤醒人们对能源问题的关注。

从化石能源中筹集部分资金，国际上个别国家已经有过初步尝试。英国对所有用户的电费都包含有化石燃料税，税率为2.2%，用于可再生能源发电的补贴。德国从 1999 年起对所有使用电、天然气、石油的用户征收能源税，热电联产的效率超过 70%的可免税，火车和电车用电也免税。

在分析化石能源征收部分资金时，获得资金的环节大致有两个：一是从化石能源的生产环节获得，二是从化石能源的消费环节获得。下面将按获取资金的不同环节分别进行分析。

3. 从化石能源的生产环节获得资金的思路

按照筹集资金方式的不同，大致可以有三种方案：一是改组已经存在的基金，或者设立新的基金，如支持可再生能源和新能源基金，支持节能事业发展基金等。二是通过提高现行资源税中与能源有关的税目的征收额度。三是设立特别税收，如能源税等。

第一种方案：设立可再生能源、新能源与节能事业发展基金。

第二种方案：改革与完善现行资源税制度。目前国家对在我国境内开发的一切应税资源产品从量定额征收资源税，并采用差别税额标准的级差调节的方式对不同资源的储存状况、开采条件、资源优势和地理位置等客观存在的差别所形成的资源级差收入。对原油的税额为 8—30 元/吨，天然气为 2—15 元/千立方米，原煤为 0.3—5 元/吨。具体改革的方式有两种：一是适当提高上述的税额标准，所提高部分作为发展可再生能源、新能源和节能事业的资金来源；二是将资源税中对能源部分的征收办法改为从量计征与从价计征相结合，即从量计征部分维持现行资源税税额标准，然后再按企业产品销售额的一定比例加征能源税，该加征部分全额定向用于发展可再生能源、新能源和节能事业。

第三种方案：将资源税种目中对原油、天然气和原煤计征的部分单独作为分离出来，作为一个独立的税种，如称为能源税或支持可再生能源、新能源税与节能发展税等，具体计征办法与资源税改革类似。

对优化资源结构的使用方式进行一定优惠。上述不管是哪种方案，都是通过以原煤、原油、天然气的消耗为税基，征收一定资金，同时保留对优化资源结构部分的优惠措施。比如，为了鼓励煤炭生产企业开采天然气，可对这部分不征税或实行低税率；只对原煤征税，而对洗煤、选煤和其他煤炭制品不征税，对原煤用于发电部分可以减半征税等，以此促进提高能源转换效率，达到优化我国能源结构的效果。

以上三种方案，我们认为短期内第一种方案操作的难度较小，但从长远来看，我们认为第三种方案更为合适，同时在具体的计税办法上以实行从量计征与从价计征相结合的方式较为有利，这样国家也可以从能源价格上涨中分享部分收益。

4. 从化石能源的消费环节获得资金的思路

理论上讲，如果能够在技术上做到有效地甄别消费者是消费传统化石还是消费可再生能源，在消费化石能源征收一定的税收或基金，用于补充节能与可再生能源的发展，其政策效果应该好于直接在生产环节获得资金。但是，任何一个技术、项目或产品，其消费者的数量都远远大于生产者的数量，并且技术上鉴别某能源是由常规化石能源生产所得还是由可再生能源生产所得，本身就不是一件容易的事情。因此，一个初步的判断是，从化石能源的消费环节获得资金的政策成本可能会大于从生产环节获得资金。

作为一个新的正在酝酿的政策选择，按照从易到难的顺序，我们倾向于在短期或中期内从化石能源的生产环节获得部分资金，以补偿节能与可再生能源的发展。至于从消费环节获得“交叉补贴”的资金，我们认为可以将其作为长期的一个政策选项，待进一步深入研究和论证后再付诸实施。

（四）财税政策手段的作用特点与局限性

就财税政而言，其作用效果有长期和短期之分。由于税法具有相对稳定性特点，税收通过改变产品的长期相对价格趋势来引导消费者的购买行为，培育消费者的消费习惯；财政资助的节能研究与开发通过增加节能产业的供给来引导市场需求，也具有长期性。因此，中性税收和财政资助研究与开发的作用期限具有长期性和相对稳定性的特点。在财政支出方面，政府出于短期政策考虑，可以通过财政补贴形式在一定时期内支持个别产业和产品发展。尽管规范的税法也承认例外原则，通过建立税收优惠来达到税式支出的目的，对不同产业和产品进行一定的微调。但是，税法的发展趋势是规范、透明、简化和公平，税法的例外原则归根到底要从属于规范性。因此，税收优惠政策需要限制在一定的范围之内。财政补贴和税收优惠政策具有短期性特点。不管是长期性财税政策还是短期性财税政策，都应该具有一定的弹性，即随着能源产品的生命周期以及能效的变化进行相应的调整。

正确认识财政政策的局限性对有效发挥其作用至关重要。在很多时候，正向激励政策，尤其是税收优惠政策，有时不如强制性的逆向税收政策更有效。一般而言，大多数税种并不直接进入成本（关税除外），只影响企业产品的销售价格和企业的当期经济效益，实际上对鼓励企业改进技术、提高效率、降低成本并不发挥直接的作用。因此，一旦这些优惠政策取消，就会对以前曾享受过优惠政策的企业产生严重的负面冲击。以美国的太阳能热水器为例①，其生产和销售的税收优惠政策取消后，太阳能热水器的销量从 1980 年的 17.5Mm^2 下降到 1990 年的 10.3Mm^2，生产企业减少了近 200 家。联邦政府和州政府的税收优惠政策取消后，世界闻名的 LUZ 太阳能发电装置也面临破产的威胁。当对需要鼓励的产业和产品实施正向激励政策手段并不足以有效降低其生产成本和销售成本，或者并不能使其扩大生产规模、迅速占领市场时，可以尝试使用逆向限制政策手段对政府不鼓励甚至限制的产业和产品实施逆向限制性政策，也可以达到从另一侧面推动需要鼓励的产业和产品发展的目的。而且，在目前大部分人的节约意识、节能意识不强的大环境下，实施逆向限制性措施更是必需的。

---

① 张正敏、王庆一等著：《中国可再生能源开发利用：潜力与挑战》，煤炭工业出版社 2002 年版，第 41 页。

三、结论：不同政策工具的作用特点及组合

按照成本—效益分析模型，综合考虑宏观经济管理因素、不同政策措施的作用特征及能源战略本身的要求，对不同政策组合方式进行矩阵模拟：以财税政策措施为纵坐标轴，以能源战略重点因素为横坐标轴，找出能源公共财政政策措施的作用规律及最佳组合。

最终的政策综合规律分为以下两个方面：按照政策目标是能源供应、能源结构优化与能源转换、能源储运、节能与提高能效为一类；按照支持研发、技术示范、降低成本、大规模商业化阶段为一类，分析不同政策的作用规律。

（一）支持能源供应、转换、储运与能效提高政策目标的不同财税政策工具效应分析

前面在讨论正向财税政策手段时，对其政策力度的大小曾经有过一个简单的判断，即认为增加预算投入政策（包括投入比重和使用方向）、国债投入政策、财政贴息或补贴政策、税收优惠政策与建立税式支出制度、政府采购政策等的政策力度是逐级递减的。从理论上讲，作用力度强的政策工具所能发挥作用的领域也较宽，但是却受到一个限制，即政策在其所有能够发挥作用的领域全部推行就存在一定的限制，在个别领域政策可能失去可行性。以预算内投入为例，我们认为政府的预算内投入政策的作用领域是没有限制的，可以作用于能源供应、能源结构优化与能源转换、能源储运、能效提高等各个领域，但是不管是中央财政还是地方财政，现在都不可能拿出非常多的资金只投入能源领域，因此该政策工具就受到现实可行性的约束。反之，作用效果不十分明显的财税政策工具，一般仅仅在某些特定领域能够发

挥积极的效应，但在其能发挥作用的领域政策效果也是非常明显的，但是其施行的政策成本相对较低，相对而言更容易为决策者所采纳。

不同政策工具组合对实现上述能源政策目标的效果可简要地如表4所示。

表4　　能源公共财政政策矩阵（1）

<table>
<tr><td colspan="4"></td><td colspan="3">能源政策目标</td><td rowspan="2">政策力度</td><td rowspan="2">可行性</td></tr>
<tr><td rowspan="9">公共财政政策手段</td><td colspan="3">政策具体形式</td><td>保障能源供应</td><td>调整能源结构</td><td>提高能效（节能）</td></tr>
<tr><td rowspan="4">预算政策</td><td colspan="2">事业费拨款（包括支持研发）</td><td>●</td><td>●</td><td>●</td><td>最大</td><td>较小</td></tr>
<tr><td colspan="2">预算投资（直接投资、贴息、担保）</td><td>●</td><td>●</td><td>●</td><td>较大</td><td>较小</td></tr>
<tr><td rowspan="2">预算补贴</td><td>对生产者</td><td>●</td><td>●</td><td>●</td><td>较大</td><td>一般</td></tr>
<tr><td>对消费者</td><td>○</td><td>●</td><td>●</td><td>较大</td><td>一般</td></tr>
<tr><td rowspan="2">税收政策</td><td colspan="2">激励型</td><td>●</td><td>●</td><td>●</td><td>较大</td><td>一般</td></tr>
<tr><td colspan="2">约束型</td><td>○</td><td>●</td><td>●</td><td>较大</td><td>较大</td></tr>
<tr><td>折旧政策</td><td colspan="2">加速折旧</td><td>●</td><td>●</td><td>●</td><td>一般</td><td>较大</td></tr>
<tr><td>政府采购</td><td colspan="2">强制或优先采购</td><td>○</td><td>◒</td><td>●</td><td>一般</td><td>较大</td></tr>
</table>

注：●表示作用显著；◒表示作用一般；○表示基本没有作用。

（二）支持能源生产与使用生命周期的不同财税政策工具效应分析

一般而言，越上力度大的政策工具，其作用范围往往也越大，可以支持能源研发、技术示范、降低成本与大规模商业化等整个生命周期。反之，力度小的政策工具，往往仅能支持能源产品生命周期的某几个领域。这里面，最具代表性的为政府预算内投入与政府采购两个政策工具，前者可以在能源产品生命周期的任何一个方面发挥积极的促进作用，而后者一般只适宜则降低成本阶段发挥作用，在研发与技术示范阶段不具有可行性，在大规模商业化阶段再实行政府采购政策则没有经济意义。

不同的政策组合对实现上述能源政策目标的效果可以概括如表 5 所示。

表 5　　　　　　能源公共财政政策矩阵（2）

			能源政策目标				政策可行性
	政策具体形式		研发阶段	技术示范阶段	降低成本阶段	大规模商业化阶段	
公共财政政策手段	预算政策	事业费拨款（包括支持研发）	●	●	●	●	较小
		预算投资（直接投资、贴息、担保）	○	◒	●	●	较小
		预算补贴：对生产者	○	◒	●	●	一般
		预算补贴：对消费者	○	◒	●	●	一般
	税收政策	激励型	○	◒	●	●	一般
		约束型	○	◒	●	●	较大
	折旧政策	加速折旧	○	◒	●	●	较大
	政府采购	强制或优先采购	○	◒	●	●	较大

注：●表示作用显著；◒表示作用一般；○表示基本没有作用。

财政部财政科学研究所《可持续能源财税政策研究》课题组
课题负责人：贾　康　苏　明
课题组成员：傅志华　包全永　韩凤芹　王宏利　牟　岩
本报告执笔：包全永　苏　明　傅志华

能源财税政策的成本—效益分析

——可持续能源战略的财税政策研究系列报告之三

内容提要

基于成本效益分析的基本原理，以绿色经济指标体系为基础，本报告提出了新的能源财税政策成本效益分析法，并且应用此能源财税政策成本效益分析法，以我国台湾地区电力公司运营的数据为例进行了实证研究，研究结果表明：(1) 各种火力发电厂的发电内部成本从小至大排列，为燃煤电厂、燃油电厂、复循环燃气电厂与核能电厂；(2) 各种火力发电厂的平均总社会成本从小至大排列，为核能电厂、复循环燃气电厂、燃煤及燃油电厂；(3) 政府应采用财政补贴的方式支持燃气发电，采用所得税优惠与直接投资的方式支持核能发展。因此，在充分了解各种能源其社会平均成本、环境效益和社会效益的基础上，并考虑项目风险和鼓励性原则，在国家财政许可内，国家应采取具体财税政策的激励措施，保障各个方面的利益。具体财税政策激励措施包括补贴政策、税收优惠政策、价格政策、低息（贴息）贷款政策与政府采购政策，并且应建立清洁能源与可再生能源建设的资金保障体系，营造清洁能源与可再生能源市场发展空间。

能源财税政策成本效益分析是进行能源财税政策效应评估的一种重要方法，传统的能源财税政策成本效益分析中，其指标选取大多建立在纯经济基础之上，本文以绿色经济指标体系为基础，提出了新的能源财税政策成本效益分析法。应用新的能源财税政策成本效益分析法对实际案例进行实证研究，提出保障能源供应、提高能效的相关财税政策建议。

一、能源财税政策成本效益分析的基本方法

能源财税政策成本效益分析法是在分析预测财税政策实施条件和相关要素的基础上，对政策实施过程中所付出的成本和所产生的收益进行比较分析，形成财税政策效应评价，进而优化财税政策方案的一种政策分析方法。其核心是考虑时间变化因素后，用现价进行对比分

析，即通过对财税政策实施过程中未来全部成本与效益的现价折算来分析，计算公式为：

$$BCR=\sum_{i=0}^{n}\frac{B_i-C_i}{(1+r)^i} \tag{1}$$

其中，BCR 为能源财税政策实施期间的社会净现值；B_i 为能源财税政策实施第 i 年的全部效益；C_i 为能源财税政策实施第 i 年的全部成本；n 为效益和成本达到期望自然增长率所需的年数；r 为贴现率。

公式 1 在运用中需注意以下几点：①理论上讲，C_i 和 B_i 泛指能源财税政策实施过程中所付出的包括政治、经济、社会、生态等多方面在内的全部成本和所产生的全部效益，但是在实际工作中，根据重要性原则，只能取一些有代表性的指标来全面反映能源财税政策的成本与效益。②贴现率 r 的确定十分重要，公式中的成本效益均是时间系列数，在进行能源财税政策成本效益分析时，必须将未来的成本效益现值化，因此，选取适合的贴现率是进行成本效益分析的关键。③BCR 用于评价能源财税政策时，$BCR>0$ 表示政策有效；$BCR\leqslant 0$ 表示政策实施过程中成本大于等于效益，该项政策无效，必须调整政策方案，使其变为有效方可实施。

（一）成本效益分析的基本步骤

1. 识别能源项目的成本和效益

第一步，确定分析范围，识别主要的环境与社会影响的范围要足够大，以便能够包括最主要的可以识别的影响。但分析范围的选择还要取决于其他因素，比如供分析用的人力、物力、财力等。

第二步，分析和确定重要社会与环境的外部效果

在识别了主要的社会与环境影响后，就要确定这些影响的范围和程度，如对环境功能或环境质量的损害，以及由于环境质量变化而导致的经济损失。比如二氧化硫排放导致大气污染，并进而对人体健

康、建筑物等产生影响。这时候，就要分析这些影响的范围和程度，比如发病率和过早死亡率提高、建筑物受到腐蚀等。

第三步，通过价值评估技术对上述外部效果进行货币估值

2. 对计算出的成本和效益进行贴现

(1) 何谓贴现。通过一定的方式把发生在未来（或不同时间）的成本和效益转化为现值（present value，PV）的方式就叫贴现。

(2) 贴现的意义。由于现实生活中很多资源配置问题（例如，项目实施等）都涉及到在不同时间和不同世代之间进行选择。能源项目的实施及运行通常要几年到几十年，污染物也会随时间累积，而可耗竭资源一经开发就会随时间减少。因此，必须把时间因素考虑进来，当所评估的成本和效益随着时间变化而发生变化时，就要用到贴现率。对发生在未来的成本和效益进行贴现的原因是因为纯粹时间偏好(即个人通常喜欢选择今天消费，而不是明天消费）的存在和资本的机会成本。

(3) 贴现的计算。为了说明如何计算现值，我们需要先了解一些关于利息及如何计算的知识。人们在借贷资本的时候，有两种计算利息的方式，即单利和复利。

单利是以资本本金为基数计算利息的方法，每个计息周期的利息是不变的。其公式为：

$$F = P(1 + i \cdot n)$$

式中：F为第n年的本利之和；P为本金现值；i为利率；n为计息周期。

复利计息就是按本金和前期累计的利息总额之和计算利息的方法，即把上一年的利息作为下一年的本金再计息，也就是利上加利的计算方法。公式为：

$$F = P(1 + i)^n$$

计算已经识别出的成本和效益的现值，采用的是复利的方式。

对于未来第n年获得的效益或成本的现值由以下公式确定：

$$B_b = \frac{B_n}{(1+r)^n} \qquad C_c = \frac{C_n}{(1+r)^n} \tag{2}$$

式中：B_b 为效益现值；C_c 为成本现值；B_n、C_n 为发生在第 n 年的效益、成本；r 为社会贴现率。

如果从现在开始到未来的第 n 年中会发生一系列的效益和成本，则这些发生在不同年份的效益和成本的贴现公式分别为：

$$B_b = \sum_{i=0}^{n} \frac{B_i}{(1+r)^i} \qquad C_c = \sum_{i=0}^{n} \frac{C_i}{(1+r)^i} \tag{3}$$

式中：B_i 和 C_i 为发生在第 i 年的效益或成本；n 为计算期；r 为社会贴现率。

（二）传统的能源财税政策成本效益分析中 B_i 和 C_i 的确定

传统的能源财税政策成本效益分析中，成本与效益的构成见图 1

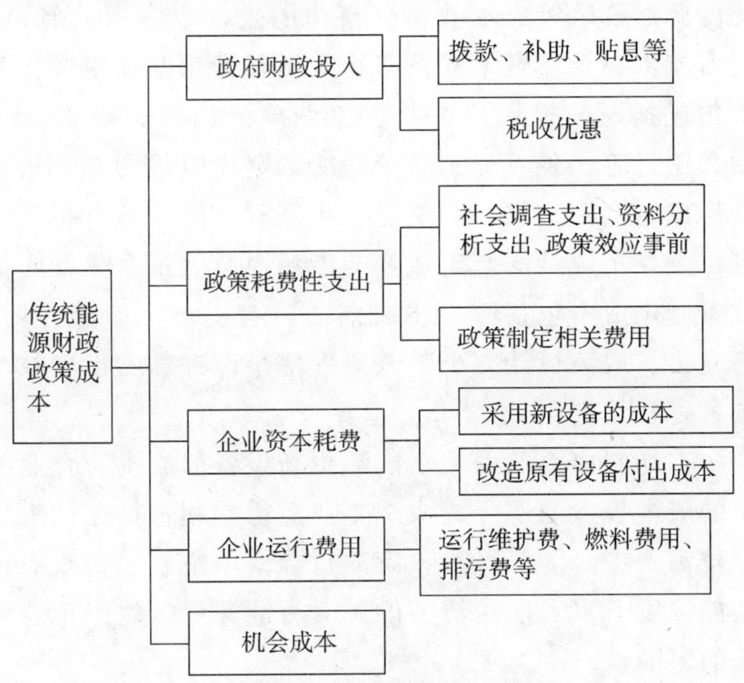

图 1　传统的能源财税政策成本构成

与图 2。

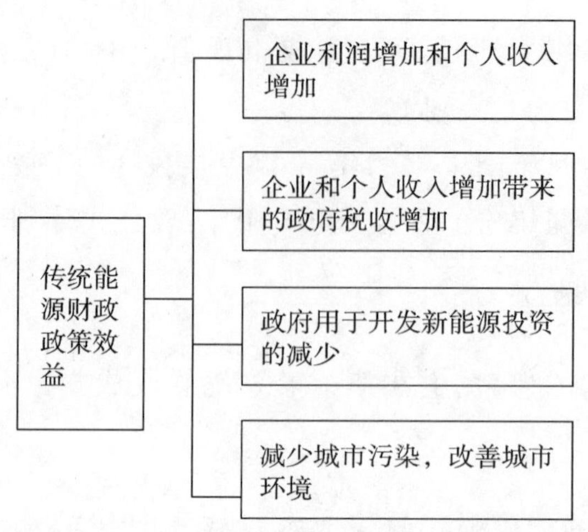

图 2　传统的能源财税政策效益构成

传统能源财税政策成本效益分析中的投入成本由政府财政支出、政策性耗费支出、企业资本耗费与企业运行费用四项组成，其中，政府财政支出包括财政投入与税收优惠两部分内容。财政投入包括拨款、补助和贴息等；税收优惠政策是能源财税政策的一个重要组成部分，它是形成新能源投资、刺激能效提高和节能的最直接动力。政策性耗费支出主要指政策的制定成本与能源财政政策有关行政事业费用支出。政策制定成本包括政策出台前的所有支出，如社会调查支出、资料分析支出、政策设计支出、政策效应事前评估支出以及与政策制定相关的各种费用支出。

企业资本耗费由企业采用新能源更新设备的成本与企业改造原有用能设备的成本投入两部分构成。企业运行费用包括运行维护费、燃料费用、排污费等。能源财税政策的机会成本主要包括政府加大支持使用新型能源设备以及使用清洁能源对原能源设备生产企业及原能源生产企业的影响。

传统的能源财税政策成本效益分析过程中的效益包括企业利润的

增加与政府收入的增加。能源财税政策效益的最直接表现，主要包括：①企业利润增加和个人收入增加；②企业和个人收入增加带来的政府税收增加；③政府用于开发新能源投资的减少；④减少城市污染，改善城市环境。

就增加个人收入的来源而言，主要有两方面，一个是原企业个人收入增加，另一个是新增加就业机会而使个人收入增加。就新增加的就业机会而使个人收入增加而言，即是采用新设备创造的就业机会而增加的个人收入，设备更新改造与扩建，扩大就业人数，而增加的个人收入，还有新增加能源服务部门创造的就业机会，使个人收入增加。政府收入是能源财税政策效益的最直接表现，主要包括：企业和个人收入增加带来的政府税收增加；就业机会增加降低了失业率，导致政府对失业救治和福利支出减少，此为变相的政府收入增加。由于清洁能源的开发利用，对传统能源，如煤、石油等的投资减少，使政府减少了开支。

（三）新的能源财税政策成本效益分析

1. 新的能源财税政策成本效益分析方法

新的能源财税政策成本效益分析法是在传统能源政策成本效益分析基础上，合理运用新能源投入产出分析及评价指标，将环境与社会的成本与效益作为影响能源财税政策成本效益分析的重要因素融入到能源财税政策成本效益分析过程中的一种分析方法。其计算方法与传统能源财税政策成本效益分析类似，即在考虑时间变化因素后，用现价进行对比分析，通过对能源财税政策实施过程中包括经济、社会、环境成本在内的未来全部成本与效益的现价折算来分析，计算公式为：

$$EBCR = \sum_{i=0}^{n} \frac{B_i - C_i}{(1+r)^i} + \sum_{i=0}^{n} \frac{B_{ei} - C_{ei}}{(1+r)^i} \tag{4}$$

式中，EBCR 为能源财税政策以货币度量的成本与效益的总净现值；B_i、C_i、r、n 含义同公式 1；B_{ei} 为能源财税政策实施第 i 年的社会、环境效益；C_{ei}为能源财税政策实施第 i 年的社会、环境成本。

与公式 1 相比，公式 2 中多了一项社会、环境成本效益净现值。之所以将社会、环境净现值并入能源财税政策成本效益分析公式中是基于如下考虑：

（1）随着能源问题的广化和深化，实现资源可持续发展已成为能源财税政策的目标之一，绿色革命带来的节能浪潮向传统的能源财税政策成本效益分析提出了挑战。公式 2 将社会、环境成本效益分析单独列出，充分体现了能源财税政策实施过程中社会、环境成本效益分析的重要性，既加强了能源财税政策成本效益分析的现实可行性又发展了能源财税政策成本效益分析理论。

（2）EBCR 计算式中 B_i、C_i 的选值尽管在传统的能源财税政策成本效益分析基础上有环境效益因素，然而要做到 B_i、C_i 的全面评价社会与环境成本效益难度较大，而将社会与环境因子单独进行成本效益分析再与 BCR 相加，既满足了能源财税政策成本效益中非直接经济效益分析的目的又降低了工作难度。

（3）在 EBCR 计算公式中加入社会、环境净现值，在一定程度上还会对 BCR 起修正作用（尽管从指标利用方面会出现某种程度上的重叠）。例如，在进行某一项能源财税政策成本效益分析中，经过对包含生态环境在内的社会经济综合指标分析计算，得出如下结果：一是 EBCR 计算式中的前一项大于（或等于）零。如果按传统能源财税政策成本效益分析方法，则该项政策有效。然而，我们进行“社会、环境净现值分析时，须再将社会与环境因子单独列出，按照 EBCR 计算式的后项计算出社会与环境净现值，若社会与环境净现值大于（或等于）零，方可断定该项政策有效，若社会与环境净现值小于零，则需要根据前后两项相加后的结果判定。二是计算式中的前一项小于零。若按照 EBCR 计算式后项计算出的环境净现值小于（或等于）零，则该政策无效；若社会与环境净现值大于零，需要根据前后两项相加后的结果判定：结果小于零，则政策无效，结果大于（或等于）

零，根据政策目标来综合判定。

2. 新的能源财税政策成本效益分析中成本（投入）的确定

新的能源财税政策成本效益分析中的成本（投入）从大的方面分为 C_i、C_{ei} 两部分，C_i 的确定与传统的能源财税政策成本效益分析 BCR 计算式中的含义基本一致，而 C_{ei} 可近似为零。

3. 新的能源财税政策成本效益分析中效益（产出）的确定

新的能源财税政策成本效益分析中的效益（产出）分为 B_i、B_{ei} 两部分，EBCR 计算式中 B_{ei} 的含义与 BCR 计算式中 B_i 的含义主要区别是前者加入了衡量社会与环境效益的指标，甚至包括政治因素指标。其效益构成见图 3。

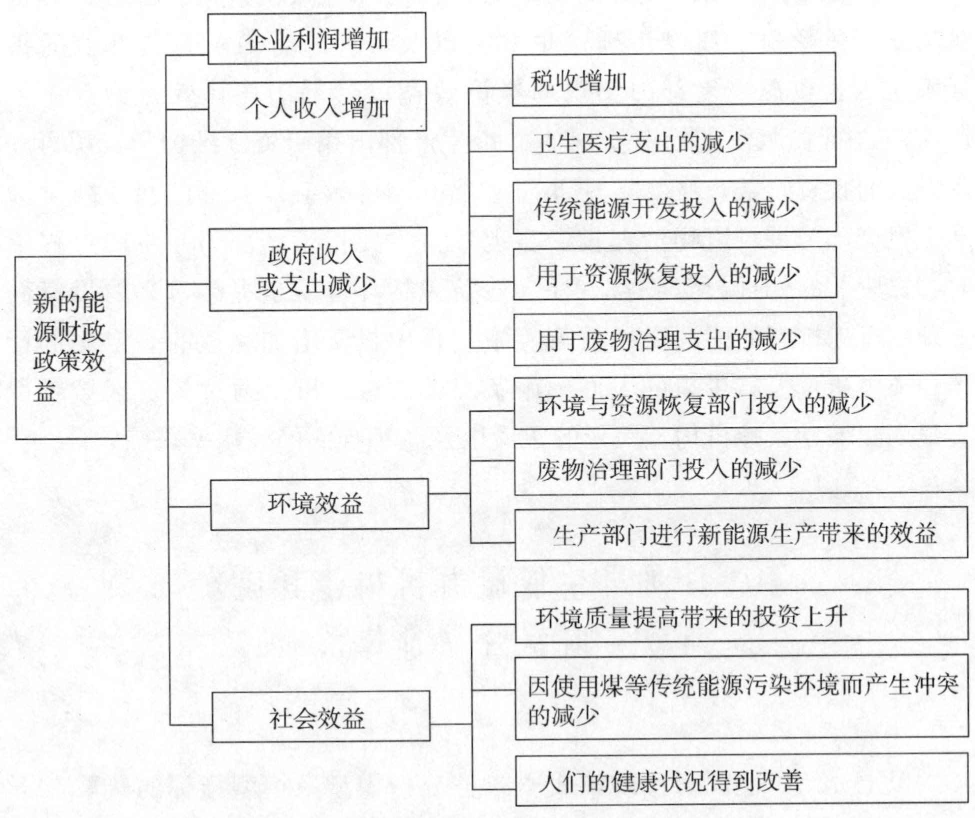

图 3　新的能源财税政策效益构成

比较图 2 与图 3，在新的能源财税政策成本效益分析过程中，新增效益主要体现在经济、社会、生态环境效益三方面。

新的能源财税政策效益还包括自然虚数部分和人文虚数部分。其中自然虚数部分为：环境污染所造成的环境质量下降速度减缓、长期生态质量退化所造成的损失的减少、自然灾害所引起的经济损失的减少、资源稀缺性所引发的成本以及物质能量不合理利用所导致的损失的减少等。人文部分虚数为：由于生态环境质量得到改善，身体健康，人们的幸福感增加，和环境污染减小所带来的安定团结的政治局面。以上自然虚数部分和人文虚数部分是对新的能源财税政策的充分肯定，这可以通过新的能源财税政策实施过程中矛盾和冲突的减少来衡量。

分析图 3，与新的能源财税政策相关的环境效益包括三部分，即资源恢复产生效益、废物治理产生效益以及环境综合效益，各部分的指标确定为：资源恢复部门实现的经济效益以其部门核算效益为准；生产部门进行资源恢复投资实现效益指生产部门用于资源维护和资源再利用方面的投资收益；废物治理部门实现的经济效益以其部门核算效益为准；生产部门进行废物治理投资实现效益主要指生产部门在生产过程中对“三废”的处理投资收益。社会效益包括环境质量提高带来的投资额上升，可以按新的能源财税政策实施过程中投资增加总额的一定比例计算；环境质量提高带来的人们健康状况的改善，可以通过核定区域政策实施期间各种医疗机构就医者的数量以及各种疾病的发病率来确定。

二、以可再生能源为例构建其成本与效益的综合评价体系

以上介绍了能源财税政策成本效益分析模型及模型指标的选取，下面我们具体以可再生能源为例，探讨如何综合评价能源使用的成本与效益。

对可再生能源项目的成本效益评估不但需要考虑经济、环境、能源安全、社会就业等各方面的成本与效益，而且需要考虑各个参与方对这几个方面的关注程度。因此，为了实施可再生能源的政府财政税收激励政策，应首先建立能够反映可再生能源发展的经济、环境和社会效益各个方面影响的成本效益综合评价体系。

可再生能源电力相对火电来说，对环境的污染很低，但项目实施对企业经济效益而言无任何吸引力。可再生能源的潜在投资者只对项目的财务指标感兴趣。只有国家通过各种财政优惠和激励措施，才能实现环境效益的内部化，从而为可再生能源投资者创造激励。在竞价上网的新机制下，电网公司必然倾向于选择保证上网电价较低的电厂优先上网。

由于可再生能源的资源和技术情况千差万别，政府如何选择适宜的财政政策和确定合理的激励强度是一个非常重要的课题。财政政策的选择和激励强度的确定应既能在国家财政承担能力内，又能充分调动投资者的积极性。比如，各种技术的补贴标准到底该多少？税收优惠多大才比较适度？这就需要对各种技术有一个综合的评价。缺乏对可再生能源财税政策的成本效益的科学评估，会导致激励政策设计与实施的不到位，从而制约了可再生能源的产业化发展。

可再生能源的成本效益综合评价体系需要从企业成本与效益和社会成本与效益两个方面进行量化评价。企业效益是企业所追求的目标，利润的来源所在。社会效益是项目实施对社会、环境的影响，有正的效益，也有负的效益。当出现外部负效益时，可以通过各种政策进行管制，比如排污费的收取。当出现正的外部效益时，国家有义务进行财政补贴或者税收优惠等财政激励措施。目前我国主要的能源消费方式是火电，因此与火电相比，可再生能源项目所带来的外部负效益的减少和正效益的增加都应该给予量化综合考虑，从而为各种政策制定提供决策支持。

只有全面量化可再生能源的企业效益和社会效益，理清不同可再生能源技术的真实成本和社会的意愿支付（Willingness to Pay），才能为相关财税政策的选择和激励强度的确定提供依据。

（一）可再生能源与常规能源的成本比较

可再生能源市场相对狭小，生产规模较小，初始投资较高，从而单位能源产量的成本较高。即使在可再生能源技术比较成熟的欧盟国家，其平均发电成本与常规能源相比，仍然没有竞争力，需要国家扶持和政策优惠才能发展。中国的可再生能源技术相对比较落后，而常规能源在中国比较廉价，对环境污染治理投入也比较低，因此，可再生能源在技术和经济上的竞争力比较低。

比较而言，当前可再生能源的高成本、高价格是制约其技术商业化和推广应用的最大障碍。与同类技术相比，可再生能源生产成本比化石燃料高得多。以发电技术为例（见表 1），如以燃煤发电成本为 1，则小水电发电成本约为煤电的 1.2 倍左右，生物质发电（沼气发电）为煤电的 1.5 倍左右，风力发电成本为煤电的 1.7 倍左右，光伏发电为煤电的 11—18 倍，从而大大削弱它的经济竞争力。因此，如没有政策优惠和足够的经济激励，可再生能源在市场上无法与常规能源竞争。①

表 1　　　　中国可再生能源发电技术成本表

技术名称	比投资（元/kW）	当前发电成本（元/kWh）	当前发电成本与燃煤发电成本之比
沼气	7000—11700	0.30—0.73	1.5 左右
风电	7800—9000	0.55—0.64	1.7 左右
小水电	7500—14000	0.31—0.44	1.2 左右
光伏发电	8000—12500	2.01—2.98	11—18

资料来源：国家科技部："新能源和可再生能源开发利用战略研究"，2002 年 6 月；www.oilnews.com.cn。

① 引自 www.oilnews.com.cn。

（二）可再生能源的环境效益分析

目前，我国8亿多农村居民的约50%生活用能仍然依靠秸秆、薪柴等生物质直接燃烧提供，落后的用能方式造成了严重的室内环境污染，危害人体健康，影响生活质量提高。过度依赖薪柴还造成森林等生态林草植被的破坏，严重威胁生态环境。目前全国还有约2万个村、800多万户、约3000万人口没有电力供应，远离现代文明。解决偏远地区居民基本电力供应是必须完成的社会发展任务之一，同时，逐步实现农村居民生活用能的优质化和清洁化，也是农村全面建设小康社会的重要内容。随着农村经济的发展和收入水平的提高，农村生活用能中商品能源的比例将大幅度上升，对化石能源供应构成一定压力，同时农村秸秆等废弃物严重过剩，随地焚烧，造成了严重的环境污染。因此，采用新技术开发利用可再生能源，特别是促进生物质能源的优质化利用，对农村建设小康社会、减轻常规能源供应的压力具有重要的现实意义。

我国能源生产利用引起的环境问题主要包括以下几个方面：农村过度消耗传统生物质能造成的生态破坏和对居民健康的影响，城市大量燃煤引起的大气污染，以及发电部门化石燃料燃烧排放的污染问题。而水电、太阳能、风电、地热能等可再生能源不排放TSP、SO_2、CO_2等污染物，在环境效益上具有明显的优势。

新建燃煤电厂大气污染物排放值为SO_2 11.0g/kWh，NO_x 3.0 g/kWh，TSP 0.2 g/kWh，CO_2 857g/kWh。① 因此装机容量为100MW，年发电量为3亿kWh的小水电站供电系统，相比同等规模的燃煤电站，每年可节约11.5tce（以供电煤耗383g/kWh计算），减少SO_2排放为3300t，减少NO_x排放900t，减少CO_2排放257100t，减少TSP排放

① 王庆一："能源政策研究，中国与世界能源数据（2003年版）"，中国能源研究会，2003年6月。

600t。

太阳能热水器年均可节约 100—150kgce/m^2，被动式太阳房平均每采暖期可节约 20—40kgce/m^2，太阳灶每台每年可节约柴草 500—700kgce。① 在普通柴油中加入 20% 的生物柴油，其尾气污染物排放可降低 50% 以上。太阳能热力电站每发电 10MWh 即可节省能源 3.78tce，少向大气排放 SO_2、CO_2、NO_x、TSP 分别约为 79、9900、50、500kg。② 2002 年我国用现代技术开发利用的可再生能源量约为 5000 万 tce，产生环境效益 104 多亿元，见表 2。

表 2　2002 年我国可再生能源发展的环境效益

	排放系数（t/tce）	减排量（万 t）	单位减排效益（元/t）	减排效益总量（亿元）
CO_2（tc）	0.726	3630	209	75.69
SO_2	0.022	110	1260	13.86
NO_X	0.010	50	2000	10.00
TSP	0.017	85	550	4.68
合　计				104.22

（三）可再生能源社会效益分析

可再生能源不但具有环境效益，在社会的其他方面也具有重要的正面效益。在农村开发利用可再生能源，除了解决农村生活能源的问题，还能与农业结构调整紧密结合，有效地促进农业增效和农民增收，如利用生物质能发展沼气的“猪—沼—果”能源生态模式，有益于种植、养殖、以沼渣作底肥，小麦、水稻每亩可增产 9%以上，玉米可增产 15%，增收效果显著。改变传统的农村能源利用方式也可

① 《中国新能源和可再生能源发展纲要（1996—2010）》。

② 邹治平、马晓茜：“太阳能热力发电的生命周期分析”，《可再生能源》，2004 年第 2 期。

以带动农村建材、运输等各行业的发展，培养造就服务于农村的能源建设、维修队伍，从而增加农村就业机会。发挥可再生能源的社会综合效益，增加农民收入，促进农村经济的发展。

生物乙醇产业可以创造大量的就业机会。国外经验表明①，年产450万t生物乙醇，可以创造20多万个就业机会，每年创造GDP 80亿美元，大大超过该国提供的8亿美元财政补贴。在我国发展生物乙醇可以增加农民收入，提高农村居民生活水平，创造新的就业机会，带动农村及周边区域的经济社会发展。据《国家2000～2015年新能源和可再生能源产业发展规划》，到2015年，新能源开发利用量将达4300万吨标准煤，新能源产业年收益670亿元，可提供近50万个工作岗位，减排二氧化碳2700万吨。②

可再生能源的开发利用主要是使用当地资源和人力物力，对促进地区经济发展具有重要意义，同时快速发展的可再生能源和新能源也是一个新的经济增长领域。我国人口众多，就业形式严峻，新能源和可再生能源同化石能源相比，可提供更多的就业机会。与常规能源相结合，可以有效解决偏远农村地区电力、生活燃料等主要能源供应问题。农村地区的秸秆等生物质资源的清洁化和优质化利用，可以提供农村地区能源服务的质量，同时减少农村能源中化石能源的消耗。这对提高农民生活水平，走可持续发展道路具有积极的促进作用。目前，国际上太阳能光伏发电、风力发电的年增长速度达30%以上，我国太阳能热水器的年增长速度也达到15%以上。可再生能源和新能源已是一个新兴的经济增长领域，发达国家和部分发展中国家把发展可再生能源和新能源作为占领未来能源领域制高点的重要战略。我国太阳能热水器的成功经验说明，可再生能源和新能源可以形成重大

---

① 郗小林、冀星："对我国发展生物乙醇产业的探讨"，《中国能源》，2001年第9期。

② 顾树华、刘鸿鹏主编：《2000—2015年新能源和可再生能源产业发展规划》，中国经济出版社2001年版。

产业，在推动经济增长中发挥重要作用。可再生能源的发展将拉动制造业等行业的增长，带动农业生态建设，同时也可促进就业和边远地区居民脱贫致富，提高他们的生活质量。

三、能源财税政策成本与效益的实证分析

近年来提高能效与环保意识日益增强，我国作为一个经济快速发展的大国，努力降低化石能源在能源消费结构中的比重，承担与自己国际地位和经济发展水平相适应的减排温室气体义务，树立良好的国家形象是必要的。水电、核电、可再生能源和新能源是最能有效减少温室气体排放的技术手段。因此减少煤炭消费量，提高天然气、水电、核电、可再生能源和新能源在能源消费中的比例是环境保护的必然选择。产业发展常与节能和环保问题发生冲突，使得科技快速提升，将成为解决经济发展、能源使用及维护地球生态最有效的方法。在现有科技水平下，在面临地区产业发展及地球温室化问题之下，能源结构势将作适度的调整，尤其是发电结构。由于中国大陆各省电力公司的技术状况与发电成本各不相同，发电成本有的相差很大，因此，本文可借助我国台湾地区的电力数据，提出普遍适用的21世纪能源、产业与环保均衡下优化的电力发展政策，以期能达成政府推动兼顾经济发展、能源稳定供应及环境保护等三赢的能源财税政策。

（一）电力总成本比较分析

由于核能、水力及火力发电的产品均为电能，从发电厂发电端输出，到配送，再到销售，成本均相同无异，因此可简化为仅考虑各发电机组之发电成本，并以每度发电成本（元/度）表示发电内部成本，

方便比较分析。基准货币为人民币（人民币与新台币的兑换比率为1:4）。至于发电外部成本方面，则考虑空气污染外部成本、温室气体排放外部成本及辐射等影响稳定能源供给的外部成本，以及居民的抗争等成本。由此可知，电力总成本包含发电内部成本与发电外部成本。分述如下：

1. 发电内部成本

(1) 现况分析。对台湾电力公司各类发电成本数据分析，结果指出，天然气的发电成本最高，每度发电成本高达0.550元，即使是复循环机组每度发电成本高达0.523元，仍是最昂贵的发电燃料。因此，除核能发电燃料成本所占比重较低外（仅占17%），其余燃料的发电成本中燃料成本均占发电成本的60%—80%左右，尤其以燃气燃料的占比最大，详见表3。

表3　　2000年台电公司发电成本分析表

种类	发电成本（含利息）	发电成本（不含利息）	成本细项				
			燃料	折旧	维护费	其他运营费	借款利息
燃油	0.375	0.365	0.2975 (69%)	0.0275 (7%)	0.0175 (5%)	0.0225 (6%)	0.04 (3%)
燃煤	0.24	0.23	0.1475 (61%)	0.05 (21%)	0.01 (4%)	0.025 (10%)	0.04 (4%)
燃气	0.5425	0.5325	0.45 (83%)	0.045 (8%)	0.0125 (2%)	0.025 (5%)	0.04 (2%)
核能	0.21	0.20	0.035 (17%)	0.0525 (25%)	0.025 (12%)	0.04 (19%)	0.05 (2%)

资料来源：《各类发电成本分析表》(2001)。

(2) 各类型发电机组发电内部成本估计。基本上，燃煤、燃油、燃气等火力机组每千瓦的投资则分别为11443.25元、10084.50元、7378.00元，核能发电每千瓦投资26687.50元。各种发电机组计划使用年限均为 25 年、利率 5.58%、燃煤、燃油、燃气的基准（2000 年）燃料价格分别为煤 243.50 元/吨、重油 1272.50 元/1000 升、天然气 1.04 元/立方米，详见表 4。

表 4　　各火力电厂成本分析之估计基准假定表

项　目	燃　煤	燃　油	燃　气
建厂成本（元/千瓦）	11443.25	10084.5	7378
使用年限（年）	25	25	25
燃料安全储存（日）	60	45	14
运行维护费（元/度）	0.05275	0.03375	0.01425
燃料价格	243.5	1272.5	1.04
单位	元/吨	元/1000 升	元/M^3
利率	5.58%	5.58%	5.58%

资料来源：《台电核四计划分析资料》(2001)。

(3) 发电内部成本评估结果比较分析。经各发电成本比较结果，其高低顺序如下：燃煤 0.432 元/度、燃油 0.513 元/度、燃气 0.550 元/度，详见表 5。

表 5　　各火力电厂发电非税成本分析比较表　　单位：元/度

项　目	燃　煤	燃　油	燃　气
固定费用	0.17025	0.14675	0.103
运行维护费	0.07375	0.04775	0.0185
燃料费用	0.18525	0.315	0.42475
燃料储存利息	0.00225	0.003	0.004
合计	0.4315	0.5125	0.55025

资料来源：《台电核四计划分析资料》(2001)。

2. 发电外部成本

发电外部成本 = 空气污染外部成本 + 温室气体排放外部成本 + 居民的抗争

空气污染社会成本估算步骤：

步骤一：估算空气污染健康成本公式：i 类空气污染源的单位空气污染健康成本 = 全台湾 i 类空气污染年平均浓度 × i 类污染源边际患病机率 × 减少生病呼吸系统一天的愿付代价（112.5 元/日）× 365 天 × 全台湾人口数（21871 千人）÷ i 类污染源全台总排放量

步骤二：估算空气污染社会成本公式：i 类空气污染源的单位空气污染社会成本 = i 类污染源的单位健康成本 × β（β = 18.2757①）

经计算结果得知，PM_{10} 平均每吨健康成本 198.25 元，平均每吨社会成本 3622.75 元；SO_X 平均每吨健康成本 2157.75 元，平均每吨社会成本 3944 元；NO_X 平均每吨健康成本 374.00 元，平均每吨社会成本 6837.25 元，详见表 6。

表 6　各种空气污染源的单位社会成本　单位：元/吨

污染源	平均每吨健康成本	平均每吨社会成本
PM_{10}	198.25	3622.75
SO_X	2157.75	39436
NO_X	374	6837.25

各火力发电厂的温室气体排放外部成本（以各发电厂年发电量 178 亿度计算），燃煤电厂温室气体排放之总社会成本为人民币 48.448 亿元，燃油电厂温室气体排放之总社会成本为人民币 35.298 亿元，燃气电厂温室气体排放的总社会成本为人民币 19.768 亿元，详见表 7。

① 梁启源、吴再益等：《石油制品社会成本内部化之研究》，台湾“行政院经济建设委员会”委托研究报告，1993 年。

表 7　　各火力发电厂之温室气体排放外部成本比较

	每吨温室气体社会成本（元）	温室气体排放量（吨）	温室气体总排放社会成本（亿元）
燃油	286.5	4227500	48.4475
燃煤	286.5	3080000	35.2975
燃气	286.5	1725000	19.7675
核能发电	286.5	0	0

资料来源：《台电核四计划分析资料》(2001)。

注：根据 Ridley（1998），CO_2 每吨社会成本为 37.1 美元每吨，温室气体社会成本 = 37.1 × 7.725（汇率） = 286.5（人民币/吨 CO_2）。

3. 电力总成本估算

经估算而得的发电内部成本与发电外部成本，可加总得出电力总成本。以年总发电量 178 亿度计算，燃煤电厂的总社会成本为人民币 13.018 亿元，燃油电厂的总社会成本为人民币 13.075 亿元，燃气电厂的总社会成本为人民币 12.180 亿元。各电厂的每度平均电力成本之比较方面，燃煤电厂每度平均电力成本约 0.731 元，燃油电厂每度平均电力成本约 0.735 元，燃气电厂每度平均电力成本约 0.684 元，详见表 8。由此可知，燃气电厂每度平均电力成本较燃油与燃煤电厂为低。

表 8　　各电厂之每度平均成本（外部、内部、社会）比较

		平均每度外部总成本（元/度）	与核能外部成本之比率（%）
外部成本	燃煤	0.2925	3624.55
	燃油	0.21775	2699.06
	燃气	0.111	1387.50
	核能	0.008	100.00
内部成本	燃煤	0.4315	102.19
	燃油	0.5125	121.37
	燃气	0.55025	130.31
	核能	0.42225	100.00

续表

		平均每度外部总成本（元/度）	与核能外部成本之比率（%）
社会总成本	燃煤	0.724	168.27
	燃油	0.73025	169.73
	燃气	0.66125	153.69
	核能	0.43025	100.00

资料来源：梁启源：《核能四厂与其他替代火力发电厂社会总成本比较》，“能源会”委托研究报告，2000 年 11 月。

（二）能源财税政策成本效益实证分析结果

传统的能源财税政策净效益 BCR 可以分为两部分：$BCR_{内部}$ 与 $BCR_{外部}$，$BCR_{内部}$ 为企业自身生产的经济净效益，$BCR_{外部}$ 为企业自身以外的经济净效益，即 $BCR = BCR_{内部} + BCR_{外部}$。理论上讲，能源财税政策成本效益分析模型中的 C_i 与 C_{ei} 和 B_i 与 B_{ei}，泛指能源财税政策实施过程中所付出的包括政治、经济、社会、生态等多方面在内的全部成本和所产生的全部效益，但是在实际工作中，根据重要性原则，只能取一些有代表性的指标来全面反映能源财税政策的成本与效益。

能源财税政策成本效益绿色分析模型为 $EBCR = \sum_{i=0}^{n} \frac{B_i - C_i}{(1+r)^i} + \sum_{i=0}^{n} \frac{B_{ei} - C_{ei}}{(1+r)^i}$，此模型可用于分析企业内部成本与效益和社会与环境的成本与效益。我们将初始投资引进公式，则净效益现值为 $EBCR = \sum_{i=0}^{n} \frac{B_i - C_i}{(1+r)^i} + \sum_{i=0}^{n} \frac{B_{ei} - C_{ei}}{(1+r)^i} - I$，在未实施财税激励（或限制）政策时，以货币度量的成本与效益的总净现值可表示为：

$$EBCR = \sum_{i=0}^{n} \frac{P_iQ - R_i - Z_i - Y_i - J_i - C_i - S_i}{(1+r)^i} + \sum_{i=0}^{n} \frac{H_i - L_i}{(1+r)^i} - I \quad (3)$$

其中，$\sum_{i=0}^{n}\frac{P_iQ - R_i - Z_i - Y_i - J_i - C_i - S_i}{(1+r)^i} - I = BCR_{内部}$，为企业经济净现值部分；$\sum_{i=0}^{n}\frac{H_i - L_i}{(1+r)^i} = BCR_{外部} + \sum_{i=0}^{n}\frac{B_{ei} - C_{ei}}{(1+r)^i}$，为企业自身以外的经济净效益与社会和环境的净效益之和；P_i 为第 i 年上网电价（含增值税）；Q 为上网电量（假设每年的发电量一致）；R_i 为第 i 年的燃料费；Z_i 为第 i 年的折旧费；Y_i 为第 i 年的运营费；J_i 为第 i 年的借款利息；C_i 为第 i 年的维护费；S_i 为第 i 年的所得税；H_i 为外部总效益 L_i 为外部总成本；I 为初始投资；r 为贴现率。

下面首先利用成本效益分析模型分析电力企业在未实行能源财税政策时企业的内部成本效益状况，然后再同时引进外部成本和效益与能源财税政策于成本效益分析模型，考虑不同财税政策的选择对促进能源发展，保障能源供给、调整能源结构、提高能效所发挥的作用。

1. 企业内部成本效益分析

企业内部成本效益分析是对 $BCR_{内部}$ 的分析，企业内部净效益可表示为：

$$BCR_{内部} = \sum_{i=0}^{n}\frac{P_iQ - R_i - Z_i - Y_i - J_i - C_i - S_i}{(1+r)^i} - I \tag{4}$$

假设燃煤、燃油、燃气等火力机组每千瓦的投资则分别为 11443.25 元、10084.50 元、7378.00 元，核能发电每千瓦投资为 26687.50 元，发电功率为 100 万千瓦，以年总发电量 80 亿度计算，电价统一为每度电 0.613 元，燃煤、燃油、燃气与核能的每度内部成本分别为 0.432 元、0.513 元、0.550 元、0.422 元，所得税税率为 33%。贴现率为 10%。具体数据参见表 1 至表 5。

按照以上数据假设，扣除所得税，通过计算可得，燃煤、燃油、燃气与核能发电每度电的税后利润分别为 0.121 元、0.067 元、0.042 元与 0.128 元。经测算燃煤的 $BCR_{内部} > 0$，燃油的 $BCR_{内部} > 0$，而燃气与核能的 $BCR_{内部} < 0$。燃气的 $BCR_{内部} < 0$ 是因为其每度电的税后利

润较低，核能的 $BCR_{内部}<0$ 是因为核能建厂的初始投资巨大。因此，考虑经济效益，企业靠自身不会投资建设燃气电厂与核能电厂。

2. 获得财税政策支持的能源项目社会总成本效益分析

在这里我们采用能源财税政策成本效益绿色分析模型，合理运用新的能源投入产出分析及评价指标，将环境成本和环境效益作为影响能源财税政策成本效益分析的重要因素融入到能源财税政策成本效益分析过程中。有关假设数据与上述相同。关于外部成本与效益，我们以燃煤的外部成本为基数，假设外部成本小于燃煤的部分为正效益，则燃油、燃气与核能每度电的外部效益分别为 0.075 元、0.182 元和 0.285 元，那么燃油、燃气与核能每度电的社会总成本为 0.438 元、0.369 元和 0.138 元。

（1）支持燃气发电的能源财税政策成本效益分析。燃气发电扣除内部成本与所得税后的利润为 0.042 元，而燃气的外部效益却达到 0.182 元，所以按所得税减半的税收优惠政策，即 16.5%的税率支持燃气发电，企业才能增加 0.01025 元的收益，效果甚微，仅是外部效益 0.056 倍，因此企业不会因为税收优惠而建厂或增加生产。假设我们选择财政补贴的政策工具，通过表 8 可知，燃煤与燃气的社会总成本之差为每度电 0.063 元，那么财政补贴在 0.063 元之内支持燃气电力的发展都是合理的。因此，比较而言采用财政补贴的政策工具支持燃气电力发展更为实际与有效。根据以上分析，财政补贴支持燃气电力的成本效益分析模型可以表达为：

$$EBCR=\sum_{i=0}^{n}\frac{P_iQ-R_i-Z_i-Y_i-J_i-C_i-S_i+\alpha H_i}{(1+r)^i}-I+\sum_{i=0}^{n}\frac{H_i-L_i}{(1+r)^i} \tag{5}$$

其中，$BCR_{内部}=\sum_{i=0}^{n}\frac{P_iQ-R_i-Z_i-Y_i-J_i-C_i-S_i+\alpha H_i}{(1+r)^i}-I>0$，$EBCE>0$；$\alpha$ 为政府对燃气电力的支持力度；αH_i 为财政补贴额。

（2）支持核能发电的能源财税政策成本效益分析。核能发电扣除内部成本与所得税后的利润为0.128元，而核能的外部效益却达到0.285，所以按所得税减半的税收优惠政策，即16.5%的税率支持燃气发电，企业能增加0.032元的收益，而且通过所得税减半的税收优惠政策，政府在不用出钱的情况下，能够激发企业投资与生产的积极性，因此就支持核能而言，税收优惠政策比财政补贴更具效果。同时，因为核能建厂的初始投资巨大，核能的 $BCR < 0$，考虑经济到核能的外部效益达0.285元之多，在建设核能电厂时政府应给予预算投资的支持，否则企业自身不会主动投资建设核能电厂。根据以上分析及第一部分能源财税政策成本效益绿色分析模型，所得税优惠与预算投资支持核能电力的成本效益分析模型可以表达为：

$$EBCR = \sum_{i=0}^{n} \frac{P_i Q - R_i - Z_i - Y_i - J_i - C_i - \frac{1}{2}S_i}{(1+r)^i} + \sum_{i=0}^{n} \frac{H_i - L_i}{(1+r)^i} - (I_1 + I_2) \qquad (6)$$

其中，$BCR_{内部} = \sum_{i=0}^{n} \frac{P_i Q - R_i - Z_i - Y_i - J_i - C_i - \frac{1}{2}S_i}{(1+r)^i} - I_2 > 0$，$EBCR > 0$，$\frac{1}{2}S_i$ 为获得税收优惠后企业上缴的所得税；I_1 为政府直接投资；I_2 为企业自身投资。

四、分析与结论

根据台电公司25年成本效益分析的结果，各种火力发电厂的发电内部成本从小至大排列次序为燃煤电厂、燃油电厂、复循环燃气电厂与核能电厂。另外，根据本文就平均总社会成本估算结果得知，各种火力发电厂的总社会成本从小至大排列则次序为核能电厂、复循环燃气电厂、燃煤及燃油电厂。核能电厂的总社会成本为最低，值得政府加强推动效率与洁净能源的发电政策。根据以上能源财税政策成本效益模型及其实证分析的结果，建议政府采用财政补贴的方式支持燃气发电，采用所得税优惠与直接投资的方式支持核能发展。

因此，在对各种清洁能源与可再生能源全面系统评价的基础上，充分了解其社会平均成本、环境效益和社会效益的基础上，并考虑项目风险和鼓励性原则，在国家财政许可内，国家应采取具体财税政策的激励措施，保障各个方面的利益。具体财税政策激励措施包括：

（一）补贴政策

这是我国常见的一种激励手段，国外也屡见不鲜。一般而言，补贴有三种形式：一是投资补贴，即对投资者进行补贴。如我国政府对地方小水电建设的投资补贴，德国对风力发电的投资补贴即属此类。这种方式的优点是可以调动投资者的积极性、增加生产能力、扩大产业规模；缺点是这种补贴与企业生产经营状况无关，不能起到刺激企业更新技术、降低成本的作用。二是产出补贴，即根据可再生能源设备的产品产量进行补贴。我国目前还没有这种补贴政策。这种补贴的优点是显而易见的，即有利于增加产品产量，降低成本，提高企业的经济效益，这也是美国、丹麦、印度目前正在实施的一种激励措施。三是对消费者（即用户）进行补贴，例如欧洲大部分国家均对太阳能热水器的用户提供20%—60%的补贴。当然，每种技术的补贴标准可以根据各种技术的发展水平和政府需要进行定期修改。

（二）税收政策

一种是对清洁能源与可再生能源实施税收优惠政策，如减免关税、减免形成固定资产税、减免增值税和所得税（企业所得税和个人收入税）等。另一种是对非清洁能源和非可再生能源实施强制性税收政策，如碳税政策等。各国的实践证明，碳税政策，尤其是高标准、高强度的收费政策，不仅能起到鼓励开发利用清洁能源的作用，还能促使企业采用先进技术、提高技术水平，因而也是一种不可或缺的刺激措施。

（三）价格政策

由于清洁能源与可再生能源产品成本一般高于常规能源产品，所以世界上许多国家都采取了对清洁能源与可再生能源产品价格实行优惠的政策。如德国制定的电力法要求电力公司必须购买可再生能源电力，并要向可再生能源电力生产商支付消费者电价的90%；在美国“能源政策法”中规定，公用电力公司必须避免成本收购可再生能源电量，同时美国的一些州还制定了按净用电量收费的办法。这些实际上都是电价优惠的措施。我国原电力部也就风力发电上网电价制定了较优惠的政策。理论分析和实践都已证明，价格优惠是一项非常有效的激励措施，只要应用得当，可以起到促进技术进步和降低成本的作用。

（四）低息（贴息）贷款政策

低息（或贴息）贷款可以减轻企业还本期利息的负担，有利于降低生产成本；缺点是政府需要筹集一定的资金以支持贴息或减息的补贴。贷款数量越大，贴息量越大，需要筹集的资金也越多，因此，资金供应状况是影响这一政策持续进行的关键性因素。目前德国对风电项目和光伏项目正在实施低利率贷款，利率从2.5%—5.1%不等。

（五）政府采购政策

例如美国、日本和德国采取的屋顶计划，实际上是通过政府采购或政府支持采购等手段，扶持尚未成熟的光伏发电产业。此外，政府支持的技术研究和开发活动也属于政府采购的范畴。

（六）建立清洁能源与可再生能源建设的资金保障体系

要求国家继续加大农村能源建设的资金投入，用于农村能源基础设施的建设，特别是解决西部地区偏远地区无电人口的用电问题。在继续发挥国家投资主渠道作用的同时，发挥各种社会公益组织的作用，多渠道筹措资金，扩大农村能源基础设施建设的资金来源。在国家投融资体系中建立清洁能源与可再生能源专项资金，用于可再生能源的研究开发、标准制订、资源勘查、投资补助和价格补贴等。探索通过多种渠道和措施建立可再生能源发展基金，为清洁能源与可再生能源的大规模发展进一步提供资金保障。

（七）有利于营造清洁能源与可再生能源市场发展空间

采取政府政策鼓励和市场机制结合的方式，通过拉动清洁能源与可再生能源的市场需求，促进燃气、风力发电、生物质发电和太阳能发电等清洁能源与可再生能源技术进步和产业化发展。2010年之前，主要采取政府项目招标、清洁能源与可再生能源强制市场份额、法定收购价格等政策，为清洁能源与可再生能源技术建立政府保护之下的市场需求，2010年之后形成竞争性的清洁能源与可再生能源市场。

财政部财政科学研究所《可持续能源财税政策研究》课题组
课题负责人：贾　康　苏　明
课题组成员：傅志华　包全永　韩凤芹　王宏利　牟　岩
本报告执笔：王宏利　傅志华

支持节能的财政税收政策建议

——可持续能源战略的财税政策研究系列报告之四

内容提要

提高能效、鼓励节能是我国能源可持续战略的重点。本报告从理论与实践的结合上，系统阐述政府财税政策与能源节约的关系，提出了可供选择的财税政策措施——包括相应的预算投入政策、税收激励与限制政策、政府采购政策等，分析了相关政策措施的作用范围、实施方式，以为决策部门制定我国节能工作的宏观政策提供参考依据。

中国正在为能源浪费付出代价。据世界银行估计，燃料利用率低下给中国造成的损失在1200多亿美元，其中一部分是工业产值的损失，一部分是用来支付与环境污染有关的保健开支。① 节能已成为我

① 美国《商业周刊》2005年4月11日文章："中国的浪费方式"，转引自《参考消息》，2005年4月11日。

国经济和社会发展面临的一项紧迫任务。为推动全社会开展节能降耗，缓解能源瓶颈制约，建设节能型社会，促进经济社会可持续发展，实现全面建设小康社会的宏伟目标，财税政策在促进节能方面应发挥重要作用。

从实际运作来看，鼓励和促进节能事业发展的财税政策具体分为政府预算投入政策、税收优惠（限制）政策以及政府采购政策等几个方面。

一、支持节能的政府预算投入政策

（一）鼓励节能应纳入政府公共预算支持范围

中国过去长时期，为了改变能源短缺的状况，政府预算的基本政策取向是加大财政投资力度，提高能源产出。甚至一度通过建立能源交通基金方式向能源投资倾斜，从而有效地缓解了能源“瓶颈”的约束，支持了国民经济发展。这在当时特定的历史背景下有其一定的必然性和合理性。问题在于，国家节能发展战略并未能够得到切实有效的贯彻和实施，我们长期存在重能源供给、轻能源节约的偏颇，在政府预算的分配结构中，节能始终未能放到应有的位置，真正用于节能的预算投入可谓微乎其微。可以说，政府预算投入的缺位是中国节能及能源效率水平远远滞后于国外的一个重要原因，其教训极为深刻。

当前中国经济发展已进入一个新阶段，节能不仅仅是国际化的大趋势，而且也是源于中国国情的一个正确选择，是确保我国未来能源安全、促进中国经济社会长期可持续发展的重大战略安排，应当成为国家的一项基本国策。公共财政预算反映和体现了政府的政策意图，是国家宏观调控的重要工具，在未来预算结构调整和改革中，应该从政策到财力重视节能投入，为逐步建立一个节能型社会做出应有的贡献。

（二）在经常性预算中，设立节能支出科目，安排相应的节能支出预算

在我国现有的预算支出结构中，已有环保支出科目，但无节能支出科目。实际上两者的关系非常密切，搞好节能，提高能效，对环境保护具有至关重要的意义。因此，可考虑将两者合并，设立“环保与节能”支出科目，也可增设节能支出项目。这纯粹是一个技术性问题，关键是节能支出应作为经常性支出预算得以确立，并保持一定增长比例。为此，一方面要把每年增加的一部分财政收入用于节能预算资金，另一方面还可以通过调整预算支出结构，压缩或削减其他支出来解决一部分节能投入。

经常性预算中的节能投入主要用于下述四方面：

一是节能科技的研究与开发。科技研发投入是衡量一国整体科技投入的重要指标，是推进科技进步、增强国家经济竞争力的关键所在。

二是节能技术示范和推广。这是将节能技术变成生产力、推动节能科技进步的重要一环，政府亦肩负着组织、协调和引导的作用。因此，政府预算需安排必要的资金，以引导能源效率技术的推广应用。

三是节能教育和培训。全国节能重点企业就有7500家，这是节能教育和培训的重点。需要编印相关教材和举办培训班，其基本费用应由预算予以安排。此外，我国的各类学校需开设不同层次的节能课程，还需充分运用电视、广播、报刊媒介进行节能方面的宣传，政府预算应给予必要的经费支持。这对于提高全社会的节能和环保意识，有效建立节能型社会，必将发挥重要作用。

四是节能管理监督体系建设。20世纪80年代，我国建立了以节能服务中心为主体的节能服务体系，全国成立了200多个地方/行业节能服务中心和监督中心，拥有数千人的技术服务队伍，为企业提供节能方面的信息、咨询和技术服务。节能服务中心是我国特有的一支节能服务队伍，如何在市场经济下发挥这支队伍的作用，需认真研究并妥善处理。对于一部分具备条件的节能服务中心，政府可支持其改组为能源服务公司，使其通过开展节能技术的商业化经营，积极为企业提供优质的能源管理和服务来求得生存和发展。对大多数节能服务中心，可给予适当的预算经费支持，为其发展创造环境，一方面协助政府部门推进企业的节能工作，如协助政府部门贯彻落实节能法及其配套法规、节能政策，开展节能宣传、教育和培训；另一方面为企业提供能源审计、检测、监测、节能项目评估等多方面的、合格的节能服务，并将企业的声音反映到政府，成为政府和企业之间联系的桥梁和纽带。

（三）整合预算内投资和国债投资，强化节能投资力度

我国从 1998—2004 年实行积极财政政策，累计发行长期建设国债 9100 亿元，主要用于基础设施投资、环保与生态建设、企业技术改造、西部大开发等方面，对于贯彻国家的宏观政策意图，促进国民经济的稳定协调发展，发挥了至关重要的作用。

从 2005 年开始，我国已转为实行稳健财政政策，长期建设国债发行规模有所降低，2005 年计划发行 800 亿元。考虑到未来国民经济发展和宏观调控的需要，以及防范财政风险的需要，权威部门的预测表明，未来几年国家仍有可能继续发行长期建设国债，但发行规模趋于下降。

2003—2005 年，在我国长期建设国债下降的同时，预算内投资却每年在增加（年增加 150 亿—200 亿元），以确保整个政府财政投资保持相当规模，不至于下降过猛，从而确保国民经济发展的连续性。

在上述背景下，整合预算内投资和国债投资，强化节能投资是非常必要的，而且有助于提高节能投资效果。按照现行做法，预算内投

资和国债投资由财政部切块，交由国家发改委相关部门负责分配管理，这两部分投资分别都安排少量的节能投资，尽管起到了一定作用，但总体效果并不理想。这是因为，一方面节能投资极其有限，力度不够；另一方面，同属于财政资金的节能投资却分散管理，难以形成合力，不能有效发挥集中财力、重点投资的作用。

（四）重点支持工业和建筑节能

1. 工业节能

自 20 世纪 90 年代以来，我国工业用能始终占能源总消费量的 70%左右，与国外能源消费构成相比，我国工业用能比重明显偏高。

整合预算内投资和国债投资，强化包括工业节能投资在内的整个节能投资是非常必要的，而且有助于提高节能投资效果。为此，我们提出以下具体建议：

一是预算内投资和国债投资应由国家发改委有关机构集中分配管理，根据国民经济和社会发展的轻重缓急统筹安排使用。

二是加大工业节能投资在国家能源投资的比重。

三是国家能投资要更多地运用贷款贴息办法，以带动更多的银行贷款对工业节能项目给予扶持。

四是要选择一些特殊重要的、投资数额巨大的国家级大型工业节能项目，国家可采取直接投资的方式（如投资补助）予以支持。当然，这类项目并不是由国家投资独立完成的，而是与企业融资一道完成。国家直接投资与贴息贷款比较，对节能的支持力度更大，有利于更好地解决投资来源，并减轻企业负担和压力。但受财力制约，节能的国家直接投资项目不宜太多。

五是设立中央对地方的工业节能专项拨款。我国由于各地经济发展极不平衡，区域间政府财力差距悬殊，特别是那些以重化工工业为主导产业的省份往往是能耗大省、节能大省和财政穷省。因此，在未来政府间转移支付制度改革中，为了有效地缩减区域之间节能的差距，推进全国的节能技术进步，设立中央对地方的工业节能专项拨款非常必要。具体考虑，中央工业节能专项拨款主要是向中西部地区的能耗大省和节能大省倾斜避免平均分配和“撒胡椒面”；此外，接受节能专项拨款的省份必须按照相关规定，从地方财政投资中安排相应的配套资金，与中央专项拨款一道共同用于节能投资方面，以更好地支持工业节能发展。

2. 建筑节能

建筑节能也是我国节能工作的重要领域。利用公共财政支持节能工作，制定基于市场的节能激励、约束与规范政策，引导不同群体出于自身利益自觉节能。国家财政主管部门会同有关部门研究制定针对不同性质建筑的经济激励政策。对新建民用建筑，应延长墙改专项基金的征收时间，同时明确征收的基金中须有一定比例用于建筑节能。或者恢复征收固定资产投资方向调节税，对节能建筑实行零税率政策。

对既有建筑节能改造，应建立“既有建筑节能改造专项基金”，用于既有建筑的节能改造补助。

既有商业性公共建筑节能改造所需资金由产权所有者自筹资金解决。在规定期限内，政府由“既有建筑节能改造专项基金”予以贴息补助，如超过期限，政府征收能源特别消费税。政府既有办公建筑由财政支持节能改造。

从发行的长期建设国债中拿出一定比例的资金专项用于建筑节能，同时要制定合理的资金使用方式，对非常重要的节能项目安排部分直接投资，利用贴息方式，发挥国债投资“四两拨千斤”的作用。

（五）建立节能专项基金①

20世纪80年代以来，中央和地方政府曾经制定了多项鼓励节

① 参考国家发改委能源研究所《节能与可再生能源基金》研究成果。

能、发展电力事业、开发可再生能源的政策和措施，包括设立了若干专项资金、基金，如电力建设基金、三峡建设基金、三电资金、农网改造资金、电力需求侧管理（DSM）专项资金（地方）等。为了节约和合理用能，提高能源效率，从 1981 年起，中国将节能计划纳入到国民经济和社会发展中长期计划中，推动了节能工作的开展。“六五”期间，中国政府制定并实施了鼓励节能的激励政策，建立了两个节能投资渠道：一是节能基本建设专项投资，从国家基本建设中拿出一部分，用于支持基本建设性质的节能项目；二是节能技改专项资金，1981—1984 年出自企业折旧基金，1985 年开始使用国家信贷资金，用于节能技改、节材和综合利用项目。节能专项资金由国家财政给予贴息优惠。

从资金使用效果上看，国内各种基金、资金在不同程度上达到了预期的目标。节能专项资金的建立和投入使用，产生了显著的节能和经济效益。节能投资主要安排在四个方面：①建设重大节能项目；②节能示范项目；③风机、水泵节电设备租赁项目；④综合利用及污染治理项目。国内有关专项资金、基金的运作经验表明，基金是支持重大电力公益事业和节能事业的有效途径。从实际效果来看，无论是集资型的电力建设基金、三峡建设基金、三电资金、电力需求侧专项资金（河北省），还是政府拨、贷款型的节能专项资金，基本上都达到了预期的目标。

然而，客观地看，必须承认国内现有的专项资金、基金难以满足节能发展的巨大支持需求。在国家一级，尚没有建立专项用于支持节能的基金。原有的三电资金、节能专项资金先后被停征或取消后，国家却没有建立新的融资渠道来筹集专项用于支持节能的资金。在地方政府一级，用于支持节能的资金有限，而且资金来源的稳定性存在问题。从全国范围来看，目前地方政府用于支持节能的资金比“九五”期间大为减少，主要是靠地方政府有限的财政拨款，资金的来源存在较大的不确定性。

从支持节能发展这一基本目标出发，借鉴国外经验，并考虑到我国的现实国情，提出以下具体的节能专项基金设立方案建议。

1. 基金目标

建议设立的节能专项基金的基本目标，旨在通过基金的投入和有效使用，达到促进节能技术进步和推广应用、有效降低全社会能源成本、支持建立可持续的节能的目的，从而为支持国家节能专项规划目标的实现以及国家经济社会可持续发展目标的实现提供多方面的保障。

2. 基金用途

基金将用于支持节能事业的发展。

基金对节能的支持，原则上包括以下内容：支持现有的、成熟的节能技术的推广应用，并重点支持节电技术的推广应用；支持节能新技术的研究、开发和示范应用；支持节能产业的发展；支持节能产品/服务市场的建立和发展。

3. 基金来源

可供选择的节能专项基金融资渠道包括：财政专项拨款方式，即由中央财政专项拨款来建立节能专项基金；电费加价方式，即针对电力这一公共消费品设立专项附加费，按每 kWh 用电量计，对所有电力用户征收专项附加费来筹集节能专项基金；电力附加费支出方式，电力附加费支出不同于电费加价，在现行的销售电价中，包括了发电成本、增值税（国税）、城市建设维护费和教育费附加（地税）、以及合理利润，其中地税部分统称为电力附加费，这部分费用的占电力销售价格的 1.4%—1.5%。采用电力附加费筹集节能专项基金的具体方法是：将电力附加费的一部分（如 10%—20%），即电力销售价格的 1.4‰—3‰作为节能专项基金。

4. 基金使用模式

从实现基金的支持目标、保障基金的使用效率的角度考虑，基金用于支持节能时，可采用三种使用模式：一是支持可形成较大节能能力的节能（基建/技改）项目；二是支持量大面广的小型节能技改项目；三是支持节能产业和市场发展。基金的使用以前两种模式为主，并适当选择采用贷款贴息、折让、部分/全额资助等激励机制。

二、支持节能的税收政策

（一）关于企业所得税

通过企业所得税优惠政策促进国家节能战略目标的实施，需要从全局着眼，多方引导，突出重点，充分发挥企业所得税制度在促进节能方面的政策效应。从实际情况来看，既要考虑目前我国节能工作的总体要求和节能本身的特点，又要考虑企业所得税制度的政策功能特征及其作用规律，实事求是地设计出既科学合理、又简便易行的企业所得税节能优惠政策体系。为了充分、有效地发挥企业所得税节能优惠政策的作用，必须坚持着眼全局，把握重点，直接优惠与间接优惠相结合，以及简便易行、方便操作的原则。

当前，我国对高新技术企业、资源综合利用企业均从所得税方面通过减低税率或定期减免的直接优惠方式给予了较大的鼓励。节能产品生产企业不仅具有促进能源节约的战略功能，而且大多数节能产品往往是技术较为先进、具有一定科技含量的产品。因此，有必要参照高新技术企业和资源综合利用企业的税收政策，对节能产品生产企业给予一定的所得税优惠。

根据上述原则，企业所得税节能优惠政策办法主要立足于鼓励节能产品的生产，以及引导节能产品的使用和消费。具体措施如下：

1. 投资抵免

对企业购置节能产品（设备），可按其产品（设备）投资（购置）

额的30%从企业应纳所得税额中抵免，当年不足抵免的，可用以后年度应纳所得税额延续抵免，但最长不超过5年。

2. 直接优惠

生产节能产品（设备）的企业，给予必要的所得税直接优惠，其中专门从事节能产品生产的企业，减半征收企业所得税；对非专门从事此类节能产品生产的企业，就其生产经营节能产品取得的所得，减半征收企业所得税。非专门从事此类节能产品生产的企业需要分别核算节能产品生产经营所得和非节能产品生产经营所得，未分别核算或核算不清的不能享受税收优惠。

3. 加速折旧优惠

对企业用于生产节能产品的关键设备，可适当缩短折旧年限，但最短为3年，或者可采取加速折旧的方法计提折旧。企业可在上述两种方法中选择，并报经税务机关备案后执行。

4. 加计扣除优惠

对企业为开发节能产品而发生的研究开发费，未形成无形资产的，研究开发费可以按实际发生额的150%在计算企业所得税时扣除；形成无形资产的，研究开发费可以按实际发生额的150%计入无形资产原值，按照有关规定摊销。

5. 相关费用据实扣除

企业发生的节能产品广告费和业务宣传费支出，可在计算应纳税所得额时据实扣除。非专门从事节能产品生产企业应分别核算节能产品和其他产品所发生的广告费和业务宣传费支出，未分别核算或核算不清的不能予以全额扣除。

（二）增值税方面

现行的增值税率分为三级，即正常税率17%、低税率13%和0税率。现行的增值税对能源方面的优惠政策主要体现在资源综合开业和风力发电上。如，2001年财政部、国家税务总局印发的《关于部分资源综合利用及其他产品增值税优惠政策问题的通知》（财税[2001] 198 号）中规定，自 2001 年 1 月 1 日起对下列货物实行增值税即征即退政策：一是利用煤炭开采过程中伴生的舍弃物油页岩生产加工的页油及其他产品；二是利用城市生活垃圾生产的电力等。自 2001 年 1 月 1 日起，对下列货物实行增值税应纳税额减半征收的政策：一是利用煤矸石、煤泥、油页岩和风力生产的电力；二是部分新型墙体材料。由于国家的政策导向，部分资源综合利用项目出现了令人振奋的局面。

由于预期国家将在不久的将来全面实行增值税的“转型”，即由目前的生产型增值税转向消费型增值税，允许企业对所购固定资产中所含的增值税额进行抵扣，这项改革会对引导企业加大投资力度等起到积极的促进作用。国家为了振兴东北老工业基地，已于 2004 年下半年在东北地区的 8 个行业率先实行了增值税转型，允许企业抵扣当年新增固定资产中机器设备部分所含的增值税进项税额。因此，目前的情况下没有必要单独讨论支持能源产业的增值税转型。下面的研究报告对此不做过多分析。

基于增值税的中性特征，我们并不赞成在能源领域实行较多的增值税优惠政策，以免给正常的增值税征收管理造成不应有的混乱。在能源领域的增值税优惠政策主要体现在以下方面：

一是严格限定优惠范围。优惠范围不宜过多过滥，可以考虑将节能产品、可再生能源和新能源生产等纳入支持重点。

二是严格区别划分优惠时限。节能产品是一个动态发展的概念，因此对节能产品的支持要具体规定一个有效时限，不能长期化。可以通过每年制定节能产品优惠目录，在一定年限内滚动支持节能效果异常显著、市场占有率又较低、在某一领域或该行业中的前若干名产品。对可再生能源和新能源，由于目前最好的技术（如风力发电、小水电）也仅仅处于刚刚市场化阶段，与常规的化石能源的竞争中还处于绝对劣势，其市场占有率也较低（如 2000 年新可再生能源占全国一次能源消费量中所占的比重仅为2.4%，较1990年的1.4%提高了1个百分点)，因此需要国家财税政策进行长期的支持。

三是严格规范支持方式。主要体现在支持节能产品与支持可再生能源和新能源的方式应该有所区别。对生产最终节能产品的企业，可以实行一定期限的增值税即征即退、免征或减征政策。退还增值税可以是全部，也可以是一定比例，视国家财力所能承受的范围以及节能产品在国内和国际同行业中所处的地位而定。并且，这种返还比例各额度应该是按照产业划分，而不是按照地域或所有制乃至个别企业、个别项目等制定，体现国家产业支持重点和政策的公平性。

（三）关税政策方面

基本思路是，对于进口的节能产品以及生产节能产品的设备，进口的生产可再生能源和新能源的设备等，国内不能生产又是经济发展急需的，实行零关税政策；对于国内能够生产但是生产不能满足需求的，实行一定期限的低关税政策；对于国内也能够生产但是在质量品种方面与国外产品、设备有一定差距的，减免一定期限的进口关税政策；同时注意使进口产品、设备的关税减免力度要小于国内对同类产品或设备使用其他优惠政策方式所获得的支持力度，避免进口产品、设备冲击国内相关产业，在一定期限内适度保护国内幼稚产业发展。高耗能产品或设备需要明确一个概念，即是使用上的高耗能还是生产制造过程上的高耗能，与前者对应的则是节能产品与设备，而后者通常是指需要大量能源才能生产制造出来的产品与设备，有时也被称为重化工业。对于使用上的高耗能产品与设备，需要实行较高的进口关税政策；而对于生产制造上的高耗能产品与设备，则需要实行零进口关税政策，鼓励进口。这些产品是能源和基础原材料的载体，进口这些产品就相当于进口了能源和基础原材料。这些资本密集型行业吸收的就业相对其投资规模来说是很少的，适当减少这些产品的国内生产量,不会给国内增添更大的就业压力以扩大类似产品或设备的供应。

（四）车辆购置税方面

现行车辆购置税是由原来的车辆购置费过渡过来的，政策的初衷是在国家财政收入不减少的前提下，将这块费用改为税收。当时经过测算，当税率定为10%时，就可以保证国家财政收入不会减少，车辆购置人也不会增加负担。因此，车辆购置税的设计非常简单，不管是什么型号的汽车，统一执行10%的单一税率，根本就没有对节能、环保的汽车予以优惠的政策考虑，没有引导人们购置节能、环保汽车的功能，税收的调控和政策导向被严重弱化和抑制。事实证明，车辆购置税只具有单一的组织财政收入功能的立法宗旨，与现行国家支持节能、环保事业发展的大环境是不协调的，因此需要改革与完善。

我们认为，应该将车辆购置税的税率由目前的单一税率改为二级（即5%和10%两档）或三级税率（即5%、10%、20%三档），对节能环保型车征收低档5%税率，对其他一般车辆征收正常税率10%，为了增强政策的调控能力，也可以对大排气量车征收20%的税率，具体建议方案如表1所示。

表1　车辆购置税改革与完善的建议方案

建议方案	项　目	税　率	征收标准	
			按排气量	按百公里油耗水平
第一套：二档税率	优惠税率	0或5%	节能、环保、排气量在1.6L及以下	6L/100KM及以下
	正常税率	10%	其他	其他
第二套：三档税率	优惠税率	0或5%	节能、环保、排气量在1.6L及以下	6L/100KM及以下
	正常税率	10%	其他	6—10L/100KM
	高税率	20%—30%	排气量在2.2L及以上	10L/100KM及以上

以上改革建议方案，我们认为政策的操作成本都很低，基本上其成本是相同的，但是第二套建议方案，对促进节能、引导科学高效的能源使用方式效果更明显，因此我们更倾向于推荐第二套方案，即设置三档税率，供有关部门决策时参考。

（五）车船使用税方面

目前的车船使用税实行的是定额税率，适用于从量计征。《车船使用税暂行条例》对应税车辆实行有幅度的定额税率，即对各类车辆分别规定一个最低到最高的年税额，同时授权省、自治区和直辖市人民政府在规定的税额幅度内，根据当地实际情况，对同一计税标准的车辆，具体确定适用税额。我们暂不考虑船舶税额，以现行的车辆税额为例，国家规定的机动车（以乘人汽车为例）每年税额在20—320元之间。

现行的车辆使用税有两个特点：一是税额较轻，二是税额没有考虑车辆的能效水平，没有体现出鼓励能效高的车辆、限制能效较低车辆的政策意图，税法的宏观调控与导向作用没有得到有效发挥。因此，我们认为，具体的改革方案有两种，一是维持现行车辆使用税目基本不变，仅对每年税额进行适当的微调，即将能耗水平考虑进去，国家可以对所有车辆设定统一的油耗标准，低于该标准的车辆照现行税额征收，超过的车辆按现行标准的一定倍数（比如5—10倍）征税，以促使油耗水平高的车辆尽快更新淘汰。第二个改革方案是为了降低征税成本，将车辆使用税与车辆购置税两个税种进行合并，同时提高车辆购置税的征税标准，以后不再对车辆征收使用税，直至其自然淘汰。具体思路如表2所示。

表2　　车辆使用税改革的建议方案

<table>
<tr><th rowspan="2">改革方案</th><th rowspan="2" colspan="2">项　　目</th><th rowspan="2">计税标准</th><th colspan="2">每年税额</th><th rowspan="2">备注</th></tr>
<tr><th>正常税额（油耗在某一水平之下）</th><th>限制税额（油耗在某一水平之上）</th></tr>
<tr><td rowspan="5">第一套：
维持现行车辆使用税目不变，调整每年税额</td><td rowspan="4">机动车</td><td>乘人汽车</td><td>每辆</td><td>60元至320元</td><td rowspan="4">正常税额的一定倍数（如3—10倍，具体由各省自定）</td><td rowspan="4">包括电车</td></tr>
<tr><td>载货汽车</td><td>按净吨位每吨</td><td>16元至60元</td></tr>
<tr><td>二轮摩托车</td><td>每辆</td><td>20元至60元</td></tr>
<tr><td>三轮摩托车</td><td>每辆</td><td>32元至80元</td></tr>
<tr><td>非机动车</td><td colspan="5">（略）</td></tr>
<tr><td>第二套：
将车辆使用税与车辆购置税合并，并更名为车辆购置与使用税</td><td colspan="6">1. 将基本税率提高到10%以上，如15%—20%；
2. 按照表1建议的两套改革方案中选择某一套为改革方向；
3. 我们依然建议以表1中的第2套方案，即设置三档税率为参照，适当修改其中的税率作为车辆购置与使用税种的税率。</td></tr>
</table>

（六）消费税方面

现行的消费税中与能源有关的有：汽油、柴油、汽车轮胎、摩托车、小汽车等。消费税征收的目的是为了调节产品结构，引导消费方向，保证国家财政收入。利用消费税的优惠政策支持能源产业发展主要体现在消费税的征收税率和税额上，对不同的产品与设备要有所区别。甚至一定意义上可以认为，对其他产品的较大比例的征收消费税就相当于对某一产品的保护，因此本节内容并不都属于正向激励政策范围。

消费税采取比例税率和定额税率两种形式征收。我们关于消费税的整体思路是，适当扩大消费税税率与税额的差别，以体现国家的政策的导向。在国家迟迟不能出台燃油税的情况下，一个变通的方式就是提高汽油和柴油的消费税税额，同样也可以达到燃油税的目的。有关政策建议及与现行税率的比较如表3所示。

表3　　关于消费税改革的政策建议方案

税　　目	征收范围	计税单位	现行税率（税额）	建议税率（税额）
汽油（无铅）		升	0.2元	适当提高
汽油（有铅）		升	0.28元	适当提高
柴油		升	0.1元	不变
汽车轮胎			10%	不变
摩托车			10%	不变
小汽车				
1. 小轿车				
气缸容量（排气量，下同）在2200毫升以上的（含2200毫升）			8%	15%
气缸容量在1000毫升至2200毫升的（含1000毫升）			5%	气缸容量在1600毫升至2200毫升：8%
				气缸容量在1000毫升至1600毫升（含1000毫升和1600毫升）：3%
气缸容量在1000毫升以下的			3%	不变
2. 越野车				
气缸容量在2400毫升以上的（含2400毫升）			5%	15%
气缸容量在2400毫升以下的			3%	5%
3. 小客车（面包车）	22座以下			
气缸容量在2000毫升以上的（含2000毫升）			5%	15%
气缸容量在2000毫升以下的			3%	不变

上述政策的主要考虑是，国际上认为小汽车的排气量在1400—1600毫升为黄金档位，既能满足出行需要，又具有一定的舒适度，油耗也在可承受的限度内，这一档位应是国家产业政策今后重点鼓励的方向。而排气量过高，尽管舒适度也提高，但是其油耗水平也会明显上升，理应该由消费者多付消费税才能体现出公平性。

（七）从长远看，应当开征能源税

能源税是对化石燃料中的能量征税，通过征收能源税，必将增加高能耗（主要是化石燃料）产品和对环境有害的产品（Dirty Goods）的价格上涨，从而引起此类产品的消费量下降，最终起到抑制化石能源消费的目的。进而还能达到因减少使用化石燃料而减少二氧化碳排放的目的。而从长期看，能源税的征收将对企业产生长期的动态激励，促使企业把更多的资金投入到清洁生产技术和资源节约型技术的创新中去。这会起到显著的节约资源、提高资源利用效率和改善环境质量的作用。从税收体系来说，能源税属于生态税（或绿色税收），它与碳税的区别在于，碳税是由政府对于应税源每单位二氧化碳当量排放征收的税目。由于所有化石燃料中的碳最终都会以二氧化碳的形式排放，对化石燃料中的碳征税，即碳税。关于能源税的具体设计，值得进一步深入研究。

三、政府采购政策

财政部和国家发改委于2004年12月17日印发了《节能产品政府采购实施意见》的通知，就政府采购节能产品的意义、目的、范围和办法作了规定，并颁发了第一批节能清单，要求政府单位优先采购节能清单中的节能产品。为了进一步推进我国节能工作，提出下述建议：

一是加大节能产品认证力度。节能产品认证是政府采购的物质基础。根据《能源法》的有关规定，我国于1998年11月正式推出了节能产品认证制度，经过几年努力，已启动了40种产品的节能认证工作，150余家的产品获得了节能产品认证证书。但总体看，我国节能认证工作刚刚开始，参与节能产品认证企业还不太多，节能产品认证的社会知名度还较低。工业节能是全社会节能的重要组成部分，下一步为了推进工业节能政府采购，首要的是抓好工业节能产品认证，扩大产品品种范围，为规范工业节能产品市场和纳入政府采购做好技术准备。

二是加快节能产品政府采购的实施步伐。为了缓解我国经济社会持续快速发展面临的能源紧张和环境质量双重压力，根据中央精神，应加快节能产品政府采购的步伐。首先，要从已经得到认证的节能产品中，选择那些社会需求量大、节能效益显著的产品纳入政府采购，以后逐步拓宽范围。其次，鉴于2005年已经在中央一级预算单位和省级（含计划单列市）预算单位实行，建议2006年要扩大到中央二级预算单位和地市一级预算单位实行，2007年在全国全面实行。在实施中，各级政府和预算单位可以根据实际情况，提前开展节能产品政府采购工作。

三是节能政府采购要实行集中采购模式。政府采购既包括集中采购，又包括分散采购，但节能政府采购只能选择前者而不是后者。因为集中采购是以采购产品目录为标准，分散采购是以目录以外的采购限额为标准，而研究节能政府采购的实质恰恰是应该将那些节能产品纳入政府采购的目录，以强制实行。节能产品的政府集中采购可分为两种情况：一是政府集中采购机构的采购，它一般以通用节能产品采购为主，如照明产品、家用电器等；二是部门集中采购机构的采购，它一般以有关部门有特殊需要并且具有批量的节能产品采购为主，如风机、水泵、变压器等。

四是试行节能产品的协议供货制度。所谓协议供货制度是指通过一次招标为有共同需求的各单位确定中标供应商和中标产品，并在一定时间期限内有此需求的单位直接向中标供应商采购。这种采购方法已成为国际潮流，国外称为“长期供货合同”或者“协议合同”，我国叫做“协议供货制度”。从 2002 年在中央单位试行，目前被地方广泛使用，它既有利于选择合适的产品和价格，也有利于提高政府采购效率。因此，节能政府采购也可以试行这种办法。在具体实施时，可考虑把节能产品的中标价格作为最高限价，为解决协议期内价格变化问题，采购单位要在竞争基础上，就价格进行再谈判，确定具体中标产品。

五是加强节能产品政府采购的宣传执行工作。加强对各级政府机关、事业单位和社会团体的培训和宣传教育，以让这些采购人能认清实施节能产品政府采购的重要意义和应承担的职责义务，从而在具体的政府采购活动中能够增强采购节能产品的主动性和责任感。加强对所有的专家评委实施必要的培训和宣传教育，以使他们在具体的评审过程中能够严格遵守节能产品政府采购的有关规定，从而使采购节能产品的政策规定能够真正地落实到位。加强政府采购监督管理部门自身的学习和思考，以进一步提高对节能产品政府采购的贯彻宣传水平，同时增强对节能产品政府采购执行情况的监督检查能力。四是对所有的供应商开展广泛而深入的宣传活动，以进一步激励企业改进技术，提高科技含量，促进我国节能和环保事业的快速发展。

财政部财政科学研究所《可持续能源财税政策研究》课题组
课题负责人：贾　康　苏　明
课题组成员：傅志华　包全永　韩凤芹　王宏利　牟　岩
本报告执笔：苏　明　傅志华　牟　岩

支持清洁能源发展的财政税收政策建议

——可持续能源战略的财税政策研究系列报告之五

内容提要

本报告根据国际上对清洁能源概念的定义、分类，以及对其基本特征的分析，提出了政府支持和促进清洁能源发展的基本思路，重点从促进可再生能源发展、加快核电发展以及支持洁净煤技术发展等三个方面提出了财税政策支持的重点、角度和方案建议。

按照美国能源部和有关国际机构的定义，清洁能源主要包括：先进的可再生能源技术、内在安全核电、天然气和洁净煤技术。

长期以来中国能源供应建立在不可再生的矿物燃料基础上，必将导致能源资源逐步耗竭，显然不可持续。可再生能源则可以源源不断开发利用，对于环境没有或很少污染。毫无疑问，可再生能源是开采燃料和电力之源，是未来能源的基础。基于清洁能源的开发利用具有社会、环境与资源诸多方面的效益，是实施可继续发展能源战略的必由之路，因此，制定促进清洁能源开发利用的政策已经成为众多国家的普遍选择，同样也成为中国的必然选择。这里侧重就今后如何运用公共财政税收政策促进清洁能源发展提出看法。

一、政府支持清洁能源发展的基本思路

基于经济、社会、能源、环境等特定的政策目标，政府扶持和促进清洁能源、尤其是可再生能源产业发展是其重要职责。清洁能源发展的不同阶段需要不同的扶持政策和管理观念。在清洁能源产业发展初期，由政府支持开发、示范推广，实施补贴和税收优惠是十分必要的。这个阶段，政府扶持应该处于主导地位。当清洁能源的发展逐步进入商业化阶段，其产业规模逐渐扩大，自身发展能力逐渐提高，就会从依靠政府扶持转而要求稳定、规范、不断扩大市场。这就需要根据实际发展状况逐步淡出经济激励而代之以符合市场经济规律、可以起到鼓励技术进步和降低成本作用的政策机制，最终形成了政府政策引导与市场经济机制有机结合的政策体系。

可再生能源属于可循环使用的清洁能源，是未来能源系统的希望，受到许多国家的重视。近20多年来，在各国政府的支持下，各类可再生能源技术发展很快，开发利用不断增长，并成为现实能源系统的一个组成部分。世界风力发电装机容量从1990年的1930MW增至2004年的39390MW，光伏电池产量从47MW增至1190MW。从中国情况看，可再生能源发展总体上处于起步阶段，发展滞后，和国际上相比较存在较大差距。我国可再生能源技术开发虽然还没长足进步，涌现了一批商业化技术，但大部分技术仍处于研究开发或示范阶段。从产业规模看并不大，市场容量较小。2004年我国新的可再生能源每年提供的能源为6000万吨标准煤，与1990年相比增加4300万吨标准煤，但相对于整个能源系统来说，其规模仍然很小，仅是2004年全国一次能源总消费量的2.6%。

考虑到中国清洁能源、特别是可再生能源的阶段性特征和发展状况的滞后，以及发展清洁能源尤其是可再生能源对中国未来能源安全和环境改善的重大战略意义，我国必须把扶持清洁能源和可再生能源作为政府政策体系的一项重要任务。国际经验表明，公共财政税收政策是政府宏观政策体系的重要内容，对促进清洁能源和可再生能源发展具有重要作用。从中国情况看，清洁能源和可再生能源之所以发展滞后，原因是多方面的，但与政府职能的缺失、宏观政策引导不力、财税政策的支持体系不完整和支持力度不够有密切关系。

根据上述简要分析，我们的总体思路是：未来中长期要把促进清洁能源和可再生能源作为财政政策的重要内容，从税收、投资、补贴、贴息等多方面，采取切实有效措施，加大政策倾斜力度，推进清洁能源和可再生能源发展，进而满足全面建设小康的能源需求，建立可持续的、安全的能源供应体系，实现保护环境、实施可持续发展战略。

二、支持可再生能源发展的具体财税政策建议

按照联合国开发计划署（UNDP）的分类，可再生能源分为：大中型水电；新可再生能源，包括小水电、太阳能、风能、现代生物质能、地热和海洋能；非商品能源，即传统生物质能，包括薪柴、秸秆和动物粪便。以下主要从税收优惠和政府预算投入角度提出相关政策建议：

（一）调整和完善可再生能源增值税政策

增值税是在生产和流通环节普遍开征的税种，也是我国目前最大的税种，对产业、企业和国家财政税收都具有重要影响。由于增值税是按照产品销售的增值额纳税，因此，从理论上讲可以避免重复征税。但我国1994年出台的增值税政策属于生产性增值税，企业购置固定资产设备所含的税收不能得到抵扣，因此，重复征税的问题并没有完全避免。在新的形势下，我国的增值税改革由生产型增值税转向消费型增值税已是大势所趋，2004年7月开始，已在东北三省的八大行业进行试点，进展顺利，有望近期在全国普遍推开，这样，重复征税的弊端就可彻底得到解决。

可再生能源在我国属于弱小产业，加之其可再生能源产品的可抵扣额非常有限，因此，增值税政策体系给予可再生能源产品一定幅度的税收优惠是非常必要的。但我国目前尚没有对可再生能源产品给予增值税优惠的统一规定，其税收优惠政策缺乏系统性和完整性。目前只是对部分可再生能源产品给予了增值税优惠。如人工沼气的增值税税率按13%征收，小水电的增值税税率为6%，风力发电的增值税税率为8.5%。但上述税率显然偏高，需要调整。

关于风力发电的增值税优惠政策。国家已于2001年对风力发电

增值税率由17%减少为8.5%。由于风力发电无进项抵扣，即便增值税减半征收，与煤电抵扣进项税后相比，风电单位千瓦时的税额仍远高于煤电。内蒙古自治区以当地蒙达、丰镇两燃煤电厂2002年度数据进行测算，燃煤电厂单位千瓦时含税电价中，增值税额为0.033元，而风电单位千瓦时含税电价中增值税额为0.097元。因此，为扶持风力发电，其增值税税率还应降低，至少应与煤电相当或更低。

关于小水电的增值税优惠政策。开发小水电既能充分发挥老少边远穷地区资源优势，又能改善当地能源结构，保护生态环境，促进经济发展，在国家实施扶贫攻坚、实施区域经济平衡增长的战略中具有极其重要的地位。为支持小水电的快速发展，国家出台了增值税优惠政策，对于促进小水电的发展发挥了重要作用。但近年来，随着国家电力体制改革的深入，电力价格的决定方式逐步转变为上网竞价。对小水电来说，电力市场竞争加剧增加了其转嫁增值税负的难度，国家给予小水电税收优惠发挥作用的外部环境发生了改变，税收政策对小水电发展的扶持作用出现了很大强度的减弱。据有研究测算，水电的增值税税负大约在16.5%左右，而火电的增值税税负为9%左右。①

另外，根据我们的模拟测算，小水电的增值税额又要重于大型水电企业（详见表1）。

表1　小水电与大型水电增值税负担的模拟比较　单位：元

	增值税税率（征收率）	进项环节		销售环节		发电企业增值税计算
		可抵扣进项税额的成本支出	进项税额	发电企业售电收入	销项税额	应纳税额
大型发电企业	17%	70	11.9	100	17	5.1
小水电	6%	0	0	100	6	6

注：为了明确小水电增值税问题的本质，本文不考虑由于国家对发电企业实行增值税预征的问题。

① 引自“调整水电行业增值税政策的分析及建议”，载《中国税收报告2002—2003》，中国财政经济出版社2003年版。

由表1可看出，小水电交纳的增值税税额明显高于大型水电的税额，这与实际情况相吻合，也是小水电企业普遍陷入困境的一个原因。因此，我们建议，一是普遍降低水电企业的增值税税率，至少要与火电大体一致。二是进一步降低小水电的增值税税率，大体保持在3%左右。

（二）调整和完善可再生能源企业所得税政策

我国企业所得税改革的政策框架已十分明确，这就是统一内外资企业所得税制，包括统一并适度降低税率，统一税基，统一税收优惠政策。其中所得税优惠政策要以国家的产业优惠为主，地方优惠为辅。

可再生能源发展符合国家产业政策要求，无疑在未来所得税优惠政策支持范围之内。过去国家并未制定全国统一的可再生能源所得税优惠办法，只是一些地方根据当地情况，对部分可再生能源企业的产品，出台了一些优惠政策措施。如内蒙规定风电免征所得税两年。新疆规定中外合资风电企业头两年免征所得税，第3—5年减半征收，后5年税率15%。光伏系统所得税税率为15%。广东规定风电企业所得税按15%征收。上述措施对促进我国可再生能源发展起到了一定的促进作用。

在未来我国所得税并轨改革中，要从国家层面研究制定促进可再生能源发展的措施。一是对所有的可再生能源产品一律规定减按15%的税率征收企业所得税；二是实行投资抵免制度，即可再生能源企业的投资可以用新增所得税抵免一部分；三是实行加速折旧，加大研发费用的支出份额。

（三）调整和完善可再生能源设备进口关税政策

按现行税收政策，从1998年起，对国家鼓励发展的国内投资项目和外商投资项目，在投资总额内的进口自用设备以及随同进口的技术及配套件、备件，免征关税及进口环节增值税。但外商投资企业与国内重点项目的免税，是按照不同的进口产品和技术目录，实行不同的进口税收政策，对外商企业进口设备不予免税的商品的限制远远小于对内资企业的限制，从而使内资企业在引进国外先进设备上处于不平等地位。今后应逐步缩小乃至消除内外资企业在进口设备税收优惠上的差距。

我国在可再生能源设备进口方面的差别优惠政策和上述总体差别优惠政策是一致的，显然利用国内自有资金进口国外先进的相关可再生能源设备享受不到优惠关税政策，不仅使可再生能源行业的内资企业与外资企业处于不平等地位，更重要的是会影响可再生能源的发展。因此，国家为鼓励国内资金投向，今后对利用国内资金进口国外所有可再生能源的设备，应由外商企业一样，免征关税和进口环节增值税，以确保内外资企业保持同等“国民待遇”，并促使可再生能源发展。

（四）明确政府财政支持可再生能源的方向和重点

现代市场经济具有推动经济发展的功能，但是市场经济机制不可能主动扶持那些对国家虽具战略意义但在其成长发育初期还不具竞争能力的弱小产业。这就需要在逐步健全的社会主义市场经济体制下，由政府有效发挥行政指导作用，付出必要投入，对市场实施强有力的计划和政策诱导，积极培育市场，促进产业发展。

我国可再生能源就属于对国家极具战略意义但尚处于发展初期的弱小产业，亟需政府财政从政策上和财力上给予必要的支持。从实际看，我国可再生能源发展缓慢，其主要障碍是关键设备制造技术落后，不得不依赖进口，其建设投资、发电成本和上网电价居高不下，无法与常规能源竞争，难以拓展市场。因而制约了可再生能源近期作为日趋紧张的常规能源尤其是紧张的电力供应的有效补充，更限制了亟具开发利用前景的可再生能源逐步形成在我国长期能源战略中作为未来能源基础的战略地位。这样就可能坐失占领世界未来技术领先地位和国际市场份额的良机。因此，非常有必要加大政府财政对再生能源的支持力度，这是关系到我国整个能源安全、能源结构优化及其环境改善的重大战略问题。

同时，需要看到，在一定时期内政府财力是有限的，政府财政支持可再生能源发展必须明确方向，抓住重点，以更好地发挥财政资金的政策导向功能。我们的主要建议是：

1. 加大可再生能源研究开发的政策支持力度

从发达国家看，在过去的 10 年中，大幅度增加可再生能源研究开发的投入。2000 年美国政府支出的可再生能源研发费用达 4 亿美元。中国政府近年来也增加了可再生能源研究开发的资金，但仍显不足，占能源领域科研费用的比例偏低。目前我国从事可再生能源研究开发的机构有 150 个，科技人员 3000 余人，但中央一级每年安排的可再生能源科技攻关费用仅为 1 亿元，而且大多被机构运转和人员经费所占用，真正可用于科技攻关和研究开发的费用所剩无几。地方政府和产业部门投入很少。这是影响我国可再生能源技术进步的一个重要制约因素。针对上述状况，今后应采取措施，调整能源研发费用分配，加大向可再生能源倾斜力度，以切实有效地增加其投入，促进可再生能源的产、学、研结合，推进可再生能源的技术进步。

2. 完善国家财政对可再生能源的补贴政策

理论研究和经验表明，制订并实施财政补贴政策对可再生能源发展具有极其重要的作用，它不仅有利于直接增加政府对可再生能源发展的投入，降低可再生能源产业的负担，而且这是一种政策信号，有利于鼓励并吸引社会各方面加强对可再生产能源的民间投入，从而拓展投入渠道，扩大总体规模，加速可再生能源发展。

从国内外实践看，国家财政对可再生能源的补贴政策主要有三种形式：一是投资补贴，即对投资者进行补贴。中国政府过去对小水电建设的投资补贴就属于这一类。美国曾对风力发电投资者给予 15%

的投资补贴。对投资者进行补贴的优点是可以调动投资者的积极性，增加了生产能力，扩大就业规模；缺点是这种补贴与企业生产经营状况无关，不能起到刺激企业改进技术、降低成本的作用。二是产出补贴，即根据可再生能源设备的产品产量进行补贴。中国目前还没有这种补贴。此类补贴有利于增加产品产量，降低成本，提高企业的经济效益，是美国和西欧一些国家采取的一种激励措施。三是对消费者用户进行补贴。这是中国广泛采用的一种激励措施。如内蒙古牧民购买一套100W风力机或16W光伏系统补贴200元；新疆每套补贴50—200元；青海每套光伏系统补贴300元，经费由电费附加0.02元/kw·h筹集，甘肃每套光伏系统由地方财政和光电基金补贴300元。地方上述用户补贴办法，对推广太阳能设备、微型风力发电设备等可再生能源技术起了重要作用。美国、日本、德国和印度等国对购买光伏系统的用户也给予补贴。这一政策的宗旨是通过刺激消费，扩大市场需求，反过来带动生产的扩大，从而达到降低成本的目的。但实践证明，实现这一目标具有很大的不确定性。因为就可再生能源而言，只有当市场足够大时，才能达到降低成本的目的，而形成足够大的市场需要投入大量资金，仅靠补贴是难以实现的。

尽管如此，财政补贴仍是一项行之有效的政策措施。国内外的实践表明，补贴政策的实施应解决以下两个问题：一是补贴资金来源问题。美国和西欧通过系统效益收费①、征收化石燃料税来筹集。中国主要由政府财政支付，由于政府财政收入有限，所以，大量依赖政府财政的支持不是妥善的办法。二是补贴策略问题，即补贴对象和实施办法问题。如补贴用户，不一定能达到预期的政策目标；如果补贴投

---

① 如美国加州电力部门转向竞争性市场后实施的公共利益计划，使可再生能源、能源效率、低收入者补助等在竞争市场中受到保护。办法是用户电费加收3%，建立信托基金，1998—2001年共筹集14.1亿美元，其中5.4亿美元支持可再生能源计划，包括：可再生能源项目投资补助，可再生能源发电激励，低息贷款和信贷担保，资源和技术研究，用户转让等。

资者，并公开招标，公平竞争，则可能取得既扩大生产规模又降低成本的双重目的。

根据上述分析，我们的思路是：为了加快可再生能源的发展，今后应调整和完善国家财政的补贴政策，加大财力补助规模，综合利用各种补贴手段。具体建议：一是继续实行用户补贴，以扩大市场规模，进一步推动生产；二是完善投资补贴办法，将投资补贴与可再生能源企业的经营状况相结合，以刺激企业进一步改进技术，降低成本；三是拓宽补贴资金渠道，可考虑将未来开征的碳税或生态建设税作为可再生能源补贴的一个重要来源。

3. 着力支持农村的可再生能源建设

我国可再生能源建设的有关项目如沼气、小水电等大多分散在农村和贫困地区，大力支持农村的可再生能源建设，不仅有利于推进我国整体可再生能源发展，而且对于改变农村长期落后的生产和生活条件，促进“三农”发展具有重大意义。近年来国家财政每年用于“三农”的整体投入快速增长，2004 年已达近 2881.7 亿元，比 1994 年的 790.2 亿元增长了 2.65 倍。研究表明，当前中国经济已经进入工业化中期阶段，今后一个时期进一步强化“三农”投入已日益成为国家财政政策取向的一个重要方面。为此，建议今后国家财政在安排“三农”财政投入政策时，要把农村可再生能源发展作为一个重要内容予以考虑，以切实有效地促进农村可再生能源发展。

（五）关于财政政策与银行信贷政策配合支持可再生能源发展问题

在发展可再生能源过程中，财政直接投入毕竟是有限的，其资金投入主渠道一般要依赖银行信贷投入。由于银行信贷运行的基本规则是商业化运行，信用贷款利率不得低于存款利率。因此，为了扩大银行支持可再生能源的信贷规模，降低可再生能源企业的成本费用，确保银行信贷、运行安全，可以考虑采用财政贴息的办法，这是市场经济下财政政策配合银行信贷政策支持可再生能源发展的结合点和重要方式。

我国政策曾在1987年设立了农村能源专项贴息贷款，主要用于大中型沼气工程、太阳能热利用和风力发电技术的推广应用。1996年贴息贷款额度达1.2亿元，中央财政对专项贴息贷款按商业银行利率的50%补贴企业。此外，中国政府在小水电建设方面也有一定数量的贴息贷款。同时，我国地方政府也曾出台了上述有关政策措施。这对于促进我国可再生能源的发展真正发挥了“四两拨千斤”的作用。

今后为了进一步促进我国可再生能源的发展，银行信贷政策需进行调整，不仅信贷规模要扩大，贷款利率方面也要给予优惠，贷款期限根据项目要求可适当延长。为了更加有效地发挥银行信贷政策的作用，财政政策要予以配合，通过运用财政贴息的办法，加大财政贴息的支持力度，从而更多地运用信贷资金，为可再生能源发展拓宽融资渠道。

三、加快我国核电发展的财税政策建议

核电在世界能源格局中具有重要的地位和作用。截至2001年底，全世界核电发电量占总发电量的16.4%。欧美发达国家中，法国高达77%，德国达到30.5%，美国为20.4%。我们周边国家，2002年日本为34%，韩国为39%，俄罗斯为15.4%。我国台湾省2001年也达到了22%。目前，为了保证能源安全，日、韩等国还在继续建造新的核电站。我国核电经过20多年历程，虽然取得了相当进展，但与国外相比，仍存在相当差距，目前核电发电量仅占总发电量的1.5%，远远低于发达国家、周边国家和地区。

我国经济快速发展和能源安全呼唤核电加快发展。优化能源结

构、合理使用资源和加大环境保护力度是我国的一项长期战略。加快发展核电，不但有助于提高清洁能源在电源及能源结构中的比重，减少环境污染，还可以减少对进口石油的依赖，保证能源安全，应当作为我国本世纪能源战略的一项重要措施。特别是在我国东部沿海地区，经济快速发展，电源建设不足，电力供给紧张，一次能源匮乏，尽快发展核电应当是最佳选择之一。

从我国电力需求看，急需核电加快发展。未来一个时期，随着经济持续发展，能源需求不断增加，电力将进入高速发展阶段。据估计，2020 年我国发电装机容量将达到 10 亿千瓦，比 2004 年增加 5.6 亿千瓦。要实现新增发电能力的目标，除了尽最大努力发展水电和风电等新能源以外，大部分要靠火电，不但对煤炭、运输、电网建设提出了难以满足的要求，更给环境保护带来很大压力。核电是能有效替代煤电的清洁能源，更快发展核电将能有效缓解煤炭、运输、环保的压力，实现我国发电能源多样化，是保障能源安全的重大战略选择。2004 年核电装机容量为 684 万千瓦，2020 年可望达到 4000 万千瓦。

加快发展核电，有助于带动相关产业发展。加快发展核电，实现核电装备国产化，对于稳定壮大我国几十年艰苦奋斗建立起来的核工业科研、开发、设计队伍，发展自主核科技能力十分必要，同时还将有力地带动机电装备、建筑等核电相关行业技术进步和质量管理水平的提高，增加就业机会，促进加快发展。

加快我国核电发展，需要从宏观政策、体制规划、技术、组织体系等多方面，针对现存问题，采取有效措施，加以改进和完善。其中，财税政策是促进核电发展的一个重要手段，必须予以高度重视。国际经验表明，在核电发展初期给予强力政策与资金支持，是世界核电发达国家的一条重要经验。相比之下，我国核电发展的政策支持力度不够。如核电的增值税进项抵扣额很低，没有享受风电、小水电享有的优惠税率；核电项目进口设备可个案申请享受进口环节税的优惠，而设备国产化中所需进口材料却不能享受进口环节的优惠，对核电设备国产化支持不力。另外，我国还缺乏具体有效的其他财政政策支持手段。

因此，今后为了加快我国核电发展，必须加强财税政策扶持力度。考虑到我国核电发展仍处于发展初期，建议加大政策扶持：一是加大财政支持。将支持核电发展列为专项，给予核电足够技术开发经费，重点支持先进技术的研究开发和设计自动化；政府与核电项目业主分担自主化依托项目的建设风险和“首堆工程费”，对自主化依托项目补贴适量的技术攻关经费。二是加大进口环节税收优惠政策支持。对国内不能生产或制造，需要进口的材料、部件或设备免征进口环节税。三是完善核电增值税政策。建议在2010年前把核电的增值税降低到小水电的税率水平（6%），以降低核电成本费用，增强核电的优势和竞争力，促进核电发展。

四、加快我国洁净煤技术发展的财税政策建议

洁净煤技术是旨在减少污染和提高效率的煤炭加工、燃烧、转换和污染控制新技术的总称，是当前解决环境问题的主导技术之一。中国的洁净煤技术包括：选煤、型煤、水煤浆，高效低排放工业锅炉，流化床燃烧，煤气化联合循环发电，煤气化、煤液化，烟道气净化等。

中国是以煤炭为主的能源消费大国，2004年中国煤炭消费量18.7亿吨，占当年一次能源消费量的67.7%。预测表明，到2020年，煤炭占中国一次能源消费的比重仍将在60%左右，煤炭消费总量将上升至26亿吨以上。在以煤炭为主的能源供给格局中，解决好煤炭清洁利用问题，具有十分重要的意义。洁净煤技术可以实现煤炭的洁

净和高效利用，解决煤炭环境问题。发展洁净煤技术，可从源头入手，用不同的方式提高煤炭质量，减少污染物排放；还可通过不同技术的组合，从煤炭开采到利用的全过程提高效率，减排污染物；还可增加煤炭转化为清洁的电、气、油品的比例，改善能源终端消费结构。

因此，在中国一次能源以煤为主的状态不能有大的改变的情况下，大力发展洁净煤技术，是中国实现能源、环境、经济协调发展的战略选择。

煤炭洗选加工包括煤炭洗选、配煤、型煤、水煤浆等，可以有效降低煤炭中灰分、硫分，是实现煤炭清洁利用的基础和前提。发展洗煤，一方面有利于提高煤炭利用率。燃用洗选过的煤可比原煤节约10%—12%。选煤可脱除煤中50%—80%的灰分和30%—40%的硫分。此外对节约运力和提高煤炭企业的经济效益也大有益处。

改革开放20多年来，我国洗选煤业发展取得很大进步，入选原煤由1980年的1.14亿吨上升到2004年的6.0亿吨，同期入选比重由18.4%上升为30.7%（详见表2)。但与国外相比仍存在较大差距。发达国家需要洗选的原煤早已全部入洗。我国现有选煤厂1600余座，设计年洗选能力为7.2亿吨，实际入选6.0亿吨（2004年)，实际利用率为83%，表明我国一部分生产能力闲置。

表2　　中国煤炭洗选生产结构

项　目	1980	1985	1990	1995	2000	2002	2004
入洗原煤（亿吨）	1.14	1.43	1.91	2.02	3.37	4.56	6.00
入洗比重（%）	18.4	16.4	17.7	15.6	33.7	33.0	30.7

资料来源：中国煤炭加工工业协会。

加快我国洗选煤发展，是关系到清洁煤开发和利用、环境保护以及能源可持续发展的重大战略问题，国家宏观决策部门需要采取综合措施，其中国家财税部门也应予以高度重视，大力推进洗煤的发展。同时，应支持先进的工业锅炉、流化床锅炉、煤气化联合循环发电、煤气化多联产技术、煤炭液化等，以及洁净煤的研发和示范项目。对于关键引进技术的消化吸收、示范项目所需进口设备和技术，给予进口关税、进口环节增值税优惠和融资支持；对商业化的洁净煤技术项目，给予低利率贷款或财政贴息支持。将洁净煤技术项目优先纳入国家重点技改项目，享受节能专项贷款、企业技术创新贷款支持等。

财政部财政科学研究所《可持续能源财税政策研究》课题组
课题负责人：贾　康　苏　明
课题组成员：傅志华　包全永　韩凤芹　王宏利　牟　岩
本报告执笔：苏　明　傅志华

保障我国能源供应的若干财税政策建议

——可持续能源战略的财税政策研究系列报告之六

内容提要

安全、有效地保障能源供应是我国能源发展战略的基本目标。本报告按照“优化能源结构、确保能源安全”的基本思路，选择建立国家战略能源储备制度、支持国内能源企业开拓海外市场、支持煤炭等传统能源企业发展等方面，提出了若干具体的财税政策建议。

毫无疑问，我国未来社会经济发展面临比较严峻的能源问题，如何有效保障能源供应将是政府公共政策和宏观调控的一个基本着眼点。从中国目前能源供给的实际情况来看，保障能源供应又必需与调整能源结构结合起来。中国能源结构存在的主要问题是一次能源比重大，长期存在过度依赖煤炭的现象，而且根据中国的能源禀赋条件，这种结构今后相当长时间内不可能有大的变化。这对我国新型工业化道路和全面实现小康社会将造成非常大的压力。从未来走势看，由于对石油、天然气等优质能源消费增加迅速，将出现由需求侧推动的结构性变动。总体来讲，应当在政策考虑上明确保障能源供应与促进能源结构调整的内在关系：在保障能源供的前提下最大限度地优化能源结构；通过充分发挥国际国内市场作用、优化能源结构，有效提高能源供应能力，确保国家能源安全。无疑，公共财政体制改革与财税政策制定方面，也应当遵循这样的思路。

一、基本思路

在公共财政投入政策上，要充分体现“优化能源结构、确保能源安全”的基本思路。具体来说，包括支持天然气工业的发展，依靠国内外资源满足国内市场对石油的基本需求，支持发展水电、核电和先进的可再生能源，以逐渐降低煤炭消费比例、提高优质能源比重，初步形成结构多元的局面。

中国能源供应体制的特点之一是政府主导，不仅在能源投资安排、能源生产管理上体现政府的意志，而且主要的能源生产、供应企业都是国有企业。这也许是发展中国家的一种普遍现象，这一背景下的政府能源战略必然侧重在能源供应，而容易忽视能源结构和能效问题。从我国的实际情况来看，恰恰应当把保障能源供应的着力点放在调整能源结构方面，即在结构调整中优化能源供应状况，通过结构调整达到确保能源供给的目的。

中国政府致力于大力调整和优化能源结构，坚持以煤炭为主体、电力为中心、油气和新能源全面发展的战略。在具体的宏观政策设计中，可以着重从能源供给优化方面的推动以及从能源需求侧的引导两个方面发挥作用。在推动能源供给的优化方面，应当加大政府对可再生能源、新能源的研发、投资等方面的财政税收政策支持力度。在鼓励和引导对优质、清洁能源的消费和需求方面，政府财政税收政策也是大有可为的。

二、适时建立国家战略能源储备（主要是石油储备）制度

（一）建立国家战略石油储备制度刻不容缓，但具体时机应谨慎把握

战略石油储备是石油消费国在石油危机时所能动用的最重要手段。国际能源署（IEA）要求每个成员国拥有至少90天纯进口量的战略石油储备，这是加入IEA的一个最关键的条件。

作为世界第二大石油消费国，中国石油进口的依存度已达到50%。根据摩根士丹利估算，国际原油价格每上涨1美元，中国GDP将损失0.06%，中国对能源进口的依赖已使其能源的不间断供应日渐严峻。因此，有计划地建立我国的石油储备制度，分步建立和完善符合我国特点的战略石油储备体系，成为实施我国能源战略的一项重要任务。

同时，谨慎选择建立国家石油储备的时机极为重要。在目前国际市场原油价格持续高涨的背景下，中国政府不可能也没有必要大规模从国外购买原油建立国家储备。时机选择适当，将有利于维护国家经济利益和能源安全。

（二）国家战略石油储备具有明显的公共产品性质，理应由政府财政“买单”

近两年来，在我国建立国家战略石油储备制度的建议和计划受到上上下下的关注，能源主管部门已经成立相应的筹备机构，“花1000亿元，保90天”的规模也基本确定。但是，除了应有的立法（包括确立《国家战略石油储备法》）程序尚未正式明确外，关键的资金筹集问题也还没有方案。作为完全由政府控制的国家战略储备，当然应由政府财政“买单”，或者大部分由财政投资。

战略石油储备应该是用以服务所有石油消费者的公共利益项目，国际经验值得借鉴。在每升石油产品上，抽取数额很小的税，来建立战略石油储备。日本自1960年代便开始建立石油储备，其资金是由政府通过征收石油税作保证；目前此项税款每年约为4800亿日元。美国建立石油战略储备的资金由全额财政拨付，1995年起开展商业化运作，2005年9月储备量已达7亿桶。其储备设施向国内企业出租，还向国外用户提供储存服务，目前已经有了小额收入。韩国则采用与采油国共同储备制度，同时协议出租储油设备较好地解决储备资金不足，如此可以使韩国国内的储油设备尽可能得到利用，并优先获得石油供应。就世界各国建立石油储备的筹资经验来看，尽管政府财政是资金投入的主渠道，但也应该避免在石油储备筹资方面政府的大包大揽，而应尽量引入市场化的因素，鼓励私人部门的积极参与。

（三）国家战略石油储备实际上是政府财政储备的一种特殊形式，不是也不可能成为财政的“包袱”

战略石油储备完全可以看成是财政储备的另一种形式，并且是比一般的财政储备更有战略意义的储备。因此，它不是政府的“额外”支出，而是一种特殊的财政储备资产，是一种财政资源，投资在石油储备上的钱，不但不是财政耗费，还会有极大的机会增加财政收入。因为国家战略石油储备的动用必然是在油价高涨的时候，低买高卖，财政亏不了钱。在这一方面真正意义上的政府财政支出，仅仅是战略石油储备的日常维护费用，而不是储备本身。

（四）建立国家战略石油储备的具体筹资方式

由于我国战略石油储备属于“从零开始”的新建，如果每年资金需求不大，可以从正常的财政增收中安排；但如果年度资金需求较大，对于正常的年度财政安排会形成一定的压力。

石油战略储备项目的费用主要体现在三个方面，即：建设、保持储备体系的支出，直接购买石油的支出，以及因购买石油而引起油价变化的额外费用。据悉，要达到中国政府“十五”期间建立第一期石油战略储备制度的目标，初期建立相当于 30 天石油净进口量的储备规模，约 1500 万至 2000 万吨，初期投入也将达 100 亿元人民币[①]。所以，可以借鉴国外（如日本和德国）的做法，政府石油战略储备的建设和管理维护费用由财政承担，购油支出可考虑采取一些临时性的筹资方式，如提高燃油税。一定期限内对成品油征收一定的额外税（费），按照每升成品油按 0.04 元计征，这样对消费者负担不大，但可以增加其节能和安全意识，国家每年可增收超过 100 亿元，用于购进石油。结合国内财政税收制度的实际情况，还可以具体采取如下方式：①设立专项基金，例如通过对成品油价的加价筹集，或者从某项税收（如石油消费税）收入中按一定比例；②开征专门税种；③发行专项国债。

此外，对于民间（企业）储备石油，政府也可以考虑给予低息贷款、加速折旧等财税优惠政策，支持和鼓励企业参与石油储备。

① “中国石油战略储备计划悬念将解”，载《中国经营报》，2004 年 1 月 12 日。

（五）“储油不如储产能”，可以从财政政策上制定鼓励储备已探明石油储量的办法

这方面的财政政策措施至少体现在两个方面：

一是根据政府确定的对已探明石油储量进行战略储存的办法，对国家确定的产能和油气资源储存地区给予特殊的转移支付制度。在美国，对阿拉斯加石油储量储备实行转移支付补偿，该州人均获得联邦转移支付全国最高。这样的例子值得我们借鉴，可以考虑对西部地区的油气等能源探明储量实行战略储备，政策手段之一是对储存地政府给予必要的财力支持（转移支付）。

二是对石油（勘探）企业的补助。不仅要考虑企业在勘探石油资源中付出的成本因素，还要从收益（资金）或者政策上给予其必要的补偿。

三、大力支持国有能源企业开拓海外能源合作市场

充分利用国内外两种资源、两个市场，立足于国内能源的勘探、开发与建设，同时积极参与世界能源资源的合作与开发，是中国解决能源供应的重要途径。进口能源，不能光靠买，也要参与开发，这样才能保证在国际油价波动的时候，占据更主动的位置。

为了贯彻落实十六大关于加快实施“走出去”的战略精神，鼓励和扶植有比较优势的企业开展境外资源类（包括油气资源、金属和非金属矿藏）投资和利用境外资源领域开展对外经济技术合作，财政部、商务部决定对2004年度资源类境外投资和对外经济合作项目前期费用予以扶植，即对境外投资（合作）企业给予直接的资

金补助①。前期费用包括聘请中介机构咨询费、聘请律师服务费、可行性研究相关费用、标书及与项目相关资料购置费用、补勘费用等等。我们认为，上述政策安排由于抓住了问题的关键所在，成本不大，但导向和推动作用明显。应当在总结这些政策措施效果的基础上，进一步加大政策力度。

中国石油对外依存度越来越高，怎样全方位介入到全球石油市场中去，把握国际石油市场的发展趋势、走向，是目前中国应该引起高度重视的问题。但中国石油“走出去”战略面临的一个严重问题是人才缺乏。在欧美、日本等国家，每个国家从事石油研究的专业人员达几万、甚至是几十万。各个大公司都有专门的研究人员对国际石油市场进行跟踪分析，并作出自己的实时预测，为公司规避石油价格风险。中国做石油研究的专业人才太少了，中国更多的时候是被动地跟着国际石油市场走。所以，如何从必要的政策措施上支持我国石油战略研究人才的培养，应当成为财政部门认真考虑的问题。

从今后看，政府应当在统筹、支持国有企业海外能源合作业务方面采取必要的政策措施，除了协调三大油公司的海外业务、在其对外投资审批手续和程序上给予特殊支持以外，政府财政还可以从财务管理、投资风险基金、税收抵免优惠等方面给予特殊的财政支持。

四、积极支持煤炭等传统能源产业的发展

从中国国情来看，无论过去、现在，还是将来很长一段时间内，

① 财政部、商务部文件：《关于做好2004年资源类境外投资和对外经济合作项目前期费用扶持有关问题的通知》(财企［2004］176号)。

煤炭都将是主题能源。但是，煤炭的发展正面临着资源、环境、安全、人才等诸多因素困扰。

煤炭面临的问题与困境：一是技术水平低下，安全没有保障。中国经济对煤炭高度依赖与煤炭安全生产的矛盾突出。2004 年全国共生产煤炭 19.56 亿吨，其中安全生产能力只有 12 亿吨，将近 8 亿吨的生产能力是冒着很大风险实现的，付出了巨大代价。中国煤炭行业事故频发，2004 年死亡 6027 人，百万吨煤事故死亡率达 3.08 人，为美国的 114 倍。在迅速增长的需求之下，大煤矿超能力生产，小煤矿死灰复燃，整体技术水平低下，安全生产没有保障。二是中间环节费用畸高，对煤炭用户来说，中间环节费用占到全部货价的 70%—80%。三是环境问题，在所有能源中，煤炭对环境的污染最严重。在中国经济高速发展、经济体制转型阶段，煤炭行业发展历尽艰难，而且作为第一大主体能源，煤炭产量跟不上经济增长。四是不完善、不平等的市场经济对煤炭行业发展的制约。从价格来说，煤炭资源紧张，价格应该上涨，这是市场规律，但煤电价格联动政策并未完全遵循这个规律。煤炭价格结构畸形，运输、下游环节占的比重大。应该提高煤炭的矿井价格，因为生产者承担着生产、安全、资源成本。五是煤炭管理的多元体制缺乏协调。目前，煤炭行业由国家发改委、国资委、国土资源部、环保总局、安全生产监督管理总局等多个部门管理，缺乏协调。

财税政策的设计应当首先致力于解决这些迫切问题，逐步摆脱煤炭业的困境。目前可以考虑从以下两个方面着手，推出相关的财税政策措施：

第一，进一步调整煤炭资源税政策，扩大资源税的调节作用。①

① 财政部和国家税务总局 6 月 1 日公布，自 2005 年 5 月 1 日起，提高河南、安徽、宁夏、福建、山东、云南、贵州和重庆的煤炭资源税税额标准。这是继去年年底提高了山西、内蒙古和青海的煤炭资源税税额标准后，财政部和国家税务总局对煤炭资源税的又一举动。

从实际情况看，仅仅提高资源税税额标准，对保护煤炭资源的作用是有限的。要解决我国现行的资源税征收体系存在的问题，需要对资源税制度进行全面调整和改革。

根据现行的资源税征收标准，资源税是按产量征收的，这实际上是造成煤炭盲目开采的主要原因。从长远看，应当考虑改变资源税计量依据，由现在的按企业产量征收改为按划分给企业的资源可采储量征收，促使企业尽量提高资源的回采率。同时，调整资源税征收办法，将税率与资源回采率和环境修复挂钩，按资源回采率和环境修复指标确定相应的税收标准。这就有利于保护煤炭资源，规范并壮大煤炭产业，培植大煤炭企业集团。

第二，运用税收政策、企业财务政策，促进煤炭安全生产。比如目前正在考虑的企业所得税制度改革中，对生产煤炭安全设施的企业实施一定的所得税优惠措施；还可以考虑对煤炭企业购置、使用安全设备实行必要的激励性政策。

财政部财政科学研究所《可持续能源财税政策研究》课题组
课题负责人：贾　康　苏　明
课题组成员：傅志华　包全永　韩凤芹　王宏利　牟　岩
本报告执笔：傅志华　苏　明

关于改革中央与地方政府的能源财税体制建议

——可持续能源战略的财税政策研究系列报告之七

内容提要

本报告从一组案例入手，分析了目前我国能源管理方面存在的突出问题，特别是分析了这些问题背后所反映的中央利益与地方利益中间的矛盾。报告认为，适当理顺和改进中央与地方的能源财税体制，有利于逐步解决这些问题。为此，提出了在转移支付制度设计、能源领域税收收入共享等方面的具体政策建议。

一、中央与地方在能源公共财政与税收体制上存在的利益冲突：由一组案例谈起

能源产业作为国民经济中的一个重要产业部门，发挥着基础性的地位。在研究能源公共财政与税收体制问题时，必须要考虑在能源产业财税体制上存在的一些问题，并针对这些问题创新思路，寻找各方都能接受的制度安排。

案例1：煤炭：小煤窑几乎失控，安全事故频发①

我国煤炭资源的利用率偏低。目前全国有各类煤矿2.8万个，其中国有煤矿2000多个，产量约占全国煤炭产量的65%，矿井回采率平均45%左右；乡镇和个体煤矿2.6万个，煤炭产量约占全国产量的35%，矿井回采率平均只有15%—20%。煤炭资源浪费十分惊人。提高煤炭资源回采率，及时遏制破坏和浪费煤炭资源的势头刻不容缓。

造成煤炭回采率低的根本原因在于煤炭资源的无偿使用。企业长期依赖国家无偿划拨煤炭资源，缺乏节约利用资源的意识和运行机制，尤其是近两年随着煤炭价格大幅度上扬，部分煤炭企业更是急功近利，以大量消耗资源、缩短矿山服务年限为代价，超量生产，出现了薄煤层弃采，厚煤层可采厚度损失，以及其他煤炭储量不合理损失的严重情况。

① 资料来源：高昱："比腐败更危险的是什么——山西煤矿事故频发原因分析"，转引自《三联生活周刊》；张晓松："煤炭资源回收率低，三部委将开展回采率专项检查"，新华网，2005年5月4日；卢保红等："煤炭：还有多少'家底儿'让我们'喝一碗，倒一碗'?"，新华网内蒙古频道，2005年4月12日。

煤炭回采率过低，地方保护主义也是重要因素。出于地方利益的考虑，一些地方对煤炭资源画地为牢，实行地方保护主义，人为分割、控制煤炭资源。更有甚者，个别地方的领导和单位以各种形式参与煤炭开采，纵容破坏浪费煤炭资源。这种势态与中央提出的加强资源管理，提高矿产资源利用效率，保护利用好我国优势矿产资源的要求是相违背的。以山西为例，80%的县财政收入主要依靠煤炭开采和炼焦，吕梁、大同等地的一些县区乡，煤炭收入占到了地方政府财政收入的70%—75%。山西今天已经成为全国人均收入倒数第一的省份，你很难想像它会比青海、西藏更穷。吕梁山区更是全国18个集中连片的重点贫困地区之一，它管辖有3市10县，10个县全部都是国家级或省级贫困县。对一个财政收入只有6000万元左右的贫困县来说，关停小煤窑意味着它几乎一无所有了，因此地方政府对关停小煤窑一直持观望态度。更有甚者，地方官员与小煤窑主相互勾结牟取私利，使得小煤窑问题更加复杂化。与国有大矿吨煤120元左右的成本相比，小煤窑30元左右的成本具有决定性的优势，当然也意味着毁灭性安全事故发生的可能性大大增加，造成很多国有煤矿破产，原有煤田被租赁、承包、转包给个人，采矿许可证等也同时张冠李戴地转移给了小煤窑窑主。小煤矿的泛滥，使得国有大矿陷入了全行业严重亏损的局面。国有煤矿为了摆脱困境，客观上也对小煤窑的发展起了推波助澜的作用。国有煤矿为了安置子弟，开办了各种矿办小井，一些大矿甚至从小矿买煤倒卖。尽管政府三令五申关停小煤窑，我国煤炭产业还是陷入了恶性竞争的不良循环之中。恶性竞争最终导致了煤炭产业严重失控，事故频发。

案例2：电：二滩水电站弃水，突显独立电厂与直属电厂之争[①]

1999年12月10日，中国最大的水电站——位于攀枝花的二滩水

① 张曙光："打破电力垄断为何这样难?"，《煤炭经济研究》，2001年第4期。

电站已全部建成，330 万 KW 机组 12 月 4 日全部并网发电，其第一台机组早在 1998 年就已投产。该电站利用了世界银行 9.8 亿美元贷款，是由意大利、德国和中国的公司历经 8 年共同建设完成的。但是，二滩水电站建成后，却面临着卖电难的问题。二滩水电站发电能力为 170 亿 kWh，但实际供电量仅为 90 亿 kWh。以 1 度电 0.2 元计算，一年可以损失十几亿人民币。

电卖不掉，是因为电网能力有限，不能将“西电东送”。于是，二滩电站的股东四川省投资公司向西方学习，在电站下面建了一个高耗能企业——黄磷厂，将电能转化为产品，效益显著。因为他们用二滩电站的电不到 0.2 元/kWh，仅为电网供电价的 1/3。但是，他们被判为非法：违反了《电力法》。之所以出现成本低廉的水电被放掉，成本很高的火电厂还在与二滩竞争的怪事，业内人士深有感触：垄断比腐败更可怕。电力部门下属火电厂的工人吃饭就业问题是电力部门考虑的出发点，电网由其垄断，《电力法》也是为了部门利益而设，而二滩电站是由国家担保借的款，还不了债也是由国家来承担还款压力，所以二滩会出现发电利用不足的情况。实际上四川的用电不到全国平均水平的一半，这种电力过剩是一种假象。而原来计划拿该水电站的收入来开发雅砻江上游的水电站的目标也成为了泡影。

由于目前我国的电力市场并不是一个真正的竞争性市场，所以才出现环境友好、成本低廉的水电站被放掉，而污染严重、成本很高的火电厂却在与二滩竞争的怪事。出现这种怪事的表层原因是由我国的电力价格体系造成的。上网电价是由国家价格管理部门核定的，不仅核定价格构成，而且也核定价格水平。由于独立电厂与直属电厂的体制背景、产权结构不同，核定电价的构成内容和项目也不同，价格水平自然会有很大差别。独立电厂是实行业主制后出现的其电价构成中除通常的运营成本 + 利润外，还要包含电站建设所借贷款的还本付息，因此电价一般较高；而直属电厂大多是由国家投资建成的，基本上没有还贷负担，建设资金一般无偿占用，因而相应较低。一般每度电的成本相差0.1元，这使得独立电厂处于不利地位。出现这种怪事的深层原因是资本结构。二滩水电站投资286亿元，国家开发投资公司、四川省投资公司和四川省电力公司分别占48%、48%和4%的股份。除了前述二滩电站是独立电厂以外，这里涉及到一个更深层次的问题，即企业的资本结构问题。虽然四川省有较大的股份，但资本金比例只有6%，股东投资的资金只有46亿元，电站主要是靠国家开发银行和世界银行的贷款建成的，亏损破产对股东的影响不大，而损失最大的是债权人，实际上由国家承担（世行贷款由国家担保）。因此，四川方面宁愿让二滩损失，也不会让区内的大批中小火电厂关机倒闭。于是，二滩建成投产以后始终不能正常发电，现已累计亏损十几个亿。

案例3：油：陕北石油之争，根源于中央与地方利益①

目前，陕北地区石油的探明储量为9亿吨，在混乱的石油开发秩序的背后，是巨大的经济利益之争。同一个油井，如果由长庆油田来开发，只需向地方交纳一定的城市建设费、土地征用费、教育费附加等少量费用，而按每吨销售收入17%所收取的增值税等，均属国税上交给国家，跟地方的财政收入并无直接关系。但是，如果同样的油井让延安地方的采油企业来开发，所纳的税则被列入地方财政收入，每一个油井对地方政府来说，就意味着巨额的经济利润。2000年整个延安市原油产量达246万吨，石油工业产值占全市财政收入的72.4%。地方政府之所以越权违法行使采矿审批权，主要是因为除石油外，多数县几乎没有有规模的加工企业。在延安市13个县（区）中，除南部几个县靠种植业外，北部的安塞、吴集等县主要靠石油来保证财政收入的增长。当地农民的经济来源也很单一：从采油企业手

---

① 雷静："地方政府与油田来源冲突——揭开延安石油暴力内幕"，转引自《三联生活周刊》。

中领取被占用土地的征用费，或为采油企业打工。陕北一个县的副县长曾这样告诉记者："从政策上讲，地方没有石油开采审批这个权力，但我们县很穷，开采原油能给县上带来很丰厚的收入。"正是考虑到陕北地区经济发展的现状，国家允许地方参与开发陕北的石油资源。这种倾斜政策使陕北地区实际形成了三类不同的石油开采主体：具有油气开采资质条件的长庆石油勘探局和延长油矿管理局（现归陕西省主管）、延安、榆林两市各县成立的钻采公司（15个）通过招商引资进入陕北的石油开采联营单位（800余个）。国家经贸委等8个单位早在1999年的一项联合调查报告中即指出，各县成立的钻采公司虽然采取挂靠延长油矿管理局的方式，但实际上是各自为政，多不具备石油勘探开发资格，这些单位管理的油田和区块缺乏系统的工艺流程和稳产措施，油田采收率低。据专家估计，一般仅相当于大型石油企业的1/5左右，造成资源的严重浪费。1994年《关于开发陕北地区石油资源的协议》曾规定：从长庆局和延长油矿管理局已登记矿权的区块范围分别划出一定区域，委托安塞等6县组织开发。遗憾的是，直到今天，委托开发区的具体界定并未全部完成，有关县组织的开采活动是否越界侵权存在分歧，分歧的最终结果往往是暴力相见。2001年延安市安塞县钻采公司400多人与长庆油田第四采油厂之间的"11·19"暴力事件，即是利益矛盾激化的一个明证。

以上案例都是常规化石能源生产中中央与地方之间存在的问题，其实在可再生能源生产与供应中同样存在类似问题。最主要的表现是没有一个上级财政对下级财政的规范的资金转移支付规则，使得发展可再生能源的任务主要由地方承担，在个别地区由于财政资金长期紧张甚至成为"负担"，也使发展可再生能源在地区之间进展相差很大。尽管在2005年2月新通过的《可再生能源法》规定了"县级以上人民政府应当对农村地区的可再生能源利用项目提供财政支持"，"国家财政设立可再生能源发展专项资金"等要求，但是现在并没有一个关于上下级财政之间的关于支持可再生能源发展的规范可行的转移支付办法，上下级政府之间的支出责任不清。从地方政府来看，目前在内蒙古、新疆、甘肃、青海等省，实际制定了发展农村能源和新能源开发利用的经济激励政策。如内蒙古对用户补贴额 1986—1990 年为 2500 万元，每套 100W 风力机或 16Wp 光伏系统补贴 200 元，并为 56 个旗（县）的推广机构提供经费。但是，一个不容忽视的事实是，我国可再生能源在不同地区的分布很不平均，其技术推广应用的地区多为贫困地区，项目本身的社会效益大于经济效益，有些项目甚至只有政治意义，而无经济意义。目前绝大多数发展可再生能源正处于产品生命周期的大规模商业化之前的阶段，急需财政资金大力投入。由于缺乏上级对下级有效的激励政策，可能给个别地方造成可再生能源发展（如内蒙古的风电）越多，亏损也越多，地方政府的财政负担也越重的局面，从而制约了我国可再生能源在全国的均衡发展。另一方面，我国也缺乏不同地区的横向转移支付制度，使得较为发达地区的资金不能顺利流向欠发达地区。

从上述案例以及可再生能源发展的现实不难发现，目前我国的能源管理存在着一系列突出的问题。这些问题背后，则昭示了中央利益与地方利益、全局利益与局部利益、长远利益与眼前利益的激烈较量。如何从理顺中央与地方公共财政与税收体制入手，逐步解决上述问题，是我们应当认真考虑的。

二、中央与地方在能源公共财政和税收体制方面的改进思路

（一）原则

（1）发挥中央与地方两个积极性，改进常规化石能源生产与使

用，大力发展可再生能源。

(2) 合理划分中央与地方以及地方政府之间在税收上的共享比例，减少能源生产与供应上的短期行为，提高能源开采效率。

(3) 明确中央与地方、地方政府之间在支持能源发展方面的支出责任。

(4) 上级政府对下级政府发展节能、可再生能源以及农村地区的能源建设等项目要加大转移支付力度。

（二）总体思路

为了理顺中央与地方政府之间在能源公共财政与税收体制方面存在的问题，根据上述原则，我们提出如下政策建议：

一是结合即将进行的税改，适当扩大对民族地区、经济欠发达地区、中西部地区的税收分享比例，国家通过确定有关能源开采最低标准的基础上，将扩大开采或回采比例所征收的税收或费用全额返还当地政府，以此抑制常规化石能源基地存在的短期行为和浪费行为。

二是加大对可再生能源研发与生产的转移支付支持力度，促进可再生能源发展。

三是不分所有制，鼓励技术水平高、开采与生产效率高的大中型企业兼并技术水平低的小型企业，在税收政策上限制浪费资源的小型企业过快发展。

从长期看，应以法规的形式，建立政府之间规范的财政体制与制度，有效引导地方在支持能源研发、优化化石能源结构与扩大可再生能源生产方面的预期。

（三）相关政策建议

(1) 将地方的能源发展状况纳入中央政府对地方的转移支付的考虑范围，尤其是对地方改善常规能源生产、优化能源结构、节能以及发展可再生能源情况等进行重点支持。一个较为可行的方案是，将再生能源生产与使用量占当地能源生产或使用量的比重作为转移支付的一个参考因素，以此推动将来可能推行的可再生能源配额制的落实。

（2）建立中央与地方在能源领域的税收共享机制，发挥中央与地方两个积极性。目前涉及到能源的税种主要的有企业所得税、资源税、营业税、增值税、消费税、城市维护建设税等，除消费税为中央政府固定收入外，目前的企业所得税、增值税为中央与地方共享收入，而资源税、城市维护建设税及其他税种为地方收入。但是，现实情况是，在地方收入中有多大比例是划给省级，多大比例是划给市级、县级，各地情况并不完全一致。能源产业的一个突出特点是，集约经营比分散经营效率高，但是规模大、效率高的企业的隶属层次也相应较高，其创造的税收往往大部分归属于较高层级的政府所有，使得不同级次政府从不同类型以及不同规模的企业中获得的税收比重不同，造成地方政府对能源事业的集约经营并不是特别热衷。建议：从财政管理体制尤其是税收分享比例上入手进行改革，与能源有关的不同类型的企业所创造的税收在中央与地方之间、地方不同级次政府之间的税收分享比例相对统一和固定，增强地方政府发展能源事业的预期，以此减少地方政府的短期行为，降低地方政府单纯为了增加当地税收而发展小煤矿、小火电以及浪费能源的高耗能产业的积极性。

（3）对将来可能实行的有关逆向限制政策所出台的税收（如碳税、能源税等），作为中央政府固定收入，或者使中央政府在税收分享中占较大比重，增强中央政府在能源生产、消费、节能等方面的调控能力。

财政部财政科学研究所《可持续能源财税政策研究》课题组
课题负责人：贾　康　苏　明
课题组成员：傅志华　包全永　韩凤芹　王宏利　牟　岩
本报告执笔：包全永　苏　明　傅志华

促进我国工业节能的财税政策研究

内容提要

我国工业用能占能源消费总量的70%左右，研究促进工业节能的财税政策，对全社会的节能具有重要推动作用。本报告重点研究促进工业节能对财政经济政策支持的需求，以及支持工业节能的重点领域；评估分析以往有关节能的经济政策实施中的经验与教训，指出今后若干年内激励工业节能的政策导向；以主要耗能工业部门——钢铁、有色、建材、化工等为重点，结合其节能管理、节能技术、节能奖惩等领域的特点，就实施财税激励政策的可能性开展分析，并相应提出具体的政策建议。

一、我国工业能耗现状与工业节能面临的问题

（一）我国工业行业能耗的整体情况

我国是工业主导能源消费的国家，工业用能比重居高不下。2002年，一、二、三产业和生活用能分别占能源消费总量的4.4%、69.3%、14.9%和11.4%。其中，工业用能占69.3%，自1990年以来始终保持在70%左右的水平，与国外能源消费构成相比，我国工业用能比重明显偏高。工业能源密集行业如钢铁、有色金属、建材、化工、煤炭、电力、石油石化等占较高比重，这八个行业的能源消费又占工业部门能源总消费量的78.8%。其中，钢铁、建材、有色金属、化工等基本材料行业则是工业部门中的能源消耗大户，占工业部门年能源消耗总量的54.3%。

（二）基本材料工业部门能源消耗的特点

基本材料工业部门能源消耗的特点是能源成本在产品成本中占有较高比例。我国基本材料企业产品成本构成中，劳动力成本一般在10%左右，财务费用约占5%，折旧占7%—10%，企业生产成本中最大项是原燃材料及运输费用，占70%以上。其中，钢铁行业能源成本约为25%—32%，铝业约为50%，建材业约为40%—50%，化肥行业约为70%—75%，石化行业约为40%。这些行业降低能耗的潜力最大，效果也最显著。提高这些行业的能效水平，对提高企业竞争力具有决定性的作用。

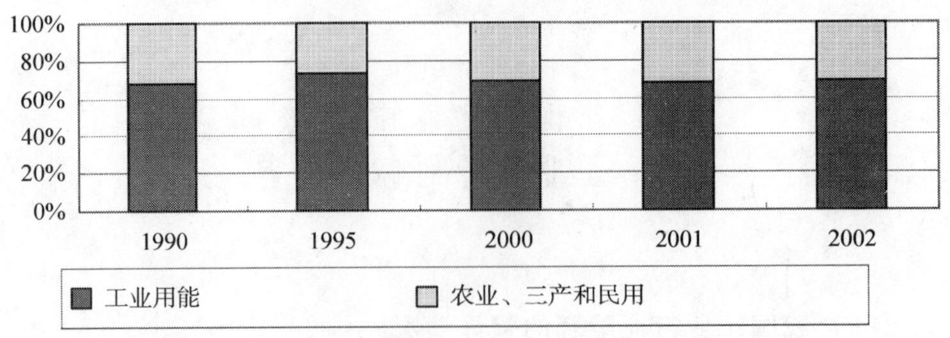

图 1　工业用能占全国能耗的比重

(三) 我国工业行业的节能潜力巨大

经过几十年的努力，我国的能源利用水平已经有了显著提高，但与国外的能效水平相比还有较大差距。根据国家发改委公布的数字，2000 年每百万美元国内生产总值能耗，我国为 1274 吨标准煤，比世界平均水平高 2.4 倍，比美国、欧盟、日本、印度分别高 2.5 倍、4.9 倍、8.7 倍和 0.43 倍。电力、钢铁、有色、石化、建材、化工、轻工、纺织 8 个行业主要产品单位能耗平均比国际先进水平高 40%。主要耗能设备能源效率，2000 年燃煤工业锅炉平均运行效率 65% 左右，比国际先进水平低 15—20 个百分点，中小电动机平均效率 87%，风机、水泵平均设计效率 75%，均比国际先进水平低 5 个百分点，系统运行效率低近 20 个百分点。能效与国外的差距表明，我国节能工作潜力巨大。根据有关单位研究，按单位产品能耗和终端用能设备能耗与国际先进水平比较，目前我国的节能潜力约为 3 亿吨标准煤。

(四) 我国能源利用效率低下的主要原因

我国能源利用效率低下的主要原因是粗放型经济增长方式，工业结构不尽合理，技术装备落后，管理水平低。一是结构不合理。产业结构中低能耗的第三产业（产值能耗为第二产业产值能耗的 43%）

特别是服务业明显滞后，我国第三产业增加值占GDP的比重为33%，而世界平均水平约63%；第二产业中高能耗重化工业比重高，工业化仍以量的扩张为主，消耗高，浪费大，污染重；能源消费结构中优质能源比重低；企业规模小，产业集中度低。二是工艺技术和装备落后。重点行业落后工艺所占比重仍然较高，如大型钢铁联合企业吨钢综合能耗与小型企业相差200千克标准煤左右，火电厂30万千瓦机组与5万千瓦机组每千瓦时供电煤耗相差100克标准煤以上，大中型合成氨吨产品综合能耗与小型企业相差300千克标准煤左右。三是管理水平低，与节能密切相关的统计、计量、考核制度不完善，信息化水平低，损失浪费严重。

（五）目前我国工业行业节能面临的障碍和问题

首先，是对节能重要性和工作的难度缺乏足够的认识，节能优先的方针没有落到实处，把节能仅仅作为缓解能源供需矛盾的权宜之计，供应紧张时重视节能，供应缓和时放松节能。

其次，片面认为节能可以依靠市场机制来实现，对节能在转变经济增长方式、实施可持续发展战略中的重要地位，以及政府在节能管理中的重要作用缺乏足够的认识，在宏观政策的各个方面节能优先的方针还没有充分体现。

第三，节能法律法规不完善。1998年颁布实施了《节约能源法》，但有法不依，执法不严的现象严重，配套法规不完善，操作性上有待改进。

第四，缺乏有效的节能经济激励政策。国内外实践表明，节能在很多方面属于市场失灵的领域，需要政府的宏观调控和引导。目前在财税政策上对节能改造、节能设备研制和应用以及节能奖励等方面，支持的力度不够，没有建立有效的节能激励机制。

第五，尚未建立适应市场经济体制要求的节能新机制。在计划经济体制下形成的节能管理体系已不适应新形势的要求。国外普遍采用的综合资源规划、电力需求侧管理、合同能源管理、能效标识管理、自愿协议等节能新机制，在我国还没有广泛推行，有的还处于试点和探索阶段。

第六，节能技术开发和推广应用不够。节能必须依靠技术进步，改革开放以来，我国开发、示范（引进）和推广了一大批节能新技术、新工艺和新设备，节能技术水平有了很大提高。但从总体上看，投入不足，创新能力弱，先进适用的节能技术，特别是一些有重大带动作用的共性和关键技术开发不够。同时由于缺乏鼓励节能技术推广的政策和机制，多数企业融资困难，节能技术推广应用难。

此外，节能监管和服务机构能力建设滞后。目前，全国共有节能监测（技术服务）中心145个，绝大部分受政府委托开展节能执法监督和监测。但总体上看，多数节能监测（技术服务）机构能力建设滞后，监测装备落后，信息缺乏，人才短缺，整体实力不强。能源统计体系不完善、节能信息不畅，难以适应节能工作的需要。

究其原因，利益驱动使得产业结构不合理的现象突出，高耗能行业存在盲目投资过热的情况；主要基础原材料工业行业，如建材、钢铁等，还严重存在着企业规模小、产业集中度低等问题；节能带来的外部效应没有通过价格或税收的调节内部化，企业开展节能的积极性尚未充分调动起来。此外，工业节能项目规模小，存在银行贷款成本高，回收周期长等不利因素，造成节能项目的贷款和融资渠道不畅。

二、财税政策促进工业节能大有作为

（一）我国工业部门节能相关法规和政策的回顾及评价

中国工业过去二十年的节能工作可划分为四个阶段：起始阶段、扩展阶段、适应市场经济体制阶段和快速发展的新时期。总结各个时期的好的经验和做法，我们认为以下政策和措施值得借鉴和延续：

一是在支持节能的资金投入方面，一些好的经验和做法包括：节能基建和节能技改资金的建立和使用、实施优惠投资政策，包括实行差别利率，税前还贷、贴息贷款等；

二是在鼓励节能技术的应用方面，制定的切实的节能政策包括：压缩烧油、以煤代油、更新老旧汽车、集资办电合理用电、发展散装水泥、热电联产集中供热、发布节能机电产品及制定节能税收政策等；

三是其他经济政策的支持，还包括节能项目免征投资方向调节税，节能项目可纳入国债信贷计划等等。

二十多年来，这些国家级计划和经济政策的实施对推进我国工业节能起到了决定性作用，功不可没。以节能基建和节能技改资金为例，1981—1998 年间国家用于节能基建和节能技改项目共投资 372 亿元，引导地方政府和企业投资 438 亿元，形成年节能量 9042 万吨标准煤。20 年累计节约和少用能源约 10 亿吨标准煤。80 年代以来，我们实际上是用能源翻一番支持了 GDP 翻两番，平均每年 GDP 能耗降低 4%以上。2004 年与 1990 年比，全国每万元 GDP 能耗下降了 45%，火力发电煤耗、吨钢可比能耗和水泥综合能耗分别降低 11%、29%、21.9%。上述一些经济激励政策在不同时期都起到了很好的效果，在经济快速发展时期这些政策也还具有一定促进作用，需要结合当前形势对这些政策加以调整，以使其更适合新形势的需要。

表 1　　1981—1998 年间节能基建和节能技改投资情况

类　　别	总投资（亿元）	国家投入（拨贷款）（亿元）	带动地方和企业投资（亿元）	形成年节能量（万吨标煤）
节能基建	615	265	350	4580
节能技改	195	107	88	4462
总计	810	372	438	9042

资料来源：中国节能投资公司。

（二）中国现阶段的节能政策

2004年6月30日国务院常务会议，原则通过了《能源中长期发展规划纲要（2004—2020年）》（草案）。纲要认为，解决我国能源问题，必须坚持把节约能源放在首位，实行全面、严格的节约能源制度和措施，显著提高能源利用效率。必须牢固树立和认真贯彻科学发展观，在全国形成有利于节约能源的生产模式和消费模式，发展节能型经济，建设节能型社会。

2004年4月，国务院又下达了《国务院办公厅关于开展资源节约活动的通知》，国家发展和改革委员会也强调要加快建设资源节约型社会，全面推进节约能源、原材料、水、土地等资源和资源综合利用。为落实国务院通知要求，还提出了七项实施的具体措施。

节能优先要体现在制定发展战略、发展规划、产业政策、投资管理，以及财政、税收、金融、价格等政策当中，都要加以体现。

（三）财政税收政策是实现节能目标的重要手段和有力保障

节能是市场失灵的领域，需要克服许多障碍，必须由政府主导，给予适当的经济激励。工业部门节能，在产品生命周期的各个环节，以及所有的节能行为主体（企业、政府、消费者、银行等），都存在障碍。财税激励政策的目的就是克服这些障碍。

——企业通常不愿或无力向高投入、高风险的节能科研项目投资。因此，政府财政必须在这方面投入资金。

——工业企业节能在很多情况下是高度分散的二次投资活动。现有资本市场运行机制使投资偏向能源开发。各国都是如此。而且能源价格的不确定性，增加了企业节能投资风险。因此，要有适当的财税政策进行激励。如税收减免、贷款优惠和担保等。

——许多企业特别是中小企业的能源费用占产品成本的比例很小，或者较高的能源成本可以通过提价来回收。这使得企业缺乏节能的积极性，需要采取有效的激励政策。

——节能新产品在进入市场的初期，批量小，售价高。需要通过税收优惠、用户补贴、政府采购等措施促其推广。

——低收入家庭无力投资节能。需要政府提供补助。

——能源效率往往不是消费者选购终端耗能设备和器具考虑的首要因素。需采取消费者补贴等激励措施。

——企业和消费者获取可靠信息的交易成本高。政府要提供信息服务。

——工业产品成功进入国际市场，消除贸易壁垒，必须采用国际标准。制订、实施能效标准要给予财政支持和经济激励。

——企业对环境的损害等外部成本应该内部化。可征收能源税和环境税来减少能源消费和二氧化碳排放以及对公众健康的损害。

节能作为减少温室气体排放，有效解决环境污染的手段之一，其产生的效果具有明显的正外部性。微观经济主体在节能过程中所获得的私人收益小于社会因此而获得的收益，因而相对于社会的需求而言，微观经济主体在节能上的动力总是不足的。根据现代财政学理论，市场机制在解决外部性方面是失灵的，或者说难以有效发挥作用。据世界银行研究，市场力量对实现节能潜力的贡献率只有20%。为了更好地规范市场经济主体在能源使用和节能行为中的外部效应，促进工业节能的顺利、协调发展，需要政府采取一系列经济、法律以及必要的行政手段来对其进行干预和调控。而财税政策作为国家进行宏观调控的重要政策手段之一，在其中扮演着重要角色。合理的财税政策，能够规范、引导和调节市场主体的经济行为，使之朝着有利于整个社会效益改善和提高方面发展，实现政府的宏观调控意图和发展战略目标。

财税政策作为经济、法律和必要的行政手段的综合运用与协调，其本身是一个综合的体系。其中，税收减免、抵押贷款、政府采购、现金回扣补贴、加速折旧、科研资助、开征能源税、收费以及中介机构扶持等具体手段，从不同的侧面对节约能源、促进能源使用效率的提高产生作用。政府可以通过对这些政策措施的综合运用以达到促进工业节能的目的。西方市场经济国家利用财税政策促进工业节能的实践也证明了这一点。

三、税收政策力求全方位、多层次

（一）促进工业节能的税收政策调控重点

根据我国现阶段工业发展的特点和税收的内在功能，在促进工业节能方面，税收政策的调控重点应主要突出以下几个领域：

1. 优化工业结构，形成有利于促进节能的产业布局

近年来我国经济增长步入了重化工业加速发展的阶段，工业对经济增长的贡献率中有近 3/4（2003 年为 73.9%）来自重制造业。在这一发展阶段，虽然经济增长处于上升通道，但资源趋紧的矛盾也突出暴露出来，主要表现为煤电油运等瓶颈制约加大，产业结构高能耗的特征明显。针对这一特点，税收宏观调控功能的发挥，一方面要注重保护好当前经济增长的速度，另一方面要注重引导好经济增长的可持续性，在短期和中期、总量和结构之间保持经济的协调、均衡发展。实现这一点关键在于调整和优化产业结构，促进经济增长方式的转变。就优化工业内部结构而言，当前税收调控的重点应突出以下几个方面：

（1）促进工业技术水平的提升。虽然我国在一些高技术产业取得了一些突破，但工业的整体技术水平仍然不高，制造业内部中等技术产业大约占据了半壁江山，而以资源为基础的产业依然具有重要地位。提高工业内部的技术水平，一方面需要发展高科技产业，另一方

面需要利用高新技术改造传统产业。在这两个方面，税收都应该发挥积极的引导作用。

(2) 抑制低水平重复建设。近年来，我国经济运行中出现了某些行业和地区盲目投资的低水平重复建设现象。这一现象的存在必将导致工业生产的高能耗、低产出状况更加突出。促进工业节能，必然要求政府运用宏观调控的手段对低水平重复建设现象加以抑制。应该说，导致低水平重复建设的因素是多方面的，税收虽然不是其中的主要原因，但是某些税收制度的不完善对于抑制低水平重复建设也带来了不利影响。特别是目前我国的税制结构仍然以间接税为主体，纳税环节主要集中在生产销售环节，税收收入高度依赖于工业生产，因此就很难避免地方政府通过盲目扩大本地区的工业规模来获取财政利益的行为动机。

(3) 优化外商投资的结构。随着经济全球化进程加快，国际间产业结构调整加速，发达国家将大量技术含量较低的初级加工工业，尤其是资源消耗大、环境污染重的低端产业，向发展中国家转移的趋势越来越明显，如法国、日本等国相继停止了本国的焦炭和煤炭的生产，转而在发展中国家建立生产基地，扩大从发展中国家的进口等。在这一背景下，我国目前针对外资企业的粗放型税收优惠政策，对于防止发达国家简单地将我国作为“资源输出基地”或“简单加工基地”，难以发挥积极的作用，甚至在一定程度上还带来了负面影响。因此，调整和改进涉外税收政策，引导外资产业结构的优化，也是税收促进工业节能的重点之一。

2. 促进节能投资，鼓励社会资金向节能领域合理流动

投资是经济增长的重要驱动。不同的投资方式决定了不同的经济增长方式，促进节能型投资是发展节能型工业的源动力。在工业领域，税收促进节能投资的重点有三个方面：

(1) 促进节能产品的生产。积极支持节能产品生产型企业的发展，鼓励用节能型产品替代传统工业型产品，既促进工业产品结构的

调整，又为促进社会节能提供良好的物质基础。

(2) 促进节能设备的应用。引导企业在机器设备的更新改造与升级换代中，更多地注重节能降耗的要求，加大对节能设备投资的税收支持力度，促进企业降低生产能耗、提高资源利用效率。

(3) 促进节能技术的投入。激励企业通过自主开发、委托开发、对外引进等多种渠道来提高节能降耗的技术水平，增强节能降耗的创新能力。

3. 引导节能消费，依托节能型消费结构带动节能型产业结构的发展

从工业内部看，重化工业加速发展有其自身规律性，其形成机制与消费结构的升级密切相关，消费结构的变化将在很大程度上带动工业结构的变化。目前，我国正处于消费结构调整升级的阶段，已形成的一些新的消费热点，有相当一部分属于资源需求型产业，如汽车、住房等，由此带动了一大批资源消耗型工业的发展，如汽车制造、石油、建材、钢铁、化工等。因此，促进工业节能，必需注重消费对工业生产的带动作用，既要加大工业内部的结构改造，同时又要依托消费结构的优化来促进工业生产朝着节能的方向发展。税收在引导社会节能型消费上，重点有两个方面：一是对节能型消费行为予以必要的税收支持，通过促进节能型消费来推动节能型工业的发展；二是对高能耗消费行为加以一定的税收限制，压缩高能耗工业品的消费需求空间。

4. 加大对资源环境的保护力度，降低工业发展所带来的外部成本

工业发展中过度的能源消耗，往往带来资源环境破坏的外部成本，促进工业节能的一个重要方面就是要加大对资源环境的保护，降低工业发展所带来的外部不经济。从世界各国工业化进程的经验来看，一个国家的资源产出率变化可以有三种模式：第一种是经济总量和资源环境压力同步增长，即资源产出率没有明显改变，经济增长以

资源的高消耗为代价，这种传统经济增长的模式，美国生态经济学家莱斯特·布朗称之为A模式[①]；第二种是资源环境压力的增长慢于经济增长，表明经济增长有相对减物质化的趋势，资源产出率有了一定水平的提高；第三种，经济总量持续增长的同时资源环境压力零增长甚至负增长，二者之间出现所谓“脱钩”（de-linking）的现象，这种模式要求资源产出率有大幅度的提高，莱斯特·布朗称之为B模式。对我国来讲，很显然，依靠传统的A模式已很难保障经济的持续增长，而主要针对发达国家成熟市场经济的B模式对我国又为时过早，因此，适合当前我国发展阶段的应该是第二种模式，有学者将其称为C（China）模式[②]。而要实现C模式，同样需要资源消耗率的降低和产出率的提高，这就需要政府采取包括税收手段在内的各种宏观调控措施，加快经济增长方式转变的步伐，以实现资源与经济的协调发展。就税收政策而言，促进资源环境保护的调节方式主要体现在两个方面：一方面，调整和完善现行流转税、所得税制度中有关环境保护的政策规定，另一方面，完善资源税制，开征专门的环境保护税，建立对资源环境损害行为的税收约束机制，促使工业发展对资源环境所造成的外部成本内在化。

（二）完善促进工业节能税收政策体系的基本原则

参照国际惯例，结合我国现阶段工业发展实际，在调整和优化促进工业节能的税收政策体系中，既要立足我国能源政策的目标导向和节能战略的现实需求，同时也要考虑我国税制的结构现状和发展方向，既要有利于促进节能战略的实施，又要符合税制发展的整体要求，主要应遵循以下基本原则：一是间接引导与直接激励相结合的原则；二是鼓励性政策与限制性政策相结合的原则；三是全方位促进与

---

① 莱斯特·布朗：《B模式：拯救地球，延续文明》，东方出版中心2003年版。

② 诸大建：“城市发展呼唤‘物质瘦身’”，《新民周刊》，2004年第44期。

多环节引导相结合的原则；四是税种的功能定位与节能政策目标相结合的原则。

（三）促进工业节能的税收政策建议

根据上述税收在促进工业节能领域的调控重点和基本原则，需要从以下几方面建立和完善促进工业节能的税收政策体系：

1. 构建有利于节能的工业产业布局的税收政策建议

（1）促进高技术产业发展的税收政策建议：一是尽快在高新技术企业全面推进增值税由生产型向消费型转型，减轻企业购置机器设备的增值税负担。二是取消对高新技术企业税收优惠的区域性限制，将现行针对高新技术开发区的税收优惠政策，统一适用于区内区外所有的高新技术企业，扩大政策的适用范围，公平不同高新技术企业的税收待遇。三是取消现行对企业技术开发费用加计扣除政策中的10%年增长比例限制，对企业为开发新产品、新技术、新工艺所发生的研究开发费，无论是否比上年增长10%，未形成无形资产的，可以按实际发生额的150%在计算企业所得税时扣除；形成无形资产的，可以按实际发生额的150%计入无形资产原值，按照有关规定摊销。四是完善促进科技型风险创业投资的税收优惠政策，引导社会资金向初创型高新技术企业流动，促进高技术产业的培育和壮大。

（2）抑制低水平重复建设的税收政策建议：一是完善税收收入地区间归属机制，弱化地区间财政利益不均衡所带来的低水平重复建设倾向。建立合理的地区间税收收入归属机制，合理确定增值税、营业税、企业所得税等税种汇总纳税的纳税地点，保证相关地区特别是经济落后地区合理的税收收益，是弱化地方政府低水平重复建设动机的重要措施。在增值税和营业税方面，可考虑选择有关因素（如资产分布、人员工资比例等）确定跨地区的税收分享比例，从机制上保证落后地区（尤其是资源出产地）的税收权益；在企业所得税上，可考虑以法人为单位对应纳所得税额进行汇总计算，然后采取因素法将其分配到各分支机构所在地分别缴纳，从而在一定程度上保证分支机构所在地的税收利益。二是构建合理的地方税主体税种，消除地方政府财力汲取途径不规范而导致的低水平重复建设现象。我国地方税体系不完善、地方主体税种缺失的现状使得相当一部分地方政府履行公共职能所需的财力难以通过规范的税收渠道得以满足，从而导致了大量依靠批租土地来获取财政收入的现象，这在一定程度上助长了盲目铺摊子、上项目的低水平重复建设势头。完善地方税体系，构建合理的地方税主体税种，规范地方政府取得财政收入的行为，保证地方政府行使公共职能所需的财力是解决这一问题的重要途径。三是规范税收优惠政策，防止有害税收竞争所引发的低水平重复建设现象。虽然我国目前实行的是高度集中的税收管理体制，但是在实际执行过程中，一些地方政府为吸引外部资金到本地投资，往往通过擅自越权进行税收减免、扩大税收优惠范围、延长税收优惠期限等有害税收竞争的方式来拉投资、上项目，从而加剧了低水平重复建设的现象，加大了节能降耗的压力。规范税收优惠政策，一方面要优化政策内容，突出产业导向，对低水平重复建设项目一律排除在优惠范围之外，另一方面要严格税收执法，强化法律责任，建立有效的查处惩戒机制，对违规擅自出台的优惠政策坚决取缔并追究相关责任人责任，遏制有害税收竞争的蔓延。

(3) 优化外商投资结构的税收政策建议：关键一点就是要将对外资企业的税收优惠与我国的产业政策有机地结合起来，避免目前对生产型外商投资企业给予普惠型税收优惠的做法。这不仅仅是促进工业节能的需要，同时也是提高我国对外开放水平的需要。从目前来看，最为紧迫的就是要按照统一税法、公平税负的原则，统一内外资企业所得税，消除目前对内资和外资企业在税收上的不平等待遇，为各类市场经济主体创造公平竞争的税收环境，促进吸引外资的税收政策取向由数量型向质量型转变。改革的重点之一就是要突出国家产业政策导向，引导外资资本和外国技术加快向包括资源节约型产业在内的国家鼓励的投资领域和项目流动。

2. 促进节能投资的税收政策建议

(1) 促进节能产品生产的税收政策建议。所得税是引导社会投资方向，优化产业结构的重要政策工具。在促进节能产品生产方面，所得税具有其他税种难以替代的功能，具体可以从以下几个方面给予税收支持：

①低税率优惠。对专门从事节能产品生产的企业，减半征收企业所得税；对非专门从事节能产品生产的企业，就其生产经营节能产品取得的所得，减半征收企业所得税。非专门从事节能产品生产的企业需要分别核算节能产品生产经营所得和非节能产品生产经营所得，未分别核算或核算不清的不能享受税收优惠。

②定期减免优惠。对企业生产节能产品取得的所得，自生产经营起，免征企业所得税3年。如果企业生产多种节能产品且生产经营起始日期不同的，应该分别核算同一起始日期生产的节能产品所取得的所得，并相应计算可享受定期减免的期限。

③再投资退税优惠。对于节能产品生产企业的投资者，以其取得的缴纳企业所得税后的利润，直接投资于本企业用于生产节能产品或投资新办其他节能产品生产企业，经营期不少于5年的，按40%的比例退还其再投资部分已缴纳的企业所得税税款。对国内其他经济组织作为投资者以其在境内取得的缴纳企业所得税后的利润，作为资本投资于节能产品生产企业，经营期不少于5年的，按80%的比例退还其再投资部分已缴纳的企业所得税税款。

④加计扣除优惠。一是对专门从事节能产品生产的企业支付给职工的工资，可按实际发放的工资总额，在计算应纳税所得额时全额扣除。对非专门从事节能产品生产的企业，可按其生产节能产品所实现的销售收入占企业当期全部产品销售收入的比例，计算可予以全额扣除的工资金额，企业的工会经费、福利费和教育经费支出可按准予税前扣除的工资总额，依照规定的标准计算扣除；二是对企业发生的节

能产品广告费和业务宣传费支出，可在计算应纳税所得额时据实扣除。非专门从事节能产品生产企业应分别核算节能产品和其他产品所发生的广告费和业务宣传费支出，未分别核算或核算不清的不能予以全额扣除；三是对社会力量通过国家节能、环保组织向节能生产企业的捐赠，可以比照公益、救济性捐赠，在计算企业所得税或个人所得税时给予一定比例的扣除。

⑤减计收入优惠。对企业以资源综合利用目录内的资源作为主要原材料，生产符合国家产业政策规定产品所取得的收入，可减按一定的比例计入应纳税所得额。

此外，对符合一定标准的节能生产企业，在城镇土地使用税、房产税方面也可适当给予一定的减税或免税优惠。

(2) 促进节能设备应用的税收政策建议。

①所得税投资抵免优惠。对企业为生产节能产品而购置的机器设备，其设备投资额的10%可从企业当年应纳所得税额中抵免，当年不足抵免的，可用以后年度应纳所得税额延续抵免，但最长不超过5年。

②加速折旧优惠。企业用于生产节能产品的关键设备，可适当缩短折旧年限，但最短为3年，或者可采取加速折旧的方法计提折旧。

③进口环节税收优惠。一是对境外捐赠人无偿捐赠的直接用于节能产品生产的仪器、设备，免征进口关税和进口环节增值税；二是在合理数量范围内，进口国内不能生产的直接用于生产节能产品的设备，免征进口关税和进口环节增值税。

(3) 促进节能技术研发和推广的税收政策建议。

①直接减免优惠。对企业为生产节能产品服务的技术转让、技术培训、技术咨询、技术服务、技术承包所取得的技术性服务收入，予以免征营业税和企业所得税。

②加计扣除优惠。对企业为生产节能产品而发生的技术引进、技术服务和技术培训支出，可比照研发费用开支，按照150%的比例加

计扣除。

③缩短无形资产摊销年限的优惠。对企业外购和自主开发的节能产品生产技术支出，可在实行加计扣除的基础上，对形成无形资产的部分，可根据现行摊销年限的规定，按照一定的比例缩短摊销年限。

（四）促进节能消费的税收政策建议

1. 调整消费税政策

一是将目前尚未纳税消费税征收范围不符合节能技术标准的高能耗产品、资源消耗品，如电池、一次性塑料餐具、溶剂油、石脑油等纳入消费税征税范围；二是适当调整现行一些应税消费品的税率水平，如提高大排气量轿车的消费税税率，适当降低低排气量汽车、摩托车税率等，促进汽车消费向环保节能型方向发展；三是适当调整消费税优惠政策，对达到一定低能耗、低污染标准的小轿车、越野车和小客车等其他应税消费品给予减征消费税的优惠。

2. 促进资源环境保护的税收政策建议

(1) 完善资源税制。一是根据国家资源保护的需要，适当扩大资源税征收范围，将水资源、森林资源等纳入到调节范围中来；二是调整资源税负，对当前开采严重、消耗过量以及其他需要限制开采的资源品，适当提高税额标准，增大企业资源耗用的税收成本；三是改进资源税计税办法，改现行的从量计征为从价或从量与从价相结合的征收方式，建立资源税与资源品价格挂钩的弹性机制，以更好地调节资源型企业的获利水平，加大国家调控力度，保障国家作为资源所有者的权益。

(2) 健全完善环境保护税制。一方面要调整和完善现行流转税、所得税制度中有关环境保护的税收政策，如在所得税方面，进一步加大对环保科研支出、环保设备投资的支持力度；在流转税方面加大对清洁生产、能源可持续利用的税收鼓励以及对污染环境产品的税收调节力度等；另一方面，要抓紧研究开征环境保护税，考虑到环境保护专业技术性较强，建议先对一些急需税收调控的污染产品、易于为税务机关辨别、查实和度量的污染行为开征环境保护税。在税率的设计上，按照适度从重的原则，对未达标的“三废”排放及其他污染行为，按照不低于治理成本的水平征收，以实现环境污染的外部成本内在化。

需要强调的是，在实施上述税收优惠过程中，需要严格对企业享受优惠资格的认定，切实加强税收监管，既要有利于促进节能产品的生产，又要注重防止税收上的漏洞。一方面，要严把初始审核关，就节能产品、节能技术以及从事节能产品生产所需的设备制定严格的认定审核标准和程序，税务机关和相关部门要共同参与企业享受优惠政策资格条件的认定；另一方面，要严格加强跟踪管理，对于随着时间和标准的变化不再属于节能产品、节能技术以及不再属于从事节能产品生产所需设备范围的，应该及时取消其享受税收优惠的资格，以确保优惠政策能真正有效地运用到节能产业中去。

四、财政投入政策需选准支持重点

（一）财政投资政策

1. 支持工业节能与财政投资的政策导向是一致的

工业节能投资是对能源使用单位的技术改造投资及其生产新型节能设备的投资，其投资来源一般以市场和企业为主体，但政府为了发挥支持节能的政策导向作用，也应安排必要的财政节能投资，以促进全社会节能事业发展和能效水平提高。

从我国实际情况看，由于工业能耗占整个国家能耗的大头，工业节能潜力巨大，工业节能对整个国家的节能具有举足轻重的影响。因此，国家财政理应支持节能，而且应把支持工业节能作为重中之重，这与国家财政的投资政策也是完全一致的。但我国实际情况表明，工业领域节能投资少，资金和节能任务不匹配，是长期以来我国工业节能工作面临的一个主要问题。由于缺乏政府财政投资的有效支持，工业节能技术改造主要由企业承担。企业作为节能投资的主体，投资能力较弱，也缺乏有效的融资途径，大量节能技改项目难以及时实施，很多好的节能新技术、新工艺、新产品难以得到推广和普及。这说明，投资缺失是我国工业节能技术进步缓慢的症结所在。因此，通过采取有效措施切实加强工业节能投资实属必要。

2. 整合预算内投资和国债投资，强化工业节能投资力度

我国从 1998—2004 年实行积极财政政策，累计发行长期建设国债 9100 亿元，主要用于基础设施投资、环保与生态建设、企业技术改造、西部大开发等方面，对于贯彻国家的宏观政策意图，促进国民经济的稳定协调发展，发挥了至关重要的作用。

从 2005 年开始，我国已转为实行稳健财政政策，长期建设国债发行规模有所降低，2005 年发行 900 亿元。考虑到未来国民经济发展和宏观调控的需要，以及防范财政风险的需要，权威部门的预测表明，未来几年国家仍有可能继续发行长期建设国债，但发行规模趋于下降。2003—2005 年，在我国长期建设国债下降的同时，预算内投资却每年在增加（年增加 150 亿—200 亿元），以确保整个政府财政投资保持相当规模，不至于下降过猛，从而确保国民经济发展的连续性。

在上述背景下，整合预算内投资和国债投资，强化包括工业节能投资在内的整个节能投资是非常必要的，而且有助于提高节能投资效果。按照现行做法，预算内投资和国债投资由财政部切块，交由国家发改委相关部门负责分配管理，这两部分投资分别都安排少量的节能投资，尽管起到了一定作用，但总体效果并不理想。这是因为，一方面节能投资极其有限，力度不够；另一方面，同属于财政资金的节能投资却分散管理，难以形成合力，不能有效发挥集中财力、重点投资

的作用。

为此，我们提出以下具体建议：

一是预算内投资和国债投资应由国家发改委有关机构集中分配管理，根据国民经济和社会发展的轻重缓急统筹安排使用。

二是加大节能投资在国家能源投资的比重，同时要把工业节能投资作为节能投资的重点。

三是国家的工业节能投资要更多地运用贷款贴息办法，以带动更多的银行贷款对工业节能项目给予扶持。国家政策性投资银行在相关领域要给予贷款倾斜。

四是要选择一些特殊重要的、具有重大示范意义的国家级工业节能项目，国家可采取直接投资的方式（如投资补助）予以支持。示范项目是有风险的，但是对社会和环境有益，国家应该在资本金等方面给予直接支持。

五是设立中央对地方的工业节能专项拨款。我国由于各地经济发展极不平衡，区域间政府财力差距悬殊，特别是那些以重化工工业为主导产业的省份往往是能耗大省、节能大省和财政穷省。因此，在未来政府间转移支付制度改革中，为了有效地缩减区域之间节能的差距，推进全国的工业节能技术进步，设立中央对地方的工业节能专项拨款非常必要。具体考虑，中央的工业节能专项拨款主要是向中西部地区的能耗大省和节能大省倾斜避免平均分配和撒“糊椒面”；此外，接受节能专项拨款的省份必须按照相关规定，从地方财政投资中安排相应的配套资金，与中央专项拨款一道共同用于工业节能投资方面，以更好地支持工业节能发展。

（二）政府公共预算政策

政府预算支持工业节能，关键问题是要选择好方向和重点。根据公共预算政策的基本要求和我国工业节能的现状，要把握如下重点支持领域：

一是工业节能科技的研究与开发。科技研发投入是衡量一国整体科技投入的重要指标，是推进科技进步、增强国家经济竞争力的关键所在。中国 20 世纪 80 年代以来，研发投入比重不断下降，1997 年仅为 0.54%，近几年有所上升，也不足 1%。而能源方面的研发投入相对而言就更少得可怜。据不完全统计，国家在能源方面的研发投入占总的研发投入的比例仅为 6.4%，而企业在节能方面的研发投入只占其能源方面的研发投入仅为 2%。中国在总体科技研发投入比重低下的情况下，通过政府预算渠道安排的节能研发投入更是少的可怜。今后这种情况必须改变，政府预算应予以重视。

二是节能技术示范和推广。这是将节能技术变成生产力、推动节能科技进步的重要一环，政府亦肩负着组织、协调和引导的作用。因此，政府预算需安排必要的资金，以引导能源效率技术的推广应用。从市场化国家看，对节能示范和推广的支持力度很大，对购买了节能型设备或技术的企业或消费者给予一定补贴。如英国对购买节能型设备的企业给予税收优惠或加速折旧等优惠政策，对购买了标有 A + 标识冰箱的消费者，政府对每台冰箱补贴 100 欧元。在法国，如果企业或消费者购买了政府公布的节能目录产品，政府给予企业或消费者个人设备价款的 15%—20% 的补助。此外，国外对一些节能的社会中介组织，也给予必要的支持，如法国的 500 多个“节能技术推广组织”每年都向欧盟及其成员国政府就节能宣传和技术推广项目投标，中标者将得到政府的资金支持。上述做法很值得中国研究和借鉴。

三是节能教育和培训。全国节能重点企业就有 7500 家，这是节能教育和培训的重点。需要编印相关教材和举办培训班，其基本费用应由预算予以安排。此外，我国的各类学校需开设不同层次的节能课程，还需充分运用电视、广播、报刊媒介进行节能方面的宣传，政府预算应给予必要的经费支持。这对于提高全社会的节能和环保意识，有效建立节能型社会，必将发挥重要作用。

四是节能管理监督体系建设。20 世纪 80 年代，我国建立了以节能服务中心为主体的节能服务体系，全国成立了200多个地方/行业节能服务中心和监督中心，拥有数千人的技术服务队伍，为企业提供节能方面的信息、咨询和技术服务。节能服务中心是我国特有的一支节能服务队伍，如何在市场经济下发挥这支队伍的作用，需认真研究并妥善处理。对于一部分具备条件的节能服务中心，政府可支持其改组为能源服务公司，使其通过开展节能技术的商业化经营，积极为企业提供优质的能源管理和服务来求得生存和发展。对大多数节能服务中心，可给予适当的预算经费支持，为其发展创造环境，一方面协助政府部门推进企业的节能工作，如协助政府部门贯彻落实节能法及其配套法规、节能政策，开展节能宣传、教育和培训；另一方面为企业提供能源审计、检测、监测、节能项目评估等多方面的、合格的节能服务，并将企业的声音反映到政府，成为政府和企业之间联系的桥梁和纽带。

五、近期可考虑采取措施鼓励工业企业签订节能"自愿协议"

（一）节能自愿协议是促进工业节能的重要途径

自愿协议（voluntary agreement）是推进企业节能工作的一种新的政策形式。它是指企业与政府部门或政府授权的组织签订协议，自愿承诺在一定时期内实现一定的节能目标。与此同时，政府机构应为企业提供相应的激励措施，以促使企业加入协议。

自20世纪以来，在很多市场化国家中，逐渐形成、发展了一种实施效果良好的节能政策新模式。因该政策模式的关键是工业行业（企业）自愿与政府签订协议，承诺节能和减排，故称之为自愿节能协议。

自愿节能协议通常为 5—10 年的长期协议，这样，企业才能有足够的时间制订和实施各种长短期计划来提高能效。更为重要的是，自愿节能协议能够将各参与方的注意力都集中到能效和二氧化碳减排上。

评估企业节能潜力和通过磋商设定目标，是政府与企业达成自愿协议的关键环节。政府通常采用“胡萝卜加大棒”即激励政策和惩罚措施相结合的方法促使工业行业（企业）加入自愿协议。激励项目和政策（如企业审计、评估、基准、信息传播和财政激励等）固然非常有助于参与者达到目标。但成功的自愿节能协议项目往往都采用了给参与者减税或减少环境法规约束等免除惩罚措施。总而言之，国际经验表明，在一个完整清晰的政策体系中实施自愿协议，是促使工业部门节能减排的既创新又有效的措施。

节能自愿协议为企业提供清晰和可测量的节能目标，并建立有效的责任机制，相应的政府机构应根据协议承担相应的责任。一方面，政府应监督企业的行为；另一方面，政府应为企业提供诸如在媒体上公开企业的节能表现、向市场推荐该企业产品等政策手段。通过实施节能自愿协议，企业可以改进能源利用效率，减少污染排放，提高技术与管理能力。

与强制性手段相比，节能自愿协议可以为企业提供动态的、灵活的机制，以实现其能源和环境目标，并促进工业环境管理从末端治理向清洁生产转变。它鼓励政府和企业之间的对话和建立信任机制。节能自愿协议比传统的管理手段更有效和灵活，是建立市场经济体制的需要，也有利于降低管理和实施成本。

（二）国外节能自愿协议的进展与效果

在 1990 年初，国际上对于减少二氧化碳排放的磋商还没有明确的意见，许多欧洲国家就采用了自愿协议的方式，作为减少二氧化碳排放的国家政策。

与欧洲类似，美国环保局（EPA）于1990年提出减少建筑物温室气体排放的自愿计划。美国的绿色照明计划中包括环保局与公司之间的协议，协议规定企业负责更新照明系统，国家环保局负责提供技术支持。

在1992年联合国通过了关于气候变化的框架公约以后，减少温室气体排放和提高能效的自愿协议就为发达国家广泛迅速采纳。丹麦、法国、德国、瑞典、荷兰、美国、加拿大、日本等国家已经在采用这种政策工具。目前，欧盟有300个这样的协议。日本有30000个地方环境控制协议。美国有40个联邦一级的自愿协议。

分析不同的国家的自愿协议，有两点是相同的。第一点，所有自愿协议均以减排二氧化碳的欧盟共同承诺为基础而被采纳。第二点，采用自愿协议的形式可以看作是政府采用别的成本较高（或政治上不可接受的）政策措施的一种替代方案。

除了这些共同的特点外，不同国家的自愿协议有各自的特点，如表2所示。

表2　　各国自愿协议的政策目标和所涉及的范围

国家	二氧化碳排放目标	制订者	协议涉及的领域
丹麦	1988—2000年减排20%	1990年国家能源计划	高耗能企业重工业
荷兰	1995年稳定在1989年水平，2000年减排3%—5%	1989年NEPP及修改版	所有行业，小的行业占据80%
德国	在1987—2000年间减排30%	1991会议	高耗能行业
瑞典	2000年稳定在1990年水平	里约承诺	属于改善能源效率的更新的中小企业
法国	2000年稳定在1990年水平	里约承诺——1995年防止气候变化的国家计划	高耗能行业

资料来源：国家发改委能源研究所。

在自愿协议磋商的范围上各国间有重大的差异。在这方面，法国和德国的自愿协议在设定政策要素时，对话起着十分重要的作用，而荷兰的情形是很折衷的，与此同时在瑞典和丹麦，自愿协议的要素一点也不以磋商为先决条件，相当大程度由政府预先设定。

根据 IEA 对于实施自愿协议国家的效果的评价，自愿协议的效果还是不错的：第一，自愿协议能够达到一个设计目标，甚至做的更好，还能够把经济和环境目标结合在一起考虑。它们的效果依赖于监测的设计和监测的方法。第二，与传统的规制方法相比，这种政策手段见效快，并能够获得经济的总体效益的提高。第三，为了跟踪项目进展，辩明可能实际执行过程与协议所规定的目标的距离，需要十分重视检测和报告工作。尽管报告项目进展对于参与的企业来讲是个负担，但这种负担与正式的法规下的报告工作要工作量少。

（三）财税政策是政府推动节能自愿协议的关键措施

1. 从税收优惠政策分析

国外特别是市场化国家采用能源税或与能源有关的碳税来刺激工业部门通过管理者行为的改变和增加能效设备的投入来改进能源管理。通常，对于签订节能自愿协议或达到设定的能效标准的企业，这类税收会有税收抵扣。

如丹麦于 1993 年开始对家庭和工业行业征收 CO_2 税。最初工业企业的征税额度仅为家庭税额的 35%。之后有建议要求调高对工业企业税收，而折中的方案是增加对工业企业的碳税，但是可以对那些签订了自愿协议的高耗能企业进行税收减免。签订了自愿协议的耗能企业支付每吨 CO_2 0.4 欧元的税，而没有签订自愿协议的企业要支付 3.3 欧元/吨 CO_2。1977 年的一项评估表明，如果不征收碳税，工业企业的耗能将比征收的情况高出 10%。

再如荷兰于 1996 年开始实施能源调节税，目的在于通过能源使用成本的增加降低能源使用对环境的影响。被征税的能源形式有五种，包括燃料油、汽油、液化石油气、天然气和电力，但无CO_2排放的电力税率较低。这一税种主要针对家庭和小型能源用户，以累进税率的形式，重点向每年使用的第一个1万度电量倾斜。大型能源用户赋税数额较小，主要通过自愿协议的方式来实现节能降耗的目的。

2. 再从财政赠款和补贴政策看

上个世纪70年代开始，赠款补贴就已经成为支持工业能效投资的首选措施，并且是时至今日仍被广泛应用和实施的政策措施。赠款和补贴一般局限于给那些非常适合的用户，可能只限于某些投资，例如补贴那些回收期长但节能效果好的设备，也可以对项目进行成本效益评估。补贴的企业应该是在高耗能行业或者是签订了节能自愿协议的企业，如丹麦、澳大利亚等国家。

（四）推进我国工业节能自愿协议的设想和财税政策建议

现就今后如何推进我国的工业节能自愿协议提出以下初步建议：

1. 制订整体规划，扩大试点范围

国外实施节能自愿协议已经时间很长，范围很广，效果十分明显。我国则刚刚起步，在国家发改委和能源基金会的支持下，一个节能协议试点项目已经在山东实施。山东省经贸委与济钢和莱钢签订了节能协议。这两个企业承诺实现在3年内节能30万吨标准煤的目标。据2004年6月专家组的评估，山东的试点工作取得了很大的成功。

有鉴于此，我们建议，下一步国家应对工业领域推广节能自愿协议作出整体规划，明确政策措施，确保不同时期规划目标的实现。现在当务之急是要扩大工业节能自愿协议的试点范围，具体建议：一是要在我国钢铁全行业推开节能自愿协议；二是选择其他高耗能行业（如有色、建材、化工等）的部分企业进行试点。在上述工作的基础上，力争在“十一五”期末在我国工业领域的大部分行业或主要高耗能企业基本实施节能自愿协议。

2. 制订财税优惠政策，促进工业节能自愿协议的有效实施

关于税收优惠政策：国外一般是通过减免能源税或碳税的方式激励签订自愿协议的企业。我国未来开征与能源直接相关的税收也是大势所趋，到那时候也应对签订自愿协议的企业酌情减免这方面的税收。从目前情况看，建议凡是签订节能自愿协议的企业，可享受加速折旧，加计研发费用扣除、投资抵扣以及所得税适度减免等所得税优惠政策；此外，对于为了节能降耗需引进技术的企业，实行一定程度的进口税收优惠。

关于财政支持政策：财政政策对节能技术进步具有重要作用，对促进企业自愿协议实施的刺激作用也相当明显。建议：一是对签订自愿协议企业的节能降耗投资由财政部门给予一定幅度的补贴；二是节能项目贷款可以考虑由财政给予一定幅度的贴息。

3. 配合“1000 家”活动，率先推出相关财税政策措施

为贯彻落实国务院关于做好建设节约型社会近期重点工作的通知精神，全面落实科学发展观，发展循环经济，建设节约型社会，促进重点用能企业节约能源，提高能效，加快建设资源节约型企业，国家发展改革委、国资委等部门准备对 1000 家高耗能企业实施节能跟踪与指导。为此，可以考虑对纳入“1000 家”的企业率先实行激励性措施，鼓励其签订节能自愿协议：

（1）提供企业能源审计专项资助。

（2）给予“节能先进企业”一定的资金奖励。

（3）优先纳入其他财税优惠政策试点范围。

4. 研究建立有效的制衡机制

节能自愿协议是企业对政府的一种承诺，政府在企业的承诺下给予一定的激励政策，但是激励政策有滞后性，先有政策扶持，后有执行结果，对此应建立一套有效的制衡机制，当企业未实现其承诺的指标，政府应对其采取何种具有惩罚性的措施，是要考虑的问题。国外

将激励机制和制衡机制明确的写在节能协议的条款中，加以落实，中国应加以借鉴。

中国节能投资公司、财政部财政科学研究所
《促进工业节能的财税政策研究》课题组
主要执笔人：傅志华　苏　明　李龙生　吴效华

鼓励节能的企业所得税优惠政策研究

内容提要

我国新一轮税制改革的一项重要内容是企业所得税“两税合并”。鉴于长期来两套不同的内外资企业所得税制度中优惠措施不统一、政策目标不清晰，因此，在“两税合并”改革之机，对已有的所得税各类优惠政策进行全面的清理、整顿和规范势在必行，也就是由原来以区域性及投资来源（内外资）作为优惠基准，转为主要以国家产业政策、社会经济政策作为优惠基准。根据目前我国产业政策和经济社会政策导向，建立节约型社会、鼓励和推动节能，已经成为未来中国政府宏观调控的重要政策目标之一。所以，力求在新的企业所得税制改革中明确体现节能政策，成为政府、企业、社会公众各方关注的重点。本项研究旨在促进节能政策在即将出台的企业所得税制改革中得到切实体现，并保障企业所得税节能优惠政策的有效性、可行性。

本报告从理论分析入手，阐述了在企业所得税制度中设立节能优惠政策措施的必要性；提出了着眼全局、把握重点、直接优惠与间接优惠相结合、简便易行、方便操作的政策设计原则；从我国节能产品管理特点以及企业所得税征管本身特征出发，建议近期出台的企业所得税节能优惠政策应主要注重高效节能产品的生产和使用环节：对生产高效节能产品的企业实行企业所得税减半征收；对购买（使用）高效节能产品的企业实行所得税投资抵免优惠。选定享受优惠政策的产品目录是该项研究的关键任务之一。报告对此进行了具体的选择、比较和成本效益分析测算，并研究了相关的管理问题。

一、在企业所得税制度中设立节能优惠政策措施的必要性

促进和鼓励节约能源、提高能效利用水平是一个国家和政府有效利用资源、维护能源安全以及实现经济社会自然可持续发展的重要方面。但是，节约能源与提高能效利用水平（以下简称节能）需要企业和机构大量的资金、技术以及人力资源的投入，需要大量的成本，其收益却具有很大的正外部性，单独依靠市场手段会存在一定的“市场失灵”现象，因此需要政府综合利用各种政策手段积极

推进。

在政府的各种政策工具中，税收政策具有特别的意义。税收政策是国家宏观调控的重要工具。有效的税收政策，可以发挥引导节能投资、改善节能消费、调整节能产品、服务进出口和鼓励有关节能技术推广与扩散的目的。一般而言，鼓励节能的税收政策既要有利于我国能源发展与节能战略的实施，又要符合我国的国情、税制结构的现状以及未来改革的总体目标，并需要做到“三结合”，即间接引导与直接激励相结合、鼓励性政策与限制性政策相结合、全方位促进与多环节引导相结合。

（一）利用企业所得税优惠政策鼓励节能的理论依据

在税收政策中，企业所得税居于较为重要的地位。鼓励节能产品的企业所得税优惠政策主要体现在，利用所得税对资源配置的调节作用，提高投资回报率，提高投资能力，降低投资风险，最终提高资本投资效率，引导社会资本的投资方向，从而扩大节能产品的生产和供给。

投资是维持经济增长的一个重要因素，但是有多种因素直接影响着投资行为，如投资回报率、投资能力、投资风险等。所得税对投资的影响，主要是通过对投资回报率、投资能力和投资风险等诸多因素的影响来实行的。一定的所得税优惠政策能够对资源在不同行业、产品间配置发挥一定的调节作用。所得税的原理是，通过在税法中规定可以在税前扣除的费用项目和标准，来规范应纳税所得额的计算，然后再限定所得税率，借以计算应交所得税。如果对不同行业的所得税实行相同的费用扣除项目和标准，同时实行相同的比例税率，那么从理论上讲所得税对资源在行业以及产品间的配置基本上没有影响。但是，如果不同行业、产品的费用扣除标准不同，税率也不同（如典型的是实行行业差别税率和累进税率等），则所得税对资源配置有很大的影响，能够在一定程度上引导投资方向。

从投资的资本回报率角度看，在市场经济条件下，资本回报率的高低是资本所有者在项目投资前考虑的重要因素。如果我们用 r_1 表示某行业的税前资本回报率，投资所得收入用 R 表示，税前允许扣除的费用项目用 C 表示（其中 $R>C$），资本投资额用 K 表示，则税前资本回报率 r_1 的计算公式为：

$$r_1=\frac{R-C}{K}\cdot 100\%$$

如果对各行业征收统一比例税率，用 t 表示税率，用 r_2 表示某行业的税后投资回报率，则 r_2 的计算公式为：

$$r_2=\frac{(R-C)\cdot(1-t)}{K}\cdot 100\%$$

如果各行业是投资所得收入相同，允许的税前扣除项目相同，在实行各行业统一税率的前提下，各行业的税后所得将统一按比例 t 缩小，最终各行业的税后资本回报率仍然相等。这时，所得税政策对资源配置的作用是中性的。下面考虑对某行业实行所得税优惠政策的原理与效果。我们仅仅考虑以下四个方面所得税优惠政策。

(1) 实行一个较为优惠所得税税率。假定税率为 t_1 与 t 的关系是 $t_1<t$，这时的税后投资回报率用 r_3 表示，则

$$r_3=\frac{(R-C)\cdot(1-t_1)}{K}\cdot 100\%>r_2$$

(2) 增加费用扣除。假定税前允许扣除的费用项目也为 C，但是税法为了鼓励其发展，假定可以在 C 的基础上多扣除 C_1 部分（如提高广告、研发的扣除标准，其中 $C_1>0$），这时的税后投资回报率用 r_4 表示，则

$$r_4=\frac{(R-C)\cdot(1-t)+C_1\cdot t}{K}\cdot 100\%>r_2$$

(3) 实行加速折旧。在税法中，一般规定折旧的扣除标准，因为折旧作为投资项目的一项投资成本，可以直接从应税所得中扣

除，从而减少纳税人的纳税义务，这项减少的纳税义务被称为“税收挡避”，其计算公式为：税收挡避额 = 折旧额 × 税率。因此，税收挡避可以作为企业的一项基金，用于再投资或将来的固定资产重置。实行加速折旧时，一般能够使投资项目在前期允许抵扣的折旧多于正常的直线折旧法，税法规定的折旧率高于实际折旧率，使得项目在前期有较多的现金流量，增加前期的投资回报率，便于鼓励投资企业先行收回投资，减少投资风险，获得时间上的好处，最终也有利于促进投资。

(4) 其他优惠政策，如投资抵免等。其实质相当于政府给予了一笔资助，其优惠原理与第 (2) 方面增加费用扣除是类似的。

实行所得税优惠政策对投资的影响如图 1 所示。其中的 I_0 线是征收正常的所得税所对应的投资收益线，I_1 线是实行了所得税优惠政策后的投资收益线，C 为投资成本线，R_0 为征收正常的所得税时的均衡边际回报率，Q_0 为征收正常的所得税时的均衡投资量，R_1 为实行所得税优惠政策后的均衡边际回报率，Q_1 为实行所得税优惠政策后的均衡投资量。由图 1 可以直观地发现，当实行所得税优惠政策后，投资的均衡边际收益由 R_0 上升到 R_1，相应的均衡投资量从 Q_0 上升到 Q_1。

从投资能力角度看，实行所得税优惠政策提高了企业（或公司）的投资能力。实行优惠的所得税率会增加企业的税后留利，增强企业的积累能力。实行加速折旧政策会提高企业的资本积累能力。而实行投资抵免政策则会直接提高企业的投资能力。

从降低投资风险角度看，实行所得税优惠政策能够有效地降低投资者的投资风险。投资回报率越高，则企业以及项目的投资回收期就越短，相应地风险也就越小。

由上述分析可知，不管是实行什么形式的所得税优惠政策，也不管从什么角度看，实行所得税优惠政策的最终效果都表现为提高某行

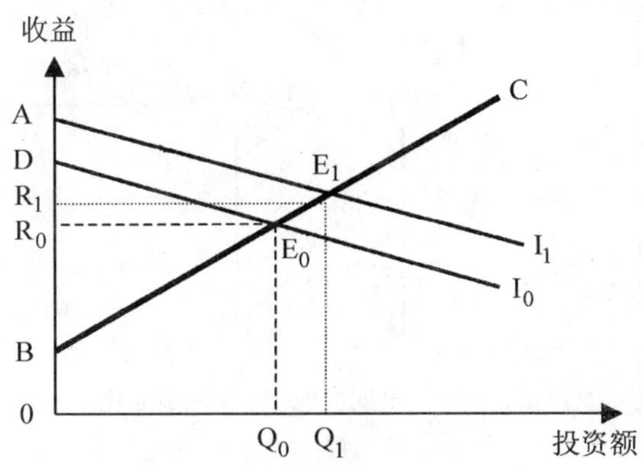

图 1 所得税对投资收益及总投资的影响示意图

业的投资效率，有利于企业扩大投资。

从实行所得税优惠政策的原理来看，要使这项优惠政策真正能够发挥作用，需要具备一个前提条件，即投资项目要能够盈利，具有利润，相当于上述公式中的 R > C 成立，否则就一个行业的投资项目而言，整体亏损时根本就无应纳税所得额，更别谈优惠政策了。从产品的生命周期来看，一般而言可以分为四个阶段，即研究开发阶段、试点示范阶段、早期商业化但仍需政府支持阶段、大规模商业化阶段。研究开发阶段面临的最大风险是新技术能否成功本身就具有很大的不确定性，根本就无利润可谈；试点示范阶段竟敢可能有少许收入，但是无法弥补费用，也基本上没有利润；早期商业化阶段开始有少量利润，但是不太稳定；大规模商业化阶段开始出现较为稳定的利润。因此，所得税优惠政策切入的最佳时机是从第三阶段开始，即在早期商业化阶段开始实行所得税优惠政策，直到大规模商业化的前期，而大规模商业化经过了一段时期后，基本上项目技术已经非常成熟，而这时往往更为新型的技术也可能产生，因此也就是实行正常所得税的时候，再实行所得税优惠政策的效果往往已经不太明显。关于实行所得税优惠政策的时机与产品或项目生命周期的关系，如图 2 所示。

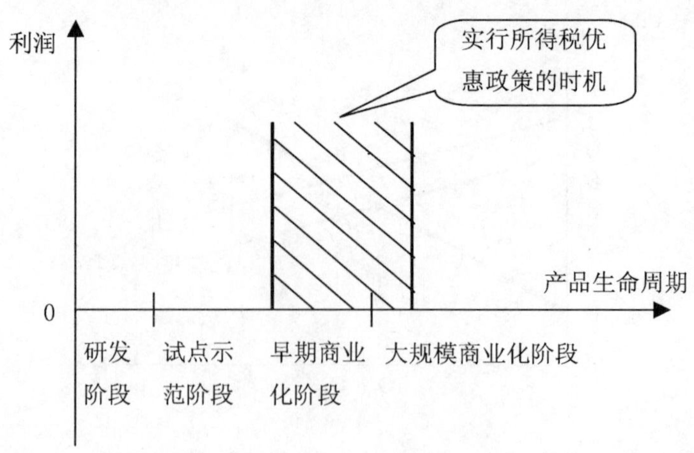

图 2　实行所得税优惠政策的时机与产品生命周期的关系示意图

需要说明的是，上文谈到的在商业化初期直到大规模商业化的前期开始实行所得税优惠政策，而在研发阶段和试点示范阶段不实行所得税优惠政策，并不意味着对这两个阶段的不给予相应的支持。事实上，在产品生命周期的前两个阶段同样需要得到其他的经济激励政策的支持，只是无法使用所得税优惠政策而已。节能产品同样遵循上述产品生命周期，也适用上述分析。

由于节能产品和技术的生产与使用所产生的积极效应并不仅仅体现在能够给产生其的企业带来一定的经济效益，更主要的是，这是一项具有一定程度公益事业的行为，有很强的正外部性。这种正外部性有利于整个国家的能源利用水平的提高，有利于维护国家能源的安全，也有利于经济社会能源的可持续发展。实行所得税优惠政策，同样适用上述原理。但是，遗憾的是，在正常的税制结构尤其是正常的所得税政策中，生产与使用节能产品所给社会带来的正外部性并没有获得“补偿”，即没有将这种外部性行为内部化。如果在所得税政策中对其实行一定的优惠政策，提高其投资回报率和投资能力，降低其投资风险，相当于社会对生产节能产品的这种具有正外部性特征的行为进行的一定经济上的“补偿”。

（二）通过企业所得税政策支持节能产品和技术应注意的问题

总体而言，对节能产品实行所得税优惠政策以前，需要明确以下两点：

（1）对节能产品与技术进行相应的技术甄别。技术甄别相当于是实行所得税优惠政策的前提和首要条件。

（2）规定所得税优惠政策的时限。由于产品节能是一个相对的概念，因此所有的节能产品都具有动态的概念，一个产品在某时期是节能产品，仅仅是相对于当时的技术水平下较之其他同类产品的能源利用效率较高而已，并不意味着该产品永远是节能产品。因此，只有限定某时期的节能产品使用所得税优惠政策的时限，才能更好地保护和鼓励更为新颖的、技术水平更高的节能产品走向市场，才能体现出政策的代际公平。

二、企业所得税节能优惠政策设计的基本原则和思路

通过企业所得税优惠政策促进国家节能战略目标的实施需要全局着眼，多方引导，通过构建科学、合理的优惠政策体系，更好地发挥企业所得税在促进节能方面的政策效应。从政策的着眼点来看，优惠政策不仅应该立足于鼓励节能产品的生产和投资，而且还应该注重引导节能产品的使用和消费，同时还需要兼顾促进节能生产技术的推广和运用；从优惠的方式来看，既要根据我国企业所得税改革的发展方向，借鉴当前国际上的通行做法，更多地采用间接优惠的手段，又要适当采取一些必要的直接优惠手段，以更好地体现国家鼓励节能的政策导向。

（一）基本原则

为了充分、有效地发挥企业所得税节能优惠政策的作用，必须坚持下列原则：

1. 着眼全局

要求充分认识节能工作对于保障我国社会经济可持续发展的战略意义，以及政府积极运用财税政策措施支持、促进节能的必要性。企业所得税作为我国重要税种之一，是政府财税政策体系中的一个重要工具，运用企业所得税的优惠措施鼓励促进节能是国家财税政策的重要选择。企业所得税节能优惠政策不是权宜之计，而是从我国节能现状及财税政策的实际情况出发做出的长远考虑，是一种促进节能的长效激励机制。

2. 把握重点

节能工作任务重，需求大，涉及面广，情况复杂。企业所得税优惠政策是政府利用财税政策支持和促进节能工作的手段之一。所以，企业所得税节能优惠政策必须把握重点，抓住关键环节，充分发挥财税政策的示范和引导作用，力求用较小的税收优惠成本取得尽量大的节能效果。从目前来看，应当重点从节能产品的生产环节和使用环节采用企业所得税优惠措施。尤其在首批目录中要真正做到“优中选优、重中选重”，根据能效标准、市场占有率等指标从严把关。

3. 直接优惠与间接优惠相结合

从优惠的方式来看，要根据我国企业所得税改革的发展方向，借鉴当前国际上的通行做法，更多地采用间接优惠的手段，同时也要适当采取一些必要的直接优惠手段，以更好地体现国家鼓励节能的政策导向。

4. 简便易行，方便操作

根据我国节能认证工作现状以及企业所得税征管规律，企业所得税节能优惠政策措施的设计应当注意简便可行，这有利于降低政策的制定成本和政策实施成本。

（二）可供选择的企业所得税节能优惠政策措施

1. 促进节能产品生产的企业所得税优惠政策措施

（1）直接优惠措施。当前，我国对高新技术企业、资源综合利用企业均从所得税方面通过减低税率或定期减免的直接优惠方式给予了较大的鼓励。节能产品生产企业不仅具有促进能源节约的战略功能，而且大多数节能产品往往是技术较为先进，具有一定科技含量的产品。因此，有必要参照高新技术企业和资源综合利用企业的税收政策，运用直接优惠的方式对节能产品生产企业给予一定的所得税优惠。

①低税率优惠。对专门从事节能产品生产的企业，减半征收企业所得税；对非专门从事节能产品生产的企业，就其生产经营节能产品取得的所得，减半征收企业所得税。非专门从事节能产品生产的企业需要分别核算节能产品生产经营所得和非节能产品生产经营所得，未分别核算或核算不清的不能享受税收优惠。

②定期减免优惠。对企业生产节能产品取得的所得，自生产经营起，免征企业所得税3年。如果企业生产多种节能产品且生产经营起始日期不同的，应该分别核算同一起始日期生产的节能产品所取得的所得，并相应计算可享受定期减免的期限。

③再投资退税优惠。对于节能产品生产企业的投资者，以其取得的缴纳企业所得税后的利润，直接投资于本企业用于生产节能产品或投资新办其他节能产品生产企业，经营期不少于5年的，按40%的比例退还其再投资部分已缴纳的企业所得税税款。对国内其他经济组织作为投资者以其在境内取得的缴纳企业所得税后的利润，作为资本投资于节能产品生产企业，经营期不少于5年的，按80%的比例退还其再投资部分已缴纳的企业所得税税款。

（2）间接优惠。

①投资抵免优惠。企业为生产节能产品而购置的机器设备，其设备投资额的 10% 可从企业当年应纳所得税额中抵免，当年不足抵免的，可用以后年度应纳所得税额延续抵免，但最长不超过 5 年。

②加速折旧优惠。对企业用于生产节能产品的关键设备，可适当缩短折旧年限，但最短为 3 年，或者可采取加速折旧的方法计提折旧。企业可在上述两种方法中选择，并报经税务机关备案后执行。

③加计扣除优惠。加计扣除优惠具体包括以下几个方面：

一是对企业为开发节能产品而发生的研究开发费，未形成无形资产的，研究开发费可以按实际发生额的 150% 在计算企业所得税时扣除；形成无形资产的，研究开发费可以按实际发生额的 150% 计入无形资产原值，按照有关规定摊销。

二是专门从事节能产品生产的企业支付给职工的工资，可按实际发放的工资总额，在计算应纳税所得额时全额扣除。对非专门从事节能产品生产的企业，可按其生产节能产品所实现的销售收入占企业当期全部产品销售收入的比例，计算可予以全额扣除的工资金额。企业的工会经费、福利费和教育经费支出可按准予税前扣除的工资总额，依照规定的标准计算扣除。

三是企业发生的节能产品广告费和业务宣传费支出，可在计算应纳税所得额时据实扣除。非专门从事节能产品生产企业应分别核算节能产品和其他产品所发生的广告费和业务宣传费支出，未分别核算或核算不清的不能予以全额扣除。

四是对其他企业通过中国境内非营利组织、国家机关向非关联的节能生产企业资助的研究开发经费，在计算资助者的企业所得税时允许全额扣除，但当年不足抵扣的部分，不得结转抵扣。

2. 促进节能产品使用和消费的所得税优惠政策措施

（1）对企业为达到国家规定的能耗标准进行节能改造而购置的节能产品或设备，可按其产品或设备投资额的一定比例从企业的应纳所得税额中抵免，当年不足抵免的，可用以后年度应纳所得税额延续抵免，但最长不超过5年。对形成固定资产的节能设备，可适当缩短折旧年限或采取加速折旧的方法计提折旧。

（2）对于不直接从事节能产品生产而仅从事节能产品销售的商贸企业，其销售的节能产品收入可减按一定的比例（如90%）计入企业当期应纳税所得额计算缴纳企业所得税。

3. 促进节能技术推广和运用的所得税优惠政策建议

（1）对企业为生产节能产品服务的技术转让、技术培训、技术咨询、技术服务、技术承包所取得的技术性服务收入，予以免征企业所得税。

（2）对企业为生产节能产品而购买的技术服务支出，可按照150%的比例加计扣除。

（3）企业外购的节能产品生产技术形成无形资产的，可在现行规定摊销年限的基础上，按照不高于40%的比例缩短摊销年限。

在实施上述税收优惠过程中，需要严格对企业享受优惠资格的认定，切实加强税收监管，既要有利于促进节能产品的生产，又要注重防止税收上的漏洞。一方面，要严把初始审核关，就节能产品、节能技术以及从事节能产品生产所需的设备制定严格的认定审核标准和程序，税务机关和相关部门要共同参与企业享受优惠政策资格条件的认定；另一方面，要严格加强跟踪管理，对于随着时间和标准的变化不再属于节能产品、节能技术以及不再属于从事节能产品生产所需设备范围的，应该及时取消其享受税收优惠的资格，以确保优惠政策能真正有效地运用到节能产业中去。

（三）建议近期采取的企业所得税节能优惠政策措施

对于上述优惠政策措施涉及的环节和优惠办法，在具体情况下要具体考虑。我们本着理论与实践相结合的精神，既考虑必要性，又兼顾可能性，广泛听取了各方面的意见，包括对企业进行问卷调查。在此基础上，提出如下建议：

鉴于我国节能产品管理上的特点以及企业所得税征管本身的特征，从强调所得税节能优惠政策的示范性、引导性作用以及降低政策执行成本角度考虑，我们建议近期出台的企业所得税节能优惠政策应主要注重高效节能产品的生产和使用环节。具体政策措施上，我们认为可以考虑对生产环节实行直接优惠，即对生产高效节能产品的企业实行企业所得税减半征收；对购买（使用）高效节能产品的企业实行所得税投资抵免优惠，即对企业购买高效节能产品的支出按一定比例（15%或30%）抵免应缴纳的所得税额。

三、企业所得税优惠的节能产品目录清单、评价指标及政策成本效益分析

根据我国节能中长期规划的基本要求和企业节能产品生产的现状，有选择、有重点、有针对性地确定企业所得税优惠政策的节能产品目录清单及其评价指标。基本要求：现状问题清晰，数据情况准确，选择原则明确，确定理由充分，政策标准合法，科学简明可操作。

（一）有关节能产品（设备）的定义

节能产品（设备）是指符合与该种产品（设备）有关的质量、安全和环境标准要求，在社会使用中与同类产品或完成相同功能的产品相比，它的能源利用效率（能效、能耗）指标符合相关能效标准中Ⅰ级或节能评价值的规定。

（二）确定国家鼓励发展的节能产品（设备）的原则

(1) 符合当前和今后一个时期的市场需求和节能工作需要，有比较广阔的发展前景。

(2) 产品的使用量大面广、节能潜力明显、能源利用效率高。

(3) 技术成熟、可靠，具备推广条件。

(4) 由于价格因素，存在一定的市场推广障碍。

(5) 目前市场占有率较低，不超过市场份额的10%。

(6) 有较高的技术含量，有利于企业的设备更新和技术改造，能促进产业的结构优化和升级，提高企业经济效益。

(7) 优惠政策实施成本较低，综合经济效益显著。

(三) 纳入研究的节能产品 (设备) 目录

在对我国用能产品 (设备) 的市场现状与前景、节能技术、节能产品推广障碍以及相关能效标准进行分析和研究的基础上，明确了节能产品的含义和目录应该涵盖的产品类别。我们对包括中小型三相异步电动机、配电变压器等工业设备，单元式空调、冷水机组等商用设备，单元式空调、冷水机组等商用设备，双端荧光灯、自镇流荧光灯、高压钠灯等照明产品，共计4类、9种用能产品进行了测算分析。见表1。

表1　　纳入研究的节能产品 (设备) 目录

序号	产品名称	适用范围	依据的能效标准	评价指标
1	中小型三相异步电动机	660V及以下的电压，50Hz三相交流电源供电，额定功率在0.55—315kW范围内，极数为2极、4极和6极，单速封闭扇冷式、N设计的一般用途电动机或一般用途防爆电动机	GB18613—2002	效率
2	配电变压器	三相10kV，无励磁调压额定容量30—1600kVA的油浸式和额定容量30—2500kVA干式配电变压器	报批稿	空载损耗、负载损耗
3	单元式空调机	名义制冷量大于7KW、采用电机驱动压缩机的单元式空气调节机 (热泵)、风管送风式和屋顶式空调 (热泵) 机组，不包括多联机	GB19576—2004	能效比

续表

序号	产品名称	适用范围	依据的能效标准	评价指标
4	冷水机组	采用电机驱动压缩机的蒸汽压缩循环冷水（热泵）机组	GB19577—2004	能效比
5	房间空调器	采用空气冷却冷凝器、全封闭型电动机－压缩机，制冷量在 14KW 及以下，气候类型为 T1 的空气调节器。不适用于移动式、变频式、多联式空调机组	GB12021.3—2004	能效比
6	家用电动洗衣机	额定洗涤容量为 13kg 及以下的家用电动洗衣机；不适用于额定洗涤容量为 1.0kg 及以下的洗衣机和没有脱水功能的单桶洗衣机	GB12021.4—2004	耗电量、用水量和洗净比
7	双端荧光灯	标称功率在 14—65W 范围内，采用交流电源频率带启动器的预热阴极双端荧光灯及采用高频工作的预热阴极双端荧光灯	GB19043—2003	初始光效、2000 小时光通维持率
8	自镇流荧光灯	额定电压 220V、频率 50Hz 交流电源，标称功率为 60W 及以下，采用螺口灯头或卡口灯头，在家庭和类似场合普通照明用的，把控制启动和稳定燃点部件集成一体的自镇流荧光灯。不适用于带罩的自镇流荧光灯	GB19044—2003	初始光效、2000 小时光通维持率
9	高压钠灯	作为室内外照明用的，且带有透明玻壳的高压钠灯，功率范围为 50—1000W，配以相应的镇流器和触发器，在额定电压的 92%—106%的范围内正常启动和燃点	GB19573—2004	初始光效、2000 小时光通维持率

（四）节能潜力及成本效益分析

针对各种不同产品，分析预测未来 10 年（2006—2015 年）实施企业所得税优惠政策将带来的节能效益、环境效益和经济效益。

1. 分析步骤

企业所得税收优惠政策节能潜力及效益分析基于对一些参数的收

集、分析和模型预测。

第一步，首先收集和整理产品价格、历年产量、产品年运行时间、产品能效和补贴率等数据；

第二步，进行初步分析，其中包括价格分析、产量预测分析和节电量分析，通过初步分析得出生产成本的增加量、年节电预测量和财政支出预算；

第三步，通过效益分析、节约电费预测分析和减排预测分析，最终得出税收优惠政策实施效益和减少污染气体的排放量。分析程序如图 3 所示。

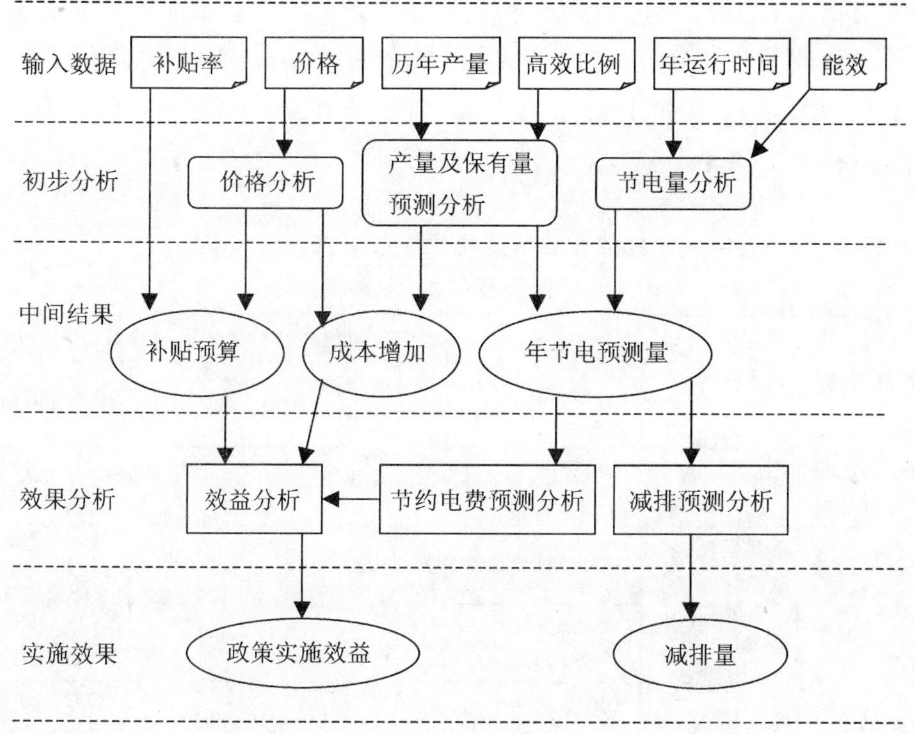

图 3　税收优惠政策节能效益分析步骤图

2. 数据确定与输入

基本输入数据包括：年产量；纳入优惠政策目录的产品市场份

额；产品年净增量预测；高效产品在总产量中所占的比例预测；产品年平均运行时间；产品平均寿命；电价增长率及每年的电价；单位产品年能耗；单位产品成本增加量等。

共性数据的确定：2006年电力价格为0.6元/kWh；未来10年电力价格增长率为2%；投资抵免比例分别为15%和30%；直接优惠所得税比例为50%。CO_2和SO_2碳排放系数取自《中国重点耗能产品节能潜力分析》所用排放系数，分别为CO_2：0.953kg/kWh和SO_2：0.053kg/kWh。

3. 节能潜力初步分析结果

根据上述分析模形，输入相关数据后测算节能潜力与效益如表2所示。预测表明，上述九种产品在2006—2015年累积节能潜力和效益十分明显：可节能1568亿度，相当于节约电（水）费1065亿元，同时减排CO_2 18908万吨，SO_2 1225.6万吨。

表2　纳入研究的企业所得税优惠节能产品（设备）目录及基本测算

产品名称	评价指标	能效标准编号	目前市场份额	实施所得税优惠政策的影响预测(10年累计)		
				节能潜力（亿度）	节约电费（亿元）	减排（万吨）
中小型三相异步电动机	效率	GB18613—2002	1%	689	470	CO_2：6573 SO_2：365
配电变压器	空载损耗、负载损耗	报批稿	1%	22	15	CO_2：208 SO_2：11
单元式空调机	能效比	GB19576—2004	1%	40	28	CO_2：382 SO_2：21
冷水机组	能效比	GB19577—2004	1%	211	145	CO_2：2018 SO_2：112
房间空调器	能效比	GB12021.3—2004	1%	257	177	CO_2：2454 SO_2：136
家用电动洗衣机	耗电量、用水量和洗净比	GB12021.4—2004	0.1%	13	9（电） 2.5（水）	CO_2：65 SO_2：3.6

续表

产品名称	评价指标	能效标准编号	目前市场份额	实施所得税优惠政策的影响预测(10年累计)		
				节能潜力(亿度)	节约电费(亿元)	减排（万吨）
双端荧光灯	初始光效和2000小时光通维持率	GB19043—2003	5%	204	138	CO_2：1940 SO_2：108
自镇流荧光灯	初始光效和2000小时光通维持率	GB19044—2003	5%	78	47	CO_2：2748 SO_2：240
高压钠灯	初始光效和2000小时光通维持率	GB19573—2004	5%	54	33	CO_2：2520 SO_2：229
合计				1568	1064.5	CO_2：18908 SO_2：1225.6

4. 建议纳入首批《目录》的产品及其节能政策成本效益预测

鉴于企业所得税优惠政策作用的特点以及上述节能产品的具体情况，在研究过程中我们进一步筛选了首批列入《目录》的节能产品(设备)。我们认为，选择包括中小型三相异步电动机、配电变压器等工业设备，单元式空调、冷水机组等商用设备，房间空气调节器、电动洗衣机等家用电器，共计3类、6种重点用能产品作为第一批《目录》，是符合客观实际的。下面是具体的测算分析结果：

(1) 中小型三相异步电动机。电动机是工业社会的动力之源，中国所有工业用电的近70%都是通过电动机消耗的。其中，中小型三相异步电动机被广泛应用于工业、农业、商业、建筑和交通等领域中，是量大面广的用能设备。提高中小型三相异步电动机效率可以带来巨大的节能量，对整个中国的节能具有重要的意义。此外中小型三相异步电动机的使用寿命相对长久，对于工业企业来说，在整个电动机生命周期内运行它的成本一般为其最初购买成本的50多倍，提高电动机效率也可为企业带来实质性的节能收益。

我国于 2002 年发布了 GB18613《中小型三相异步电动机能效限定值及节能评价值》。目前，我国中小型三相异步电动机市场竞争焦点在降低产品价格上。许多企业具有生产高效电动机的能力，但由于高效电动机价格较高，严重影响了市场销售，企业对生产高效电动机具有很大的顾虑，不愿开发高效电动机。同样电动机使用企业考虑到使用高效电动机会增加设备购置费用，不愿购买高效电动机。据统计，目前高效电动机在市场中的份额只有 1%。所以将中小型三相异步电动机纳入优惠政策目录，将有效地促进高效电动机市场发展。

输入基本数据如下：

中小型三相异步电动机的年运行时间为 2807 小时。

生产节能中小型三相异步电动机平均增加成本 421 元。

每台节能中小型三相异步电动机的平均补贴率为 126 元。

每台节能中小型三相异步电动机的平均节电率为 472 kW。

加上产量等其他数据后，经过测算，对生产和使用节能型中小型三相异步电动机的企业实施所得税优惠政策后的节能潜力和效益为：2006—2015 年累计可节电 690 亿度，节约电费 474 亿元；可减排 $CO_2$6573 万吨，$SO_2$365 万吨。扣除政策成本（企业所得税减收，分别按不同的投资抵免率）21 亿—44 亿元，直接净效益（节约电费 - 税收减收额）为 430 亿—453 亿元。未来 10 年中小型三相异步电动机节能效益分析结果见图 4。

(2) 配电变压器。电力变压器（包括输电变压器和配电变压器）是国民经济各行业中广泛使用的电气设备。由于使用量大、运行时间长，变压器在选择和使用上存在着很大的节能潜力，尤其对量大面广的 10kV 中小型变压器（即配电变压器）而言，更为显著。降低变压器损耗，提高供配电效率，是目前世界各国普遍关注的问题，也是我国政府抓工业产品节能的重点。

虽然我国变压器节能技术不断提高，但是一些具有巨大节能潜力

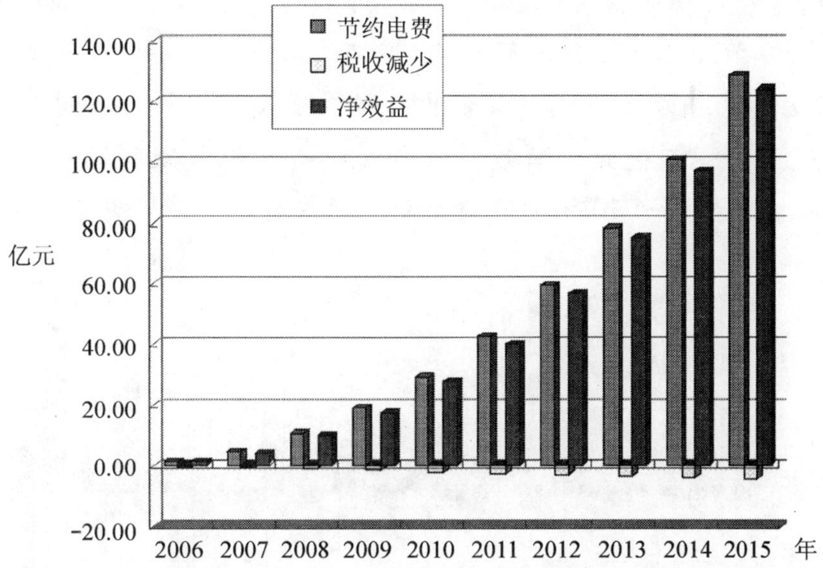

图 4　对中小型三相异步电动机实施优惠政策所产生的影响预测图

的高效变压器发展因价格问题受到市场的制约，这类高效节能变压器技术的推广也十分艰难。而在发达国家或一些发展中国家，这类高效变压器具有较大的市场，1995 年美国就有 70 万—80 万台，印度有 10 万台，目前我国所生产的高效变压器也就是印度 1995 年的 1%。《配电变压器能效限定值及节能评价值》已完成制定，即将发布。因此，配电变压器是适于纳入税收优惠政策的产品之一。配电变压器与其他产品相比，具有价格高、使用周期长的特点，对它实施税收优惠政策的净效益，在几年后才表现出来。

输入基本数据如下：

配电变压器的年运行时间为 8760 小时。

生产节能配电变压器平均增加成本 8370 元。

每台节能配电变压器的平均补贴价为 2510 元。

每台节能配电变压器的平均节电率为 3741 kW。

加上产量等其他数据后，经过测算，对生产和使用节能型配电变压器的企业实施所得税优惠政策后的节能潜力和效益为：2006—2015年累计可节电22亿度，节约电费15亿元；可减排$CO_2$209万吨，$SO_2$12万吨。扣除政策成本（企业所得税减收，分别按不同的投资抵免率）15亿—25亿元，净效益（节约电费－税收减收额）为－9亿—0.04亿元。未来10年配电变压器节能效益分析结果见图5。

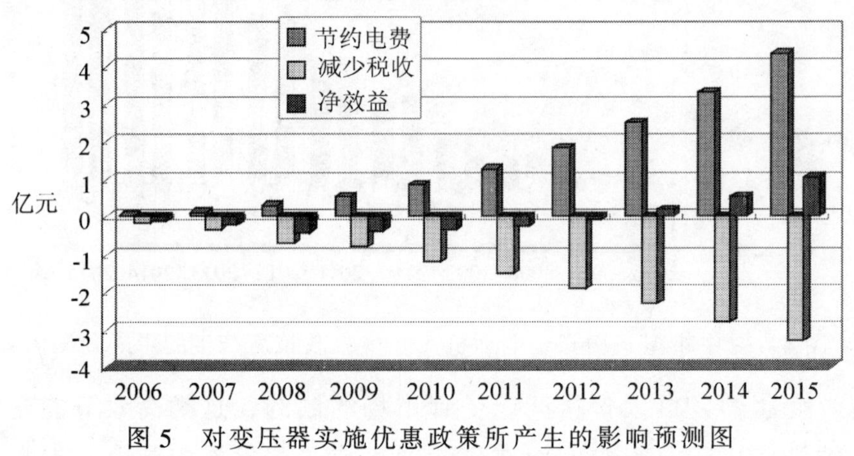

图5　对变压器实施优惠政策所产生的影响预测图

（3）单元式空调。单元式空气调节机（俗称“柜式空调机”）系一种量大面广的产品，广泛应用于医院、学校、餐厅、会议室、客厅、影剧院等人员集中的场合。随着人民生活水平的提高，单元式空调机已越来越广泛地进入家庭。欧美发达国家统计，在用空调和热泵制冷设备耗电量约占各国总发电量的30%（欧洲）至40%（美国）。中国制冷空调工业协会统计结果显示，1999年新增单元式空调机容量约375万kW，2005年的产量预计将达到15万台。目前我国在用制冷空调和热泵制热设备耗电量约占我国总发电量的20%左右，而且每年正在以10%—15%的速度增长。如能将制冷空调产品的能效提高5%，其节电的绝对值是非常惊人的。GB19576—2004《单元式空调机能效限定值及能效等级》国家标准已于2004年8月颁布，因此具备了纳入优惠政策产品目录的基本条件。

输入相关数据（略）并经过测算，可知对生产和使用节能型单元式空调的企业实施所得税优惠政策后的节能潜力和效益为：2006—2015年累计可节电40亿度，节约电费28亿元；可减排$CO_2$382万吨，$SO_2$21万吨。扣除政策成本（企业所得税减收，分别按不同的投资抵免率）18亿—25亿元，直接净效益（节约电费－税收减收额）为2亿—9亿元。未来10年单元式空调的节能效益分析结果见图6。

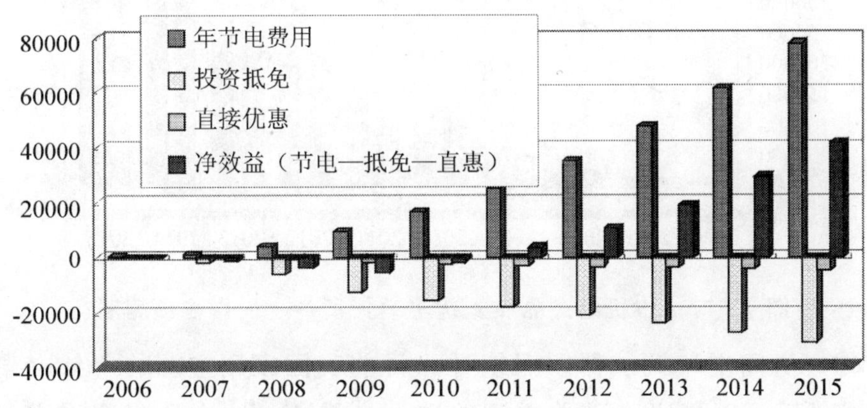

图6 对单元式空调机实施优惠政策所产生的影响预测图

（4）冷水机组。中央空调用冷水（热泵）机组含以电力为能源的蒸汽压缩循环冷水（热泵）机组和以燃油、燃气和热水为能源的溴化锂吸收式冷（热）水机组，主要应用于宾馆、饭店、医院、学校、会堂、展览馆等场合，80年代中后期，在我国获得了广泛的应用。目前，我国在用制冷空调和热泵制热设备耗电量约占我国总发电量的20%多一些，而且每年在以10%—15%的速度增长。

2004年8月，GB19577—2004《冷水机组能效限定值及能效等级》国家标准由国家标准化管理委员会颁布，因此冷水机组具备了纳入税收优惠政策产品目录的基本条件。

输入相关数据（略）并经过测算，可知对生产和使用节能型冷水机组的企业实施所得税优惠政策后的节能潜力和效益为：2006—2015

年累计可节电 212 亿度，节约电费 145 亿元；可减排 $CO_2$2018 万吨，$SO_2$112 万吨。扣除政策成本（企业所得税减收，分别按不同的投资抵免率）8 亿—15 亿元，直接净效益（节约电费 - 税收减收额）为 130 亿—137 亿元。未来 10 年冷水机组节能效益分析结果见图 7。

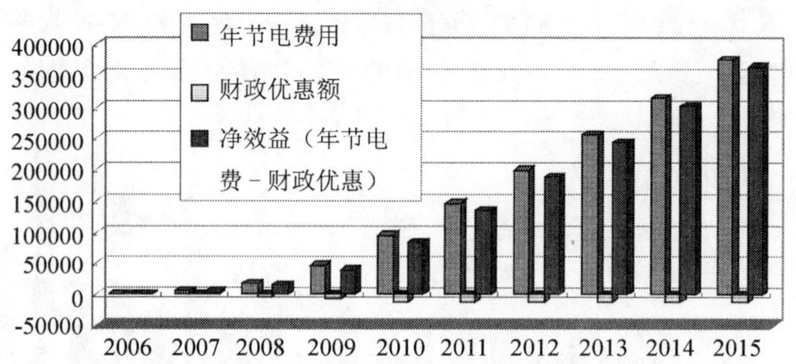

图 7　对冷水机组产品实施优惠政策所产生的影响预测图

（5）房间空气调节器。据统计，目前我国家用空调的年耗电量约为 400 亿千瓦时以上，随着空调的进一步普及，这个数字还将进一步增强，空调已日渐成为能耗大户。同时，由于空调的使用时间比较集中，造成巨大的电力供应峰谷差，高峰时供不应求，低谷时电力设备闲置浪费。2003 年夏季，空调用电占尖峰负荷的 40%—50%。在 2004 年夏季用电高峰时期，20 多个省市区出现拉闸限电，严重影响了居民生活和企业生产。

近几年价格竞争激烈，对空调器产品的质量和行业的发展产生了很大影响。目前，中国市场中的空调器产品能效比有很大的范围，高低相差达 40%。我国与世界其他国家相比，能源效率较低，直接导致能源浪费和市场竞争力的降低。如何引导消费者购买高效产品，企业、消费者、国家同受益，是当前节能工作的重点工作之一。加之我国已于 2004 年正式颁布 GB12021.3—2004《房间空气调节器能效限定值及能效等级》国家标准，因此房间空气调节器是适用于节能产品税收优惠政策的理想产品之一。

输入相关数据（略）并经过测算，可知对生产和使用节能型房间空调器的企业实施所得税优惠政策后的节能潜力和效益为：2006—2015年累计可节电257亿度，节约电费177亿元；可减排$CO_2$2454万吨，$SO_2$136万吨。扣除政策成本（企业所得税减收，分别按不同的投资抵免率）122亿—149亿元，直接净效益（节约电费 - 税收减收额）为28亿—55亿元。未来10年房间空调器的节能效益分析结果见图8。

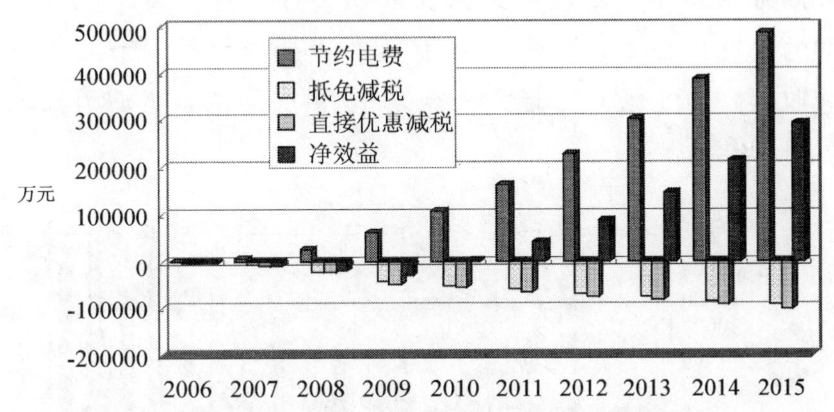

图8　对房间空调器产品实施优惠政策所产生的影响预测图

（6）电动洗衣机。现代生活中，洗衣机几乎已是家庭电器中必不可少的器具，我国是洗衣机生产大国，年产量已超过1400万台，居世界第一。随着消费水平的提高和社会发展的要求，设计、制造满足洗净性能要求、节水节能型的洗衣机具有重要的现实意义。

受全球气候变化、日常生活和工业用水量的增加以及环境污染对水资源的影响，水资源的匮乏和紧缺已经成为各国人民共同面临的世界性问题，我国是世界上13个贫水国家之一，在全国660多座建制市中有将近400多座城市缺水。在日常生活中，洗衣机用水量约占居民全部用水量的25%。目前我国洗衣机的社会拥有量超过6000万台，可见洗衣机的节水问题十分突出。另一方面，虽然波轮式洗衣机耗电较少，而滚筒式洗衣机的耗电较大，它们也都存在节能问题。

GB12021.4—2004《电动洗衣机能效限定值及能效等级》国家标准已于 2004 年颁布，因此具备了纳入节能产品税收优惠政策产品目录的基本条件。

输入相关数据（略）并经过测算，可知对生产和使用节能型洗衣机的企业实施所得税优惠政策后的节能潜力和效益为：2006—2015 年累计可节电 13 亿度，节水 4.7 亿吨，节约水费和电费 33 亿元；可减排 $CO_2$86 万吨，$SO_2$5 万吨。扣除政策成本（企业所得税减收，分别按不同的投资抵免率）21 亿—28 亿元，直接净效益（节约水电费 - 税收减收额）为 5 亿—12 亿元。未来 10 年电动洗衣机的节能效益分析结果见图 9。

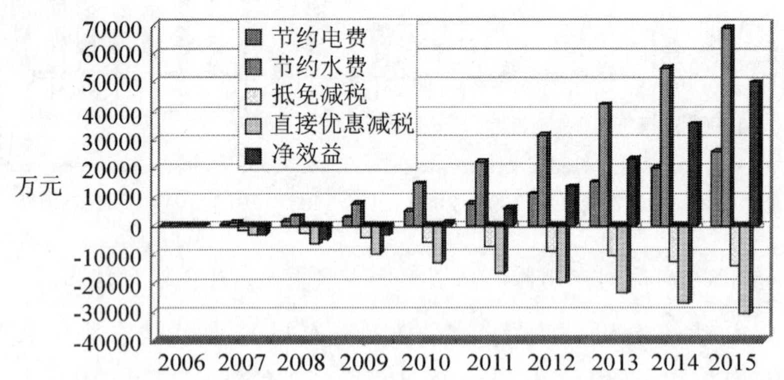

图 9　对洗衣机产品实施优惠政策所产生的影响预测图

（7）六种节能产品实施企业所得税优惠政策的成本效益分析结果。根据上述分析，如果选定上述六种产品（设备）实施企业所得税优惠政策，2006—2015 年的政策成本效益分析结果为：累计节电 1232 亿度，节水 4.7 亿吨，可节约水电费 868 亿元；同时可减排 CO_2：11720 万吨，SO_2：650 万吨；企业所得税收入减少（按不同的投资抵免率）208 亿—278 亿元；直接净效益（节约水电费 - 税收减收额）为 590 亿—660 亿元。可见，所选产品的节能潜力巨大，对其实施企业所得税优惠政策的成本小、效益高。详见表3。

表3　企业所得税优惠节能产品（设备）目录（第一批）及测算结果

产品名称	评价指标	实施企业所得税优惠政策的影响预测（10年累计）				
		节能潜力（亿度）	税收减少（亿元）		节约电费（亿元）	减排（万吨）
			投资抵免按15%	投资抵免按30%		
中小型三相异步电动机	效率	节电：689	21.26	44.44	474.4	CO_2：6573 SO_2：365
配电变压器	空载损耗、负载损耗	节电：22	15.08	24.86	15.1	CO_2：208 SO_2：11
单元式空调机	能效比	节电：40	18.53	24.90	28	CO_2：382 SO_2：21
冷水机组	能效比	节电：211	8.53	15.52	145	CO_2：2018 SO_2：112
房间空气调节器	能效比	节电：257	122.77	149.07	177	CO_2：2454 SO_2：136
电动洗衣机	耗电量、用水量和洗净比	节电：13 节水：4.7亿吨	21.75	28.55	电：9.0 水：24.6	CO_2：85 SO_2：4.7
共计		节电：1232 节水：4.7亿吨	207.92	287.34	868.6	CO_2：11720 SO_2：650

四、企业所得税优惠的节能产品认定管理

影响企业所得税节能优惠政策有效实施的一个关键，是节能产品的认定管理问题。初步考虑，至少有下列问题需要认真研究并做出严格规定：

（一）明确申请条件

申请节能产品及其税收优惠认定的生产者或使用单位，必须具备以下条件：销售或使用的节能产品能实行独立核算；节能产品在《目录》范围内；销售或使用的节能产品符合国家产业政策、符合有关标准要求。

（二）认定的内容

节能产品是否在《目录》范围之内；节能产品是否符合《目录》要求；生产者或使用单位是否符合国家有关企业所得税优惠政策文件所规定的享受优惠政策的条件；适用享受企业所得税优惠政策的种类和范围。

（三）严格而又简便的认定与申诉程序

凡申请享受节能产品优惠政策的生产者或使用单位，应向所在地地（市）级人民政府的发展改革委（计委、经委、经贸委，以下简称地级发展改革委）提出书面申请并抄报主管税务机关。申请享受节能产品优惠政策的生产者或使用单位，应按规定格式填写申请书，并提交以下书面材料：生产者或使用单位的营业执照或者登记注册证明复印件；申请节能产品的能源效率检测报告；销售或购买的节能产品的数量与价格的有关证明材料；生产者或使用单位的税务证明材料；其他有关文件等。

上述材料应当真实、准确、完整。

生产者或使用单位应委托国家认可的国家级产品质量监督检验中心出具节能产品的能源效率检测报告。各省、自治区、直辖市成立节能产品认定委员会，认定委员会由省级发展改革委牵头，同级税务局、财政厅（局）及有关行业管理部门参加。认定委员会对申请材料进行认定。

获得认定证书的生产者或使用单位向税务主管机关提出减免税申请报告，税务主管机关根据认定证书及有关材料，办理有关减免税事项。

生产者或使用单位对认定委员会的认定结论有异议的，可向原作出认定结论的认定委员会提出重新审议，认定委员会应予受理。生产者或使用单位对重新审议结论仍有异议的，可在六个月内直接向上一级发展改革委、税务主管部门提出申诉；上一级发展改革委、税务主管部门根据调查核实情况，有权改变下一级发展改革委和税务主管部门的认定结论。任何单位和个人，有权向有关部门检举揭发通过弄虚作假等手段骗取税收优惠的行为。

（四）实行有效的监督管理

国家认可的第三方的国家级检测机构接受生产者或使用单位的委托进行检测，应当客观、公正，并保守受检产品的商业秘密。检测机构对受检产品的能效指标准确性负责。

对产品能源效率指标发生争议时，应当委托经依法认定的第三方检测机构重新进行检测，并以其检测结果为准。《目录》中节能产品的生产者或使用单位应当接受监督检查。

我们起草的《企业所得税优惠节能产品认定管理办法（草）》可以为相关主管部门提供参考。

五、节能产品所得税优惠政策的配套与展望

（一）节能产品所得税优惠政策的配套

运用企业所得税优惠政策鼓励高效节能产品的生产和使用，是节

能税收政策的一个重要方面，这项政策的有效实施需要与其他相关的税收政策配套。所以，指望通过企业所得税优惠政策来解决所有与节能产品有关的问题，也是不切实际的。如何鼓励和促进节能产品的生产与使用，需要根据节能工作的需要和我国税收制度的现状即政策能力通盘考虑。近期，抓住企业所得税制度改革的机会尽快推出所得税优惠政策，同时，可以考虑从如下几个方面探讨政府促进节能工作的其他税收政策：

(1) 增值税优惠。对生产最终节能产品的企业，可以实行一定期限的增值税即征即退、免征或减征政策。退还增值税可以是全部，也可以是一定比例，视国家财力所能承受的范围以及节能产品在国内和国际同行业中所处的地位而定。基于增值税的中性特征，其优惠范围不宜过多过滥，并且要严格区别划分优惠时限。

(2) 关税政策以及出口退税政策。关税政策主要体现在对进口的节能产品以及生产节能产品的先进技术、设备等方面，凡国内不能生产又是节能产品生产所急需的，实行零关税政策；对于国内能够生产但是生产不能满足需求的，实行一定期限的低关税政策；对于国内也能够生产但是在质量品种方面与国外产品、设备有一定差距的，减免一定期限的进口关税政策。

(3) 车辆购置税和车船使用税方面。

(4) 尽快开征燃油税以及改革消费税。

(二) 从长远看，应当考虑开征能源税

能源税是对化石燃料中的能量征税，通过征收能源税，必将增加高能耗（主要是化石燃料）产品和对环境有害的产品的价格上涨，从而引起此类产品的消费量下降，最终起到抑制化石能源消费的目的。进而还能达到因减少使用化石燃料而减少二氧化碳排放的目的。从税收体系来说，能源税属于生态税（或绿色税收），它与碳税的区别在于，碳税是由政府对于应税源每单位二氧化碳当量排放征收的税目。

无论是发达国家还是发展中国家，能源产品征税已经成为通用的做法。能源税作为一种行为税，调控能力较强，调控手段灵活，调控方式直接，调控效果明显，是政府节能政策的有力工具。特别是这一税种的调控目标单一，在整个税制中的纵向和横向联系相对简单，大大减少了增值税、所得税等税种优惠政策运用中的负面因素，因而政策成本更低。所以，从长远看我们应当根据节能事业发展的需要以及专题税制改革的进程，适时考虑研究设计规范的能源税制度。通过健全的能源税制及其相应的政策，逐步替代目前零散、有限的节能税收政策措施。

财政部财政科学研究所、中国标准化研究院
《鼓励节能的企业所得税优惠政策研究》课题组
主要执笔人：苏　明　傅志华　李爱仙

节约型社会的理论考察
——节约型社会基本问题研究系列报告之一

内容提要

本文沿着经济学的发展脉络，简要概括了经济理论有关资源节约在各阶段的不同阐述，以及工业社会以来人们对节约资源认识的深化，表明随着时间的推移，资源节约使用越来越受到人们的重视，资源对经济社会的发展越来越重要。根据理论认识的深化，节约型社会的内涵需着重把握两点：一要协调经济社会发展与资源的关系，积极促进经济增长方式从粗放型向集约型转变，重视资源的节约使用、综合利用和循环使用，重视经济伦理，防止假冒伪劣等导致的资源浪费等；二要协调人与自然的关系，保护生态环境，研究推行绿色GDP制度。

人类发展的历史就是以获取资源以求生存的历史，但受生产力水平的制约，人类对自然的关系，先后经历了被动适应到主动改造，最后要和谐共处几个阶段。经济理论的研究是始终以人类需要的无限性与资源的有限性这一主要矛盾为主线展开的，对于资源节约使用的认识，也是随着历史的发展和经济认识的不断深化而深入的。归纳总结节约型社会理论研究进程，有助于我们认识把握节约型社会的理论基础、确立合理的政策依据，更有助于我们认识节约型社会的特征和发展规律。

一、关于资源节约使用理论研究

从经济学的诞生起，人类需要（欲望）的无限性与资源稀缺性的矛盾问题，是贯穿其中的一条主线，成为西方经济学研究的核心问题。经济理论研究把资源按照生产要素的性质分为劳动、资本和土地。其中资本也有广义和狭义之分，广义的资本包括除劳动和土地之外的一切生产要素，也包括自然资源。但是由于长期以来经济学研究始终围绕增长这一主题，因此对生产要素的研究，也重要围绕时代生产要求及对增长的影响展开的。随着矛盾程度的不同和经济社会客观情况的发展不同，有关资源节约的西方经济理论在不同阶段中又有不同表现。随着时间的推移，人们对资源节约使用的重视程度也不断加深。

（一）主流古典经济学对土地资源的重视

古典经济学研究由于受到所处时代经济社会发展状况的影响，关于土地资源对生产的约束有一定强调。1776 年，以《国富论》为代表的古典经济学派强调对生产要素投入的研究，并将劳动和土地资源看作是生产的基本要素，是生产的基本源泉；同时提出要重视可再生资源的持续利用问题。在威廉配弟的价值理论中，也有“劳动是财富之父，土地是财富之母”的名言。萨伊在《政治经济学概论》（1803 年）中论述财富生产时表明：生产出来的价值都是归因于劳动、资本和自然力这三者的作用，其中以能耕种的土地为最重要的因素。[①] 同时，重农主义者也曾过度地将自然资源看作是财富的源泉。由于历史时代的局限性，人们对以土地为典型代表的自然资源给予了充分的重视。由于经济学都是围绕着经济增长这个主题开展研究的，主流古典经济学对土地以外的不可再生资源研究的相对比较少。

（二）马尔萨斯的人口论、李嘉图的级差地租论，无不对资源的研究给予了充分的重视

与萨伊同处一个时代的马尔萨斯（《人口原理》1798 年），从为资本主义失业和人民贫困的问题辩解的人口理论出发，阐述了“资本主义人民贫困和失业是因为人口增长过快”[②]，虽然他处于为资产阶级辩护的角度认为这些问题与资本主义私有制度不相干，我们暂且不论，但是他却指出了人口增长过快与其赖以生存的生活资料和空间矛盾性问题，比较早地注意到资源有限性的矛盾，虽然他的建议不是要求节约资源，而是抑制人口，但可以说他从一个对立面反映了加强资源节约使用的客观要求。正是基于这个原因，马尔萨斯被西方称为没有提出“生态经济学”的生态经济学家。李嘉图认为。资源报酬递减规律是制约经济增长的自然法则。认为土地数量的有限和质量的差异、农业报酬呈递减规律，在所有的土地都耕种完了以后，农业的报酬递减趋势将压倒工业的报酬

① 宋承先主编：《西方经济学名著提要》，第 127 页。

② 宋承先主编：《西方经济学名著提要》，第 118 页。

递减规律，结果是经济增长越来越慢。

（三）新古典经济学对资源配置理论的涉及

随着“边际革命”带来的崭新经济分析工具和方法，进入新古典经济学的研究阶段，重视生产和消费的平衡，以及资源优化配置研究。微观经济学中，研究注意到社会生产的规模收益问题，进一步涉及到生产和分工按比例进行的资源配置理论，这在人类认知与经济理论发展上是一个重要进步。由于收益递减的普遍规律，对任何一种活动（生产或消费）投入太多的资源都是不利的，因此之故才有所谓按比例发展的规律。进一步引申分析，也就说明资源的稀缺程度与其重要性是正相关的，不考虑替代因素，那么要素对于生产适用于“竹桶原理”，即最低的一片竹子决定了竹桶的容量，而在生产中，不可再生资源也将对社会生产产生同样的制约。这个时代的经济学家如马歇尔，认识到了自然资源的价值问题，但却忽视了对资源本身的研究，都很少提到资源本身对经济发展的重要性，未将自然资源本身作为增长的决定因素。

在新古典经济学的宏观分析中，生产资源都由生产函数加以体现，生产函数的因子从单一的资本逐步扩展到的资本、劳动、知识等因素，为了分析方便，往往假定经济是足够大的，从而生产要素的供给是充分的，只要有充分的资本，就可以买到资源要素。资源的有限性纳问题，恰恰被这些假定淡化了。

（四）增长的极限

进入凯恩斯经济主义时代以来，人们对资源环境的重视并没有放松。20 世纪 30 年代，霍泰林发表的《可枯竭资源经济学》，对可枯竭资源连续开采的租金变化率与利率相等的经典论断进行阐述，但当时并没有被得到足够重视。

上个世纪 70 年代受石油危机的影响。经济学界开始着手研究资源环境问题。1968 年，梅多斯等经济学家受罗马俱乐部之托，撰写了麻省理工学院研究小组关于人类现在和未来的境况的第一个研究报告，该报告于 1972 年以《增长的极限》为名公开出版。梅多斯等人在前言里开门见山地提出，环境恶化、人口激增与经济停滞已经成为现代人类所面临的主要问题，而人类社会的未来发展，甚至人类社会的继续存在，据说都取决于世界对这些问题作出反应的速度和能力。报告采用正规世界模型，研究了具有全球意义的五中种基本趋势，即加速工业化、人口激速增长、广泛的营养不良、不能再生的资源消耗与日益恶化的环境。得出如下三条结论：①“如果让世界人口、工业化、污染、粮食生产和资源消耗像现在的趋势继续下去，全球的增长将在今后 100 年内达到极限”；②改变这类增长趋势并达到一种将长期保持生态稳定和经济稳定的状况是完全可能的，全球均衡状态将会使世界上每个人的基本物质需要得到满足；③人们越早开始努力争取这种全球均衡，获得成功的可能性就越大。报告中也论述了科学技术发展的作用，但只能延缓、并不能根本解决问题。

（五）当代经济增长理论关于环境与经济增长的分析①

自然资源、污染和其他环境考虑是索洛模型所没有的。但至少从马尔萨斯（1798）发表著名的《人口论》，对生活资料和空间局限性的进行论述以后，很多人相信这些考虑对长期经济增长的可能性是至关重要的。比如，地球上石油和其他自然资源储量是固定的，这意味着任何试图走上一条持久产出增长的路径最终都将耗尽这些资源，因而必定要失败。同样，土地的固定供给也可能变成我们生产能力的一种束缚或约束。或者，日益增长的产出可能回产生不断增长的污染量，这将会导致增长停止。

为此，现代宏观经济学论及环境制约如何影响长期增长的问题，

① 《Advanced Macroeconomics》（高级宏观经济学）第二版。

并将环境因素分为两类，一类是产权明确的因素①，如自然资源和土地；另一类是产权不明确的因素②，如没有污染的空气和水。

经济增长与能源的联系的模型与结论。传统的经济学理论认为经济增长取决于劳动的投入量变动、资本的投入量变动和技术进步，也就是说，经济增长可以归结为生产要素的增长和技术进步水平。

自上世纪70年代石油危机发生以后，能源对西方各国经济增长产生了极大的负面影响，能源与经济增长的关系受到世界各国的普遍关注，由于能源在经济增长中的作用越来越突出，国内外学者认为能源是和劳动、资本一样在生产中都是不可缺少的一个重要变量，因而，将能源作为经济变量引入到科布·道格拉斯生产函数当中，设：

生产函数为：

$$Y = K^{\alpha} R^{\beta} T^{\gamma}\ (AL)^{1-\alpha-\beta-\gamma}\quad (\alpha>0,\ \beta>0,\ \gamma>0,\ 1-\alpha-\beta-\gamma<0)$$

式中Y代表总产出（GDP），K代表资本投入量，L代表劳动投入量，A代表技术状况，R代表能源投入量，T代表土地数量，α，β，γ分别为资本、能源和土地的产出弹性。动态中资本、劳动和有效劳动变化率为，$K_{(t)} = sY_{(t)} - \delta K_{(t)}$，$L_{(t)} = nL_{(t)}$，$A_{(t)} = gA_{(t)}$，假定土地增长率为零即 $T_{(t)} = 0$，自然资源逐渐减少即 $R_{(t)} = -bR_{(t)}$。

研究结果表明：资源和土地的有限性能够引起工人人均产出最终

---

① 环境产品产权明确有两层含义，一是关于产品应该如何使用由市场提供价值信号。例如，假定最可用的证据就是石油的有限供给将会是未来某一时点生产能力产生的重要限制。这意味着石油在未来会有一个更高的要价，但这又反过来预示着石油的所有者不愿意现在廉价出售他们的石油，这样石油在今天就会卖更高的价格，从而现在的使用者存在储存的动机。简言之，石油的固定数量可能限制未来生产能力的证据将不能作为政府干预的依据。这种情形（虽然很不幸），还得由市场来解决。环境产品产权明确的第二层含义是我们可以用产品的价格来获取它在生产中的重要性的证据。例如，既然石油对未来生产会是重要约束的证据将导致现期石油价格也会高，经济学家可以用现在的价格来推测最好的可得证据对石油的重要性意味着什么；他们没有必要孤立地评估证据。

② 产权不明晰的环境产品，产品具有外部性。例如，厂家可以制造污染却不对受害居民进行补偿。这样政府干预的情况就比较强烈，关于产品的重要性没有一个市场价格来提供一个方便的证据。最后，对环境问题感兴趣的经济学家必须试着评估他们自己的证据。

的下降，但是实际上不必定这样。每个工人人均资源和土地占用数量的降低是牵制了增长，但是技术进步对增长又是一个促进。如果技术进步的促进比资源和土地导致对增长的牵制还大，每个工人的产出就会有一个持续的增长。过去几个世纪发生的正是这样。

但也阐明：土地的存量是固定的，资源使用最终必定下降。这样，即使技术进步可以在过去几个世纪对经济的促进能够超过资源和土地的制约，这些资源的有限性最终对我们的生产能力形成约束性制约仍然是可能的。索洛在增长模型中只所以没有发生这种情况，就因为是COBB－DOUGLAS函数是不变弹性的生产函数，在要素投入函数不为1的情况下，分析得出的直观结果就是：资源的有限供给将导致收入的稳定下降。然而实际上，认识到生产函数不是柯布—道格拉斯函数也不应该高估资源和土地有限性的重要性。①

另外，污染对增长的影响主要是引起人民福利的损失，也既引起对产出计量的不准确。每工人资源和土地占有量并不是环境问题对增长限制的唯一方式，生产也会产生污染，污染会减少正确计量的产出。也就是说，如果我们的真实产出的数据等于在反映其对效用影响的价格水平上的所有产出，那么污染将会以一个负价格水平进入。再者，污染上升到一定程度，还会有损传统衡量的产出。比如，全球变暖将会通过影响海拔水平和天气模式来减少产出。

经济学理论并没有给我们理由来渲染污染。因为那些产生污染的人不负担污染成本，无节制的市场将导致过量污染。同样，在一个无节制的市场中也无法阻碍环境灾难的发生。运用特定的方法，Nordhaus（1992）得出其他类型污染的福利成本是比较大的，但依然是有

① 理由是，归于资源和土地的收入份额是下降的，而不是上升的。我们可以写成土地的份额为土地的实际出租价格乘以土地对产出的比率。实际出租价格没有什么变动趋势，而土地对GDP的比率是稳定下降的，这样，土地的收入的份额就下降了。类似地，真实的资源价格有了温和的下降，土地对GDP的比率也在下降，这样，资源的收入份额也是下降的。资源和土地的份额的下降意味着经济增长阻滞的下降。

限的，他估算污染将使正确衡量的年度增长降低大致0.04个百分点。

环境经济学家得出：环境问题对增长的可能影响，最多也是温和的。但这并不意味着环境因素对长期增长来说总是不重要的。实际上，当代经济学家对资源环境的分析，结论并没有罗马俱乐部那样悲观，但也指明了资源环境因素对增长的制约是不容忽视的。

二、经济社会关于节约资源认识的发展

由于生产力水平的限制，远古时期的人们，对自然界的干预和影响十分有限，对自然的基本态度是“适应”，人与自然的关系表现为原始的和低级的和谐。

工业革命以来，人类从自然界获取物质的能力大大提高。人类在创造巨大物质财富的同时，也付出了巨大的资源和环境代价。在推进工业化的初期，人类还没有深切体会到自然资源供给和环境容量的有限性。随着人口的持续增加，经济规模的不断扩大，传统的生产模式带来的资源短缺和环境污染，迫使人类进行深刻反思。1962年，美国生物学家卡逊出版了《寂静的春天》一书，用触目惊心的案例阐述了大量使用杀虫剂对人类的危害，敲响了工业社会环境危机的警钟。1965年，美国经济学家鲍尔丁从经济的角度提出了循环经济的概念，他将人类生活的地球比做太空中的宇宙飞船，提出如果不合理地开发自然资源，当超过地球承载能力时就会走向毁灭，只有节约和循环利用资源，才能持续发展下去。

1975年的诺贝尔经济学奖得主列奥尼德·康托罗为奇（Leonid Vitaliyevich Kantorovich）和佳林·库普曼斯（Tjalling C. Koopmans），前者在1939年创立了享誉全球的线形规划要点，后者将数理统计学成功运用于经济计量学。他们对资源最优分配理论做出了贡献而得奖，反

映了当时人们对资源配置乃至资源节约和高效使用的重视。

20世纪70年代，发生了两次世界性能源危机。经济增长与资源短缺之间矛盾凸显，引发人们对经济增长方式的深刻反思。1972年，罗马俱乐部发表了题为《增长的极限》的研究报告，首次向世界发出了警告："如果让世界人口、工业化、污染、粮食生产和资源消耗像现在的趋势继续下去，这个行星上的增长极限将在今后一百年中发生"。尽管这个报告中的观点有些片面和悲观，但提出的资源供给和环境容量无法满足外延式经济增长模式的观点，引起全世界的极大关注。同年，联合国发表了《人类环境宣言》，提出了人类在开发利用自然的同时，也要承担维护自然的责任和义务。

20世纪80年代，人们开始探索走可持续发展道路。1987年，时任挪威首相的布伦特兰夫人在《我们共同的未来》的报告里，第一次提出可持续发展的新理念，并较系统地阐述了可持续发展的含义。

1989年，美国福罗什在《加工业的战略》文中，首次提出工业生态学概念，即通过将产业链上游的"废物"或副产品，转变为下游的"营养物"或原料，从而形成一个相互依存、类似于自然生态系统的"工业生态系统"，为生态工业园建设和发展奠定了理论基础。

1992年，在巴西里约热内卢召开的联合国环境与发展大会，通过了《里约宣言》和《对世纪议程》，正式提出走可持续发展之路，号召世界各国在促进经济发展的过程中，不仅要关注发展的数量和速度，更要重视发展的质量和可持续性。环发大会后，世界各国陆续开始积极探索实现可持续发展的道路。

资源矛盾突出是近几十年来的事情。以节约资源为目的的循环经济理念在国际上的形成是20世纪90年代的事情，1998年传入中国。到目前为止，在中国的发展大概可以分为两个阶段。1998年到2002年是学术关注的阶段，2003年以来是走向实践的阶段。2002年末原国家主席江泽民和原国务院总理朱镕基发表讲话提出我国节约和综合利用资源、发展循环经济的重要性和迫切性，2003年国家主席胡锦涛和国务院总理温家宝进一步强调循环经济对于中国21世纪实施科学发展观的意义。总之，人类在发展过程中，越来越感到自然资源并非取之不尽，用之不竭，生态环境的承载能力也不是无限的。人类社会要不断前进，经济要持续发展，客观上要求转变增长方式，探索新的发展模式，减少对自然资源的消耗和生态系统的破坏。节约和综合利用资源、发展循环经济便应运而生。

三、建设节约型社会的内涵分析

根据上面的分析，节约应是一个宽泛的概念，节约型社会应该包括社会生产、生活的各个环节及生态环境保护的方方面面，也涉及经济伦理和社会文化等，具体是指在社会生产、流通、消费的各个领域，通过采取综合性措施，提高资源利用效率，以最少的资源消耗获得最大的经济和社会收益，保障经济社会可持续发展的经济形态。当前我国构建节约型社会，必须统筹协调经济社会发展与人口、资源、环境的关系，进一步转变经济增长方式，加快建设节约型社会，在生产、建设、流通、消费各领域节约资源，提高资源利用效率，减少损失浪费，以尽可能少的资源消耗，创造尽可能大的经济社会效益。大致需要处理好以下两个关系：

第一，协调经济社会发展与资源的关系。一要积极促进经济增长方式从粗放型向集约型转变，采取多种途径实现转型、采取各种政策保证措施；二要重视资源的节约使用，要注意生产环节节约资源（节能、节水，科技创新、集约生产等）、建设环节节约资源（土地节约使用、用料的节约、节能建筑和节能设备的使用以及科学决策评估防止重复建设、超标建设等）、流通环节节约资源（改善物流管理提高效率、交通运输行业节能、交通基础设施的合理构建与使用、打破地区保护不利于竞争等）、消费环节节约资源（鼓励节能消费如家庭节能、能源替代政策如汽车消费的乙醇汽油等、鼓励节水消费，发挥文化作用引导和鼓励节约如防止讲排场造成的浪费、汽车大排量的偏好等，循环使用如教材等；政府消费需要科学制定财务制度、预算编制与管理；改善行政管理，避免设租导致的浪费等），加强资源节约使用的法律制度措施建设。三要重视资源的综合利用和循环使用，包括资源综合利用（垃圾、三废等废物综合利用，其他物质的综合利用等）和资源循环使用。四要重视经济伦理，防止假、冒、伪劣等导致的资源浪费等。

第二，协调人与自然的关系，保护生态环境。构建节约型社会，不能孤立地讲节约，良好的生态环境是构建节约型社会的前提条件，是一个问题的两个方面，是相辅相成的。如果只注意资源节约，而不注意保护环境，生态环境的破坏势必带来资源的浪费和破坏；如果只注重保护环境而不讲究节约，有限的资源早晚有枯竭的一天。而且，污染具有外部性，存在污染者不承担污染社会成本的问题，从而使正常计量的产出大打折扣，影响增长和人们的福利。所以，节约资源与保护环境是一致的。一要改善生态环境，节约资源，包括环境投融资机制、控制污染保护环境等；二要研究推行绿色GDP制度。一些发达国家也正在从保护环境的角度出发改革现行的GDP制度，即“绿色GDP”，将环境因素计算到生产产值中。

我国人口众多，资源相对不足，生态环境脆弱。目前我国经济增长方式尚未从根本上转变，经济增长在很大程度上仍是依赖资源的高消耗来实现，导致资源的约束矛盾突出，环境污染严重，生态破坏加剧。世纪头20年，我国将处于工业化、城镇化加速发展阶段，实现全面建设小康社会的战略目标。如果继续沿用粗放型的经济增长方式，资源将难以为继，环境将不堪重负。必须倡导节约，使资源得到充分有效利用，最大限度地减少废弃物排放，实现经济社会可持续发展。在这种背景下，促进节约型社会的建设，是当前我们的必然选择。我们必须正确理解和把握节约性社会的内涵，才能更好地把建设节约型社会的任务落到实处。

本文参考文献：

1. 宋承先主编：《西方经济学名著提要》，江西人民出版社 1989 年版。

2. 历以宁著：《宏观经济学的产生与发展》，湖南出版社 1996 年版。

3. 周宏春、刘燕华等著：《循环经济学》，中国发展出版社 2005 年版。

4. DAVID ROMER：ADVANCED MACROECONOMICS（second edition），McGraw－Hill Higher Education，2001.

财政部财政科学研究所

《建立节约型社会的公共财政策研究》课题组

课题负责人：苏　明　白景明

课题协调人：赵云旗

课题组成员：吕旺实　杨良初　文宗喻　马晓玲　韩凤芹

李　明　何华祥　王立刚　赵福昌　孟翠莲

李亚茹　高小平　王建新　申学锋　刘　微

刘军民　王志刚　刘　芳　王宏利　王　璐

课题执笔人：赵福昌　孟翠莲

我国不可再生资源利用状况及瓶颈分析

——节约型社会基本问题研究系列报告之二

内容提要

本报告重点分析我国主要的不可再生能源的现实储量及利用状况，以期为分析和认识我国建立节约型社会的紧迫性提供现实依据。

本报告的研究结论是：以目前的耗用规模和使用效率看，我国重要的一次性资源将会在50年内耗用殆尽；我国经济发展所需的主要矿藏资源存量低，进口依存度在5年内将超过50%；按照目前的水资源耗用规模和利用水平，15年后我国水资源将十分紧缺；未来15年内经济发展所需的土地与土地存量之间的矛盾将日益突出；我国能源利用瓶颈主要表现在：人均资源存量远低于世界平均水平；我国资源消耗增长速度很高，资源利用效率整体偏低；我国对外资源依赖度还将升高；资源重复利用率远低于发达国家；能源利用造成的生态环境状况相当严峻。

能源之中，以不可再生能源为最要，唯其不可再生，更显其稀缺性与重要性。因此，能源的重要又重点落脚在不可再生能源的不可循环利用。为此，本报告重点分析我国主要的不可再生能源的现实储量及利用状况，以期为分析和认识我国建立节约型社会的紧迫性提供现实依据。

鉴于各种不可再生资源在一国经济发展中的重要性，本报告重点分析的不可再生的资源种类是：能源资源、水资源、土地资源及主要金属矿藏资源。我们按照中国环境规划院、国家信息中心公布的“十一五”规划编制工作研讨会参考资料“未来15年中国经济与环境发展趋势分析”的分析结果（该分析假定“十一五”期间我国投资增长率为10%左右，“十二五”为8%，“十三五”为6.5%左右，消费需求增长速度维持在7%左右，“十一五”期间我国经济增长率保持在8%左右，“十二五”为7.5%左右，“十三五”为7%左右），对我国不可再生资源的现有存量及耗费前景进行了初步分析。

通过数据分析，我们认为我国不可再生资源的存量及利用效率的现状是：

一、以目前的耗用规模和使用效率看，我国重要的一次性资源将会在50年内耗用殆尽

（一）石油

据中国新能源网2003年的报道，截至2003年，我国石油资源的可采储量约为1058亿吨，其中有效地质资源量为391亿吨，已探明有效地质资源总量为170亿吨，可开采的资源量为94亿吨（中国统计年鉴2004所列的2003年我国石油剩余可采储量为24.3亿吨）。按照中国规划院的统计和预测，我国2002年、2010年、2015年和2020年的原油消费数量分别是22540万吨、35003万吨、47857万吨和61371万吨，4年的算术平均数是41692.75万吨，约4.2亿吨，以此年耗量计算，94亿吨可开采石油储量仅可使用22.4年，如果以统计年鉴所列数据则仅可使用5.8年。而据新华网2005年7月25日的报道，按照石油专家扣除储采比后的预计，我国石油实际仅可开采14年。综合上述数据，我国石油的可开采存量可供经济发展所用年限的下限是6年，上限是22.4年。2004年，我国已经取代日本成为世界第二大石油进口国，我国对外石油依存度已达到40%，预计2020年将达到60%。2010—2015年间，我国石油供应主体由国内转移到国外，大量利用国外石油资源已不可避免。如果以现有石油利用水平推算，即使我国未来经济发展中所耗用的石油有50%能够进口，则现有的可开采石油存量最少可用12年，最多可用45年。目前，美国等发达国家的石油进口依存度已超过50%。近几年来我国在世界范围内的石油进口方面的努力已引起世界发达国家的高度重视甚至敌视，发达国家对我国石油进口的抵御和围剿日益给我国石油进口造成极大

阻碍。中俄“安大线”的夭折、中石油收购美国优尼科公司失败案就是这方面的重要例证，它也表明中国新的能源地缘政治关系不容乐观。

从石油开采和使用效率看，按照中科院的统计，2003年我国共消耗石油2.4亿吨，单位GDP产值的石油消耗是美国的2.4倍、日本的4.3倍。2003年美国消耗的石油是9.4亿吨，占2003年世界石油总产量的25.5%，如果按美国单位产值的石油消耗，那么中国应该消耗石油42亿吨，而2003年世界石油产量仅为36.9亿吨。由此可见，我国石油使用效率的提高尚有较大的提升空间。

（二）煤炭

我国是世界上少有的以煤炭为主要能源的国家，我国的年耗煤量占世界年煤耗总量的1/3。2004年5月底，全国直供电场的存煤仅够维持8天。我国煤炭资源储量2004年数据为3373.4亿吨（中国统计年鉴），而实际可用煤炭总储量是1900亿吨。2004年我国煤炭采出煤炭可用量为19亿吨，除以目前不到40%的资源回收率，2004年实际耗用的煤炭可存储量近50亿吨，以此速度计算，1900亿的可用煤炭储量仅够使用40年左右。① 不仅如此，在现有开采水平下，我国煤炭的年产量极限是20亿吨，以中科院的测算，2020年我国煤炭的年需求量为21.35亿吨，存在1.35亿吨的需求缺口。未来15年内煤炭供应紧张局面无法得到根本改善。煤炭供需紧张局面与煤炭生产的采后不回填问题，也是导致我国煤炭行业安全事故频发的主要原因。

从单位产值的煤耗看，现在我国每公斤标准煤能源产生的国内生产总值仅为0.36美元，而日本为5.58美元，世界平均值为1.86美元，2003年美国消耗煤炭总用量为10.95亿吨，如果按美国单位产值

---

① 此组数据来自2005年秦皇岛煤炭订货会上中国电力企业联合会高级工程师沙亦强提供的数据。

的煤炭消耗，那么中国应该需要煤炭49亿吨，而2003年全世界的煤炭产量为46亿吨。2003年中国能源消耗强度为1.18吨标准煤/千美元GDP，远远高于发达国家，是美国的3倍、日本的近6倍。不可忽视的一个是事实是，我国1.4万亿美元的GDP却消耗15亿吨标准煤，比GDP高达11万亿美元的美国还多4亿吨煤。由此可见，我国煤炭使用效率极低，煤炭使用效率尚有较大提升空间。

此外，从我国能源使用现状可以看出，在相当长的一段时间里，煤炭都是我们经济发展所依靠的基础能源，煤炭工业会越来越显现出无以替代的战略地位。以煤炭为主的能源消耗结构将使未来中长期内我国大气污染防治任务更加艰巨。

（三）天然气

2004年中国统计年鉴表明，截至2003年底，我国天然气剩余可采储量为22288.7亿立方米。按照中国规划院的统计和预测，我国2002年、2010年、2015年和2020年的天然气消费数量分别是282亿、774亿、1110亿、1476亿立方米，4年的算术平均数是910.5亿立方米，以此年耗量计算，假设2005年天然气储量仍为22288.7亿立方米，也只够消耗24年。

2005年国内天然气年产量将达到500亿立方米。为了满足快速增长的国内市场需求，从2005年起我国天然气进口将逐步上升。从2005年开始，我国天然气供应出现低于需求的状况。届时，我国将通过东南部沿海地区液化天然气码头和从北部地区天然气管道（主要来自俄罗斯）进口液化天然气。2005年我国对天然气的需求将达到637亿立方米，供需之间的差距将拉大。届时，城市将从大量使用煤炭转向使用清洁能源天然气，而目前天然气消费量在我国能源消费总量中仅占很小的比重，约为2.5%。近年来，我国天然气需求呈爆炸式增长。预计2004—2020年间平均增速将达11%—13%，到2020年全国天然气需求可望超过2000亿立方米，比现在的300亿立方米增长5—6倍。天然气在能源消费结构中的比例也将由2004年的2.8%—3%增长为10%。

未来15年，我国天然气生产增速虽然会比原油快，但同样不能满足日益增长的需求。目前，我国天然气产量为408亿立方米，预计2010年天然气供需缺口为200亿立方米。

从能源消耗的整体情况看，中国能源研究会提供的数据显示，我国目前能源利用效率仅为34%，相当于发达国家20年前的水平，相差10个百分点。我国石油储采比为14.5，而世界平均水平达40。尽管天然气储采比有了很大的提高，已达36，但仍远低于世界平均水平（64）。

能源利用效率低还突出体现在矿产开采过程中。以山西为例，按国家《煤炭工业技术规范》要求，矿井采区回采率最低不应小于75%，但现在陕西省没有一家煤炭企业回采率达到规定要求，全省煤炭资源回采率平均不到30%。这使得从储量上看能开采上百年的煤矿实际上仅三四十年就会开采殆尽。

石油开采中综合利用率也较低。新疆油田的回采率平均为40%，而陕北一些油井的回采率不足20%，这意味着，埋藏于地下的原油每吨仅能开采出100多公斤，而其余800多公斤都被白白浪费。资源大量浪费的背后是石油开采企业仅从成本考虑，拒绝采用提高采收率的注水技术。

二、我国经济发展所需的主要矿藏资源存量极低，进口依存度在5年内将超过50%

我国主要矿藏人均占有量分别为世界人均占有量的数据是：铁为34%，铜为24%，铅为35.3%，锌为58.4%，镍为29%，钴为

62.5%，铝为 13.9%，锰为 18.3%，金 19%等。多数均不足世界平均水平的 50%，人均矿藏资源在世界上综合排名第 80 位。

2003 年，我国实现的 GDP 仅占世界 GDP 总额的 4%，但消费的铁矿石、钢铁、水泥、氧化铝分别占世界消费量的 30%、27%、40%和 25%。根据商务部 3 月 23 日公布的《2003 年生产资料市场发展状况及 2004 年展望报告》的资料，2003 年中国工业消耗的主要资源对外依存度都创了新高，铁矿石 36.2%、氧化铝 47.55%、天然橡胶 68.24%。到 2010 年，我国的铁矿石对外依存度将达到 57%、铜 70%、铝 80%。这将绷紧世界金属供应链，并且是长期的趋势，并不因为短期的政策调整而改变。

据报道，截至 2004 年底我国 900 余座县级以上国有金属矿山中，已有三分之二进入开采中晚期。九大有色金属资源基地中，接近枯竭的矿山占 56%，有保障的仅占 19.5%。目前我国已开发利用的铜矿资源占全国总探明资源储量的 67.1%；铅占全国总探明资源储量的 68.2%；锌占全国总探明资源储量的 71.5%；铝资源数量不多，且质量较低；镍、钼、锡、锑等资源则由于过度开采，且长时间找矿勘察没有大的突破，后备资源十分有限。随着我国经济的快速增长，矿藏资源利用率过低，矿藏资源短缺问题将日益突出。

不仅如此，在矿藏资源短缺的同时，我国金属矿藏资源开采管理混乱，采储比较低。矿产资源总回收率仅为 30%，比国外先进水平低 20 个百分点。另外，我国主要矿产品储采比（即开采保证年限）远低于世界平均水平。我国正在成为世界上最主要的矿产进口国。自 1990 年以来，我国石油、铁矿石、锰矿石、铜、钾消费对外依赖程度进一步上升。这些短缺矿产多为大宗矿产，国内已探明储量较少，且多为贫矿或难选矿，严重地影响开发利用。矿产品供应短缺，进口量却逐年攀升，进口耗汇大幅增加。

全国各类矿产不仅呆矿相当多，现有储量中只有 60%可供开发，35%可以采出，而且已开发的矿产资源总回收率只有 30%，共伴生矿产资源综合利用率不到20%（国外平均为40%至50%）；单位产值所消耗的能源和原材料是发达国家的几倍，有的达到十几倍。

从以上数据可以看出，过去50多年中，我们已开发利用的主要矿藏资源已超过探明储量的50%，如果不改善矿藏资源的开采效率和使用效率，我国自有的主要矿藏资源必将与能源资源一样在50年内耗用殆尽。并且，未来15年内，主要矿藏资源的进口依存度将超过50%。随着世界经济竞争的日益残酷，我国矿藏接口问题也很可能在未来15年中面临与石油一样的资源进口的世界性竞争问题。

三、按照目前的水资源耗用规模和利用水平，15年后我国水资源将十分紧缺

全国环境保护“十一五”规划编制工作研讨会参考资料之二“未来15年中国经济与环境发展趋势分析”对我国水资源需求的预测结果表明，要达到未来5—15年经济发展的各项目标，全国总用水量在预测期内将持续增长，到2020年到达预测期内的高峰值。该报告对2002年、2010年、2015年和2020年4年的我国年用水总量进行了统计和预测，以此预测数平均计算，我国未来15年中年平均耗水5835亿立方米，若以此年耗量计算，如果没有水源补充，我国现有的28124亿立方米（2004年统计年鉴静态数）的水资源总量仅够5年耗用。

根据预测，2020年可供水量6100亿—6500亿 m^3，需水量6000亿—6500亿 m^3，在水量能够保持现在水平的自然补给量的条件下，总体上看全国供水总量可基本上满足农业、工业、生活和部分生态环境的用水需求，但如果出现供水量是下限值，需水量为上限值的情况，

将缺水400亿m^3左右，届时农业和生态环境用水将受到较大影响。

从水资源的使用效率看，按照《2000/2001年世界发展报告》提供的数据计算，1999年我国每立方米水产出的GDP为1.9美元，仅为美国的10%、日本的4.2%、德国的4.1%。按购买力计算，我国单方水产出GDP为美国的41.7%、日本的23.4%和德国的20%。20世纪90年代以来，全国平均每年因干旱受灾的面积超过0.27亿hm^2，约占农作物总播种面积的1/5。我国平均每年因缺水减产粮食造成的经济损失约500亿元，影响工业产值2000多亿元。华北和西北地区的资源型缺水问题已成为区域可持续发展的主要制约因素。

据《中国水资源公报》，2001年全国12.1万公里的评价河流长度中，近40%的评价河流长度受到严重污染；在评价的24个湖泊中，有50%湖泊污染严重。据有关研究结果表明，我国因水污染造成的经济损失占GDP的1.5%—2.8%。北方地区由于水环境容量有限，水污染导致可利用水资源量减少，缺水城市和缺水地区增加；南方的长江三角洲和珠江三角洲等水资源相对丰富的地区也不断出现了水质型缺水问题。

从全国地下水采用情况看，华北地区和部分沿海城市地下水严重超采，其中海河流域平原区已累计超采地下水约900亿m^3，为流域地下水资源量的3.8倍，形成各类地下水漏斗近30个，漏斗区面积占流域平原面积的47%。地下水超采诱发了地面沉降、地裂缝、海水入侵等地质环境问题。

“十一五”期间由于工业重复用水率提高较快，工业用水量的需求变化不大，甚至略有减少，在此期间水资源需求的增长主要来自农业和生活用水量的增长；“十二五”和“十三五”期间水资源需求的所有增长都将来自于工业和生活消耗，与2003年相比，生活用水将分别增长22.94%和32.63%，工业用水由于重复用水率的增速放缓，而工业经济仍保持高速增长，因此，这一时期的工业用水量将有较大幅度的提高，预计将比2010年增长34.5%。全国用水量预测结果表明，到2010年和2020年城镇生活用水量将分别达到485亿m^3和679亿m^3，这意味着在城镇人口分别比2003年增长0.28和0.74倍的同时，城镇生活用水量分别增长0.47和1.06倍，届时，城镇生活缺水将不可避免。

上述数据表明，未来15年内，我国经济发展及生活所需的水资源将十分紧缺，如果不在“十一五”的前几年尽快提高水资源的利用效率，我国水资源紧缺问题将会成为制约经济发展速度及改善人民生活质量的重要因素。如果处理不当，业已存在的地区间“争水”矛盾将会更一步激化。

四、未来15年内经济发展所需的土地与土地存量之间的矛盾将日益突出

根据国家统计局发布的《中华人民共和国2004年国民经济和社会发展统计公报》，我国土地面积144亿亩，沙质荒漠、戈壁合占国土总面积的12%以上，改造、利用的难度很大，可用国土面积不到国土总面积的40%，即不到57.6亿亩。截至2004年10月底，人均耕地为1.41亩，为世界人均耕地的1/4。此外，我国受重金属污染的土壤面积达2000万公顷，占耕地总面积的1/6。因工业“三废”污染的农田近700万公顷，使粮食每年减产100亿公斤。

导致我国可用土地面积，特别是耕地面积减少的原因主要是城市扩展中的建设用地、公路建设用地、非农用地的增加以及土地沙漠化和土地污染导致的耕地减少。

目前，农业生产至关重要的耕地，占我国土地面积的比重仅10%多。全国每年因灾害损毁的耕地约199.5万亩以上。不少地区由于投入不足，土壤肥力下降也影响了耕地质量。

国土资源部公布的数据显示，1997 年到 2002 年期间我国耕地净减少 6164 万亩，年均减少 1027 万亩。2003 及 2004 年度全国土地利用变更调查表明，2003 年全国耕地净减少 3806.1 万亩，耕地面积由 2002 年年末的 18.89 亿亩下降到 2003 年年末的 18.51 亿亩。2004 年我国耕地净减少量为 1422.0 万亩，全国耕地面积由 2003 年 10 月底的 18.51 亿亩，降为 2004 年 10 月底的 18.37 亿亩，人均耕地由 1.43 亩降为 1.41 亩。2004 年度全国土地整理复垦开发补充耕地 518.4 万亩，是 1999 年以来补充耕地最多的一年。从 2003 及 2004 年的耕地变化情况来看，生态退耕仍是耕地减少的主要因素，占耕地净减少的 85%。

根据统计数据计算，全国耕地面积由 1996 年 10 月底的 19.51 亿亩，减少为 2004 年 10 月底的 18.37 亿亩，耕地净减少 1.14 亿亩，同期生态退耕 9708 万亩，占耕地净减少的 85%。扣除生态退耕因素，1996 年至 2004 年，全国耕地净减少 17 万亩，年减少约 200 万亩，这 200 万亩中城市扩展用地占绝大比重。

按照国土资源部公布的资料，2002 年我国城市面积 464772 平方公里，其中：建成区面积 25972.55 平方公里。城市范围内人口密度 760 人/平方公里。从 1981 年到 1998 年，全国设市城市建成区用地每年增加约 820.1 平方公里（折合 1230150 亩）。1981 年我国城市建成区面积仅 7438 平方公里，1998 年增加到 21379.56 平方公里，为 1981 年的 2.87 倍，年平均增长 6.5%。1998 年城市面积为 813585.7 平方公里。市用地的外延扩展使得平均每年高达约 190 万亩的耕地被占用，而且多为近郊区优质、高产的良田、菜地。以此扩展速度计算，我国未来 15 年内，将要耗用优质耕地 2850 万亩，主要分布在长三角和珠三角地区，这些城市化高速发展的地区也成为我国人多地少、人地矛盾最为突出的地区。

在经济建设导致耕地减少的同时，我国土地沙漠化的发展速度也十分惊人。上世纪 50 年代至 70 年代，年增 1500 平方公里，80 年代达 2100 平方公里，90 年代末达到 3460 平方公里（519 万亩），目前总面积已达 267.4 万平方公里。土壤酸化主要由酸雨引起，我国受酸雨影响面积已占国土面积的 40%以上，比上世纪 80 年代增加了一倍多；随着黄淮海平原盐渍土的大面积减少，全国土壤盐渍化面积的扩张基本得到遏制，但内陆（特别是西部地区）盐渍土的面积还在大幅度增加，对我国西部大开发构成严重影响。

综合以上数据，以扣除生态退耕因素的过去 10 年的土地减少量并以过去的减少速度推算，2005 年及未来 15 年内，我国耕地面积至少要减少 3200 万亩，届时我国耕地总数为 18.05 亿亩，其中 1/6受重金属污染。届时人口数若为 14 亿，则人均耕地面积将降为 1.38 亩，逼近世界人均耕地 0.8 亩警戒线（事实上我国目前已有 600 多个县市人均耕地面积在世界公认的人均耕地警戒线 0.8 亩以下)。以年均 519 万亩沙漠化的速度计算，2005 年及未来 15 年内，我国可用土地面积将减少 8304 万亩，届时全国可用土地面积将下降至 56.77 亿亩，经济发展所需土地与土地存量之间的矛盾将日益突出。从近几年所发生的多起大规模警民冲突案件看，因占用农民用地而导致冲突的案例比重较大。可以说，土地的节约使用问题，不仅关系到国家和民族的长远发展，也关系到近期的社会稳定。如果在 30 年后，我国人均耕地降至国际警戒线 0.8 亩以下（中科院的预测是 2030 年），那么，我国经济发展必将遭到世界各国更严重的围攻和封锁。

五、我国资源利用瓶颈分析

根据上述数据分析，我们认为我国能源利用瓶颈主要表现在以下几个方面：

一是人均资源存量远低于世界平均水平。我国石油储量仅占世界1.8%，天然气占0.7%，铁矿石不足9%，铜矿不足5%，铝土矿不足2%。在人均资源量方面，我国人均矿产资源是世界平均水平的1/2，人均耕地、草地资源是世界平均水平的1/3，人均水资源是世界平均水平的1/4，人均森林资源是世界平均水平的1/5，人均能源占有量是世界平均水平的1/7，其中人均石油占有量是世界平均水平的1/10。

二是我国资源消耗增长速度惊人，资源利用效率整体偏低。1990年到2001年，我国石油消费量增长100%，天然气增长92%，钢增长143%，铜增长189%，铝增长380%，锌增长311%，十种有色金属增长276%。如今，我国的钢材消费量已经达到大约2.5亿吨，约占世界总消费量的40%；水泥消费约8亿吨，约占世界的50%；电力消费居世界第二位，仅低于美国。在铁、铜、铝等重要矿产的储量上，无论是相对还是绝对，中国已无大国地位。以单位GDP产出能耗表征的能源利用效率，我国与发达国家差距非常大。以日本为1个单位做比较：意大利为1.33，法国为1.5，德国为1.5，英国为2.17，美国为2.67，加拿大为3.5，而我国高达11.5。

三是我国资源对外依赖度还将升高。未来一个时期，中国的产业结构仍然处于重化工主导的阶段，高能耗、高污染产业仍然具有高需求。由于国内资源不足，到2010年，我国的石油对外依存度将达到57%，铁矿石将达到57%，铜将达到70%，铝将达80%。到2020年，中国石油的进口量将超过5亿吨，天然气将超过1000亿立方米，两者的对外依存度分别将达70%和50%。

四是我国资源重复利用率远低于发达国家。据了解，尽管我国人均水资源拥有量仅为世界平均水平的四分之一，但水资源循环利用率比发达国家低50%以上。我国即将进入汽车社会，大量废旧轮胎形成环境污染不断上升。而我国的废旧轮胎再生利用率仅有10%左右，远低于发达国家。

五是我国能源利用造成的生态环境状况比较严峻。据了解，我国现有荒漠化土地面积 267.4 万多平方公里，占国土总面积的 27.9%，而且每年仍在增加 1 万多平方公里；我国目前的废水排放总量为 439.5 亿吨，超过环境容量的 82%；我国七大江河水系，劣五类水质占 40.9%，75%的湖泊出现不同程度的富营养化；我国 600 多座城市中有 400 多座供水不足，其中 100 多个城市严重缺水；我国废气中二氧化硫排放量为 1927 万吨，烟尘排放量为 1013 万吨，工业粉尘排放量为 941 万吨，人民身体健康受到严重损害。当前生态难以支撑高污染、高消耗、低效益生产方式的持续扩张。

面对上述资源利用瓶颈，党和政府十分重视，从民族长远发展的战略高度提出了建立节约型社会的重大方针。党的十六届五中全会报告中指出，“十一五”时期社会资源利用效率要显著提高，单位国内生产总值能源消耗要比“十五”期末降低 20%左右。2005 年 12 月 21 日，胡锦涛同志在北京展览馆参观建设节约型社会展览会时指出，建立节约型社会，一是要加强组织领导，明确节约能源资源的目标要求，实行严格的责任制。二是要加快调整结构，运用高新技术和先进适用技术改造传统产业，淘汰高耗能、重污染的落后工艺、技术和设备。三是要发挥科学技术作用，集中力量研究开发提高能源资源利用效率的关键技术和共性技术，支持重点行业加快节能、节水、资源综合利用的技术改造。四是要完善体制机制，进一步制定和实施有利于节约能源资源的价格、财税、投资政策，推动节约能源资源工作。五是要健全法律法规，强化监督管理。

应该说，党中央、国务院对我国资源利用瓶颈的认识是十分深刻的，制定了具体的能源节约目标，指出了比较系统而具体的能源节约思路。但是，节能问题的关键在于中央政策在部门和地方的有效贯彻落实。20 多年的改革实践证明，中央制定的好的政策往往在贯彻过程中走样，某些政策的运行结果甚至与政策制定初衷背道而驰。我国能源利用瓶颈问题的解决，需要制定系统协调的具体措施，特别是能源开发利用的行政问责措施。

本文参考文献：

1. 中国能源网、中国国土资源部网站、中国环境规划院、国家信息中心提供的“十一五”规划编制工作研讨会参考资料等。

2. 由于搜集数据时采集了大量国内关于能源利用分析的文献中的数据，这里未能一一列举，敬请有关作者及机构谅解。

财政部财政科学研究所
《建立节约型社会的公共政策研究》课题组
课题负责人：苏　明　白景明
课题协调人：马晓玲
课题组成员：吕旺实　杨良初　文宗瑜　马晓玲　韩凤芹
李　明　何华祥　王立刚　赵福昌　孟翠莲
李亚如　高小平　王建新　申学锋　刘　微
刘军民　王志刚　刘　芳　王宏利　王　璐
课题执笔人：李　明
本报告材料收集：李亚如、王宏利、王璐

附件：

未来15年中国经济与环境发展趋势分析”的分析结果

该分析是中国环境规划院、国家信息中心提供的“十一五”规划编制工作研讨会参考资料。分析假定“十一五”期间我国投资增长率为10%左右，“十二五”为8%，“十三五”为6.5%左右。消费需求增长速度维持在7%左右。“十一五”期间我国经济增长率保持在8%左右，“十二五”为7.5%左右，“十三五”为7%左右。

该报告对我国未来15年内能源消耗量的预测结果如下：

能源种类	单位	2002年	2010年	2015年	2020年
煤炭消费量	万吨	139259	221207	239501	254631
焦炭消费量	万吨	12251	27078	29011	30474
原油消费量	万吨	22540	35003	47857	61371
汽油消费量	万吨	3607	5545	6083	6539
煤油消费量	万吨	869	1480	1802	2141
柴油消费量	万吨	7853	11092	12304	12345
燃料油消费量	万吨	3883	5457	5497	5214
天然气消费量	亿立方米	282	774	1110	1476
电力消费量	亿千瓦小时	14829	32662	39438	47528
能源消费总量	万吨标准煤	148221	227741	266082	304083

全国用水量预测结果如下：

年份	2003	2010	2015	2020
合计（亿 m^3）	5344	5825	5992	6178

节水型社会建设的财政支出压力分析

——节约型社会基本问题研究系列报告之三

内容提要

节水是落实节约型社会建设政策的重要方面。本报告在分析当前我国水资源占有和利用所面临的突出矛盾的背景下，根据公共财政原理，分析了节水领域政府的支出职能，并估算了这些支出项目在一定期间（“十一五”期间）可能给财政带来的支出压力。当然，节水型社会建设并不是仅靠这些财政支出就能解决问题，更重要的是通过财政完善职能、增加引导性投入，来促进全社会节水体制、机制和制度的形成和完善，以经济（价格）、法律、行政等多种方式和手段促进节水型社会的形成。

水是基础性的自然资源和战略性的经济资源，是维系经济社会、生态与环境可持续发展的决定性要素。实现水资源的可持续利用，进而保障经济社会的可持续发展，是世界各国共同面临的难题。《中华人民共和国水法》明确规定："国家厉行节约用水，大力推行节约用水措施，推广节约用水新技术、新工艺，发展节水型工业、农业和服务业，建立节水型社会"。在我国建设人与自然协调发展、经济社会可持续发展的和谐社会以及着力推进经济增长方式转变的今天，建设节水型社会就更是一项具有突出战略意义的紧迫任务。

然而必须看到，建设节水型社会是一项非常复杂的系统工程，不仅需要政府加大直接的投入，还需要从完善政策、制度建设等多个角度切入解决问题，引导企业、居民、社会节约用水。为此，我们有必要认真分析建设节水型社会对财政可能带来的支出压力，以便财政统筹兼顾政府各项职能的履行。

一、当前我国经济社会水资源利用面临的突出矛盾和节水型社会建设的目标

（一）当前经济社会水资源利用存在的突出矛盾：水资源短缺和水资源利用不合理并存

我国是淡水资源严重短缺的国家，且时空分布不均，人均水资源占有量2200立方米，仅为世界平均水平的1/4；北方地区人均只有990立方米，不到世界人均值的1/8。我国每年缺水量约300亿—400亿立方米，每年工业产值因缺水损失2300亿元，耕地每年因旱减产粮食280多亿公斤。全国669座城市中有400座供水不足，110座严

重缺水，在32个百万人口以上的特大城市中，有30个长期受缺水困扰。城市、工业年缺水近60亿立方米。在广大农村，无法得到或负担不起安全用水的人口有3亿多人。全国农田受旱面积年均3亿亩左右，平均每年减产粮食280多亿公斤。一些水资源相对丰富的地区，因水体污染造成水质型缺水，许多城市水源污染严重，饮水安全形势十分严峻。据预测，我国人口在2030年左右将达到峰值16亿，届时人均水资源量只有1750立方米，将成为严重缺水的国家。在充分考虑节水的情况下，预计届时用水总量为7000亿—8000亿立方米，而全国实际可能利用的水资源量约为8000亿—9000亿立方米，水资源进一步开发的难度极大。如果不采取有力措施，我国很可能在未来出现严重的水危机。

与水资源短缺的现实相比，我国水资源利用方式粗放，用水效率不高。我国水资源利用的效率和效益与国际先进水平相比有较大差距，在生产和生活领域存在严重的结构型、生产型和消费型浪费。2002年我国万元GDP用水量为537立方米，是世界平均水平的4倍。2003年我国万元GDP用水量为448立方米，约为发达国家的4.5倍。农业灌溉用水有效利用系数为0.4—0.5，发达国家为0.7—0.8；全国工业万元增加值用水量是发达国家的5—10倍，水的重复利用率不到50%，发达国家已达85%；许多城市输配水管网和用水器具的漏水损失高达16%以上，仅城市便器水箱漏水一项每年就损失上亿立方米。此外，每年排放的大量废污水未经过有效处理而不能循环使用，更加剧了水资源供需矛盾。随着我国人口的增加、经济的快速增长和城镇化进程的加快，水资源需求量将持续上升，水资源供需矛盾将更为突出。

（二）节水型社会建设的目标

2005年5月下旬，国家五部委联合发布了《中国节水技术政策大纲》，这是我国第一个涵盖了农业、工业和城市生活节水技术的政策性文件。《大纲》提出了通过节水技术政策的实施力争实现的目标：到2010年实现工业取水量“微增长”，农业用水量“零增长”，城市人均综合用水量逐步下降。

根据国家水利“十一五”规划，“十一五”期间节水目标是：万元GDP用水量由370立方米降低到300立方米；万元工业增加值用水量由180立方米降低至120立方米；灌溉水有效利用系数由0.45提高到0.5。

到2020年，我国将初步建成与小康社会相适应的节水型社会，未来15年将是我国节水型社会建设的关键时期。节水型社会建设的总体目标要细化到具体指标：到2010年，全社会自觉节水的机制初步形成，全民节水意识明显增强，浪费水资源现象得到有效遏制；水资源利用效率和效益明显提高，万元GDP用水量年均降低6%以上，农业灌溉用水实现零增长、工业用水量年均增长率不超过1%、服务业用水效率接近同期国际先进水平。到2020年，节水制度和水资源配置工程体系基本完善，产业结构、布局与水资源承载能力相协调；全社会形成自觉节水的风尚和合理的用水方式；在维系良好生态系统的基础上实现水资源的供需平衡，实现经济社会发展用水零增长。

二、节水型社会建设的财政支出压力分析

节水的主要手段有技术手段、工程手段、价格手段（经济手段）、行政手段、法律手段。直接体现为财政支出压力的主要是促进节水的工程手段和技术手段。工程方面的支出压力又主要体现在水资源配置、节水灌溉等工程建设、饮水安全工程、防污治污投入方面；技术方面的支出压力则体现在促进工业节水技术改造、农业节水灌溉技术

改造、节水技术基础研发投入等。

（一）优化水资源配置、节水灌溉等水利基本建设支出责任

根据水利基建项目投资形势及项目前期工作、建设进展等情况进行测算，结转至 2005 年及以后在建项目对中央投资的需求规模约为 1620 亿元，其中 2005—2008 年在建项目中央投资需求为 1242 亿元，结转至 2009 年及以后项目中央投资需求为 378 亿元。若只考虑南水北调工程等优先保证项目、国家已批复立项的在建项目和大型灌区节水改造等国家政策扶持性项目等 3 类在建重点项目，2005—2008 年在建项目中央投资需求约为 1056 亿元，年均 264 亿元。2005—2008 年拟建项目中央投资需求约 254 亿元，年均 64 亿元。两者相加，2005—2008 年在建、拟建重点中央水利基建项目年均中央投资需求 328 亿元。

1. 水资源配置工程

水资源配置工程建设的目的是提高对水资源在时间和空间上的调控能力。为缓解我国北方水资源短缺和生态环境恶化状况，中国政府正在规划和建设南水北调工程，以从根本上缓解北京、天津等华北地区和西北地区水资源短缺问题。南水北调工程是跨流域、跨省市的特大型水利基础设施，规模宏大，投资多，且具有公益性和经营性双重功能，需要通过多种渠道筹集建设资金。工程建设资金既要有政府财政性资金投入，同时用市场手段融资筹集部分建设资金。政府财政性资金的投入，按照“谁受益，谁负担”的原则，要由中央财政和地方财政共同筹集。南水北调工程投资规模大，仅正在实施的东、中线一期工程静态投资就达 1240 亿元。根据工程总体规划，2003 年至 2010 年，每年平均投资 138 亿元。2004 年起工程开始进入投资高峰，2005 年和 2006 年最高峰年投资额约为 248 亿元。以中央财政占 30% 的比例估算，中央财政为此将累计支出 372 亿元。同时，全国正在建设一批区域水资源配置工程，克服水资源区域分布严重不均匀状况，统筹

地区发展，这也需要地方财政安排相应的建设支出。

2. 促进农业节水灌溉的支出

中国的人口到2010年达到14亿，2030年达到16亿时，中国十几亿人口的粮食安全问题始终政府工作的重中之重，而粮食安全的关键之一又在于保障充足的农业用水。农业用水不可能通过大规模调水去解决，只能通过自身的农业节水，提高用水效率来保障粮食用水安全。我国消耗的淡水资源70%是农业用水，而农业用水中90%是灌溉用水。就农业灌溉而言，现在全国有效灌溉系数平均为0.43，有关方面论证，2010年要求提高到0.5，到2030年必须达到0.6～0.65才能满足要求。据水利部的测算，如果要满足2010年农业经济发展的要求，节水的目标是650亿方水，需要投入2200亿元，其中包括农民的投劳。财政支持的重点将包括大力开展农田水利基本建设、大型灌区的节水改造和续建配套等。

（二）保障饮水安全的支出责任

《国务院关于2005年深化农村税费改革试点工作的通知》指出：完善城乡公共财政制度，进一步优化支出结构，新增财政支出和固定资产投资要重点向农村倾斜，加大对农村教育、道路、供水、卫生、文化事业的投入。饮水安全是社会公益事业，应得到国家公共财政的支持。各级政府应将解决人民群众饮水安全问题作为建设和谐社会的重要内容，切实加强领导，统筹安排，增加投入。对贫困地区的饮水工程建设，应以政府补助为主，群众自筹为辅。对经济发达地区的饮水工程建设，所需资金由政府、受益群众、市场等多种途径筹集。对饮水工程建设和运行中的用地、用电、税费等应实行优惠政策。

目前，国家已将农村饮水列入农村基础设施“六小工程”之一给予高度重视。国家从2000年开始实施农村饮水解困项目。2000—2004年，共安排国债资金103亿元，加上各级地方政府的配套资金和群众自筹，总投入约200亿元，解决了农村6000万人口的饮水困难，成绩巨大，但任务依然艰巨。目前农村饮水安全工作重点已转向了解决水质不达标问题，农业部、卫生部、水利部、财政部等相关部门正组织制定《农村饮水安全总体规划》，计划到 2010 年进一步解决 8000 万农村人口的饮水安全问题。到 2020 年为 3 亿多农村居民提供安全饮用水，这是一项长期而艰巨的任务。以解决饮水安全人均 200 元左右的支出计算，到 2010 年和 2030 年，国家累计需要安排的支出分别需要 160 亿元和 600 亿元。

（三）防治水污染的财政支出责任

在水资源总量短缺的同时，水污染治理率低与重复利用率低也已经成为我国缺水的核心问题。加大对水污染治理投入、促进水资源循环利用也是政府促进节水的一个重要方面。目前全国很多大城市的污水处理率和中水回用率还相当低。自 1998 年以来，国家累计投入国债资金 1100 余亿元用于水污染治理，关闭了约 1.5 万家高消耗、高污染企业，减少了对水体的污染。但是，随着经济的发展，污水排放还在成倍地快速增加，治理污染的速度赶不上污染增加的速度，主要水系水质仍呈恶化趋势。[①] 2004 年全国废污水排放总量 693 亿吨，比 1980 年增加了两倍多，全国每年约有 1/3 的工业废水和 2/3 的生活污水未经处理直接排入水中。根据最新的统计公报，2005 年我国城市污水处理率提高到了 48.4%，而发达国家的污水处理率已达到 85% 以上，美国、加拿大、日本、欧洲等发达国家的水重复利用率已高达 90%。"十一五"期间，财政需要下大力气支持城市污水处理，这包括城市污水输送管网的建设和改造、大规模兴建污水处理厂（当然在有条件的地区可以积极推进污水处理

① 国家环保总局资料表明，2004 年七大水系中，一半以上河段受到不同程度的污染，达不到饮用水源的标准；36.6% 的河段水质属于Ⅴ类、劣Ⅴ类，其中劣Ⅴ类达到 27.9%，已经丧失了直接使用功能。

市场化运作，减轻财政投入压力）等，提高城市污水收集率，加大水污染防治力度，力争到2010年城市污水处理率由现在的48%提高到60%以上，主要江河湖泊水功能区水质达标率达到65%以上，城市主要供水水资源地水质达标率95%。以每吨污水处理综合成本0.70元估算，则达到60%的污水处理率目标需要投入274亿元，若财政承担20%左右的公共投入（如输送管网建设和维护），则财政每年将需要为此支出50亿元左右。

（四）用于支持节水技术研发、节水改造的财政支出

技术节水是通过各种引导性支出政策，促进产业结构的调整，大幅度压缩高耗水项目、改造原有项目也是政府促进节水的一个重要手段。为此，财政要加大对通用节水技术基础研发、节水设备的投入，支持节水新技术、新工艺的研究开发与推广。此外开展再生水利用、海水淡化利用等水资源开发也需要财政予以一定的支持。当然支持节水技术改造领域并不一定需要财政百分之百资金的投入，可以创新支出方式，比如对节水技术改造予以财政贴息，对节约水利用的生产过程和工艺给予税费优惠，增加节水设备的政府采购等多种方式来予以支持，通过财政有限的资金支持和政策扶持，尽可能地促进节水产业化。

（五）加强用水监测、计量管理，推广定额用水制度，建立与用水权指标控制相适应的水资源管理体系

科学确定水资源的宏观控制指标和微观定额指标并加强其管理，是建设节水型社会工作的基础。水资源的宏观控制指标，用来明确各地区、各行业、各部门乃至各单位、各企业、各灌区的水资源使用权指标。水资源的微观定额指标，用来规定社会的第一项工作或产品的具体用水量要求。通过控制用水指标的方式，提高水的利用效率，达到节水目标，这是节水型社会的重要基础。

建设节水型社会，实行阶梯式水价制度势在必行。阶梯水价要求分段计时，要分时计量。而现有的供水水表大部分不具备这个计量条件，未来政府需要投入相当资金给予提供和改造，并推广使用。

此外，加强水资源费征收管理也需要取水、用水环节计量技术和手段的跟进，特别是对自备取水户，要敦促其节约用水，强制性计量设施的安装和管理也将必不可少，所有这些也需要各级政府加大投入，特别是对从江河湖泊超大量取水计量器具的开发和制造。

（六）公共供水网管线改造的投入

目前我国城市化率已达到 41.8%，城市化进程的加快推进也给节水带来了很大的压力。当前我国城市节水存在的突出问题是旧城区公共供水网线与城市节水需求不相适应，水的输送过程中存在着“跑冒滴漏”的较严重问题。因此，城市输配水管网的改造，也包括农田水利田间末渠的引水修固，这些都需要相当数量的财政投入来解决，特别是初期性、引导性投入必不可少。当然这些支出并不是要求财政承担全部支出责任，城市供水企业（单位）也应加大相关设施和工程的改造，农村水利还包括引水渠道的加固、防渗，也应充分调动水灌单位投入的积极性，包括农民的投工投劳，最大限度减少水资源输送过程中的浪费。

（七）小结

综合以上几个主要方面的支出需求，在充分考虑企业、单位、个人（农民）等主体的投资能力和市场化筹资渠道外，“十一五”期间，节水型社会建设大约还需要国家财政直接支出以及相关投入 3000 亿—3500 亿元，年均支出需求约 600 亿—700 亿元，占年年度财政总支出的比重约为 2%。大体的匡算过程见表 1。

表1　　节水型社会建设财政支出需求规模的大体匡算

相关支出责任项目	“十一五”期间的财政支出（亿元）	年均支出（亿元）	有关说明
水利基本建设支出	2000—2500	450	水利基本建设中所需公共投入的部分
其中：水资源配置工程	230—300	60	主要为南水北调等重大项目
促进农业节水灌溉支出	600—750	150	农业节水灌溉总投入约需2200亿元，财政按30%左右的比例承担。
保障饮水安全的支出	160	32	主要为农村饮水安全
防治水污染的支出	250	50	按财政承担20%左右的治污投入来估算
支持节水技术研发、节水改造的支出	100	20	包括：支持节水共性技术研发，设立节水改造专项资金或贴息资金等
公共供水管网改造投入	100—200	30	主要为引导性投入
其他	100—300	40	如加强水资源管理、水权制度建设等支出
总　　计	3000—3500	600—700	

需要说明的是，以上只是我们的一个大致估算，并无严格准确的测算依据，意在说明政府的支出责任和相关的大体数量概念，而如果通过PPP（公私合营）等运作方式筹集、引致社会资金投入与节水建设，财政支出的实际压力则可望减轻。

三、缓解财政节水支出压力的基本思路

根据以上分析可知，节水型社会建设对财政提出了很大的支出需

求，也将对财政形成一定的支出压力。但是，支持节水型社会建设只是财政诸多支持重点之一，财政支出还需要在加大支农、基础教育、公共卫生、基本医疗、社会保障和基础科研等诸多优先扶持领域之间进行综合的权衡。建设节水型社会不能仅仅依赖于财政的支出，还必须在制度创新、价格体系完善、标准建设、优化水资源管理等方面充分挖掘潜能，多渠道筹集节水资金，多种方式和多种手段（包括经济、行政和法律等）促进节水。

（一）强化水资源统一管理，制定流域和区域水资源规划

我国水法规定，“国务院水行政部门负责水资源的统一管理”，但目前尚未形成统一的管理体制。河流的上下游、左右岸、地表水与地下水、取水与排水、清水与脏水的管理不统一，有限的水资源不能得到合理、高效地开发利用。处于上游及靠近河流的地区无节制的引水，不仅浪费了水资源，而且引发土壤次生盐碱化，甚至造成下游河道断流。在下游和距河流较远的地区，由于河水供不应求而大量开采地下水，造成地下水位持续下降，形成一系列生态环境问题。在许多灌区，由于地表水与地下水没能实行统一管理，不同水源的水价政策不协调，致使能有效提高灌区水资源利用效率的井渠结合方式长期难以推开。

水资源统一管理是建设节水型社会的体制保证。水资源统一管理包括流域管理和区域管理两个方面。在建立节水型社会的管理区域、市场范围内，还必须实行城乡水资源一体化管理，这是实施水权管理的前提，也是促进水资源合理利用和节约用水的体制和制度保障。

（二）推进水权制度建设，促进水权的合理流动，优化水资源配置

真正意义上的节水型社会，必须从明晰水资源的产权开始。水权制度是涉及水资源管理权、开发经营权、使用权和排污权的制度体

系。

开展水权制度建设，建立与用水权指标控制相适应的水资源管理体系是节水型社会建设的核心内容。根据市场经济的资源权属和优化配置理论，明晰的水资源使用权是发挥市场基础性作用优化配置水资源的前提条件。在明确水权的基础上，通过用水权的市场交易，可以提高水资源的利用效率和效益，引导水资源向节水、高效领域进行配置，从宏观上提高水资源的配置效率，从微观上提高水资源的利用效率。目前我国水资源供需态势迫切需要水资源管理制度的创新，促进水资源的合理配置、高效利用和有效保护，通过制定流域和区域内的水资源规划，明晰初始用水权分配，促进上游和下游、农业用水和城市用水、经济用水和生态用水等之间关系的协调，才能处理好开源、节流与保护的关系，解决好水资源的供需矛盾。

（三）进一步完善水价形成机制

在市场经济体制下，合理的水价形成机制是促进节约用水的核心内容。由于用水性质的多样性，使得水价形成机制具有复杂性。水价管理在遵循价值规律和供求规律的同时，确定符合国情的水资源使用费和累进式水价制度，同时应将具有公共利益特征的用水和经济发展用水区别对待。

节水型社会建设要十分注意经济手段的运用，最重要的是制定和完善科学合理的水价政策，例如实行超定额累进加价制度——根据“超用加价，节约有奖，转让有偿”的原则，在定额范围内实行基本水价，超额部分实行累进加价，既可限制超额用水，又不加重大多数用户基本用水的负担，充分发挥价格对促进节水的杠杆作用。此外，还可实行季节浮动水价和不同水源的联调水价，运用来水峰枯不同时期，白天与夜晚不同灌水时间的价格浮动鼓励节水。运用联调水价实现对地表水和地下水的统一管理和调配，对有利于减少地下水开采和涵养地下水源的用水给予优惠的水价政策，以提高深层地下水资源价格的手段控制地下水超采。与完善水价相配套，还应加快用水计量体系的建设，充分利用信息技术等先进手段，实行按方计量、按户收费，尽快扭转某些地区和某些灌溉领域喝“大锅水”的平均主义现象。

（四）完善水资源费征管体系

目前，我国水资源费征收标准严重偏低，除北京、天津和山东省的部分地区水资源费标准超过 1 元/立方米外，其他各省水资源费整体水平都较低，大多都在几分钱左右。与水价相比，当前水资源费占水价的比重也不合理①，绝大多数省份水资源费占终端水价的比重严重偏低，最高的为北京，占 25%左右，最低的为西藏 0%，平均在 3%—5%。这种费、价结构状况没有体现水资源作为一种稀缺资源性产品的基本属性，当然也就不利于节约水资源的开发利用。见图 1。

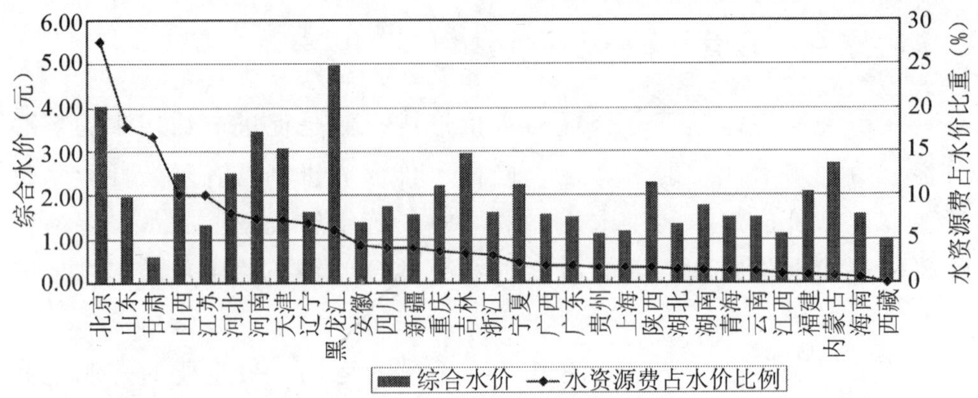

图 1　2005 年各省主要城市水资源费与综合水价的比价关系

资料来源：水利部规计司、水利发展研究中心《2005 全国水利建设基金、水价和水资源费普查情况分析报告》。

① 水资源费占水价的合理比重与各城市的水资源禀赋条件、经济社会发展条件、水环境状况紧密相关。一般而言，合理的比价关系水资源费占水价在 20%—40%之间。但目前全国水资源费同城市水价对比关系中，仅有北京市水资源费占综合水价比重超过 20%，山东、甘肃、山西、江苏等 4 省在 10%—20%之间，其余大部分省市比例均低于 10%。

水资源费是将水资源使用的外部成本内部化最有效的形式，政府应采用作为对水资源使用的经济政策导向，通过设定不同的收费标准，鼓励、限制和约束水资源使用类型。将水资源费作为财政专项收入，由中央和地方政府通过财政预算用于水资源保护和公益性水资源开发及其管理等特定项目。今后要进一步加强水资源征收管理，扩大水资源费费基，适当提高水资源征收标准。随着水资源费的逐渐扩大，有必要考虑从中切块一部分或一定比例用于设立节水专项基金，用于增加促进节水方面的公共支出。

（五）加快节水法规体系建设，将节水工作纳入法制轨道

加快建立符合中国实际的水资源管理法规体系，通过法律法规形式明确国家对水资源管理的理念、方针、政策和策略，以保证连续性和稳定性，规范全社会对水资源的利用。《水法》是水资源管理的基本法律依据，还应根据我国经济社会和水利发展实际情况，进一步完善水资源管理法规体系。2006 年 1 月 24 日国务院审议并通过了《取水许可和水资源费征收管理条例》，对取水资格和水资源费的征收管理作了明确规范，近期还应研究制定《全国节约用水管理条例》、《节约用水和水资源综合利用促进法》等一系列法律法规，把高效、综合利用水资源工作纳入法制轨道。节水试点城市应尽快建立完善有关节水政策法规，科学制定节水计划，列入本地国民经济和社会发展计划，统筹安排，综合部署，使节水工作有法可依，有章可循。同时建立相应的执法队伍，加大对节水的监督和执法力度。

此外，还应尽快制定《农业节水法》，将推广农业节水的原则和要求以法律形式固定下来。明确各级政府和广大农民实施农业节水的责任和义务，明确大中型灌区的性质和法律地位，明确农业节水管理体制及节约水资源等经济法律问题。与此相配套，还应建立健全农业节水技术标准体系和农业节水指标评价体系，逐步实现农业节水的科

学化和制度化。

财政部财政科学研究所
《建立节约型社会的公共财政政策研究》课题组
课题负责人：苏　明　白景明
课题协调人：马晓玲
课题组成员：吕旺实　杨良初　文宗喻　马晓玲　韩凤芹
李　明　何华祥　王立刚　赵福昌　孟翠莲
李亚茹　高小平　王建新　申学锋　刘　徽
刘军民　王志刚　刘　芳　王宏利　王　璐
课题执笔人：刘军民

财政体制与管理改革研究

财政均衡制度的考察与借鉴

——国外政府间财政均衡制度研究报告

内容提要

财政均衡制度（fiscal equalization system）是成熟市场经济国家处理政府间财政分配关系的基本制度，是确保各级各地政府具有提供均等公共服务能力的重要保障，是以人为本、促进人类尊严与平等理念的具体体现，是促进社会公正与统一市场形成的有效手段。在立足国情的基础上，合理借鉴市场经济国家财政均衡制度的经验，有助于加快我国政府间财政转移支付制度完善进程，推动基本公共服务均等化，促进构建社会主义和谐社会。本报告旨在通过对财政均衡制度的起源与演变、制度类型与均衡效果、经验与启示进行梳理，提出完善我国政府间财政关系的初步思路。

一、国外财政均衡制度概要

（一）最早的财政均衡性分配可以追溯到1886年英国的高森公式（Goschen Formula）

英国十八世纪初成为世界上第一个君主立宪制国家，不久又建立了大不列颠联合王国，并由中央政府对各地区进行财政补助。由于各地区对中央政府的补助安排一直不满，1886年，英国财政大臣乔治·高森（George Goschen）提出对英格兰（包括威尔士）、苏格兰和爱尔兰以人均为基础的税收分享公式，是最早的财政均衡分配形式。高森公式在英国持续了近一个世纪之久，直到1978年才代之以按英格兰人均财政支出为标准的巴勒特公式（Barnett Formula）。

（二）澳大利亚是联邦制国家中最早建立财政均衡制度的国家

1933年，澳大利亚联邦补助委员会的成立，标志着澳大利亚财政均衡制度的正式建立。美国虽然是世界上第一个联邦制国家，但并未如历史的一般演进规律一样，最早建立联邦制国家的财政均衡制度，直至今天美国也没有建立一般性转移支付制度。瑞士、加拿大等较早期的联邦制国家，也都晚于澳大利亚建立财政均衡制度。

（三）财政均衡制度除了调节财政资源纵向和横向不均衡外，更重要的是缓和分权体制下政治矛盾的产物

纵向和横向分配不均衡是各国较普遍存在的现象，但中央与地方之间的分权体制，如英国的苏格兰和爱尔兰的地方自治政治体制、澳大利亚的联邦与州的分权体制，使地方对中央具有一定的制约力量，财政资源的不均衡分配可能激化政治矛盾。英国历史上的北爱尔兰要求独立和苏格兰争取脱离联合王国、西澳大利亚公投要求脱离澳大利亚联邦以及加拿大的魁北克省独立等政治危机事件，迫使这些国家建立和完善财政均衡制度。较例外的是美国，美国虽然是典型的分权制国家，但也是最稳定的联邦制国家，其联邦与州政府的权力制衡很少冲突到极端政治威胁或脱离联邦的程度。

（四）上世纪80年代以来世界性财政分权改革的浪潮催生了许多国家的财政均衡制度

上世纪80年代，美国里根政府实行旨在恢复财政分权体制的新财政联邦主义改革，带动和掀起了世界性财政分权改革的浪潮。到本世纪初，除日本和英国等少数几个国家的分权改革仍较迟缓外，其他大多数发达国家都进行了程度不同的财政分权改革。发展中国家也不例外，在世界银行、USAID、亚洲开发银行和其他国际机构的推动下，至上世纪90年代中期，全世界75个人口500万以上的发展中国家中有62个进行了财政分权改革，其中包括中国。①

世界性财政分权改革的一个共同特点是财政支出而非收入的分

① 世界银行报告，1997。

权。据OECD对其15个成员国1985—2000年财政支出和收入分权格局的统计，有12个成员国的地方财政支出占全国财政支出的比重增加，有13个国家地方财政收入占全国财政收入的比重下降。这种支出分权而收入集中的格局使许多国家相应建立了财政均衡分配制度。

（五）"支出分权"与"收入集权"趋势进一步强化了中央或联邦政府在财政分配中的主导地位

以联邦国家为例，上世纪20年代末爆发世界性经济危机后，许多国家都加强了政府对经济的干预，加上医疗和社会保障制度的逐步建立，政府职能不断扩大。原有的"小政府"分权体制下州和地方政府的自有财源越来越难以满足不断拓展的政府职能需要，因而，许多国家尤其是重视社会福利制度的发达国家的州和地方政府，越来越依赖中央和联邦政府的财政支持。这种依赖使"二战"后许多国家的中央和联邦政府利用其高于州和地方政府的国家权力，不断增加其收入比重，同时也承担更多的支出职能，包括对州和地方政府的补助。

财政分权改革虽然将一些支出权力下放到州和地方政府，但目标更集中于州和地方政府提供服务与管理的便利和增强其财政支出的责任。由于政府职能未相应缩小，依靠联邦政府的国家权力获得的大宗收入必须继续保留甚至相应扩大以满足不断增加的政府支出需要。因此，这些国家财政分权改革的理论结果应该是支出分权而收入集权，这与改革的实际结果也是基本吻合的。

财政支出分权与收入集中的趋势进一步强化了中央和联邦政府在财政分配中的作用。首先，中央和联邦政府与州和地方政府在财政分配上的纵向不均衡格局更加明显，州和地方政府在履行职能时更加依赖中央和联邦政府的财政援助。其次，中央和联邦政府在分权的格局下拥有更大的财政控制能力，包括对州和地方政府提供的公共服务基本水平和质量提出要求等。第三，中央和联邦政府在收入与财富的再分配功能上必须发挥更大的作用，包括保证全国人民一定水平的生活质量和居民能享受均等的公共服务等。因此，旨在实现地区间公共服务均等化目标的财政均衡制度成为各国中央和联邦政府发挥更强的收入分配功能的主要制度之一。

2001 年，OECD 各主要成员国中央和联邦政府对下级政府的财政转移支付成为州和地方政府的重要收入来源，最高达 70%左右，最低也不低于 20%。

二、各国财政均衡制度的特征比较

各国财政均衡制度在均等化理念等方面有共通之处，但因历史、政治、文化和自然等条件不同，在均衡目标、均衡程度和均衡方式的选择以及一些具体制度设计等方面却各有特色。

（一）共性特征

1. 建立相对稳定的资金来源机制

建立均衡转移支付资金来源机制，固定某种或某几种税收的一定比例进行均衡性分配，使均衡资金来源稳定，在一些国家取得较好的效果。德国将州分享的增值税部分（约占全国增值税的 45%）作为财政均衡分配的专项资金，一部分按人均分配给各州，另一部分对低于全国平均财政收入的州进行补助，使其达到不低于全国平均水平的 92%。日本将一揽子税收的一定比例（个人所得税与酒税的各 32%、公司所得税的 35.8%、消费税的 29.5%和烟税的 25%）作为均衡性财政资金，根据一定的均衡分配公式进行转移支付。印度则将中央税中的个人所得税和消费税的一定比例作为均衡性转移支付的专项资金。

2. 采用公式化方式进行分配

大部分国家都采用公式化计算进行财政均衡性分配。公式化计算中最重要的是确定进入公式的因素、数据来源及计算方法。均衡目标不同，公式中所包含的因素也不相同。从世界各国的实践来看，除英国等少数国家外，大部分发达国家都采用预测数据，或在历史数据基础上进行一定的预测调整。

3. 多数国家在“公平”与“效率”的取舍中将“公平”置于首位

缺乏激励和约束是各国学术界对财政均衡制度批评的主要方面。激励需通过差异来实现，均衡则需抹平差异，两者相互矛盾，成为各国制度设计的难点，难有两全之策。在实践中，大多数国家将均衡目标置于首位，仅以微调的形式体现一定的激励，如允许富裕州收入增长部分有更多的收入留成等。至于相应的约束机制则更少，主要通过州和地方政府的责任机制来实现。

一些发展中国家或欠发达国家，由于国力较弱、机制不完善，财政均衡分配常常面临杯水车薪、输血而不造血的尴尬。为了促进不发达地区的经济发展和改善收入状况，并完善机制，印度和俄国两个转轨型国家，在财政体制改革和财政均衡制度的设计中，均进行了“花钱买机制”的尝试。主要做法是设立“财政改革基金”，对州和地方政府积极促进改革和建立机制的行为予以奖励。

4. 设置均衡分配的上限与下限，保持均衡资金的稳定和均衡制度的可持续性

一些国家如德国和加拿大等为了保持均衡资金的稳定和均衡制度的可持续性，设置了均衡分配的上限和下限。如德国均衡分配的上限也即下限是全国平均人均财政收入水平的99.5%，达到此标准，则停止均衡性分配或转移支付。加拿大“均衡支付”的上限是其增长保持与同期GDP的增长基本同步，下限是各省获得的“均衡支付”数额的下降幅度不超过其上年实际获得补助数的1.6%。均衡支付的上下限在一定程度上避免中央政府年度预算的大幅度波动和巨额财政赤

字的产生，也可使州和地方政府的年度预算安排具有更好的稳定性和可预见性，有利于提高财政均衡制度的整体稳定性。

5. 财政均衡制度的有效性主要取决于完善的制度执行体系

从表1可以看出，各国财政均衡制度的法律保障程度不同，有宪法级，也有白皮书级。设置最高级别的法律保障，体现了一个国家法制的完善和对财政均衡制度的高度重视。但制度的有效性并不完全取决于法律级别的高低，而主要取决于该国是否有较完善的法律和制度执行体系保障。

表1

国家	保障财政均衡制度的相关法律	级别	有效性
德国	《基本法》(宪法)	最高	非常有效
加拿大	《宪法》	最高	非常有效
澳大利亚	联邦政府与各州政府达成的协议	一般	非常有效
美国	联邦国会法案	一般	非常有效
英国	白皮书（非法律规定而是政治义务）	低	有效
俄国	财政性法规	一般	一般
印度	财政委员会改革议案	较低	较有效

（二）制度差异

1. 财政均衡制度不存在统一模式

各国的财政均衡制度各有特色，较为典型的有澳大利亚、德国和加拿大。澳大利亚建立了世界上最精细的公式化因素法财政均衡分配制度，由于制度复杂，有些方面仅限于“专家级”的理解范围，至今难以为其他国家所完全仿效。德国建立了一套四层次财政均衡分配体系，以最终使各州政府的财政收入水平不低于全国平均水平的99.5%。德国最具特色的是其第三层次的“州际间横向转移支付”，是世界上罕见的州际间横向转移支付体制，这与盟军对德占领后担心其中央政府强大不无关联。加拿大在联邦政府预算中设立了“均衡性支付”科目，以全国5个中等收入省的平均人均财政收入能力为标准，使全国各州政府的财政收入不低于5省平均人均财政收入水平。

英国自1978年以巴勒特公式（Barnett Formula）取代了高森公式（Gotchen Formula）后，建立了将各地区的财政人均支出均衡至英格兰水平的财政均衡制度。日本财政均衡制度的主要特点是按照几大国税的一定比例作为均衡性财政转移支付的资金，根据各地标准财政收支缺口确定补助，并由中央政府“一竿子插到底”，直接对47个都道府县与约3300个市町村进行分配。印度和俄国在财政均衡制度的改革中都曾进行了“花钱买机制”的尝试，主要做法是设立“财政改革基金”，对州和地方政府积极促进改革和建立机制的行为予以奖励。

美国虽然没有一般性的政府间财政均衡性分配制度，但崇尚人与人之间的均等，大部分的联邦补助（主要是附加条件的专项补助）直接补助到人。美国拥有世界上最大规模和最多项目的专项转移支付体系。目前的转移支付项目多达700多项，2002年转移支付资金约占联邦政府预算的68%，其中62%直接补助到个人或通过州和地方政府然后补助到个人，约6%为拨付给州和地方政府。美国的一些专项转移支付项目如医疗、教育、“对需要帮助家庭的临时补助”等均具有财政均衡分配的功能。

2. 财政均衡目标的选择有所不同

财政均衡制度的终极目标，是致力于本国居民无论身居国内何处，都能享受全国较均等的公共服务。但涉及具体的制度设计时，该目标则显得过于粗略和宽泛，难以指导具体制度的设计。除美国外，大多数国家将均衡政府间财政能力作为目标，具体目标主要包括均衡收入能力、均衡支出水平和均衡收支差异等三类，以利于保持中央对州和地方政府的控制、简化制度和便于操作。

财政均衡制度的具体目标直接规定了财政均衡制度的设计，如加拿大和德国选择均衡政府间的财政收入能力，因此，其均衡制度围绕如何使各州政府拥有不低于全国某一水平财政收入而设计。英国选择均衡政府间人均财政支出，则整体制度致力于实现全国较均等的人均财政支出。澳大利亚选择均衡政府间财政收入能力与支出需求差异，因此，其财政均衡制度围绕各州收入能力和支出需求的测算，致力于均衡二者的差异。美国比较特殊，与其他国家选择均衡政府间财政能力相比，美国更注重均衡公共服务项目的差异，其制度主要以专项转移支付的方式致力于实现个人享受某些公共服务项目的均衡。

3. 财政均衡程度不尽一致

依国家大小和国情不同，各国对财政均衡程度取舍有所不同。有的选择全国一致水平均衡（如英国），有的选择中等收入省份作为均衡的标准（如加拿大），还有的选择保底水平的均衡（如德国）。三种选择，各有利弊。

英国选择以英格兰为基准的全国一致的人均财政支出，而加拿大以 10 个省和 3 个特别行政区中的 5 个中等收入省（区）的平均人均财政收入作为全国均衡标准（同时保留高收入水平省份不受影响），德国则选择全国平均人均财政收入的 99.5% 作为均衡分配标准的最低目标。选择全国一致水平均衡的国家，是假设人口差异是公共服务差异的最近似指标，且国家面积较小，其制度相对简化，但绝对平均的弊端难以避免。选择中等收入水平均衡的国家，适当兼顾了大国地区间差异和财政均衡对中央政府财力的压力，也是一种相对简化的制度。选择最低水平均衡的国家更注重保护最贫困州的政府财政能力基本不低于全国平均水平，是一种保底均衡的方式。对大国而言，中等收入省份水平或保底均衡可能更为可取。

4. 财政均衡方式各具特色

从各国的实践来看，自上而下的纵向转移支付是实现财政均衡的较普遍方式，仅有极少数国家采用州际间横向均衡方式。

普遍采用自上而下的纵向均衡方式一是支出分权与收入集权的必然结果，二是各国都非常重视中央或联邦政府的收入分配功能，即使集中度不高的国家如德国和加拿大等，也重视通过纵向分配调节横向不均衡。采用州际横向转移支付虽然使横向均衡关系清晰和直接，并有利于紧密地区之间的合作，但利益主体之间容易产生矛盾，且支付主体过多不利于提高效率，执行起来也需有更好的制度保障。

纵向转移支付又分为一般性转移支付、分类① 转移支付和专项转移支付三类。比较有特色的是分类转移支付，由于其将转移支付按一定性质分成大类，州和地方政府在大类内有一定的自主支配权，同时又对大类服务标准进行了规定，并相应考核地方政府的支出责任，被认为兼具一般性转移支付和专项转移支付的优点，是近年来美国专项转移支付改革的主要方向，也被澳大利亚官方邀请的独立评估机构的改革建议所推崇。②

三、借鉴与启示

我国自1994年实行分税制财政管理体制以来，随着中央宏观调控能力的增强，逐步建立并完善了由地方政府作为自有财力自主安排使用的财力性转移支付体系，并配合实现中央宏观政策目标，新增了对基础设施建设、天然林保护工程和退耕还林还草工程、社会保障制度建设、贫困地区义务教育工程等经济社会事业发展的专项转移支付，同时转移支付资金分配办法不断规范，转移支付调节力度逐年加大，公共服务均等化效果日益显著。但是，受政府间支出责任划分不清晰、行政级次较多以及地区间经济社会与自然差异悬殊等因素制

① 将某一类别的多名目转移支付项目归于一类，附加一定的条件，地方政府可以在同类别中灵活安排使用。

② Review of Common Wealth – State Funding: Final Report for A Review of the Allocation of Commonwealth Grants to the States and Territories. Published in Aug. 2002, ISBN 0731114450.

约，我国转移支付制度还存在重点不突出、结构不合理、监管不到位、使用效益不高等问题。借鉴成熟市场经济国家的经验及转型国家的探索，对完善我国政府间转移支付制度有所裨益。

（一）要从构建社会主义和谐社会的高度，重视并积极推进基本公共服务均等化进程

国际经验表明，越是发展，越是要重视地区间公共服务水平的均衡即财政“均等化”调节。反过来，均等化调节也会有力地促进地区之间的协调发展和全局的发展。

当前，我国人均GDP已在突破1000美元大关之后，达到1700美元左右，发展步入一个关键时期，既是“黄金机遇期”，又是“矛盾凸显期”。这就要求在把握机遇加快发展的同时，重视各种容易诱发社会矛盾冲突的不和谐因素，促进人与自然、社会经济的协调发展，加快社会主义和谐社会的建设进程。公共服务均等化本身就是缓解因发展不平衡所引发的地区间矛盾、实现地区间和谐均衡发展的重要途径；它体现的是公平正义的发展理念，与社会主义的本质规定完全一致，是建设社会主义和谐社会的内在要求。因此，我国转移支付制度的政策目标，需要适时地从过去的解决工资拖欠与政权运转等局部问题，转向推行基本公共服务均等化。

（二）建立财政均衡制度必须立足国情，渐进实施

我国政府级次较多，地区差异悬殊，二元社会经济结构十分明显，制约着财政均衡的可行空间，加大了财政均衡制度的难度，需精心把握设计环节和渐进完善的要领。在推进均等化各个阶段上的项目范围和对象范围的选择上，是以城乡民众公共服务水平的大体均等为目标，还是先以城市居民与农村居民分别实现某种标准的均等化为过渡目标，需要科学设计，认真研究。鉴于我国地区间经济发展不平衡十分突出，需特别注重合理的内部运作机制的构建，形成有效激励与

约束的制度框架，并落实到明确的改革规划，配合财政层级扁平化等改革，渐进实施。近期目标似可定为：保障欠发达地区的地方政府基本行政职能的需要，明显抑制重要公共服务事项在区域间的差距扩大；中期目标是：推进到重要公共服务事项的地区间差距的缩小；长期目标，则是基本实现主要公共服务事项的均等化。

（三）适当引入分类转移支付方式，优化转移支付结构

一般性转移支付、分类转移支付、专项转移支付等方式各有利弊。一般性转移支付赋予地方政府更多的自主权，但均衡效果受制于地方政府理性；专项转移支付目的明确，但地方难以根据本地实际统筹安排；分类转移支付介于两者之间，既有大致使用范围的约束，又有因此制宜的空间。随着法治化程度的提高，政务透明度的增强，宜在进一步加大一般性转移支付规模的同时，适当扩充农村义务教育、农村社会保障等分类转移支付，辅之以必要的专项转移支付，既使中央政府的政策意图得到贯彻，又给予地方政府适当的自由裁量权。

（四）以可行方式适度提高收入集中度，增强中央财政宏观调控能力

虽然分权化浪潮在国际上已时兴了一个时期，但是，我国在政府间财政关系方面的分权程度在世界范围内却较为罕见。OECD国家中，除加拿大、德国等少数国家中央财政收入比重在40%左右外，大部分在60%以上（日本60%、法国84%），高的甚至超过90%（英国为95%）。我国的比重是55%，如果按照国际可比的口径，把主要由省以下政府管理的社保收费、预算外收入算进来，比重就不足40%。另外，就中央与地方支出比例看，世界平均为65∶35，发展中国家为85∶15，我国为30∶70；从中央公务员占全国的比重来看，世界平均水平在1/3左右，我国不足7%。因此，需要结合税制改革，适应建设社会主义和谐社会、转变经济增长方式的要求，适当提高中

央财政收入比重，进一步理顺政府间财政分配关系。鉴于目前地方、尤其是东部地区对提高中央财政收入意见颇大，出台提高中央比重的措施需特别注重审时度势，采取可行方式，小步微调为主。

（五）以实施“三奖一补”政策为契机，运用好“花钱买机制”方式，加快推动省以下财力适度均衡进程

长期以来，我国政府间财政关系一直实行“统一领导、分级管理”的原则，实践表明，这比较适合我国地域广阔、地区差异大、政府层级多等国情条件。自改革开放以来，尤其是分税制以后，我国已逐渐形成收入相对集中、支出相对分散和转移支付“自上而下”为主的体制，这与国际的趋势是基本一致的。下一阶段，在保证中央政府强有力的统一领导之下，我国政府间责任（事权）划分和支出分权方面，需进一步改革和完善，使各级政府职能更加清晰、支出责任更加明确。与此同时，应在建立合理的财政均衡制度的实施要领上，注重渐进之中“花钱买机制”的方式，以可用财力实施政策倾斜时，尽可能结合机制创新的实质性要求，力求把“花钱”和“机制转换与改进”或“机制生成”密切挂钩，确立科学的目标、有约束力的考核制度以及良好的配套措施，建立分级实施和高效监督管理体制。在现行的“三奖一补”政策的基础上，可合理调整激励方式，进一步强化激励力度，完善监督约束体系，这将有助于引导省市级政府加大对基层政府的财政援助，让公共财政阳光逐步普照广大农村，促进社会主义新农村建设。

（六）建立健全相关的法律执行体系和监督与绩效评价体系

财政均衡制度不应仅满足于补差，应重在建立改善财政状况、改进公共服务的长效机制。财政均衡制度需要以一定的法律形式进行规范，更需有强有力的法律执行体系予以保障。从均衡目标的确定、均衡资金来源的稳定性和可预见性、资金分配的公平和透明、资金使用的责任与效率要求、绩效的考核和评价，到激励和约束机制等，都应逐渐形成完整的体系和运作机制，使整个制度相对稳定、可持续、可塑和充满活力。建立这样一套完整的制度是一个系统工程，受诸多因素制约，需超前设计，分步规划，渐进实施。

课题组组长：王　军
副　组　长：贾　康
成　　　员：祝小芳、项中新、张晓云

正确把握大思路　配套推进分税制

——兼与“纵向分两段，横向分两块”的主张商榷

内容提要

本文认为，在中国渐进改革中，采取种种过渡措施，以“分类指导”方式逐步完成省以下分税分级财政体制的构建，是一种必然的选择，但分类指导中，决不应当把种种条件约束之下不得已的过渡安排，放大到否定分税制最基本的一体化制度框架的层面。缓解基层财政困难，要对症下药，治本为上：积极推行“扁平化”改革试验，进而为分税制在省以下的贯彻创造配套条件。要把握好市场经济新体制所要求的总体目标模式，使策略的掌握服从于、服务于战略取向，逐步打造一种合理、规范、稳定、长效、内部贯通的制度安排，逐步接近社会主义市场经济所要求的长远目标。

以分税制为基础的分级财政体制在我国的推行，自 1994 年以来已逾十年，在取得应当充分肯定的积极成效的同时，也显露和积累了一些问题，引发了一些诘难和怀疑。

面对地方县乡财政困难的问题，有一种意见是认为分税制只适宜于中央和省级之间，而省以下不宜提倡都搞分税制，主张区分发达地区和落后地区，后者不搞分税制（详见“科研内报”2005 年第 9 期）。这种思路和主张，可简称为“纵向分两段，横向分两块（类）”。实际上类似的主张，自 1994 年实施分税制改革后，特别是在县乡财政困难问题凸显之后，经常有反映，地方工作的一些同志对此往往产生共鸣。但我认为它忽略了市场经济新体制所要求的总体配套，背离了配套改革中“治本为上”的思路和原则，实际上属于一种使财政体制格局重回“条块分割”、“多种形式包干”的思维方向，是不妥的。在中国渐进改革中，采取种种过渡措施，以“分类指导”方式逐步完成省以下分税分级财政体制的构建，是一种必然的选择，但分类指导中，决不应当把种种条件约束之下不得已的过渡安排，放大到否定分税制最基本的一体化制度框架的层面。

一、跳出财政看财政：分税制为基础的分级财政，是市场经济新体制所要求的财政体制配套，需要在统一市场构建中，逐步使之上下左右贯通运行，过渡措施不应凝固为实现中长期目标的障碍

怎样构建一个合理的财政体制（就全局而言则是如何配套构建合理的经济管理体制），建国之后已有几十年的探索。在上世纪 50 年代前期，就形成了财政“分级”概念和初步层级框架；1958

年和 1970 年，都曾有过大力度下放财权的试验，由于多种原因，均表现为“放、乱、收、死”的循环而无法收功。改革开放后，改变“总额分成、一年一定”体制，前面的十余年中先后试行多种形式的“分级包干”办法（“分灶吃饭”可认为是其总称），在发挥了一定积极效应之后，其负面作用又很快放大。直至在明确树立了社会主义市场经济目标模式的 90 年代初（小平同志“南方谈话”之后），决策层下决心改“行政性分权”为“经济性分权”，即改走“包干制”之路为走分税制之路，并于 1994 年的财税配套改革中得以实施。

搞市场经济，为什么财政体制必须要搞分税制？对此早已有许多的讨论。简而言之，财政体制如要适应市场经济的客观要求来“两位一体”地处理好政府与企业、中央与地方两大基本经济关系，除了分税制之外，别无它途。

许多同志谈到分税制时，往往只看到它是处理中央与地方关系的。其实在一定意义上说，对于整体改革更具前提意义的，首先是凭借分税制正确处理政府与企业的关系，即以分税制来革除按照企业行政隶属关系组织财政收入的旧体制症结，将企业置于不分大小、不论行政级别、依法纳税（该交国税的交国税，该交地方税的交地方税，所有企业在各级政府面前一视同仁）、公平竞争的地位，由此才解决了在我国打造市场经济微观基础的一个关键性难题，即“真正刷出让企业公平竞争的一条起跑线”。同时，分税制跳出了包干制下中央、地方“讨价还价”（“一定 × 年不变”）的“体制周期”，可以形成稳定、规范的中央地方间、政府各层级间的财力分配关系和地方政府长期行为。

分税制对于中央、地方关系的处理，也是密切关联市场经济全局的，即在分税制体制框架下，各级政府的事权—财权—财力的配置，可望得到一种与市场经济逻辑贯通、顺理成章的安排：所谓事权，是要合理界定各级政府适应市场经济而既不“越位”也不“缺位”的职能边界；财权，是指在各财政层级上匹配与各级政府事权相呼应的税基，以及在统一税政格局中适当安排各地的税种选择权、税率调整权、收费权等。比如，中央政府为履行宏观调控职能，应当掌握有利于维护统一市场正常高效运行、流动性强、不宜分隔、具有宏观经济反周期“稳定器”功能的税种（个人所得税），以及有利于贯彻产业政策的税种（消费税等）；地方政府为履行提供区域性公共产品和优化辖区投资环境的职能，应当掌握流动性弱、具有信息优势和征管优势、并能和自身职能形成良性循环的税种（不动产税等）。所以，决不应认为财权的合理配置不重要，似乎可以跳过财权配置直接寻求“事权与财力的一致”，因为财权（广义税基）的配置，是配合各级政府事权方面在统一市场中的合理分工、进而总体形成政府体系与市场之间合理分工，使政府能够稳定、规范地“以政控财、以财行政”的重要制度安排，是不可回避和不可忽视的。当然，即使较好地做到了事权与财权的呼应和匹配，也决不等于做到了“事权与财力的一致”，因为同样的税基，在发达和欠发达地区的丰裕程度很可能大不相同，体制设计中，必须在尽可能合理配置财权之后，再配之以合理、有力的自上而下的转移支付，以求近似地达到使欠发达地区的政府，其财力也能与事权大体相一致的结果。但是，我们不能用财权设置之后转移支付的重要性，来否定“财权设置”的重要性，因为它是使转移支付能够长效、良性运转的前置环节，是分税分级财政制度安排中不可缺少的重要组成部分。其实欠发达地区在一定历史阶段上，不论怎样的税基配置，都不可能做到自身财力完全支撑事权，但这不是表明财权的配置不重要，而是表明仅有财权配置还不够，如同不能以吃药的重要性否定吃饭的重要性，不能以外援的重要性否定自力更生的重要性。

总之，对于1994年分税制改革的大方向和基本制度成果，必须肯定和维护。当时，在中央与省为代表的“地方”之间先搭成分税制框架，并要求和寄希望于其后在动态中逐步解决省以下如何理顺体制、贯彻分税制的问题，是在正确的大方向之下合乎实际的过渡安排，意图是随着统一市场的逐步发育和完善，使分税制在省以下也逐步进入较为规范和贯通运行的境界。但实际情况是，1994 年之后，省以下体制在分税制方向上却几乎没有取得实质性的进展，“过渡性”有凝固之势，过渡中的一些负面因素在积累和放大，各种制约因素，迫使中央与地方在税种划分总体框架上，“共享税”越搞越多；在地方的四个层级之间，则实际上搞成了一地一策、各不相同、五花八门、复杂易变的共享和分成，越靠近基层，越倾向于采用“讨价还价”的各种包干制和分成制。不仅在欠发达地区，即使在发达地区，县、乡层级上也没有能够真正搞分税制。总体而言，直到目前，可以说我国省以下财政体制并没有真正进入分税制轨道（其原因和解决路径将在后面作更多讨论）。

所以，如果我们以“跳出财政看财政”的全局思维和前瞻思维看问题，应当看到，在我国省以下推行与事权相匹配的分税分级财政体制的大方向和按照市场经济客观要求使分税制逐步贯通的决心，不可动摇，问题的关键和当务之急，是应努力解决如何过渡的问题，避免现行非规范状态的凝固化，抑制其负作用的放大。

二、基层困局剖析：过渡不顺，矛盾积累，引致县乡财政困难凸显；地方四级财政框架，与分税制在省以下的贯彻落实之间，存在不相容性质

1994 年财税配套改革之后，由于省以下体制的过渡不顺利，过渡状态中原有矛盾与新的矛盾交织、积累，引致财权的重心上移而

事权的重心下移，在综合国力不断提升、全国财政收入强劲增长、地方财政总收入也不断提高的情况下，中央和地方层级高端（省、市）在全部财力中所占比重上升，而县乡财政困难却凸显出来，欠发达地区的反映最为强烈。本来，使各级政府增强事权与财权的呼应与匹配、并通过自上而下的转移支付使欠发达地区也大体达到事权与可用财力的一致，正是分税制财政体制的“精神实质”和优点所在，为什么在现实生活中却没能体现出来？前述关于过渡之中现实情况的勾画可以表明，由于省以下还一直没有真正实行分税制，所以“事权重心下移、财权重心上移”造成的基层困难和问题，并不是分税制之过，恰恰是没有真正进入分税制轨道而使实际执行的“包干制”、“分成制”等体制的负面作用累积和放大之过。不按划分税基模式而依照讨价还价的包干与分成模式处理省以下四个层级的体制关系，地方高端层级上提财权、下压事权的空间大，转移支付做不实。(客观地说，中央财力比重提高是必要的；省级财力比重提高也并非全无道理，但应考察其后对县乡转移支付是否加强；“市管县”地区市级财力比重提高则有可能带有所谓“市卡县”、“市刮县”因素，但似也不宜一概简单地作完全否定。关键问题是体制自身未能理顺，财权上提后转移支付却跟不上力度，使最困难的状况出现在县乡基层。）当然，基层困难与中央层级转移支付力度虽在努力提高、但仍远远不够也有关，但如果省以下体制不构建好，面对这么大的国家、如此悬殊的地区差异，光靠中央转移支付是力不从心的，不可能形成长效机制。

农村税费改革以来的实践表明，基层困难（农民和基层政府都困难）问题已“牵一发动全身”，我国经济社会转轨中“三农问题”背景下县乡财政的困难，是社会结构转型所要求的制度转型的有效支持不足和体制过渡不顺所积累的矛盾，在基层政府理财上的集中表现。应当强调，省以下分税制难入轨道而使县乡财政困难加剧，与现行财政与政府“五层级”的大框架有直接关系。

既然要搞分税制，不可避免要借鉴市场经济的国际经验，并立足中国国情找到实施方案。从前者说，在五级框架下搞分税制，无任何国际经验可循（国际经验的普遍模型是“三层级”）；从后者说，十余年的实践表明，在我国，把20多个税种在五个政府层级间按分税制要求切分，是“无解”的（我和合作研究者曾在一些文章中对这些作过一些探讨分析，主要文章篇目列于本文后面“参考文献”中，在此不赘述）。问题的症结于是就表现在：五级财政、五级政府的框架，与分税制在省以下的落实之间，存在不相容性质。且不说欠发达地区，即使是在发达区域，省以下的四级如何分税？按现在的基本框架，是看不清方向和找不到摆脱“过渡态”的路径的。因此，近年地方基层财政的困难加剧，在一定程度上正是由于五级财政框架与分税分级财政逐渐到位之间的不相容性日渐明朗和突出所致。

“山重水复疑无路，柳暗花明又一村”。如果我们借鉴市场上主要市场经济大国大都实行三级框架的国际经验，并结合我国国情寻求在渐进改革中以“扁平化”为导向逐步实质性落实省以下的分税制，则前行路径就有可能豁然开朗。

三、对症下药，治本为上：积极推行“扁平化”改革试验，进而为分税制在省以下的贯彻创造配套条件

现实生活中市场经济的发展，已越来越清晰地把实施进一步的配套改革以理顺省以下财税体制的迫切性，摆在我们面前，也把应当抓住的主导因素提示给了我们。在采取一些调动基层积极性、挖掘潜力以增收和精简机构、缓解基层财政困难的可行措施之外，从中长期

看，我们特别需要把握“治本为上”的要领，积极、稳妥、系统地改造省以下体制安排。其中有所作为的要点，正如不久前党的十六届五中全会《关于制定国民经济和社会发展第十一个五年规划的建议》中指出的，“理顺省级以下财政管理体制，有条件的地方可实行省级直接对县的管理体制”，并要“巩固农村税费改革成果，全面推进农村综合改革，基本完成乡镇机构、农村义务教育和县乡财政管理体制等改革任务”。

“省管县”和“乡财县管”等改革试验，基本导向是力求实现省以下财政层级的减少即扁平化，其内在逻辑是进而引致政府层级的减少和扁平化。改革中，市、县行政不同级而财政同级，不会发生实质性的法律障碍；“乡财县管”后何时考虑变乡镇为县级政府派出机构，也可与法律的修订配套联动。我们如在“地市级”和“乡镇级”这两层级的财政改革上“修成正果”，则有望进一步推进到贯彻落实五中全会“减少行政层级”的要求，实现中央、省、市县三级架构，即乡镇政权组织变为县级政府的派出机构；地级能不设的不设，如需设立则作为省级政府的派出机构。这可以使省以下的分税制，由原来五级架构下的“无解”，变为三级架构下的柳暗花明、豁然开朗，从而有力促使事权的划分清晰化、合理化和构建与事权相匹配的分级财税体制，明显降低行政体系的运行成本，更好地促进县域经济发展，再配之以中央、省两级自上而下转移支付制度的加强与完善，必将有效地、决定性地缓解基层财政困难，形成有利于欠发达地区进入“长治久安”的机制。按照三级架构和“一级政权、一级事权、一级财权、一级税基、一级预算、一级产权、一级举债权”的原则，塑造与市场经济相合的分税分级财政体制，是使基层财政真正解困的治本之路。今后一段时间，我们应当抓住“扁平化”改革这个始发环节，并积极推动相关制度创新，为分税制在省以下的贯彻落实创造条件。

四、如何把握分类指导，因地制宜：合理区别对待之中，渐进走向总体的规范化制度安排

我国各地情况千差万别，“省管县”和“乡财县管”的改革，都不宜“一刀切”地简单硬性推行，而应强调因地制宜、分类指导。管理半径过大的省份，省管县需要更多的行政区划变革配套因素；发达地区工商业已很繁荣的乡镇，目前不宜照搬“乡财县管”办法；边远、地广人稀区域的体制问题，有待专门研究而必须与内地区别对待；等等。

但我认为，所有这些分类指导、区别对待，是不宜归之于“纵向分两段、横向分两块”的思路的。

从纵向说，省以下体制的方向不应是“不宜提倡都搞分税制”，而应是创造条件在配套改革、制度创新中力求逐步脱离十余年来实际上滞留于非分税制的困局，争取实质性地贯彻分税制，其要点除了推进“扁平化”改革之外，还包括逐渐构建各级、特别是市县级的税基，使各级政府都能在合理事权定位上依托制度安排取得相对而言大宗、稳定的收入来源。对现行的“共享税”，也应积极创造条件分解到国税、省税、基层地方税三个方向上去（但在多种制约因素下，可以在较长时期内维持增值税的“共享税”地位）。市县级的财源支柱，可考虑顺应工业化、城镇化、市场化的大趋势，通过物业税（房地产税）来逐步塑造。十六届三中全会《关于完善社会主义市场经济体制若干问题的决定》中“实施城镇建设税费改革，条件具备时对不动产开征统一规范的物业税，相应取消有关收费”的要求，和现已启动的物业税初期试点，都预示这个制度创新空间正在打开。

从横向说，如以“发达地区和落后地区”或“农业依赖型县乡和

非农业依赖型县乡”为划分，选择性地走分税制与非分税制的不同路径，既不符合培育统一市场要求消除“块块”制度壁垒和十六届三中全会“创造条件逐步实现城乡税制统一”的取向，也很难具备实际工作中合理的可操作性，一旦想依靠某些指标作为实行不同体制的依据，实际上就很容易陷于“讨价还价”的陷井和发生较严重的扭曲变型。一个可类比的例子是：试想如接受不少欠发达地区的同志提出的“增值税中央地方分享比率应一地一率”的建议，那么分税制基本框架可能就此出现“突破口”而一步步演变为支离破碎之状，重回中央与地方间五花八门的“分成”与“包干”。那将要付出多高的、而且无休无止的谈判成本？如何防止“会哭的孩子有奶吃”、“跑步（部）前（钱）进的吃偏饭”的弊病再次严重起来？

从横向与纵向的协调来说，最重要的是积极发展和强化自上而下的“因素法”转移支付，同时也包括发展适当的“横向转移支付”（在我国这早已经以“对口支援”等方式存在），来动态地调控地区间差异，扶助欠发达地区。

总之，因地制宜、分类指导就其原则本身，永远是成立的，就其表述而言，永远是正确的，但就财政体制改革而言，这一表述应主要是指处理好渐进改革中的过渡问题，是分税制推进中的“策略”和“操作”层面的要领，而从“基本框架”和“战略大方向”层面来说，还是要首先把握好市场经济新体制所要求的总体目标模式，使策略的掌握服从于、服务于战略取向，逐步打造一种合理、规范、稳定、长效、内部贯通的制度安排，逐步接近社会主义市场经济所要求的长远目标。

本文参考文献：

1. 贾康：“我国地方财政体制改革探讨”，《中国财经信息资料》，2002年第1期。

2. 贾康、白景明："县乡财政解困与财政体制创新"，《经济研究》，2002 年第 2 期。

3. 贾康等：《地方财政问题研究》，经济科学出版社 2004 年版。

4. 贾康、白景明："关于中国分税分级财政体制安排的基本思路"，《经济学动态》，2005 年第 2 期。

5. 贾康、傅志华、阎坤、李明："关注省以下财政体制改革——'浙江现象'及其启示"，《中国财经报》，2004 年 9 月 23 日。

6. 课题组："改进省以下财政体制的中长期考虑与建议"，财政部科研所《研究报告》，2005 年第 6 期。

贾　康

我国县乡财政管理体制改革的思路和建议

内容提要

县乡财政是我国财政体系的重要组成部分。本文从理论与实践的结合上界定了县乡财政的重要地位和职能作用，阐述了我国改革县乡财政管理体制的重要性和紧迫性，分析了近年来国家及地方缓解县乡财政困难的政策措施和实践探索。在此基础上，综合提出了未来的改革思路和对策建议，其要点是：扩大“省直管县”的改革试点范围，完善针对基层财政的转移支付制度，完善县乡财政收入体系，化解基层财政债务，加强县乡财政管理等。

县乡财政体制是整个国家财政体制的重要组成部分。分税制改革以来，随着县域经济的发展，我国县乡财政的收支规模不断扩大，县乡财政的总体实力不断增强，但由于种种原因我国县乡财政的困难与日俱增。农村税费改革后，虽然中央对基层的各类转移支付趋于增加，但县乡财政困难问题并没有从根本上得到扭转。因此，改革县乡财政管理体制势在必行，并已成为农村税费综合改革的一项重要内容。

一、高度重视县乡财政的重要职能作用

（一）县乡财政在国家财政体系中具有重要作用

按照“一级政府、一级财政”的配置原则，我国逐步形成了与其他国家不同的，涵盖中央、省、市、县和乡镇的五级财政体系。这一体系呈现金字塔形，2004 年我国有 31 个省级财政（省、自治区、直辖市），下辖 333 个地市级财政（地级市、地区、盟、州），2862 个县级财政（县级市、市辖区、县）和 37354 个乡镇级财政，其中 17471 个乡财政，19883 个镇财政。在复杂的财政体系中县乡两级财政数量众多，是五级财政体系中的基础，也是我国五级财政链条中的重要环节，其服务的人口也是最广大的农村居民。

从收入角度看，1994 年分税制改革后，各级财政按照税种的不同，收入划分重新调整为：中央税、地方税和中央与地方共享税。在中央财政与省级财政明晰的分税原则的基础上，省级财政又对地方税进行了省对下的分税制改革，这是分税链条的进一步延伸。县乡财政提供了县域经济中的中央税、共享税中中央部分、省市级税收部分。从支出角度看，除了县乡财政固定收入所形成的公共支出外，县乡财政还承担了安排上级一般性财政转移支付与专项转移支付的支出责任，将上级财政的支出理念落到实处。

表1　　县乡财政占地方财政和全国财政的比重　　单位：%

年 份	收 入		支 出	
	占地方	占全国	占地方	占全国
1986	34.64	21.64	39.37	24.64
1987	38.68	25.78	41.60	26.05
1988	41.73	28.55	42.01	28.31
1989	41.08	29.01	43.09	29.95
1990	42.27	28.38	43.01	29.75
1991	39.16	30.39	41.60	31.27
1992	43.31	30.10	45.04	30.95
1993	42.82	33.39	44.87	32.19
1994	44.37	19.66	44.58	30.24
1996	44.35	22.43	43.70	31.85
1997	44.00	21.68	43.04	30.59
1998	42.50	21.45	41.18	29.27
1999	44.82	21.91	42.57	29.03
2000	43.22	20.67	41.53	27.33
2001	42.33	20.18	41.62	29.01
2002	41.53	18.71	43.03	29.82
2003	38.52	17.47	47.63	33.29

注：表中县乡收入未包含上级财政给予的转移支付资金。

资料来源：朱钢：《中国农村财政理论与实践》与相关年份的《中国统计年鉴》与统计资料整理。

从表1中可以看出，自分税制改革以来，县级财政收入（未含转移支付部分）占全国和地方财政收入的比重都呈现下降的趋势，2003年县级财政收入完成3794.46亿元，占全国财政收入的比重为17.47%，占地方财政收入的比重为38.52%，都是分税制以来最低的。然而无论是县级财政支出占全国财政支出的比重还是县级财政支出占地方财政支出的比重在分税制改革后都是呈现先降后升的趋势，2003年两者均达到了分税制改革以来的最高值33.29%和47.63%。由此不难发现，尽管县级财政收入的比重持续下降，但是近年来通过上级财政的转移支付，县级财政在整个财政体系中的地位和作用却是逐渐增强的。近年来，中央对地方的转移支付（包括税收返还、专项拨款、体制补助等）每年安排近一万亿元，日益成为贯彻中央政策意图和平衡地方财力的重要手段，这当中又有相当比例的转移支付资金被分配到县乡财政。由此看来，在当今的财政体系中，县乡财政具有重要地位，它是县域范围内贯彻落实国家财政方针政策的组织者和实施者，同时它又直接关系到地方财政乃至整个国家财政预算收支任务的完成。

（二）县乡财政的职能定位

1. 政府职能与财政职能界定

从源头上讲，财政职能是为政府实现其职能服务的。政府职能基本包括政治职能（包括军事、外交、治安、民主建设），经济职能（包括宏观调控、市场监督），提供公共产品和服务的职能（包括教育、科技、文化、卫生等）和其他社会职能。为实现这些政府职能可以将财政职能归纳为三点：稳定职能，用以保证政权的稳定和宏观经济的有序健康发展；配置职能，提供社会协调发展所必需的公共产品和服务；分配职能，通过必要的经济杠杆实现社会收入的公平分配。由于我国正处在由计划经济向市场经济转型时期，政府承担着繁重的领导经济改革即经济体制创新和促进经济增长的重任。改革进程中体制转型与经济增长的双重目标，从根本上规定了我国公共财政的基本职能是资源配置、调节收入分配和稳定经济，发育和完善市场、培育市场体系、提高国有企业经济效益和促进经济增长的职能。根据不同的政府层级，财政职能还可以进一步细分为中央财政专有职能（中央财政的事权支出包括外交、国防、全国性的水利、公共卫生等公共产品或服务）、地方财政专有职能（地方财政的事权支出包括社区卫生服务、污水处理、辖区内的公共交通等）和中央与地方财政共有职能（由中央财政和地方财政共同负担的事权包括地区环境保护、城市发展、扶贫等）。

2. 县乡财政职能的重要性

按照公共财政的一般要求，我国县乡财政的职责范围包括四个方面：一是确保县乡基层政权组织机构正常运转，包括行政管理、公检法支出等；二是强化县域范围社会公共事业发展，包括教育、文化、卫生、环保等；三是支持城镇和农村公益事业发展和社会保障，包括优抚、救济、救灾，以及在有条件的地方建立最低生活保障和养老、失业保障等；四是有选择、有重点地支持经济发展，要退出一般竞争性领域投资，加强县域范围的基础设施建设、支持农业产业化以及其他重要基础性、支柱性产业的发展。

从理论上讲，基层财政最贴近公共产品或服务的消费者，更容易获得农民对公共产品或服务的需求信息，而且这些信息由基层财政使用不会出现因政府间信息传递可能发生的信息失真，更便于高效地安排公共支出。相比之下，许多公共产品由基层财政供给要较中央财政和省级财政安排有明显的优势。从目前的政府间事权划分状况看，县乡政府（财政）承担了主要的农村公共产品和服务的供给。尽管2002 年进行了管理体制调整，农村中小学教师工资由乡镇上移到由县级财政统一发放，但是这项最重要的农村公共产品仍然实行“分级管理、以县为主”的管理体制，县级财政仍然承担农村义务教育的主要支出责任。另外，以保障农民抵御大病风险的具有公共产品性质的新型农村合作医疗也是以县为单位进行试点，合作医疗基金的筹集、补偿以及日常运转都由县级负责。关系到农民基本公共福利水平的农村乡路和村路目前也是主要由县乡财政安排建设，与农业生产密切相关的小型农田水利设施的新建、改建和扩建也依赖县乡财政的支持。如果将县（市）和乡镇两个级别的财政统一视为基层财政，那么这个财政体服务的群体是人口最多的农村居民，它的服务规模、质量和层次直接决定了整个国家财政公共职能的实现。县乡财政职能的顺利实现同破解“三农”这一事关我国宏观经济发展的全局性问题密切相连，这也就凸现县乡财政职能在整个国家财政职能中的重要地位。

3. 改革进程中需要不断加强县乡财政职能

近年来，中国经济保持良好发展态势，有条件逐步建立统一的、覆盖城乡的公共财政体制，在构筑公共财政框架过程中县乡财政大有作为，加强基层财政职能也势在必行。中央提出“让公共财政的阳光普照农村”，其实质就是将“三农”发展中属于政府职责的事务逐步纳入各级财政支出范围，明晰和加强县乡财政职能是其中的重要政策内涵。当前我国农业和农村发展中还存在许多矛盾和问题，农业基础仍较薄弱，农民增收困难。党中央国务院要求各级财政必须站在全局的高度，按照统筹城乡经济社会协调发展的要求，把解决“三农”问题放在突出位置予以大力支持，由过去的农村支持城市、农业支持工业向城市反哺农村、工业反哺农业转变；调整公共财政资源的分配格局，逐步实现公共财政向农村倾斜并覆盖农村。这种支出理念的转型必然带来财政职能的转变，为了适应这一转变县乡财政需要在定位上通过主动的调整强化自身职能。具体而言，配合中央财政“三减免三补贴”等支农、惠农政策，逐步建立稳固农业基础和农民收入持续增加的长效机制；逐步建立和完善农村义务教育经费保障机制和农村基本医疗服务体系，进而提高农民的基本公共福利水平。

二、我国县乡财政管理体制改革的必要性

（一）缓解县乡财政困难的需要

1994 年分税制改革以来，我国的财政收入从当年的 5128 亿元上

升到2004年的26396亿元，保持较高的增长速度，然而近年来部分地区县乡财政困难与财政收入高速增长形成鲜明的反差。

县乡财政困难主要表现在以下四个方面：

1. 区域间基层财政差异扩大

2003年底，全国县域内人口达9.16亿，占全国总人口的70.9%；全国县域经济的GDP达6.45万亿元，占全国GDP的55.15%。2003年全国县域人均GDP为6770元，是全国平均人均GDP的74.8%；人均GDP最高的100个县的平均水平是最低县的人均GDP平均水平的15.1倍。全国的县域经济发展存在的巨大差异，既有来自历史上的原因，也有所在地域上的差别和经济发展模式差异方面的原因。由于经济发展水平与地方财政收入高度相关，区域间的经济差异必然表现在财政收支水平的差异，这种差异在基层财政表现的就更为明显。2003年浙江省县级财政供养人员年人均财力10.1万元，而同期贵州省县级财政供养人员的年人均财力仅为2.1万元，前者是后者的4.8倍。不仅仅是全国范围内的东中西部的地区间差异，在省内也存在着基层财政的巨大差异。2003年江苏省苏州市下辖县级市的财政供养人员年人均财力13.6万元，而地处苏北地区经济落后的盐城县级县级财政供养人员年人均财力仅为1.35万元，前者是后者的10倍。图1为2004年全国分省县域地方财政收入平均规模比较情况。

2. 县乡财政赤字与债务严重

基层财政收不抵支，为了维持正常的运转出现了大量财政赤字与债务。基层财政负债呈现如下特点：其一，多元化的格局。根据有关部门的调查统计，基层财政通过银行、信用社、单位、个人和农村合作基金会五个渠道是基层财政负债的主要来源。其二，基层政府运作依赖债务收入。根据1999年全国对乡村两级负债的抽样调查结果，因乡村两级兴办的企业因破产转至财政负债占乡村债务总额的37.9%；因建学校、修道路、计划生育、民政优抚等公益性支出负债

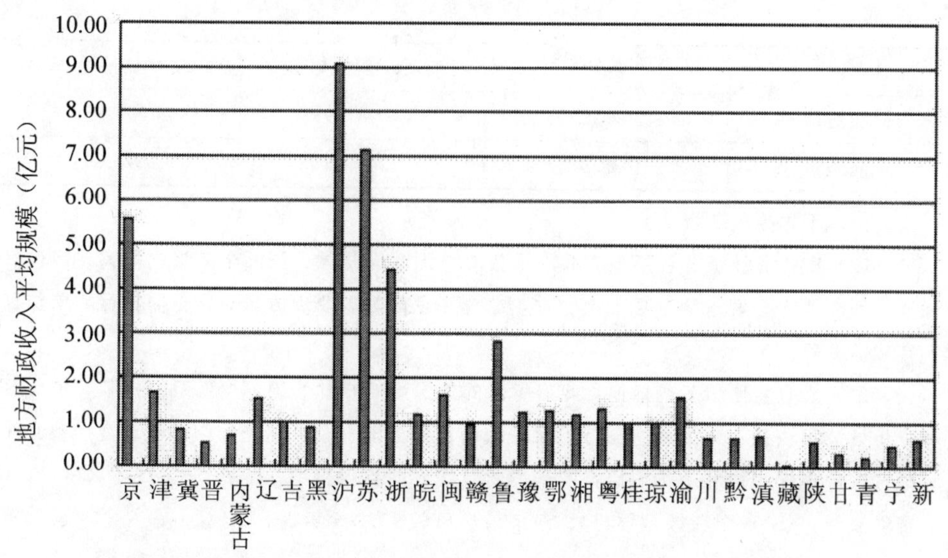

图 1　全国各省市区县域地方财政收入平均规模比较图

资料来源：中国县域经济网。

占乡村债务总额的 17.7%；因弥补干部工资等日常开支负债占乡村负债总额的 3.6%。其三，逾期债务大，利息负担沉重。在乡村两级债务总额中，逾期债务数额占债务总额的 52.9%，高利贷占有相当比重，有的月息高达 2%以上。到 2001 年根据国家审计署对中西部地区 49 个县的审计，累计债务达 163 亿元，相当于当年可用财力的 2.1 倍。近两年，基层财政债务仍然呈现恶性膨胀的增长态势。如表 2 所示，截至 2002 年底，全国地方县乡基层财政的政府债务累积余额高达 7284.78 亿元。

表 2　　2002 年地方县乡级政府债务累积余额情况　　单位：亿元

	合计	直接显性债务	或有显性债务
地方合计	7284.78	4255.07	3029.71
东部地区	2899.53	1959.6	939.93

续表

	合计	直接显性债务	或有显性债务
中部地区	2446.27	1048.39	1397.88
西部地区	1938.97	1247.08	691.89

注：(1) 不含拖欠工资。

(2) 直接显性债务包括地方政府承借的外国政府贷款、国际金融组织贷款、国债转贷资金、解决地方金融风险专项借款、农业综合开发借款以及地方政府自行向银行、单位和个人直接借款等。

(3) 或有显性债务包括地方政府担保的外国政府贷款、国际金融组织贷款、中外合资融资租赁公司贷款、地方政府自行担保借款以及拖欠国有企业离退休职工养老金、粮食企业亏损挂账等根据法律和政策规定需要地方财政兜底的支付事项。

资料来源：《2005财税改革纵论》，经济科学出版社2005年版。

3. 县乡工资拖欠问题

由于县乡财政人均可支配财力不足，县乡工资拖欠现象在部分中西部地区特别是贫困地区表现的相当普遍。根据国家审计署对中西部10个省、市的42个县（市）财政运行状况的调查结果，截止2002年9月，有42个县（市）累计欠发国家规定的工资18亿元，其中当年1至9月新欠1.32亿元，累计欠发工资额是1998年底欠发额的3倍多。根据财政部的有关调查，截至2002年底，县乡累计拖欠工资408亿元，其中拖欠国家统一出台的标准工资137亿元，拖欠地方出台工资政策部分271亿元。2003年新增拖欠76亿元，其中拖欠国标工资13亿元；2004年1—5月新增拖欠34亿元，其中拖欠国标工资6亿元。应该说，在上个世纪九十年代后期国家出台的多次增加财政供养人员的工资标准的规定中考虑到中西部地区的财政运行状况，中央财政以增加工资专项补助的形式承担了部分或全部地方增加工资额度，即便如此，仍然出现了基层财政欠发工资现象，这说明欠发达地区的基层财政运行即便是保证“吃饭”问题也是相当困难。

针对近年来我国县乡财政困难的现状，2005年中央财政拿出150

亿元通过“三奖一补”的形式解决县乡财政困难，发挥了积极作用。但现实表明，当前县乡财政的困难问题并没有从根本上得到解决，需要进一步深化县乡财政体制改革，明确县乡财政的事权、职责及其收入范围，从而从根本上理顺县乡财政与上级财政的分配关系。

（二）改善农村公共产品和公共服务的需要

尽管在构筑公共财政框架下，近年来各级财政加大了对农村公共产品和公共服务供给的财政投入，在公共支出结构调整中将支出的增量向农村重点倾斜，但是由于我国农村公共产品和公共服务建设历史欠账过多，供给与需求仍然存在相当大的差距。

截至 2003 年底，我国的广播和电视人口综合覆盖率达到 93.72%、94.97%，仍然有近 7000 万农村居民不能收听和收看到广播电视节目。国家的“村村通广播电视”工程也仅仅普及到行政村，对于更低层级的自然村仍然没有完全普及。截至 2003 年底，全国农村有手压机井 5612 万台，供应 2.081 亿人饮用水，占农村人口的 22.08%，这部分机井属于浅层手压机井水，水源易被污染。全国有 20 个省区建成收集雨水的水窖 176.0607 万眼，贮存雨水供 1259 万人饮用，占农村人口的 1.34%，但是其中部分地区饮水卫生还有待进一步提高。截至 2002 年底，全国还有 261 个乡镇、5.4 万个行政村没有通公路，在全国 104.3 万公里的砂石路面、土路面中，农村公路就有 92.3 万公里，占 88.5%。中国最低生活保障制度 1997 年开始逐步建立，到 2002 年，全国得到最低生活保障的农村人口仅为 328 万人，约占农村贫困人口的十分之一左右，而且享受对象大部分是失去劳动能力的五保户、残疾人等，带有明显的社会救济的特点。

农村公共产品供给短缺不仅仅表现在绝对量上的不足，还体现在城乡之间和地区之间的差异上面。从表 3 可以看出，1991 年至 2000 年的十年间财政投入占农村卫生总费用的比例和农村卫生事业费占全国卫生事业费的比例都呈现下降趋势，尽管城市人均卫生事业费与农村人均事业费的比率有所缩小，但是在2000年仍然相差2.62倍。

表3　　政府卫生投入状况的城乡差别

年份	财政投入占农村卫生费用的比重(%)	农村卫生事业费占全国卫生事业费的比重(%)	农村人均卫生事业费(元)	城市人均卫生事业费(元)	城市人均/农村人均
1991	12.55	36.94	4.06	19.35	4.77
1993	10.15	36.48	5.01	22.29	4.45
1995	8.3	35.75	7.36	32.31	4.39
1996	7.01	35.02	8.23	36.71	4.46
1997	6.42	34.29	9	40.39	4.49
1998	6.39	33.89	9.5	42.44	4.47
1999	6.39	33.64	10.42	45.99	4.41
2000	6.59	32.73	12	43.44	3.62

资料来源：李卫平、石光、赵琨：“我国农村卫生保健的历史、现状与问题”，《管理世界》，2003年第4期。

在东部地区经济快速增长，地方财政收入大幅度提高带来了农村公共产品供给的地区间差异扩大。如表4所示，1995年东部地区初中生均预算内教育经费比中部和西部地区分别高33.94%和12.28%，而到2001年这个数字扩大到53.16%和22.04%。

表4　　地方农村生均预算内教育经费支出区域比较

	小学（元）			初中（元）		
	1995年	1997年	2001年	1995年	1997年	2001年
东　部	284.51	352.04	672.91	457.03	542.26	835.52
中　部	168.61	221	452.45	341.22	406.49	545.54
西　部	231.9	286.21	579.17	407.06	483.19	684.6
东部比中部高（%）	68.74	59.29	48.73	33.94	33.4	53.16
东部比西部高（%）	22.69	23	16.18	12.28	12.23	22.04

资料来源：朱钢：《中国农村财政理论与实践》，山西经济出版社2006年版。

2003年中国人均GDP超过1000美元。从国际上其他发展中国家的发展历程来看，一国的人均GDP从1000美元向3000美元的过渡阶段，也是该国公共产品和公共服务需求快速扩张的时期。这一时期的国民经济发展依赖于公共产品和公共服务在数量和质量上的提高。尽管我国农村居民的人均GDP还没有达到1000美元，但是大多数农民在满足了吃穿的温饱需求后已经开始转向对教育、卫生、文化等社会性公共产品和服务的需求。这对各级财政特别是农村基层财政提出了更高的要求。目前，县乡财政困难同农村社区社会、经济全面协调发展所需的公共产品供给形成了鲜明的反差。尽管中西部部分地区县乡财政对农村义务教育的支出占总支出的比重高达80%，但是这并不是公共财政意义上的公共支出结构，而是恶化的“吃饭财政”。所以，解决基层财力不足与农村公共产品和公共服务供给短缺还需要跳出“就公共产品论公共产品”的圈子，通过县乡财政体制改革来实现真正意义上的基层财政公共支出内涵。

（三）深化农村税费改革的需要

农村税费改革是一次农村经济利益的大调整，目的是通过对原有的农村和农业领域的税费制度改革理顺国家、集体和农民之间的分配关系，真正实现“耕者有其利”。始发于上个世纪九十年代的农村税费改革，近十年间经历了多轮改革，在减轻农民负担方面取得了巨大的成效。

1996年农村税费制度改革在安徽、河北、河南、湖北、湖南、贵州和陕西七个农业大省的选取近50个农业县市进行试点。2000年，中共中央和国务院选择安徽以全省为单位进行农村税费改革试点，改革后全省农民总的税费负担37.61亿元，比改革前同口径税费负担49.25亿元减少11.64亿元，减负达23.6%；加上取消屠宰税和农村教育集资，全省农民税费负担减少16.9亿元，减幅达31%。2003年，各地按照国务院统一部署，全面推进农村税费改革试点工作，取得了积极成效。当年新增全面改革试点的10个省份农民减负总额达到123亿元，平均减负幅度为63%，农民人均减负55元，亩均减负50元。其中，广东、福建减负率高达84%和77%。2004年全国减轻农民负担234亿元，除了吉林、黑龙江两省全面免征农业税外，还有北京、天津、福建、上海、浙江、西藏6个以省为单位和其他省份274个县（市）免征或基本免征农业税。免征地区受益农民1.5亿人，人均减负约46元；降3个点的地区受益农民5.4亿人，人均减负约为29元；降1个点的地区受益农民2.14亿人，人均减负3.7元。

农村税费改革经历了规范农民税费负担、减征农业税和免征农业税等若干阶段，农民的政策性负担逐步降低最终彻底取消，在此背景下，农村税费改革走到了十字路口：是在彻底取消农业税后就彻底结束此项改革，还是在原有改革的基础上更进一步，建立防止农民负担反弹的长效机制？从历史的角度看，多次以减轻农民税赋的改革最终都没有巩固住取得的成果，关键的问题是治标不治本，农民负担反弹的深层次问题没有解决。2006年在全国范围内全部免征的背景下，除了必要的生产性成本支出外，农民种地基本不需要承担任何负担，而且反过来国家还会在生产领域给予种粮农民一系列的直接补贴，如在粮食主产区实施的种粮直补、农机补贴、良种补贴等。农村税费改革的最初目的已经达到：减轻农民负担，增加农民收入，国家与农民在税费征缴方面的分配关系已经理顺。但是，应该清醒地认识到，即使在改革过程中中央财政给予了较大规模的农村税费改革转移支付，基层财政（包括村级组织）仍然面临着相当大的收支压力。为了巩固这次农村税费改革的成果，为解决“三农”问题创造一个良好的环境，还需要不断深化以乡镇机构改革、农村义务教育管理体制改革、县乡财政管理体制改革为重点的农村综合改革，探索建立农村经济社会发展新机制。

乡镇机构改革是力图在农村建立基层服务型政府和法治型政府，通过对乡镇内设机构实行综合设置，从严核定和控制乡镇机构编制和财政供养人员数量，来强化公益性事业单位公共服务功能和经营性事业单位自我发展能力。据国家统计局对1030个小城镇的调查，每个镇的机构一般都在30—40个，包括农机站、水利站、城建站、计生站、文化站、林业站、广播站、土管所、财政所、派出所、工商所、邮政所、供电所、司法所、信用社、法庭等。其中镇属机构的干部人数平均为158名，上级政府派出机构的干部人数为290名，都超出编制人数的数倍。在中西部地区的广大农村由于经济相对落后，无论是务农还是从工，其收益的规模和稳定性都不及公务员，导致无论是大中专毕业生还是转业军人都是愿意被政府部门接纳。然而由于机构人员膨胀后要释放“养人”的压力，原有的乡镇公益性事业单位的公共服务功能退化，逐渐演变为通过市场行为提供农村公共产品，乡镇财政的公共职能也相应淡化，由此滋生出许多追逐利益的扭曲行为。乡镇机构改革就是从源头建立高效、透明的基层政府，为农村税费改革创造良好的组织保障。

农村税费改革之前，许多地区通过向农民征收教育集资款来发展农村义务教育事业，税费改革后教育集资被取消，这就需要建立政府投入为主的农村义务教育投入机制，进一步明确各级政府对义务教育的保障责任确保农村义务教育正常经费支出需要。在这方面，中央财政发挥了重要作用。2004年在西部12省区中央财政启动了投资100亿元的“农村寄宿制学校建设工程”，投资30亿元在全国建起了2300多个农村寄宿制学校，还投入11亿元，提前三年使中西部地区九年义务教育阶段的2400万家庭贫困学生获得了免费的教科书，投资10亿元专项资金将农村中小学远程教育工程的试点范围将扩大到20个省区市。2004年中央财政安排用于农村义务教育的各类专项资金达到100亿元，比2003年的58亿元增长了72%。

无论是乡镇机构改革还是农村义务教育管理体制改革都涉及到基层财政的事权调整，而根据财权与事权相统一的原则改革和完善县乡财政管理体制无疑是深化农村税费综合改革三项政策中的重中之重。

这项改革远远要比前两项改革复杂，是全局性的调整。这三项改革措施又是相辅相成的，如完善的县乡财政管理体制可以为乡镇机构改革和农村义务教育管理体制改革提供更为宽松的政策环境，而后者的顺利改革可以促进基层财政管理体制的早日健全。农村税费改革之前，农业税、农业特产税、屠宰税等涉农税收是乡镇财政的主要收入来源。然而改革之后，上述税种逐步取消，乡镇财政没有了主体税种，基层政府的事权并没有进行大的调整。如何确保乡镇正常经费支出需要，这凸现了政府间财政关系调整的意义，县乡财政管理体制改革是其中的重要环节。需要明确的是，目前的县乡财政困难并不是1994年以来所实施的分税制改革所引发的问题，相反缓解县乡财政困难需要通过进一步深化省以下分税制改革，通过“省直管县”和“乡财县管”的财政管理体制创新完善基层财政的收入体系，实现财权与事权相互统一。

三、我国近年来县乡财政管理体制改革的探索与实践

(一)“三奖一补”政策：中央财政对县乡财政的体制调整

由于二元经济结构导致的经济社会发展不均衡、经济体制转轨导致的政策与体制不协调以及制度不健全导致的监督约束软化等多方面原因的综合作用，县乡财政运行困难逐渐暴露出来。由此引发的县乡财政债务危机、因财力不足导致的农村公共产品供给市场化倾向、因财政缺位引发了诸多农村公共突发事件，这些问题不仅严重制约了地方社会经济的协调发展，还危及了社会的稳定，引起了宏观决策部门的高度重视，也成为学术界研究的热点问题。

2005年中央财政安排150亿元资金实施“三奖一补”政策，力图通过这一政策在三年之内逐步缓解县乡财政困难。这对巩固基层政权，提高执政能力，促进经济发展，构建和谐社会具有重要意义。具体而言，第一个“奖”是对财政困难县新增财政收入以及所在省市级财政增加对这些县的财力性转移支付，中央财政给予奖励，充分调动地方各级政府缓解县乡财政困难的积极性和主动性。财政困难县是指按照2003年数据计算可支配财力低于基本财政支出需求的县。可支配财力包括本级政府一般预算收入、上级政府财力性补助收入以及可用于基本财政支出的预算外收入等，对上解上级财政的支出、一般预算收入中行政事业性收费和罚没收入中用于成本开支部分等作必要扣除。基本财政支出需求包括国家机关事业单位在职职工人员经费和公用经费、离退休人员经费和必要的事业发展支出，中央财政根据各地财政供养人数、人均开支标准和地区间支出成本差异系数具体核定。省市级政府增加的对财政困难县财力性转移支付是指省市政府增加的“两税”返还、所得税基数返还、一般性转移支付、民族地区转移支付、农村税费改革转移支付、调资转移支付、体制补助、其他财力性补助等。不包括省市级政府通过下放支出责任以及减少专项拨款等方式增加的财力性转移支付。财政困难县政府增加税收收入的奖励系数为0.3，省市级政府增加对财政困难县财力性转移支付的奖励系数为0.23。

第二个“奖”是对县乡政府精简机构和人员给予奖励，促进县乡政府提高行政效率，优化公共支出结构。中央财政对各地2004年县乡政府精简机构和人员给予一次性奖励。撤并1个乡镇奖励50万元，精简1人奖励4000元。通过省级财政将奖励资金兑现到精简机构和人员的县。

第三个“奖”是对产粮大县给予奖励，将解决县乡财政困难同国家长远的农业政策有机结合起来，调动地方政府实现国家粮食安全的积极性。为了稳定粮食播种面积和粮食产量，减轻产粮大县财政压力，中央财政对产粮大县按一定因素给予奖励。资金的分配以省为单位测算到县，并通过省级财政分配至产粮大县，由县财政统筹安排。

所谓一“补”是对以前缓解县乡财政困难工作做得好的地区给予财力性补助，切实将基层财政解困同自身财政运行的主观能动性结合起来。为体现公平原则，中央财政在对2004年各地缓解县乡财政困难工作实绩进行奖励的同时，对以前年度缓解县乡财政困难工作做得好的地区给予补助。对2003年省内人均财力较低县占全省人均财力比重超过全国平均水平地区，中央财政根据超出的额度按0.3的系数给予补助。中央财政按2000~2003年县乡政府撤并乡镇的个数和精简人员数给予一次性补助，分3年到位。撤并1个乡镇补助40万元，每精简1人补助3000元。

“三奖一补”政策一方面加强了财政体系内部各个财政层级之间的内在联系，特别是高端财政与基层财政之间的信息沟通；另一方面，通过“以奖代补”政策在转移支付制度中建立激励约束机制，在基层财政解困过程中形成中央、省、市、县、乡五级财政的良性互动，充分调动基层财政优化公共支出结构、提高公共支出效率的积极性，避免上级财政转移支付资金分配和使用上的“寻租行为”和“道德风险”。

（二）“省直管县”：省以下财政管理体制创新

“省直管县”财政体制是相对于“市管县”财政体制而言的。建国初期，我国省以下财政主要实行的就是“省管县”财政体制。上世纪八九十年代，随着分税制财政体制的确立，“地改市”的实行，“市管县”代之“省管县”成为地方财政管理体制的主流模式。近年来，全国部分省份又从解决县乡财政困难的角度出发，重新探索回归“省管县”财政体制。通过财政体制的“扁平化”进而带动行政体制的“扁平化”，形成分税分级在省以下的实质性贯彻。政府管理体系随着财政体制的“扁平化”，可以有效实现政府机构的精简，降低行政运行成本，防止基层财政转移支付资金“漏出”，缓解县乡财政困难。按照各地“省直管县”实施的背景，可以将现行的政策划分为两大类：其一是浙江实行的“省直管县”，另一类是以吉林、湖北和安徽为代表的“省直管县”。

1. 浙江的管理模式与成效

浙江的“省直管县”财政体制并非产生于基层财政运行困难，而是浙江结合自身省情——“县域经济两头大、中间小，非富即贫”的特点，自改革开放以来就一直实施的。

浙江实行的“省直管县”是指财政体制由省直接结算到县（市），各项财政拨款补助也由省直接分配下达到县（市），地级市与县（市）之间是并行关系，并没有直接的财政业务关系。从 1995 年起，浙江省将所属的 63 个县（市）划分为三类：即 38 个经济发达的县（市）；19 个经济不发达的县（市）；6 个经济次发达的县（市），实施“抓两头、带中间、分类指导”的政策。

浙江“省直管县”的财政管理体制的政策核心是激励机制。浙江县级财政与省级财政直接结算，结算的办法可以归结为“两保两挂、两保两联”及日后发展丰富为“三保三挂、三保三联”。“保”是指保证，即县级财政向省级财政保证当年收支平衡和完成中央两税任务(后转变为完成消化历年积累赤字任务)。“挂”的含义是挂钩，即针对省内相对落后县所享受的省级财政补助和省级的财政奖励与县级财政收入（或增收）完成情况挂钩。“联”是指联系，即省内相对富裕县（市）享受的省级财政技改补助与地方财政体制补助收入与上年增收上缴额相联系。纵观浙江的经验，突出之处有三点。其一，通过省对县财政管理体制中的激励机制的作用做大县域财政收入，只有做大“蛋糕”基层财政享受的补助才会增加，管理者才能获得合法的财政奖励，如“亿元县上台阶”奖励政策；其二，通过“明算账”使得基层财政预算收入管理更加全面、透明，纷繁复杂的预算外收入自觉地纳入预算用以做足收入；其三，通过事先制定的政策约束，避免了省级财政与县级财政在享受补助方面的“囚徒困境”，将“少收、多补；多收、少补”转变为“少收、少补；多收、多补”，强化激励机制的作用。

浙江实行的以激励为主的“省直管县”财政体制使县域经济实力明显增强，不仅鼓励了先进，还带动了后进。1993 年浙江省 27 个经济强县 GDP 总量合计 800.23 亿元，占当年全省 GDP 总量的 41.9%；2002 年达到 3555.74 亿元，占当年全省 GDP 总量的 45.6%。相应地，近年来浙江省经济实力也不断增强，全省 GDP 由 1993 年 1909.49 亿元，增加到 2002 年的 7796 亿元，年均增长 16.9%（按照当年价格计算），比同期全国平均水平高出 3.8 个百分点。浙江“省直管县”的财政体制有效避免了县级财政发生赤字现象的发生。1993 年全省 63 个县（市）中有 47 个县（市）发生财政赤字，累计赤字额合计约为 10 亿元，只有 38 个县（市）财政总收入超过亿元。1995 年浙江实施“两保两挂”，上一年因财政赤字享受补助的 17 个县（市）当年都实现了财政收支平衡。到 2002 年底，有 62 个县财政总收入都超过了亿元，其中超 10 亿元的县有 12 个。2002 年各县（市）共消化历年财政赤字 3.7 亿元，县市财政自我积累、自我平衡、自我发展的能力大大增强。在第四届全国县域经济基本竞争力评价中，浙江省有 27 个县（市）进入全国经济百强县（市）行列，居全国 31 个省市区之首。

2. 湖北改革的措施与成效

湖北省自 2003 年 6 月起，决定对大冶、汉川、宜都、京山、恩施等 20 个县（市）进行“扩权”，将以前市（州）一级掌握的大部分经济管理权限和社会管理权限下放给县（市），这为日后财政上的“省直管县”打下了良好的基础。2004 年 4 月 21 日，湖北省人民政府决定：从 2004 年 1 月起改革原来省管市、市管县（市）的财政管理体制，在全省范围推行省直管县（市）的财政管理体制。对原实行省管的武汉市、襄樊市等 17 个市级单位继续实行省直接管理（含所辖区），对原实行省管市、市管县财政体制的 52 个县（市）（不含恩施自治州所辖的8个县市）实行省直管县（市）财政体制。这项改革内容涉及6个方面：预算管理体制，转移支付及专项资金补贴，财政结算，资金报解及调度，债务偿还等。这一政策经过一年多的运行，政策效果逐步显现。2004年，湖北省县域共引进内外资426亿元，比上年增长64%；实际利用外资4.03亿美元，比上年增长近20%。下放239项审批、审核权限，实行信息、项目、资金直达，一系列优化县域经济环境的改革措施，使湖北省县域经济总量增速明显，2004年县域生产总值占全省GDP的比重比3年前提高7.4个百分点。2004年，湖北县域生产总值达到3440.8亿元，占全省比重达到54.44%。

3. 安徽改革的措施与成效

安徽实行“省直管县”财政体制改革是在维持现行利益分配格局基础上，省级财政在体制补助（上解）、税收返还、转移支付、财政结算、项目申报、专项补助、资金调度、债务偿还、目标考核、工作部署等十个方面直接到县。改革的近期目标是确保县乡工资正常发放，有效控制县乡债务，促进县域经济发展，争取通过3年的努力，实现县乡财政状况根本好转。省财政每年将选择部分县（市），对其预算进行审查，促进县级财政科学、合理地安排预算，优先保障工资正常发放。对擅自变更预算，导致国家规定的工资和津补贴不能按时发放的，省财政将扣减有关县（市）转移支付资金，并通报批评。同时建立激励机制，对通过自身努力保证了收入目标任务的完成和工资正常发放的县（市），予以奖励。省级财政以2002年和2003年各县平均财力为基础计算各县年标准人均可用财力，核定最低财力保障额为年人均1.5万元，对低于1.3万元的县差额部分补助80%；1.3万—1.5万元的补助60%。省级财政对县级财政支出顺序进行规定，按照保工资、保运转、保重点的顺序进行，这些措施有效保证了县乡工资发放和机构正常运转。实施“省直管县”后，由省级控制新增财政供养人员和县乡财政的新增债务，有效防范了基层财政的支出风险。

4. 吉林改革的措施与成效

长期以来，由于基层财政创收能力不足，吉林省绝大多数县（市）的财力仅够维持“吃饭”，有三分之二的县（市）的财政收入不能满足其财政供养人员的基本工资要求，没有足够的财力进行基础设施建设和社会公共事业的投入。从2005年7月1日起，吉林省将现行的市管县（市）的财政体制改为省直管县（市）的财政体制，此举涉及到全省41个县（市）。改革涉及收支划分、转移支付、专项拨款、预算资金调度、政府债务管理等5个方面。调整财政分配关系，实行激励性的转移支付制度。随着省级财力的增强，逐步加大对县（市）的财政转移支付力度，力争每年增加一个百分点，连续支持5年；省每年从县（市）一般性转移支付补助资金中集中5亿元左右，与县（市）地方财政收入增长挂钩作为奖励返还给县（市）；省对县（市）安排的专项拨款，除国家另有规定外，一律不要求县（市）配套。为了鼓励县（市）培植财源，发展经济，县（市）上划省的共享收入，增量全部返还给县（市），省分成的土地出让金，除按规定集中少量资金用于农业土地开发，也全部返还给县（市）。吉林“省直管县”的财政体制改革虽然时间不长，但已初见成效，对促进县域经济发展和增加基层财政收入，发挥了重要作用。

（三）“乡财县管”：基层财政内部的体制调整

2002年国务院批转财政部《关于完善省以下财政管理体制有关问题意见的通知》明确提出：“要进一步加强对乡财政的管理，约束乡政府行为”，“对经济欠发达、财政收入规模较小的乡，其财政支出可由县财政统筹安排，以保障其合理的财政支出需要”。基于此，基层政府间关系的核心——政府间财政关系发生了明显的调整，主要表现在县对所辖乡镇财政的监管，所谓“乡财县管”。“乡财县管”也是为了配合农村税费改革在基层财政内部推出的一项改革举措，改革的目的是通过县级财政部门直接管理和监督乡镇财政收支，规范乡镇的财政收支行为，强化乡镇依法组织收入、合理安排支出，严格控制乡镇财政供养人员的不合理膨胀，防范和化解乡镇债务风险，进而维护农村基层政权的稳定。

从全国各地推行“乡财县管”改革的进展来看，“乡财县管”作为农村税费改革的一项配套改革措施同税费改革的进展密切相关。安徽于2000年以全省为单位推开了农村税费改革，相对其他省份而言，安徽实施“乡财县管”改革也较早，2003年选取部分县（市）进行省内试点，于2004年1月正式在全省范围内推开“乡财县管”改革。2004年黑龙江和吉林两省在中央财政的支持下率先全面免征农业税，黑龙江在2004年6月就作为农村税费改革的配套措施推出了“乡财县管”改革，2004年底吉林省人民政府下发了《关于实行乡镇财政管理方式改革的通知》（吉政发［2004］51号）决定从2005年1月起在全省范围内全面推开“乡财县管”改革。其他省份改革也参考了本省农村税费改革的具体进度。例如，河南省最先选取焦作市作为“乡财县管”的改革试点，2005年省政府规定对免征农业税后一般预算收入在300万元以下的乡镇全面推行“乡财县管”，并逐步扩大试点范围。到2005年11月全省已有1941个乡镇实施了“乡财县管”，占全省乡镇总数的90.4%，预计2005年底全部实施“乡财县管”。对于尚未完成免征农业税的云南省，目前也选择了玉溪市和红河州作为“乡财县管”改革的试点进行探索。

综合各地“乡财县管”的试点改革办法，“乡财县管”实施方案中有四点主要内容是一致的。其一，预算共编。县级财政部门提出乡镇财政预算安排的指导意见并报同级政府批准，乡镇政府再根据县级财政部门的具体指导意见编制本级预算草案并报批。其二，账户统设。取消乡镇财政总预算会计，由县财政会计核算中心（县财政派驻乡镇的机构）代理乡镇财政总会计账务，核算乡镇各项会计业务。相应取消乡镇财政在各银行和金融机构的所有账户，在各乡镇金融机构统一开设县财政专户的分账户，如“工资专户”、“结算专户”、“日常支出专户”等。其三，收入统管。乡镇财政预算内外收入全部纳入县

(市)财政管理。乡镇组织的预算内收入就地全额缴入县（市）国库，预算外收入就地全额缴入县（市）财政预算外专户，县（市）财政总会计根据乡镇上缴的收入类别和科目，对预算内外收入分别进行登记核算。第四，集中收付。乡镇财政预算内外资金全部纳入预算管理，乡镇财政的各项收入统一缴入县国库，县财政会计核算中心（或县财政的监督机构）按照文件规定安排乡镇资金拨付顺序。

各地"乡财县管"的改革无一例外都坚持"三权"不变。一是乡镇预算管理权不变。县乡财政之间的收入范围和支出责任仍按规范的财政体制进行划分，乡镇预算、决算草案和本级预算调整方案的编制仍由乡镇政府负责。二是乡镇财政资金所有权和使用权不变。乡镇财政资金的所有权和使用权归乡镇，资金结余归乡镇所有。乡镇政府的各项债权债务仍由乡镇政府享有和承担。三是财务审批权不变。属于乡镇财权和事权范围内的支出，仍由乡镇政府按规定程序审批。

尽管各地实施的"乡财县管"改革的政策目的都是通过规范收支行为缓解乡镇财政困难，但是各省的改革还是有各自的特点。较早实施"乡财县管"的安徽省将这项改革的出发点定位于控制乡镇新增财政供养人员和负债。通过"乡财县管"把住"人"和"债"两个关口，堵住乡镇乱支出、乱进人的漏洞，以此缓解乡镇财政困难。吉林实施的"乡财县管"强调乡镇财政供养人员的工资由县级财政统发。根据乡镇的实有人数将机关事业单位在职人员工资和离退休人员离退休费，由县（市）财政按月拨入乡镇财政基本支出账户，委托当地银行或非银行金融机构统一代为发放。由此杜绝工资拖欠，保证乡镇财政的基本支出需要。在河南和吉林的试点中都推出了"采购统办"的举措，规定凡纳入政府集中采购目录的各项采购支出，由乡镇提出申请，经县（市）政府采购管理机构审核后，交县（市）政府采购中心集中统一办理，采购资金由县（市）财政直接拨付供应商。由此降低乡镇的行政成本，提高公共支出的效率。

四、完善县乡财政管理体制改革的总体思路

我国现行的县乡财政管理体制是若干次财政改革累积的产物，县乡财政困难也是多方面矛盾的综合反映，所以县乡财政管理体制改革并非一朝一夕能够完成，也不是立竿见影就能够见到改革的成效。由于县乡体制改革涉及的财政利益主体相对较多，改革的难度也必然较大。总的来看，缓解县乡财政困难需要通过一系列的制度创新加以实现。

（一）扩大“省直管县”的改革试点范围

在我国历史上形成的城乡二元结构的大背景下，使得农业和农村长期为工业和城市提供资本积累。在一些地方的经济发展过程中，地级市由于不具备担当地区经济发展的带动功能，“市管县”的管理模式成为集中县级财力来加快地级市经济建设的体制工具，使得“三农”问题变得更加突出。现阶段，县乡财政运行困难同这些体制上存在的问题有很大关系。缓解县乡财政困难，在经济比较发达、省域面积适中的地区，可以进一步扩大推行“省直管县”财政体制的试点范围。省级财政在体制补助、一般性转移支付、专项转移支付、财政结算、资金调度等方面尽可能直接核算到县，减少财政管理层次，提高行政效率和资金使用效益。但是，在推广试点过程中，还要避免“一刀切”，充分考虑地区的特殊性。注意协调“省直管县”体制中县（市）同原上级地级市之间在利益关系、工作程序等方面的协调，减小体制变动对基层财政的冲击。另一方面，由于“省直管县”伴随着“扩权强县”的激励机制改革，所以要防止县乡财政短期逐利行为，避免改革试点步入“一放就乱”的误区。

（二）完善针对基层财政的转移支付制度

完善中央财政对省、省对下的转移支付制度。中央财政要进一步加大对地方的财力性转移支付力度，清理和整合专项转移支付，提高一般性转移支付的比重，将花钱的权力还给基层，增加基层财政的可支配财力。根据不同地区的经济发展水平和收入差距，以及影响财政收支的客观因素，核定各地区标准化收入和标准化支出，合理确定对各地区的转移支付的规模。以中央财政缓解县乡财政困难的“三奖一补”政策为契机，建立缓解县乡财政困难的激励约束机制，引导省级财政和有条件的地级市加大对所辖县（市）实施财力性转移支付。就财政困难的县乡财政而言，也需要通过完善的转移支付制度，调动县乡自身摆脱困境的积极性，由此形成中央、省、市、县、乡五级政府联动的良好局面。

（三）完善县乡财政收入体系

进一步完善省以下分税制改革，合理划分省、市、县、乡四级财政收入，完善县乡财政收入体系。根据各地方社会、经济和财政发展情况，将房产税、城镇土地使用税、土地增值税、印花税、契税、耕地占用税等地方税种收入主要留给县乡两级，或提高县乡财政分享的比例。土地出让金等已经纳入预算内的收费项目要降低省、市集中的比例，调动县乡政府发展经济和增加收入的积极性。支持和鼓励县乡政府繁荣县域经济，做大经济财政蛋糕，按照科学发展观的要求实现县域经济自我发展、自我创新、自我积累的良性循环。

（四）化解基层财政债务

基层财政债务需要从存量和增量两个方面寻求解决。首先，考虑到县乡财政负债运行还会具有明显的惯性，所以需要严格控制增量债务。县乡财政举办公益事业，必须坚持量入为出的原则；实行严格禁止高息借贷行为，限制向金融机构借款的增量控制策略；按照政企分开的原则严格规范基层政府行为，杜绝政府为企业担保贷款，在公共财政框架下树立科学的理财观。其次，分类指导，逐步化解存量债务。对于基层财政向民间高息借款形成的存量负债，实行本息分离，不准利息转本金。对于农户拖欠税费由财政借款代交而形成的负债，需要区别对待。无能力还款的困难户，实行减、免、缓的政策；一次性还清有困难的农户，经村民大会讨论可以分期偿还；欠款大户，可以给予优惠政策鼓励其积极还款；有能力而拒不偿还的农户，需要采取诉讼程序，依法清欠。建议比照国有企业解困的有关办法，对向银行、信用社贷款形成的债务实行停息挂账，同时清理基层财政的债权，减轻基层偿债压力。

（五）加强县乡财政管理

随着农村税费改革的逐步深化，“以县为主”的农村义务教育管理体制的逐步完善，以及其他相关的改革相继出台，县乡财政的财权与事权的发生了明显的变化，在此背景下需要按照“一级政府、一级财政、一级预算”，“财权与事权相统一”的原则加强县乡财政管理的力度。要明确各级政府对农村基层事务的支出责任。属于省、市政府承担的支出，同级财政应该安排足额的经费，不留资金缺口，尽量降低或避免要求县乡财政的配套额度。减少上级财政对县乡政府的达标升级考核，提高县乡财政自主理财的能力。对于县乡应该承担的事权，通过加强财政监督，满足农民的基本公共福利所需的资金要求。通过“乡财县管”改革逐步强化乡镇财政的预算约束，按照“一保工资、二保运转、三搞建设”的原则合理确定支出顺序。积极推进县乡预算管理制度改革，提高基层财政预算的完整性、透明性，构筑基层公共财政框架，实现基层财政的高效管理。

苏　明　张立承

从县乡财政困难看政府间财政关系改革

——以西安贫困县为案例

内容提要

以调研为基础，本文提出了财政体制“三要素”组合的分析方法，并认为县乡财政困难与财政体制“三要素”（事权、财权、财力）的组合失调有内在的关联性，进而提出如下观点：一是在区域差异和差距很大的现阶段，分税制体制只适宜于中央与省一级之间，省以下不宜提倡都搞分税制。二是对落后地区而言，最重要的是“财力与事权的匹配”，而不是通常认为的“财权与事权的匹配”。三是对发达地区，可以选择省以下分税制体制，在此条件下，“财权与事权的匹配”才有实质性的意义。

农民负担重和县乡财政困难一直是我国改革发展中面临的突出问题。自2002年中央推行农村税费改革以来，先后采取了一系列减轻农民负担的措施，农民负担重的状况有了很大的改变，而县乡财政困难的问题却没有大的改观。究其原因很复杂，由于这两个问题相互关联，第一个问题的解决增大了解决第二个问题的难度，县乡财政困难依然是当前一个严峻的问题。2005年4月，我们到西安市蓝田县和周至县进行了实地调查。调查显示，各级政府间的事权、财权与财力没有形成合理的匹配，致使政府间关系失调，是造成县乡财政困难的制度性成因；而体制、政策的统一性与区域差异性之间的矛盾，使缓解县乡财政困难的政策效果打了折扣。鉴于各地的实际情况不同，我们认为，缓解县乡财政困难的政策措施以及相应的制度安排应该因地制宜，分类实施。

一、周至、蓝田财政困难的特点及其启示

（一）县乡财政与农民负担水平相互关联

县乡财政按照对农业的依赖程度可以分为农业依赖型县乡财政、非农业依赖型县乡财政和中间类型县乡财政（处于前两者之间）。如图1所示，越向坐标轴左边移动，表明县乡财政对农业的依赖程度越高，农民负担越重，县乡财政越困难；反之，越向坐标轴右边移动，表明对农业的依赖程度越低，县乡财政状况良好。县乡财政与农民负担水平相互关联，而且越是经济欠发达地区，这种相关性越高。因为经济不发达地区，农业比重大，第二、三产业规模小，产业结构单一，在农业劳动生产率低、产业化水平不高的情况下，财政收入相当大的一部分来自于农业部门。可以说，长期欠发达地区的县乡财政是

建立在农民负担之上的。2002 年以来中央采取的免征农业税等措施，一方面大大减轻了农民负担，另一方面也使农业依赖型的县乡财政变得更加脆弱，县乡财政的收入能力大大削弱了。从我们调查的周至县情况看，基本上印证了这一点。

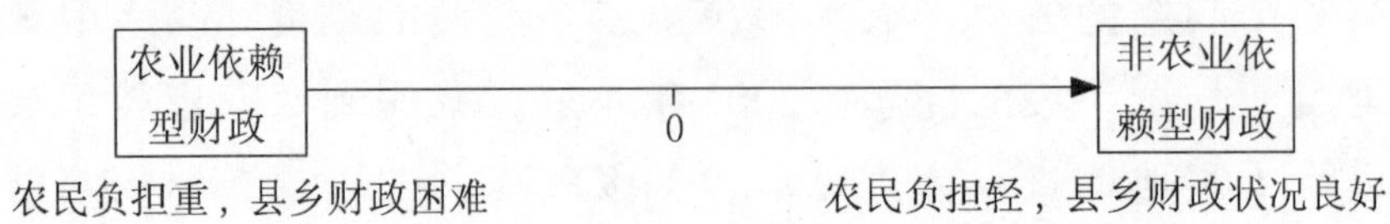

图 1　县乡财政与农民负担水平关系示意图

周至县属于西安的远郊县，地处关中腹地，经济发展主要以种植业、养殖业等传统农业为主，工业基础薄弱。长期以来，农业四税（农业税、农业特产税、耕地占用税和契税）收入占财政收入的比重一直很高，分税制改革后的 1995 年曾达到 31.6%，2001 年后这一比例虽有所下降，但仍然维持在 20%左右。2003 年仅农业税一项收入就达到 1604 万元，比当年全县增值税收入高出 600 万元。可以看出，周至县是比较典型的农业依赖型财政，农民负担重，而县乡财政却连年赤字，财政极其困难。1995 年周至县当年一般预算收支相抵发生赤字 401 万元，全县历年累计赤字 2136 万元；2002 年中央开始推行农村税费改革，逐步取消“三提五统”、农业税和农业特产税，周至县四年间共减少财政收入 3896 万元，财政困难问题更加凸现出来。2004 年当年一般预算收支相抵发生赤字 2784 万元，全县历年累计赤字 2759 万元。各乡镇财政当年全部为赤字，收入不足 100 万元的占 36%，财政收支矛盾越来越突出。按照目前周至县现有的财政收入情况，政府工作人员每天的办公经费不足 1 元，难以维持县乡政府机构的正常运转。

（二）财政供养人口与经济发展水平明显负相关

财政供养人口与经济发展水平有紧密的关联性。经济不发达地区，第二、三产业比重低，就业岗位少，而且收入水平低，人们就越倾向于往政府部门挤。财政供养人口越多，用于人头费支出就越大。养人造成的财政支出压力导致一方面政府过度抓收入，农民、企业的负担相对加重；另一方面，政府用于发展性支出极少，造成了财政与经济恶性循环：越穷越收，越收越穷。相反，在经济发达地区，可选择的就业岗位多，且收入较高，政府部门的就业优势相对减弱，财政供养人口造成的财政支出压力也较小。从直观就可以看出，这是一种明显的负相关的关系。

周至县1994年财政供养人员为13824人，2004年达到16197人，年均增长1.7%；蓝田县1994年财政供养人口为10892人，2004年达到14288人，年均增长3.1%左右。财政供养人口居高不下的原因除了县乡机构改革未完全到位外，其主要原因是因为周至、蓝田县经济落后，收入普遍较低，就业渠道窄，吃“皇粮”就成为就业的首选。大中专毕业生分配和军队转业干部安置也是想方设法挤入行政机关，财政供养人口越来越庞大，供养支出成为县乡财政的主要支出。再加上近两年中央出台了一系列增资政策，资金虽然由省政府负担40%，市政府负担30%，县政府仍然要负担30%，这对像蓝田、周至这样的贫困县来说无疑是雪上加霜：2004年周至县财政支出21485万元，其中工资性支出17629万元，占一般预算支出的82.1%；蓝田县2004年财政支出22623万元，其中工资性支出为16610万元，占一般预算支出的75.6%。财政基本上无资金用于发展性支出。

（三）县乡政府债务风险愈益显性化

目前县乡政府负债是普遍现象，其成因很复杂，但其风险压力日益明显，这种状况在贫困县就更加突出。蓝田县2004年乡镇负债总额7453万元，是当年乡镇财政收入的1.5倍。负债最高的乡镇达到2192万元，是本乡当年财政收入的7.2倍。目前县乡政府债务负担除了直接债务之外，大量的或有债务也不容忽视，在一定的条件下，或有债务会演化为直接债务。比如，农村基金会再贷款举债，主要是在1999年农村基金合作会破产清盘时，大量农民存款无法兑现，政府出于道义责任、公众期望和政治压力只能出面“兜底”，替农村合作基金会“买单”，从而使一些隐性的或有债务显性化。周至县的终南镇就是一个比较典型的案例，终南镇的债务结构复杂，各种长短期债务都有，其中因或有债务演变成直接债务的比重不低，仅2004年兑付合作基金会欠款负债达396.6万元，占债务总额的14.6%。还有各种拖欠形成的债务，如工程款拖欠、工资拖欠等等，巨额的债务负担不仅增加了县乡财政风险，也使政府的信誉下降，损害了基层政府的形象。

（四）“三奖一补”政策存在盲区

今年中央财政安排150亿元对地方实施“三奖一补”政策，按照“奖”、“补”结合思路，建立激励机制，鼓励各地解决县乡财政困难问题。“三奖一补”包括：“对财政困难县乡政府增加县乡税收收入，以及省市级政府增加对财政困难县财力性转移支付给予奖励；对县乡政府精简机构和人员给予奖励；对产粮大县给予奖励；对以前缓解县乡财政困难工作做得好的地方给予补助”。但对落入“发展陷阱”的贫困县而言，能够得到“三奖一补”的机会并不多。一是这样的县都是农业依赖型财政，无工业基础，第三产业更是落后，税源少，增收很难；二是县乡机构人员精简困难。由于人员基数大，本地经济落后，就业渠道窄，精简的人员无法合理分流安置；三是一些农业大县由于地域条件的限制，粮食产量并不高，达不到产粮大县的标准。这类贫困县往往是财政困难最为突出的地区，也正是真正需要上级财政给予补助的地区。由于直接的“补”（转移支付）不足，间接的“奖”又达不到标准，实际上这些贫困县处于现行政策的盲区。

二、县乡财政困难的理论剖析

（一）财政体制要素组合失调

作为现阶段出现的一种普遍现象，县乡财政困难固然有多方面原因，但主因是政府间关系失调，各级政府间的事权、财权与财力没有形成合理的匹配，财政体制要素的组合极不合理。这与流行的“财权与事权要匹配”的认识有密切关系。传统的财政体制理论主要是关注了事权和财权，而忽略了“财力”作为一个独立体制要素存在的价值。这使我们陷入了一个认识上的误区。

政府间关系涉及方方面面，但归结起来，主要是三要素：事权、财权、财力（见图 2)。各种不同类型的体制都是这三要素不同的组合而形成的。所谓事权，简单地说是指一级政府在公共事务和服务中应承担的任务和职责。财权是指一级政府为满足一定的支出需求而筹集财政收入的权力，包括税权和费权，形成自筹的财力。在分税制体制下，财权主要与税种划分相关。财力则是指一级政府可支配的财政收入，包括自筹的和上级转移的。一般而言，事权、财权、财力三要素达到对称，才能使一级政府运转正常。但在不同的情况下，其对称方式是不同的。相对于事权，财权和财力都是手段，是为履行特定事权服务的。但这两个手段之间无必然的连带关系，是彼此独立的，财权与财力之间无对称关系。整体而言，只要满足财权或财力与事权对称即可，不要求三要素一一对称。

1994 年的分税制改革主要就财权和财力这两个体制要素作了新的组合，即通过划分税种重新界定财权，通过转移支付制度重新配置财力，而事权则未做正式调整。这给后来的体制运行埋下了隐患。财

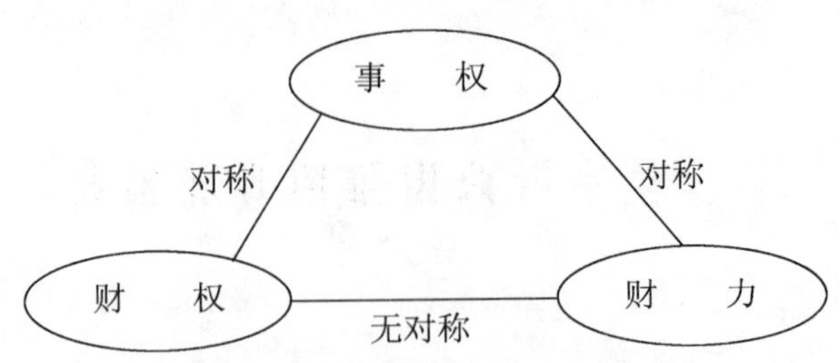

图2　财政体制三要素图

权是基本锁定的，10多年来财权的调整变化不大，可视为一个不变量，而事权，财力则成为两大变量，事权可以非正式地调整，财力亦可以非正式地配置，可以说，省以下各级政府的事权、财力是不确定的。事权、财力的演变轨迹取决于各级政府间博弈的程度、方式和手段。县乡财政困难即是这种博弈的一种结果。因此，要从根本上解决县乡财政困难，必须减少事权、财权、财力组合的不确定性，针对不同经济发展水平，对体制三要素实行不同组合，仅仅强调“财权与事权匹配”是不够的。

1.体制要素的组合状态趋同，导致体制运行与区域差异性之间的冲突加剧

表1说明的是不同经济发展水平的地区，三要素组合的不同状态。在这里，X代表事权，Y代表财权，Z代表财力。

表1　　财政体制“三要素”的组合状态

三要素／政府	事权	财权	财力
上级政府	X_1	Y_1	Z_1
下级政府	X_2	Y_2	Z_2

经济发展水平较高或非农业依赖型的地区，一般而言，各级政府能够通过体制赋予的财权组织到相应的财力，这样，政府就可以较好

地履行其职能。这时，“三要素”的组合基本上是对称的，各级政府的“三要素”组合情况呈现为 X↔Y↔Z。针对这类地区而言，强调“财权与事权匹配”就够了，有了财权，自然就有了财力。

然而，对于经济欠发达地区或者落入“发展陷阱”的地区而言，仅仅说“财权与事权匹配”就显得不相适应了。确实，在 1994 年分税制改革时存在这样一种情况：省以下财政体制各地普遍都是模仿中央与省一级的财政关系，上级政府为了增强控制力，将财权上移，同时为了减轻支出压力也将一些事权下移。这种现象的普遍存在使我们的注意力落到“财权与事权不匹配”的问题上。但对于那些地理位置偏远，山区面积大，交通、通讯等基础建设落后，工业基础薄弱，属于典型的农业地区，但产业化程度又不高的地区来说，已经落入到“发展陷阱”之中。这类地区在现阶段的经济发展空间很小，尤其在县乡一级，即使赋予其一定的财权，政府也难为“无米之炊”，税源单薄，无法组织到与事权相对称的财力。在这种情况下，即使是做到了财权与事权相匹配，照样也会出现财力与事权不匹配的结局，使一级政府难以正常运转。免征农业税等农村税费改革措施推行之后，原有的一些财权等于被取消，县乡政府能自主筹集到的财力就更少了。因此，对于经济不发达地区，“财权与事权不匹配”已经转化为一个相对次要的问题，主要矛盾已经变为“财力与事权不对称”。不言而喻，要解决这个主要矛盾，关键是政府间转移支付制度，特别是省以下的转移支付制度。

问题在于，我们对财政体制的认识没有充分考虑到我国区域差异和差距所带来的深度制约，只是按照一般的原理来考虑，受到了财权与事权必须匹配这个教条的束缚。从根本上讲，县乡财政困难，主要不是财权上移所致，而是财力下移不够。单就一个县乡来说，财权上移，同时又财力下移，似乎毫无意义，但对区域差距大的一个国家、一个省来说，财权普遍上移是前提，否则，针对落后地区的财力下移就没有来源，在各级政府都做到财力与事权的对称（即公共服务的均等化）也就无法实现。在假定事权合理的前提下，对落后地区而言，“财力与事权的对称”比“财权与事权的匹配”更具有实质性意义。

以陕西省为例，1994年分税制改革后，中央集中了75%的增值税和全部的消费税，对地方实行按照基数定额返还的办法，“两税”的增量部分则由省级政府统一支配。1995年至2004年，周至县“两税”增量上划省级政府8261万元。2002年实行所得税分享改革，所得税收入全部由中央与地方5:5分成，2003年及以后年度中央与地方6:4分成，陕西省规定对地方分成的40%部分，再实行省市5:5分成。至此，地方所得税收入上划比例达到80%。2004年陕西省调整和完善省以下财政体制，将全省增值税地方分享的25%部分（不含电力增值税）、营业税（不含金融、保险业、高等岔路通行费营业税）、土地使用税、房产税和资源税作为共享收入，省级分享30%，市、县分享70%。周至县2005年由此直接减少财政收入823万元，财政赤字不断扩大。在财权上移的同时，一些事权却逐步下移给县乡政府。分税制改革后，县乡政府要承担的事权包括：义务教育、区域内基础设施建设、社会治安、环境保护、行政管理等，这些事权大多刚性强，基数大，欠账多，所需支出多。同时，县乡政府还要承担一些新的事权。近年来，国家一系列的政策性调整措施，增加了地方的事权。例如调整工资、军转干部安置、学生毕业分配等政策性增人增资；社会保障、社会应急性支出大多按照“属地原则”，由县乡政府承担增支任务。另外，农业、科技、教育、公检法、计划生育、社会治安、文化、卫生等行政部门都做出了增支的硬性规定，在全国采用统一的标准，要求各地增加财政投入，加剧了县乡政府的财政负担。财权上移了、事权下移了，而财力下移严重不足，“三要素”的组合必然失调。

2. 省以下的转移支付制度不完善使“三要素”组合无法对称

中央与省级政府之间，在重新划分财权的同时，通过税收返还、转移支付等手段重新配置了二者之间的财力格局，有助于实现体制

“三要素”的对称组合。但由于省以下转移支付制度的不完善，省以下各级政府之间财权上移了，而财力的调配却未跟上，从而使县乡政府的“三要素”组合失调。

各省建立的转移支付制度，大多按照中央对省的体制模式设定，大多很不完善。省对县乡的转移支付从形式上，大多以税收返还、专项拨款为主，一般性转移支付少。专项拨款需要配套资金，贫困县乡政府往往无力筹集这笔资金，要么得不到这类专项，要么专项资金指向的项目形成“半拉子”。从总量看，省以下的转移支付资金数量有限，无法有效发挥均衡省辖地区间财政能力差异的作用，无力实现“三要素”组合的对称。

（二）从一级政府来看，财力难以约束部门事权，也是造成财政困难的重要原因

从横向看，一级政府内部同样有事权、财权、财力的组合问题，一般而言，财权集中在财政部门，财力在政府各部门。各部门事权、财力应当匹配并以财力来约束事权。财政预算即起到这样一个作用。

我国实行的以深化“收支两条线”管理、部门预算和国库集中支付等为主要内容的预算管理制度改革，在规范财政支出程序、减少资金周转环节、提高资金使用效率、推动政府职能转化等方面发挥了积极的作用。但同时还应看到，我国的预算管理制度还存在一些急需改进的问题，例如，预算项目不具体，预算单位自主调整余地较大，约束软化，往往是“事后认账”，导致政府的行为失控。目前县乡政府财政供养人口失控，债务负担加重等现象，都与预算缺乏硬约束，无法从财力上控制不规范的政府行为发生有关。例如中小学教师的配置，按照教育部门的要求，应该是每 20 个学生配备一名教师，周至县应该配备中小学教师 6000 名。事实上，周至县中小学教师实际人数是 7000 名，超过标准 1000 名。财政在支付教师工资时，也认可了这超支的 1000 名教师的工资，全部“买单”。这种软约束很容易导致一级政府“自赋”事权，从而加剧县乡财政困难。

三、结论与建议

从前面的分析来看，县乡财政困难有深层次的体制原因，我们不能简单地认为，这是一个地方的经济发展缓慢造成的。如果从这个视角来思索这个问题，那无异于说，缓解县乡财政困难不需要深化改革，只要加快发展就行了。显然这是不妥的。发展需要时间，不是一个早晨就能发展起来的，县乡财政困难却不能等待。这就决定了只能从体制改革上来想办法，而且加快发展也需要良好的体制环境。在政府运转都有问题的情况下，是谈不上发展的。

从根本上看，解决县乡财政困难要从制度创新着眼，舍此别无他途。要实现制度创新，除了完善现行激励机制（“三奖一补”政策）之外，还需要反思现行分税制财政体制。从中国现阶段的经济发展水平和区域差异和差距来观察，分税制应主要在中央与省一级之间实行，而省以下财政体制不宜一刀切地提倡搞分税制，可由各省根据本地的实际情况来设计省以下的体制。省以下体制不论如何设计，关键是要达到财力与事权的对称，使各级政府能够有效地履行其职责。省以下体制应可以兼容分税、分成、分享等多种方式，从而形成分税制财政体制大框架下的双层模式。这就要针对各地实际情况，重新匹配事权、财权和财力的组合，以使财政体制与我国区域发展的状况相吻合，并有助于遏止这种差距进一步扩大。具体有以下几个方面：

(1) 对于农业依赖型地区，最重要的是实现财力与事权的对称，而财权与事权的对称则是不重要的。由于这些地区税源单薄，即使有了财权，也无法组织起与事权相匹配的财力。在事权一定的情况下，只有通过省以下的转移支付制度，才能实现财力与事权的对称。因此，对这类地区，转移支付制度的完善具有最为重要的意义。

（2）对于中间类型（处于农业依赖型与非农业依赖型之间）地区，有一定发展潜力，应在事权与财力对称的基础上，逐步实现财权与事权的对称。因此，在这类地区，转移支付与财权划分应并重。

（3）对非农业依赖型地区，最重要的是财权与事权对称。因为有税源，赋予相应财权就可组织相应的财力。财力与事权对称可自然实现。因此，在这类地区，财权划分最重要。

（4）深化预算改革，以财力来约束部门的事权，防止一级政府“自赋”事权，并减少困难与浪费并存的现象。尽快修订和完善预算法及相关法律法规，加大对违反预算法行为的惩处力度，增强预算的法律约束力。通过建立起财政支出绩效评价体系，对政府行为进行内控，促进政府职能转变。

刘尚希　刑　丽

换一个角度看县乡财政困难问题

内容提要

1994年分税制财政体制改革以来，县乡财政困难问题受到颇多关注，但大部分论述都是从县乡财政困难的具体表现入手的，缺少宏观层面上的界定。本文试图从宏观层面上对县乡财政困难问题作一探讨。

一、财政困难是一种普遍存在

古今中外，“财政困难”问题一直是一个永恒的存在与话题。它似乎是一种常态，存在于各个不同国家，各个不同的历史时期中，由于历史上不乏由于其极端的发展而导致的政权更叠现象，这一问题更是引起统治者的密切关注。另一方面，人们的潜意识中却是不以“财政困难”是常态这一判断为基本认识的，人们，包括统治者在内时刻都在考虑如何通过各种手段对“财政困难”问题进行矫正，以期达到理想的平衡状态。应该说，就本质来看，财政是一个动态的平衡过程，它以“财政困难”这一表现为常态，通过不断的矫正达到短暂的平衡，之后很快又会以新的不同的“财政困难”表现开始新一轮循环。

“财政困难”，就其基本表现而言，就是财政收入不能很好地满足财政支出需求。由于财政收入以强制性课征的税收为基本来源，而税收又天然的具有来自纳税人的心理抵抗等特点，并且依据现代经济学的观点，减税是有利于经济增长的，因此，逻辑的结论与现实的操作通常以财政收入的相对缓慢的增长为特征；同时，财政支出需要却具有扩张性与刚性等特点，特别是凯恩斯的需求管理理论被广泛接受之后，财政支出的扩张趋势更是不可逆转。

从现今发达的市场经济国家的财政运行实践看，“财政困难”现象也随处可见（本文重点考察地方政府财政困难）：①德国。东西德统一后，由于原东德地区基础设施与城市建设等需要大量财政资金投入，增加了原西德各州和中央的财政负担，也波及到地方政府，地方政府财政困难问题逐渐成为国内最头疼的问题之一。以南部巴伐利亚州为例，许多地方政府不得不削减人员经费和建设投资，甚至有些地方政府不得不通过提高服务性收费，关闭剧场、变卖体育场馆等度过危机。②日本。上世纪 90 年代以来，日本为摆脱经济增长低迷状况，意欲运用扩张性财政政策手段达到目的，但结果却是不但恢复经济增长看不到曙光，而且陷入深刻的财政危机中，地方政府普通存在财政困难问题。由于日本的财政体制规定，当地方政府赤字达到标准财政规模的一定比例（都道府县为 5%，市町村为 20%）后，该地方政府将沦为“财政再建政府”，如不能自主摆脱困境，将在中央政府的监督下强制恢复财政平衡，那时，地方政府哪怕是 1000 日元的支出都必须经由中央政府批准。在此背景下，多数地方政府为了不丧失其财政自主权，不得不在危机到来前想尽各种办法度过财政困难。例如，相马市在 2003 年发表“财政非常事态”宣言，预计其 2004 年的财源不足额为 7 亿 5000 万日元，2005 年，这一数字将达到 13 亿 6000 万日元，2006 年更扩大为 18 亿日元，将沦为“财政再建政府”。为避免这一事态发生，该政府计划从 2004 年开始的 5 个财政年度内有计划地削减人员经费、各建设项目的财政支出等。日本历史上沦为“财政再建团体”的政府数共计 288 个，其中 2 个为都道府县级地方政府（和歌山县和青森县），目前的“财政再建团体”只有福冈县的赤池町一个地方政府。③美国。由于体制的原因，美国的地方政府财政是自求平衡且自我负责的，即基本上没有中央政府的介入。因此，地方政府财政困难多表现为个例，但却并不鲜见，其解决之道也各不相同。例如，2003 年，已背负 30 亿美元债务的马萨诸塞州曾向州议会提出议案，意欲通过拍卖州内公园与森林的署名权来缓解其财政困难，其困难状况可见一斑。又例如，2004 年 12 月，以《愤怒的葡萄》一书享誉世界的诺贝尔文字奖获得者约翰·斯坦贝克的家乡——美国加利福尼亚州中部的 Salines 市，市议会以其面临严重的财政困难为理由，决定从 2004 年 12 月 14 日开始至 2005 年 5、6 月间暂时关闭三个市立图书馆。据全美图书馆协会的调查，2003 年，高达 41 个州的图书馆累计削减财政支出达 5000 万美元以上，同时有 1100 个以上的图书馆减少了开馆时间和减少了图书馆雇员。这从一个侧面反映出地方政府财政困难的状况。

从我国改革开放二十余年的历史看，财政困难亦是从未有过间断。改革开放伊始，“放权让利”式改革就不可避免地使中央政府陷入财政困难中，随着改革进程的加快，中央政府财政困难日益加剧，那一时期，提高“两个比重”（即财政收入占 GDP 的比重及中央财政收入占整体财政收入的比重）的呼声此起彼伏，成为贯穿整个财政理论研究界的主旋律。1994 年，分税制财政体制改革措施出台，“两个比重”问题基本画上句号，但是县乡财政困难问题却紧随其后，浮出水面，成为近几年理论界与各类媒体关注的焦点。

二、财政困难的解决之道分为制度内解决与制度外解决

如前文所述，财政困难的基本表现是财政收入不能满足财政支出需求。地方政府财政困难就是地方政府的财政收入不能满足其财政支出需求。但问题是地方政府的财政收入和财政支出在不同的体制与制度框架下有着截然不同的具体内容。因此，对地方政府财政困难问题的分析应该是对特定体制与制度框架下的具体的财政收入与财政支出的分析。如果地方政府财政困难可以在体制与制度框架内解决，中央政府一般不会干涉，也不会涉及中央政府与地方政府之间的财政调整关系；但若地方政府财政困难无法在体制与制度框架内解决，则必须有中央政府创新体制与制度这一过程。

从现今发达的市场经济国家的财政运行实践看，由于其体制与制度框架基本成熟，某一特定地方政府的财政收入与财政支出的范围也是相对规范与确定的。当某一地方政府出现财政困难时，中央政府一般不会插手，而是由地方政府自己运作，通过增收节支措施自求平衡。这是制度内解决，即在制度框架内由地方政府自己解决。

制度外解决首先是指如果地方政府的财政困难是由于中央政府宏观政策（譬如减税政策或事权转移等）的施行所引致的话，中央政府则要对此负责，或是直接就造成的损失进行补助，或是启动体制协调措施，换句话说，中央政府仅就其可能造成地方财政运行困难的施策进行负责，这是由中央政府与地方政府相互独立的主体地位且时刻存在的博弈关系决定的。我们可以从法国现行的中央与地方财政关系中深刻地体会到这一点。从收入方面看，中央政府确保其宏观经济政策不对体制和制度框架内的地方政府收入造成影响。法国地方政府的主

要税收是对资产课征的居住税、建筑地产税、非建筑地动产税和职业税（称为主要 4 税），主要 4 税收入占整个地方税收入的比重非常高，1998 年这一比重为 74%。但是法国的财政制度规定，包括主要 4 税在内的大多数地方税都由国家确定税基并负责征收。每年中央政府将其所核定的税基预计数通知给各地方政府，由地方政府分税种确定当年税率，然后由中央政府按照各地方政府确定的税率代为征收。如果中央政府在征收过程中由于出台减免税措施或其他原因导致征收的地方税数额达不到以核定的税基预计数乘以税率计算出的应收税收数额时，中央政府有义务将不足部分补齐。2001 年预算中，中央政府的这一补充数额高达 1392 亿法郎，占中央政府向地方转移支付资金总额的 40%。1998 年地方政府主要 4 税金额为 3468 亿法郎，其中有 880 亿法郎是中央政府的补足款。从支出方面看，中央政府要确保其宏观经济政策变动导致的地方政府支出的额外增加有相应的收入保障。1982 年法国分权化改革中，中央政府下放诸多事权至地方政府，加重了地方政府支出负担。为此，中央政府先后将“机动车注册税（tax sur les cartes grises）”、“机动车税”（vignette automobile）、“印花税（droit d’ enregistrement）”以及“土地公示税（taxe departementale de publicite fonciere）”等多种中央税转让给地方（这部分地方税收入满足了下放事权履行所需经费的 60%），同时还辅之以“地方分权划转移支付（dotation general de decentraiisation）”、“职业教育等相关转移支付（dotation formation professionnelle et apprentissage）”、“学校基础设施建设转移支付”等制度措施。

另外，从历史上看，由于一国社会经济结构的巨大变动而造成的地方财政困难常常是财政体制与制度创新的直接诱因，这是制度外解决的另一种形式。这方面最为典型的例子发生在二十世纪初期的日本，它延续至今的国库支出金制度与地方交付税制度都直接起源于那一时期。当时，第一次世界大战刚刚结束，日本资本主义发展开始进入成熟期，社会经济的二元化结构非常明显，城市和农村的差距越来越大，经济发展的不平衡直接带来地方政府间财政能力的不平衡，那些农村区域的地方政府由于财源有限但事权不断扩大导致支出异常困难。为解决地方财政困难，日本政府于1918年（大正7年）出台了《义务教育费国库负担法》，开始由中央政府对地方政府负担的义务教育费通过国库支出进行补助（这就是国库支出金制度的起始），但这一举措并未从根本上解决地方政府财政困难。1929年世界经济危机爆发，日本地方政府财政困难更是雪上加霜，经过多方论证，日本政府最终于1936年（昭和11年）创设了《临时町村财政补给金》制度，直接对财政困难的地方政府进行补助。此后，这一制度历经《临时地方财政补给金》、《地方分与税》制度、《地方财政平衡交付金》制度等，发展为现今的《地方交付税》制度，即中央政府对地方财政标准收入与标准支出的差额进行补助。

三、对我国县乡财政困难问题的认识

1994年分税制财政体制改革之后，我国县乡财政困难问题渐渐浮出水面，受到社会各界的关注。各级政府想方设法组织力量研究解决这一问题的方案，中央领导甚至专门做出批示，要求有关部门要重视与研究这一问题。近期的政策措施主要体现在2005年财政部出台的“三奖一补”政策中，中央政府将拿出150亿元资金，通过奖励的形式鼓励省及省以下政府采取措施缓解县乡财政困难。

在“三奖一补”这一政策的实施办法中，对财政困难县的界定是这样的：财政困难县是指按照2003年数据计算可支配财力低于基本财政支出需求的县。可支配财力包括本级政府一般预算收入、上级政府财力性补助收入以及可用于基本财政支出的预算外收入等，对上解上级财政的支出、一般预算收入中行政事业性收费和罚没收入中用于成本开支部分等作必要扣除。基本财政支出需求包括国家机关事业单位在职职工人员经费和公用经费、离退休人员经费和必要的事业发展支出，具体由财政部根据各地财政供养人数、人均开支标准和地区间支出成本差异系数核定。

从上述定义看，县（乡）财政困难是指在现行体制与制度框架内，即现行的事权与财权划分背景下县（乡）财政出现的收入无法满足支出需求的状况。众所周知，我国现行的财政体制与制度是在由传统的计划经济体制向社会主义市场经济体制过渡的转轨过程中形成的，无论从税权划分的角度，还是从事权划分的角度，抑或是从政府间财政调整关系的角度看，都具有明显的过渡色彩，是尚不完善与成熟的体制。因此，县乡财政困难问题必然是与体制与制度的完善联结在一起的，不可能在体制与制度框架范围内由地方政府自已解决，这与现今发达国家地方政府出现的财政困难有着本质的区别。另一方面，由于县乡财政困难渗杂着诸多现行行政体制方面的积弊，如财政冗员，政绩考核与政绩工程等等，导致对县乡财政困难问题的认识缺少清晰明了的线条。

事实上，在财政体制与制度尚不规范与完善的背景下，县乡财政困难的其他所有可能的原因都是次要的，因为，我们根本无法量化那些次要原因所导致的困难份额。我们认为在解决县乡财政体制困难这一问题上比较明智的做法应该是把注意力放在如何规范与完善体制与制度方面，要抓紧时间，有计划有步骤地推进省以下财政体制与制度的改革。对县乡财政困难，有一个流行与调侃的说法是“年年难过年年过”，这是说，地方政府目前还有能力在自己管辖的区域范围内权衡与协调，达到基本的平衡（当然，付出的代价可能是隐性的债务与赤字），但是，危机始终是存在的，当县乡财政困难累积到一定程度后，改革的难度会进一步加大。

目前，我们认为必须提到议事日程上的问题是：

首先，是模式选择问题。纵观世界各发达国家，其财政体制与制度与各自国家特定的历史背景与文化传统等密切相关，一脉相承，财政体制与制度模式表现出各具特色的样式。虽然集权与分权在历史与现实中不断地呈现出此消彼长、各领风骚数十年的架式，但若将我们的视线集中于某一个具体的国家，我们还是会发现它始终顽强地以其自身特有的风貌展现着自己。如法国和日本，这两个历史上就一直有着集权传统的单一制国家，在近几十年分权化的大潮中虽不免唱出分权改革的调子，但时至今日也很难将其体制与制度称为分权化的；又如德国、美国、加拿大等有着分权传统的联邦制国家，也很难想像它们会走向集权化的道路。中国历史上的传统是集权制的，但二十世纪末叶的改革开放使我们的经济与社会，甚至是传统都发生了翻天覆地变化。作为一个大国，作为一个走向市场经济体制的社会主义国家，是沿用传统的大一统的集权制体制与制度，还是实行准联邦制，这是一个必须首先要解决的问题。由于中国地域辽阔，地区间差异较大，在财政体制与制度上，若采用类似日本那样的中央政府集权的体制缺少必要的信息与技术方面的障碍，但若采用完全的联邦制式的财政体制与制度，又完全不符合中国的文化与传统，是达不到的。我们认为，比较可行的选择是“联邦制下的集权体制”，即中央政府只直接面对各省级政府，采用“联邦制”，而各省级政府对其以下政府，可视省内具体情况主要采取集权制管理。中央政府将不再对省以下的政府运作进行直接的干预。

其次，是税权划分与事权划分问题。完善地方税体系是这一题目下的主要问题，应加大研究力度，在经济发展的同时逐步加以完善。事权划分与调整应在动态的过程中逐步完成，今后，上级政府不得将自身的事权随意下压给下级政府。事权划分与调整应在协商和有财源保证的基础上进行。

第三，是地方债问题。地方政府没有发债权，这在世界上任何一下国家都很难见到。地方政府发债权是一种天然的权利，在现代社会里，政府提供的公共品与公共服务的边界呈不断扩散的态势，没有发债权的地方政府是没有办法运转的。如果省政府能对其以下政府的运转实施集权化管理，赋予省政府一级以发债权就是题中应有之义了。

第四，是转移支付制度问题。如果采取“联邦制下的集权体制”，中央政府将主要对省级政府进行转移支付。而省对省以下政府的转移支付制度的建设才是更为重要的课题。仅从目前的情况看，由于各省级政府并没有清晰地意识到其对下级政府应负的责任，存在向上依赖中央政府的心理，因此，对省以下体制与制度的建设没有紧迫感与责任感。若中央政府能够明确省级政府的职责范围，这一问题将有望得到较好的解决。

李三秀

论政府间转移支付的分类

内容提要

进一步完善我国政府间转移支付体系是当前和今后面临的一个重大课题。在考察世界上主要国家的政府间转移支付类型和先进经验的基础上，结合我国的国情，我们认为，政府间转移支付按照目标和功能的不同，可以分为以下四类：①“以均等化为目标”的转移支付，是基于国民具有平等享受政府公共服务的权利；②“解决辖区间外溢性问题”的转移支付，主要解决存在于行政辖区间的各种外溢性问题；③“中央委托地方事务引致”的转移支付，是中央政府基于提高效率、地缘因素和政治控制的考虑，将本来由中央承担的事务委托给地方形成的转移支付；④“以增强国家政治控制力”为目标的转移支付，是基于国家的政治统一与稳定的要求。

正确的认识依赖于科学的分类。当前政府间转移支付理论与实践中存在的种种问题，都与政府间转移支付的分类不清有密切的关联。在流行的认识中，多数把“均等化”视为转移支付的主要目标，甚至是惟一目标。而现实的做法却是多种多样，五花八门，实际上包含了多重目标。实践与理论之间的矛盾导致了许多的误解，以至于政府间转移支付成了大众视野中的一桶乱麻，剪不断，理还乱。是按照既有的理论来修正实践，还是依据实践来重塑理论呢？我们认为，只要是现实中存在的东西总有几分合理性，现实中的做法尽管在理论之光的照射下显得不是那么清晰和有条理，但总归有其背后的逻辑，理论工作者的任务不是简单地批判现实，而是要对其重新梳理和解读，用理论思维来做出新的归纳和解释，并修正我们传统的认识。正是出于这样一种想法，从我国政府间转移支付的实践出发，并参照世界上一些国家的做法，用中国化的眼光对政府间转移支付进行了理论层面的分类，以为政府间财政关系的改革提供参考。

政府间转移支付的基本目标（或最终目标）是引导社会利益结构趋向某种均衡状态，以避免社会成员之间利益严重失衡而导致公共风险加大，防范公共危机。但具体目标（中介目标）却是多元的，具体目标不同，转移支付发挥作用的领域自然也不同，解决的问题也各有侧重，有社会的、自然的、经济的和政治的。按照不同具体目标区分各种类型的转移支付，认识它们各自遵循的原则和作用机制，有利于我们进一步完善现行转移支付制度。本报告通过考察世界上一些国家政府间转移支付的类型，立足于中国政府间转移支付的具体实践，认为政府间转移支付按照目标和功能不同，可分为四种类型：以均等化为目标的转移支付、解决辖区间外溢性问题的转移支付、中央委托地方事务引致的转移支付、以增强国家政治控制力为目标的转移支付。

这四种类型的转移支付在我国实际上都已经存在，只是后三种转移支付类型没有在我们的观念中清晰地凸现出来，因而实际中不可避免地使转移支付存在“越位”、“缺位”和“错位”的现象。如水源污染、沙尘暴、水土流失都很容易造成辖区间外溢，要解决这类问题是离不开转移支付的，如果纳入“均等化”为目标的转移支付之中，则会“摆不平”，往往难以解决而造成转移支付的“缺位”。下面就四类转移支付分别加以论述。

一、以均等化为目标的转移支付

（一）均等化目标的由来

以均等化为目标的转移支付基于这样的价值观念：一个国家的所有公民都有平等的权利享受国家最低标准的基本公共服务。对均等化的理解包括以下两点内容：一是它是一项基本权利，与个人的支付能力和居住位置无关。二是均等化是指缩小地区间政府基本公共服务的差距，而不是直接改变地区间经济发展的不平衡。当然，改善贫困地区的基本公共服务能力，有利于缩小地区间经济发展差距。无论各地方政府财政能力如何，中央政府都应保证所有的公民都能享受到基本的公共服务。

地区间基本公共服务差距的形成是由于地方政府的财政能力不同，其支出需求和自有财力之间存在缺口，表现为在相同的公共服务项目上，在平均的征税努力下，地区间的服务水平和质量存在差距。具体原因有两个方面：一是地区间收入能力的差异。由于地区间的经济发达程度、经济体制、经济结构、都市化程度、人口分布不同，加之税基的规模和税源的集中程度等存在差异，必然造成地区间收入能力的不同；二是在相同支出项目上，各地区单位支出成本也各不相同。受自然地理环境的影响，地区间社会经济结构和人口分布状况存在差异，尤其像我国这样的发展中大国，成本差异更为明显。

在人口完全自由流动的情况下，基本公共服务的均等化可通过居民在地区间的自由迁徙来实现。完全自由流动意味着居民在辖区间的迁徙成本为零。一般情况下，这种均等化的“自动调整机制”在现实生活中难以达到。为了使各地方政府都能达到基本的公共服务水平，要求中央政府站在社会大众的角度，通过提供一套无条件的、基于基本公共服务为目的的政府间转移支付，协调地区间由于客观因素差异造成收入能力和支出成本差异而带来的居民享受公共服务的不平等。

凡是在地区差距比较明显的国家，均等化目标都是在转移支付制度设计中考虑的重要内容，一般通过无条件拨款来实现。在澳大利亚，政府间转移支付的形式主要有普通支付和特定支付，其中，普通支付中的预算平衡援助款具有明显的均等化性质。在加拿大，均等化转移支付是联邦政府为减少各省之间的财力不平衡而设立的一项最主要的补助。此项转移支付由联邦直接补助到省，由省级政府根据轻重缓急自主安排，省级政府也可将转移支付和其自己财政收入一并用于安排医疗保健、教育、社会援助等公共服务。在中国，以均等化为目标的转移支付被称为财力性转移支付。财力性转移支付是指为弥补财政实力薄弱地区的财力缺口，均衡地区间财力差距，实现地区间基本公共服务能力的均等化，由上级政府安排给下级政府的补助，资金接受者可根据实际情况自主安排资金用途。

在美国，无条件拨款仅占转移支付总额的2%① 左右，与加拿大、澳大利亚相比，美国显然没有把无条件拨款作为解决州际间财政均等化的主要政策工具。这与美国现在的地区差距不大以及人口的自由流动有密切关系。无条件拨款主要是收入分享拨款，其理由是联邦政府比州政府拥有更强的收入征收能力，联邦政府希望让所有的州在平均的水平上履行标准职能。

---

① 马海涛：《财政转移支付制度》，中国财政经济出版社2004年版，第79页。

（二）均等化的内容与衡量

1. 均等化的内容

均等化在西方国家一般是指财政能力均衡化，财政能力可通过宏观经济指标来测度：包括各地方行政区域内的国内生产总值、生产要素收入、各区域居民的要素收入、个人收入、个人可支配收入等。由于各国的具体情况不同，财政均等化的实践也各有不同。在澳大利亚，是指在相同的收入和管理效率下，提供标准服务的能力；在加拿大，是指各省在合理的相当的税收水平上提供合理的相当水平的公共产品；在德国，指各州的财政能力差异得到均衡；在瑞士，指在不过分加重税收负担的情况下，提供可接受的最低水平的公共服务；在瑞典，由中央的转移支付保证地方政府具有全国平均水平的财政能力。[①] 美国佐治亚州立大学经济学教授 Sally Wallace 认为财政均等化可以指下列中任何一项：①同样的纳税购买力，这意味着，不论在任何地区，每个纳税人每一美元都能购买到相同水平的公共服务；②同样的税收努力结果，这意味着，在不同的行政区域内，同样的税率能够征得同样的税收；③同样的税收努力能带来同样的公共服务水平，这意味着，二者之间是相互关联的，如果同样的税收努力结果首先达到了，那么紧接着就能实现均等化的公共服务。[②]

2. 差异的衡量

在理论上探讨地区间财政能力的差异比较容易，困难在于如何去衡量这些差异。几乎没有哪个国家能精确地衡量这种差异，也几乎没有哪个国家能拿出一个客观的衡量结果去指导建立转移支付的公式。大多数国家一方面以人均收入指标衡量财力状况、另一方面详尽计算

---

① Anwar Shah：《财政均衡化的国际实践》，政府间财政关系国际研讨班讲义，2005 年 7 月。

② 美国佐治亚州立大学经济学教授 Sally Wallace：“政府间转移支付”，http：//www.worldbank.org.cn/Chinese/Training/Inter－governmental%20TransfersCH.htm。

对特定服务的支出成本，例如：公路里程、贫困线下的人口、住房短缺情况等。

此外，从操作的层面思考，以均等化为目的的政府间转移支付还要考虑资金如何筹集，地方政府提供哪些服务项目、采用何种公式确定地方政府间资源分配，以及与中央政府鼓励地方税收努力程度的矛盾问题，还有如何监控均等化目标的实现、选择哪些指标衡量转移支付的有效性等问题。

二、解决辖区间外溢性问题的转移支付

（一）辖区间的外溢性

辖区间外溢性是由辖区内收益成本与社会收益成本的不一致导致的。地方政府的行为目标总是从辖区范围内考虑较多，是一种理性的选择；而从社会整体来看，这种理性的选择有时会带来不利的后果。这有两种基本的情形：一是从辖区范围内看，政府某项活动的“辖区成本”大于“辖区收益”，是不合算的，但该项活动会带来更大的“社会收益”，其结果是“社会收益”大于“社会成本”；二是相反的情况，在辖区范围内看，政府某项活动的“辖区收益”大于“辖区成本”，是合算的，但该项活动会带来很高的“社会成本”，其结果是“社会成本”大于“社会收益”。上述两种情形在现实中可能是混合存在的，比如有“辖区净收益”，但不如“社会净收益”大；产生了“辖区净成本”，而“社会净成本”更高，等等，在此主要讨论这两种基本情形。

前一种情形是正的外溢性，如在本地受教育，日后迁居到其他辖区；其他辖区的人口流入本辖区定居享受本辖区提供的公园、文

化、交通设施、卫生等服务；生态环境保护，给其他辖区带来空气质量、水质等方面的改善。后一种情形则是负的外溢性，如为了本地居民收入和财政收入增长，大力推动本地的工业化，而由此产生的污水、废气、粉尘等未加处理自然排放，以及过度砍伐森林、过度放牧、过度开垦等等，导致其他地方跟着受害。对于具有正的外溢性公共服务，地方政府往往没有积极性，如对教育投入的积极性相比上工业项目就要低得多，还有对外来人口给予与本地人口不一样的待遇，甚至采取种种措施加以限制。而对于具有负的外溢性的这类活动，地方政府的积极性很高。上一个项目可增加就业、带来经济增长、减少贫困、提高本地居民收入水平，诸如此类的好处使各地方政府往往不顾环境的承载能力，导致生态环境恶化。淮河治理十年不成功就是一个很典型的案例。① 在整体生产力水平还不高，工业化还没有完成的我国，这种辖区间外溢性造成的各地方之间的矛盾和冲突正处于高发期，要使之得到缓解，是离不开各层级转移支付的。

辖区间的外溢性普遍存在，其表现形式比较复杂，有时表现为受益及于两个或多个辖区，但成本仅由其中一个辖区负担；有时候受益仅限于一个辖区，成本却由两个或多个辖区分担；有时表现为一个辖区的收益要以另一个辖区或全社会的成本为代价，比如在上游地区，从减少社会成本的角度考虑，应不发展或少发展对下游造成污染的产业，但会牺牲上游的发展。

（二）通过转移支付解决辖区间外溢性

在产生辖区间外溢的情况下，如果赋予地方政府自主决策的权

① 1994年，由国务院牵头，开展淮河流域水体污染大规模治理。中央政府与苏、鲁、皖、豫等四省政府大举投入治理淮河，十年间，投资总额超过人民币600亿元。以2004年4月为基准，淮河水质综合指标与10年前基本一致。http：//news.sina.com.cn/o/2004－09－21/08453724777s.shtml。

力，地方政府对“辖区成本”和“辖区收益”以及“社会成本”和“社会收益”的估算往往会不一致，高估其成本，而低估其社会效益；或高估其收益，而低估社会成本。这会导致具有正的外溢性行为激励不足，而具有负的外溢性行为激励过度。在地域广阔的国家，由于地方政府结构、经济社会发展、地形、地貌、气候、地理位置等方面的差异，各地方辖区间的成本—收益外溢性现象通常比较普遍。一般而言，越是大国，这种外溢性问题就越多；越是小国，外溢性问题就越少，甚至根本不存在。对于像我国这样的发展中大国来说，外溢性问题变得相当复杂，处理不好将会妨碍区域协调发展。显然，要落实科学发展观，实现区域间的统筹协调，辖区间的外溢性是一个绕不开的重大问题。

解决辖区间外溢性通常需要通过中央政府的转移支付来实施。一般采用一套资金不封顶的配套转移支付办法，配套率取决于外溢比率，即地方政府行为的外溢程度。对于正的外溢性，如劳务输出地的基础教育、职业教育等，可用外溢收益的一定比率，或是用提供外溢性项目成本的一定比率来确定转移支付；对于负的外溢性，如减少水源地的污染、减少沙尘暴源头的生态损害等，则可考虑用辖区收益损失的一定比率来确定转移支付。总体上讲，这是一种激励约束机制，前者激励各地方政府多做“好的”事情，后者约束地方政府少做或不做“坏的”事情。在理论上，通过转移支付解决辖区间外溢性问题，其配套转移支付不应该封顶，配套比率要精心设计。但在实践中，一方面由于财力有限，中央政府提供的配套转移支付可能不足以使地方政府有效提供此类服务。另外，由于外溢情况难以测度，而且在各辖区间存在差异，确定合适的配套比率较难，如果确定过高，将会导致接受方的过量花费，如果过低，则会起不到激励的作用。这需要在实践中逐步摸索，通过经验积累来寻求最佳方案。

此外，有一点要明确的是，以解决辖区间外溢性为目的的转移支付要受各国政府对具有外溢性公共事务的事权划分的影响。一般来说，各国政府间事权划分遵循的原则基本相同，但各国支出责任划分有明显的差异，尤其表现在那些具有外溢性公共事务的支出责任划分方面，典型的有教育、卫生、社会保障和社会福利等，各国的做法各异。教育在美国是州和地方政府的共同责任，在英国是中央和地方政府的共同责任，在法国则由中央政府控制；卫生在德国指中央政府的责任，在加拿大和印度是省级政府的责任；社会保障和社会福利在澳大利亚、德国为中央政府的责任，在巴西为各级政府共同的责任，在印度为州政府的责任。对具有外溢性公共事务的政府支出责任划分的不同，必然导致不同的转移支付方案。在借鉴他国经验时，这一点要充分考虑。

在不少国家（主要是地域广阔的大国）的转移支付体系中，以解决辖区间外溢性为目的的转移支付占有较大的份额。在美国，许多专项拨款是针对外溢性项目设计的，1988年到1995年，专项拨款中份额最大的是卫生保健、收入保障、教育与培训以及交通。在加拿大，有专门的健康和社会服务转移支付，是联邦政府对省和地区政府更好的支持卫生、教育、社会服务等事业而设立的。在2001/2002财政年度，此项转移支付为344亿加元，占转移支付总额的72%。① 而在转轨中国家及发展中国家，该类转移支付往往针对面更宽一些。在我国，解决辖区间外溢性的转移支付实际上是存在的，如天然林保护工程、退耕还林工程、贫困地区义务教育工程、公共卫生体系建设等。但由于认识不太明确，这类转移支付往往被抹上了太多的政策性色彩，缺乏连续性和经常性，从而使得辖区间的外溢性矛盾时而缓解，时而加剧，妨碍了区域间的协调发展。

---

① 马海涛：《财政转移支付制度》，中国财政经济出版社2004年版，第138页。

三、中央委托地方事务引致的转移支付

（一）哪些事务属于中央委托地方事务

与前两种类型的转移支付不同，此类转移支付是由中央委托地方事务引致的。这与政府间事权的划分密切相关。明确划分政府间事权是建立完善的政府间转移支付制度的前提，世界各国政府间事权划分的基本情况是：属于全国性共同事务的事权，涉及国家利益和整体经济的事务，像国防、外交、国际贸易、中央银行、全国性的立法和司法等应由中央政府决策、承担和管理；属于地方性共同事务的事权，应由地方政府在中央统一政策许可范围内自行决策和承担；而对许多需要各级政府共同承担的公共事务，则应按照支出责任和受益程度的具体情况来确定各级政府负担的比例，并以转移支付的方式将资金归集到承担具体事务的政府。

但“中央委托地方事务”与政府间事权划分不是一个层次的问题，“中央委托地方事务”是一个操作层面的问题，它是在政府间事权已经划分清楚的前提下，一些本来由中央承担的事务，却委托给地方。它不同于中央和地方共担事务，通常指那些影响面比较大，又需要地方来办的事务，一般指同国计民生或国家形象、国家安全有重要的利害关系的事务，比如农业基础设施建设、委托某省市承办重大国际性会议、戍边、反恐、重大疫情防范、拦截毒品等，这些公共事务一般具有地域性特征，往往离不开地方。

（二）为什么要委托

本来属于中央的事务为什么要委托给地方，而不是直接由中央来

做？在事权划分清楚的前提下，中央委托地方事务主要基于以下三个方面的考虑。

一是由地方承办可以提高效率。政府提供公共服务的职责可分解为：决策责任、筹资责任、支出责任、管理责任和监督责任。这些责任可由不同层级的政府分担。就一项公共服务而言，将不同责任分解到不同层级的政府，可以促进各层级政府更好地履行自己的职责。在所有这些责任中，决策责任居于核心地位。决策责任包括服务的类型、供应水平、质量标准、向谁供应、如何供应以及何时供应。决策者要独立承担决策后果的全部责任。一般情况下，中央政府希望承担这类公共服务的决策责任、筹资责任和监督责任，比如达到什么样的供应水平、向谁供应、对提供服务的考核等，但考虑到地方政府在项目和资金日常管理上所具有的优势，将支出和管理责任下放到地方具有更高的效率，或者说能节省成本。这样，就会引致中央对地方的转移支付。

二是地缘因素。地缘因素，是指社会现象的空间范畴，它包括人类活动的自然条件、生存环境、文化种类等。中央委托地方的事务一般都是有很强的区域性特征，往往离不开地方。比如委托某省市承办国际性会议，尽管该会议属于中央事务，但是在地方召开，地方政府比中央政府更了解当地的情况，因此，有必要委托地方承办和管理。再如，与边境安全有关的事务除了中央直接承担以外，通常离不开地方的协助，如反恐、缉毒是最为典型的例子。在事权划分不清的情况下，涉及到国家安全与稳定的一些事务往往是谁摊上了就是谁的，由地方来承担，尽管中央也有一定的补助，但并不明确，而且不稳定。在这种事权责任不清，转移支付目标不明的情况下，至少会产生两种结果：一是地方积极性不高，导致这类事权难以有效履行，尤其当转移支付的财力与这类事权不匹配时。二是“故意”造成某种状态以引起中央的关注，以寻求更多的转移支付。从总体看，无论哪一种结果，都会损害政府的行政效率。因此，由地缘因素引发的中央事权向地方形成的“自动”委托，应尽可能在转移支付制度设计中明确下来，以减少上下博弈而形成的内耗。

三是出于政治控制的考虑。一个国家各级政府事权的划分除了要考虑经济效率原则之外，政治稳定通常要占更大的权重。如何使事权划分更有利于整个国家的统一和稳定，政治家会对此想得更多。这使事权划分至少会产生两个原则：政治原则和经济原则，而这两个原则不一定是相容的。从政治原则来衡量，有些事权宜于划分为中央事权；而从经济原则来观察，这些事权划给地方更有效率。为使这两个原则协调起来，按照政治原则划分的部分中央事权可以委托地方来履行，这样，事权划分又遵循了经济原则。通过“委托”这种方式实现看似不相容的目标，自然离不开转移支付这个手段。在这里，转移支付成为协调国家不同目标、原则的一种重要方式。显然，由这种特定的“委托”关系形成的转移支付与其他类型的转移支付是不可相提并论的。

从国外来看，这类转移支付并不鲜见。德国联邦政府拨付的专项资金之一——由联邦政府提供的投资援助可视为此类转移支付，该补助由宪法中的例外条款规定，联邦政府可以对那些由州或市政府实施的有特殊重要性的投资项目提供资金援助。在实际操作中，联邦政府在批准投资援助方面的作用主要表现为对经济或结构政策的考虑。澳大利亚对特定支付的使用目的，就有专门的规定，即“通过把联邦政府的管理权限转移给州级政府和地方政府机构的办法来提高联邦政府的工作效率”。日本的国库支出金是中央政府为实施特定的经济社会政策，对地方政府的特定项目进行的补助。国库支出金中的国库委托金，即是应由中央承办，但因发生在地方，按照效益原则委托地方承办的事务，由中央负担全部费用，如国会议员选举费、自卫队驻杂费等。

而在我国，在“专项转移支付”这个项目下大体涵盖了“中央委托地方事务引致的转移支付”，专项转移支付被定义为上级政府为实现特定的宏观政策目标，以及对委托下级政府代理的一些事务进行补偿而设立的专项补助资金。资金接受者需按规定用途使用资金。然而，在实际中，由于中央与地方政府的事权范围缺乏明确界定，既有中央事务要求地方政府负担或部分负担的现象，又有地方事务中央安排支出的情况。中央政府在为委托性事务或共同负担事务提供资金方面没有形成规范统一的办法，拨款的确定存在随意性，财政资金的使用效果缺乏有效的监督。因此，对此类转移支付的认识和制度设计还有待完善。

四、以增强国家政治控制力为目标的转移支付

如果我们提出一个问题：为什么会有转移支付？除了前面提到的三个理由之外，还有一个理由，那就是政治的需要。即使均等化、辖区间外溢性和委托事务等问题都不存在，政治上的需求也会衍生一个转移支付制度。从国际趋势来看，无论是联邦制国家，还是单一制国家，中央政府的转移支付规模都在扩大，无论从其占中央支出的比重来观察，还是从其占地方收入的份额来分析，都是如此。在单一制国家日本，转移支付资金占中央财政支出的比重从1950年的33.5%增加到1996年的42%，其中最高的在1970年曾达51.7%，地方政府收入的一半左右来自中央政府的转移支付。在联邦制国家，比如美国，州和地方政府有一定的税收立法权，州和地方政府所有收入的23%（1994）以联邦转移支付的形式获得；① 在印度，长期以来，由联邦直接组织征收的税收占税收总额的65%—70%，其中40%左右下拨

① 马海涛：《财政转移支付制度》，中国财政经济出版社2004年版，第71页。

给各联邦政府。①

在筹资的意义上，一级政府的财力是来自本级政府的税费，还是来自上一级政府的转移支付，是没有多大分别的。但在财权的意义上，转移支付蕴含的是一种权力，意味着上级政府占有了更多份额的财政资源，而下级政府则仰赖于此。转移支付的份额越大，表明上级政府对下级政府的影响力就越大，前者对后者的控制力也就越强。财政资源更多地直接由中央政府掌握，地方政府不得不在很大程度上仰赖于中央政府，这样，中央政府则可通过转移支付这种“软性方式”来规范和监督地方政府的行为，减少地方政府的机会主义倾向，在一定条件下也可提高财政支出的整体效率。

显然，转移支付在这里成为政治结构中的一个重要组成部分，需要一套什么样的转移支付制度，首先取决于政治的需要，其次才是经济效率的考虑。如果我们仅仅是或主要是从经济学的意义上来解读和设计转移支付，则恐怕会走偏。放眼世界各国，转移支付不只是一个技术性问题，与政治有内在的关联性。从表面上看，有什么样的转移支付决定于一定的财政体制，其实，设计一个什么样的财政体制是由政治体制和政治目标来最终决定的。从其内在联系来看，存在这样一个逻辑链条：政治目标和政治构架—财政体制—转移支付。

在这里，我们把以增强中央政府的政治控制力为目的的转移支付作为单独的一类来看待。下面对此做一个简要的分析。

（一）“收入集权、支出分权”引致的转移支付

世界各国的政治体制主要有两种：联邦制和单一制。联邦制是指两个或多个分享权力的政府对同一地理区域及其人口行使权力的体制。联邦制被认为是极端的中央集权与松散邦联的折中，通过宪法层面的分权契约把联邦中央政府和成员政府的主权行使过程有效地结合

---

① 李齐云：《分级财政体制研究》，经济科学出版社 2003 年版，第 206 页。

起来。单一制国家是由若干行政区域单位和自治单位组成的单一主权国家。与联邦制比较，单一制的国家权力和决策相对集中，地方政府对中央政府有较多的依赖。从分权的角度来看，两者之间的差异，可用一个形象化的比喻来描述：联邦制下的分权是兄弟之间的分权，而单一制下的分权是父子之间的分权。这是两种性质不同的分权，不可混淆。但有一个共同点，中央政府的财政权力在扩大，即使是联邦制国家，中央政府也在通过各种公共危机来一点一点地扩大其自身的权力。

纵观各国的政府间财政关系，无论是联邦制国家，还是单一制国家，也不论中央与地方是否设立共享税，各国的中央政府都掌握了财政收入总额的绝大部分。在美国、日本、澳大利亚，中央集中的财力超过60%。在单一制的英国，其财力大部分集中在中央政府，地方自有财力安排的支出只有1/3左右，大部分支出依靠中央的转移支付。① 而从支出来看，由地方政府实际安排的支出数额在财政支出总额中所占的比例均超过了50%。② 这种"收入集权、支出分权"格局带有某种普遍性，尽管程度各有不同。这种体制能使中央政府逐渐掌握更多的财政资源，从而强化了中央政府的政治控制能力。而地方政府履行其事权责任与其所需财力不一致的矛盾则通过转移支付的方式来解决。在这种"非对称性分权"体制中，转移支付成为衔接"收入集权"与"支出分权"之间的一座桥梁，从而使政治目标在不带来更大效率损失的条件下得以实现。也就是说，转移支付使增强中央政府政治控制力与有效地配置财政资源之间达到某种程度的一致。

（二）为具体政治目标服务的转移支付

转移支付既可以服务于战略层面的政治目标，也可成为一个个具

---

① 马海涛：《财政转移支付制度》，中国财政经济出版社2004年版，第153页。
② 吕炜："政府间财政关系中支出问题"，《中国财经报》，2005年3月8日。

体政治目标的实现手段。在前一种情况下，转移支付往往被纳入政治架构一同考虑和设计；在后一种情况下，转移支付在操作层面上成为解决各种政治问题的常规手段。尽管处于不同的层次，但都是为政治稳定服务的。

由于各国体制存在差异，再加上中央政府在面临不同的国际国内环境时，对政治形势的把握不同，在操作层面上使用转移支付这个手段的方式也各不相同。在美国，尽管财政分权程度较高，但在政治上却是高度集权的，“整个国家就像一个单独的人在行动，它可以随意把广大的群众鼓动起来，将自己的全部权力集结和投放在国家想指向的任何目标”①，因此，美国转移支付的政治性目标主要体现在基本制度层面，较少当作操作层面的日常手段来解决政治矛盾。而在日本，转移支付同时也是解决各种政治问题的常用手段。在国库支出金中的国库补助金，就是中央影响地方支出的最重要的手段，主要通过对专项拨款附加条件来实现对地方政府活动的控制，地方政府必须接受中央政府关于使用这些拨款的各种规定才能得到这种拨款。在我国，中央政府通过分税制集中了大部分财权和税收，事权划分基本未变，政府间财政关系在向“收入集权，支出分权”方向靠拢。同时，中央政府在分配政府间转移支付时，也要做大量的具体的政治考虑，如对西藏等少数民族聚集地区的转移支付，对政治稳定的考虑要远远多于对经济效率方面的关注。在其他国家也是如此，如俄罗斯，尽管中央政府财政困难，收支难以平衡，但对那些政治风险相对较大的地区仍给予了更多的转移支付，以达到政治稳定的目的。王绍光（2002）和 Treisman（1998）等人对此做过经验分析，其结论是：转移支付在很大程度上是由政治目标来决定的。这充分显现出转移支付中所蕴含的政治逻辑。

① http://www.chineseliterature.com.cn/zongjiao/tkwr-lmgdmz/008.htm，《论美国的民主》上卷第一部分第五章，托克维尔，法国政治思想家。

五、小　　结

以上对政府间转移支付的分类一方面立足于中国的实践，另一方面考察了世界各国的做法。中国既是一个发展中国家，更是一个处于改革攻坚阶段并发生深刻变化的国家，现行的政府间转移支付体系正处于不断发展和完善阶段。伴随着中央出台的各项改革，转移支付的类型也层出不穷，但基本上都能归于以上四种类型的转移支付，比如调整工资转移支付、农村税费改革转移支付、取消农业特产税降低农业税税率的转移支付以及一般性转移支付大体上可归为“以均等化为目标的转移支付”；为数众多的专项转移支付不少可以归为“中央委托地方事务引致的转移支付”；专项转移支付中的天然林保护工程、退耕还林还草工程项目支出可归为“解决辖区间外溢性问题的转移支付”，而对少数民族、边远地区的补助则可归为“以增强国家政治控制力为目标的转移支付。”

从世界范围内看，政府间转移支付大致分为一般性转移支付和专项转移支付，或无条件转移支付和有条件转移支付。凡是不具有均等化目的的转移支付被归类为专项转移支付，尽管在有些国家对专项转移支付作了进一步分类，比如日本，但对专项转移支付的具体目标设定基本上是就事论事。我国的不少专项转移支付也是如此。转移支付制度相对完善的国家，比如美国和加拿大，对专项转移支付的目的做了具体的界定，但是没有针对具体目标的功能分类。

笼统将政府间转移支付分为一般性转移支付和专项转移支付，没有明确界定转移支付的目标和功能，容易出现一般性转移支付专项化的倾向，或者引发不同目标的专项转移支付之间发生冲突，或者导致转移支付制度设计上的“缺位”、“越位”和“错位”。转移支付的分类既不能过于简单化，也不能复杂化。根据其不同的目标和功能，对政府间转移支付进行分类能使我们更清楚地认识转移支付的作用机理，避免转移支付中“一事一议”的随意性以及由此带来的混乱。因此，对政府间转移支付重新分类，有利于针对各类转移支付进行制度设计和机制塑造，使各类转移支付程序化和规范化，形成合力，以最大限度地发挥出政府间转移支付制度的功能。

本文参考文献：

1. 中国财政部、加拿大国际开发署、世界银行：政府间财政关系国际研讨班资料，2005 年 7 月。

2. Sally Wallace：政府间转移支付，http：//www.worldbank.org.cn/Chinese/Training/Inter - governmental%20TransfersCH.htm。

3. 刘尚希：“财政风险及其防范问题研究”，财政部干部教育中心课题，2003 年 11 月。

4. 张志华：“建立规范化的中国政府间转移支付制度”，博士论文，1999 年。

5. 马海涛：《财政转移支付制度》，中国财政经济出版社 2004 年版。

6. 王绍光：“中国财政转移支付的政治逻辑”，《战略与管理》，2002 年第 3 期。

7. 王雍君、张志华：《政府间财政关系经济学》，中国经济出版社 1998 年版。

8. 许正中、苑广睿、孙国英：《财政分权：理论基础与实践》，社会科学文献出版社 2002 年版。

9. 全国人民代表大会常务委员会预算工作委员会调研室编：《中外专家论财政转移支付》，中国财政经济出版社 2003 年版。

10. 吕炜：“政府间财政关系中支出问题”，《中国财经报》，2005 年 3 月 8 日。

11. 汪冲：“政治经济学视野下的政府间转移支付体系”，《经济问题探索》，2004 年第 6 期。

12. 周飞舟："集权与分权：从财政视角看中央和地方的关系——评黄佩华等著《中国：国家发展与地方财政》"，http：//column.bokee.com/87399.html。

刘尚希　李　敏

转移支付制度设计中的激励与约束机制

内容提要

1994年分税制财政体制改革以来，我国已初步建立起中央政府对地方政府、以及省级政府对省以下政府的转移支付制度。在充分肯定其积极意义的同时，我们不能忽视实际运行中反映出来的制度不完善性与不规范性。无论从转移支付的资金规模和结构来看，还是从转移支付的分配方式和制度效果看，都值得我们深入思考，不断改进。本课题选取转移支付制度设计中一个易被忽视的方面——激励与约束机制，试图从理论上阐述其在转移支付制度设计中的重要性，在借鉴国外经验的基础上，联系我国实际，分析激励与约束机制不完善对转移支付制度、乃至整个分税制财政体制运行带来的负面效应，并提出完善激励与约束机制的相关政策建议。

一、激励与约束机制是转移支付制度设计中必须重视的问题

政府间财政转移支付制度是财政体制的重要组成部分。在多级政府并存的财政体制运行中，它表现为上级政府向下级政府进行的收入转移。其最重要的体制目标是调整各级政府间财政能力的纵向失衡，以及各地区政府间财政能力的横向失衡。此外，纠正公共物品提供时外部性导致的低效率，以及使下级政府配合其宏观经济政策等也在体制目标的考虑范围之内。

如何设计转移支付制度，是一件极其复杂的事情。它与一国的政治、经济、文化、历史等因素密切相关，不仅受经济发展阶段与经济体制类型的制约，同时又必须与其在特定历史与文化背景中延续下来的多种体制因素相互磨合、协调，并在不断的调整中逐渐完善。

由于财政转移支付制度是一种收入转移制度，在财政实践中，可能会出现接受转移支付的政府对此产生依赖，从而降低其自身财政努力程度的问题。目前国际上关于转移支付与财政努力程度关系的研究虽然缺少大规模的实证性研究，但以经验观察与理论推定为基础，似乎可以得到转移支付与财政努力程度负相关的结论。

有学者发现在有附加条件的专项转移支付中，上级政府多倾向于支付超过下级政府合理需要的数额，造成下级政府忽视其自身努力，形成对此的依赖；另一方面，由于转移支付是从上级政府“得到”的。因此，下级政府预算支出对其增长的弹性通常大大高于对其他收入增长的弹性，就是说，下级政府对于用上级政府转移支付进行支出的谨慎程度，远不如对其通过自己组织的收入而进行的支出。据估计，大多数的地方政府在使用上级政府的转移支付资金进行支出时，

要比其以自有收入支出多支出 5—10 个百分点。

实际上，几乎所有的转移支付都能对下级政府的财政努力产生消极影响，这是因为如果下级政府收入与支出的缺口能自动被上级政府弥补，那么下级政府将没有理由与动力提高其自身的财政努力。同时，几乎所有的转移支付又都能刺激下级政府增大其财政支出弹性，因为“花别人的钱不心疼”。因此，在设计转移支付制度时必须充分考虑到这一制度的激励与约束机制，减少下级政府的不作为心理并对其“花别人的钱不心疼”的行为进行有效的约束。

具体来看，各个国家转移支付制度中的激励与约束又总是与该国具体的政策目标或具体行为相关，其具体内容亦由于各国不同的制度基础、法律基础等而呈现各不相同的特征。

二、发达市场经济国家转移支付制度中的激励与约束机制

发达市场经济国家的转移支付制度均是经过长期的历史过程逐渐形成与完善的，其制度成熟度较高，激励与约束机制也多在并不显眼的位置上被恰如其分地进行了安排。

（一）专项转移支付制度中的激励与约束机制

1. 要求下级政府提供配套资金

如上文所述，一般来说，在有条件的转移支付——通常为专项转移支付中上级政府往往无法精确把握支付数额，常常导致提供超过下级政府真实需要的数额，从而降低了下级政府的财政努力程度。但事实上，这部分转移支付的激励与约束机制的设计却是最为简单明了的，通常可以直接通过对该项转移支付条件的具体设定而形成对下级

政府的激励或约束。

譬如，广为人们所熟知的一个手段就是要求下级政府提供配套资金，这样，为获得这笔转移支付资金，下级政府就必须通过自身努力筹措到配套的部分，从而形成了一种激励，当然，这种激励的有效程度与上级政府对总额与比例把握的准确程度是高度相关的，同时与上级政府对下级政府的监督程度相关。如果上级政府能够相对准确地确定该项支出的真实需要并对下级政府配套的比例做出比较适度的规定，那么，此项转移支付对下级政府的激励与约束就会比较成功；反之，将会比较失败。

日本的国库支出金（一种专项转移支付）制度就广泛采用了与地方分担比例的方式，它通过对 41 大类国库负担对象中多达百余种的具体项目分别制定具体的分担比率来确定向下级政府拨付的专项补助金，补助率一般在 50%—70%之间；美国联邦对州及地方政府的专项转移支付——分类拨款（categorical grants），虽然也存在联邦拨付 100%资金的项目，但大多数项目还是要求下级政府提供配套资金的，联邦补助率大致在 50%左右。

2. 公式化分配方式中的财政努力因素

从各发达国家的专项转移支付实践看，采用公式化分配方式的并不少见，但由于专项转移支付具有明确的支出方向，所以一般来说公式考虑的主要因素被限定在特定的方面。例如，与教育相关的专项转移支付一般考虑学校设施数、学生数、教师数等因素；与道路相关的专项转移支付考虑道路长度、单位成本等因素。因此，公式化专项转移支付分配方案中，一般不直接考虑财政努力因素。但美国专项转移支付中的公式拨款（formula - based grants）可能是个例外。

美国联邦政府对州及地方政府的专项转移支付中，有相当一部分（大约 70%左右）是以公式拨款方式拨付的。拨款种类不同，所依据的公式也各不相同。公式由联邦议会事先予以确定，考虑的主要因素是低收入人口数、残疾人人数、住宅拥挤程度等。这些基础数据主要以商务省及劳动统计局的统计数据为依据，适当参考下级政府提供的数字。此外，公式中还要包括以下两个因素：①人口因素（Fair Share based on Population）。一般来说人口指标是一个可供利用的比较客观的指标，因此，大多数公式会考虑人口比重因素。②税收努力因素（Fair Share based on Tax Effort）。大多数公式中都会考虑按下级政府征收税收比重的高低情况进行分配。

（二）一般性转移支付制度中的激励与约束机制

在无条件的转移支付，特别是无条件的公式化的一般性转移支付中，激励与约束机制的设计是颇为隐蔽与复杂的，各国的情况有很大不同。大致说来，主要有两种方式：一是直接在公式中加入财政努力因素；二是设计自动体现对财政努力进行激励的公式。

1. 直接在分配依据中加入财政努力因素

案例 1：法国

法国中央政府对下级政府的一般性转移支付占全部转移支付的比重占 93.1%（2001 年），包括经常经费综合转移支付、事权下划转移支付、地方分权综合转移支付、公共事业综合转移支付等等多达七大类的转移支付。分配这些资金的主要依据是：①人口因素。②人均财力因素。某地的人均财力指以该地居民税、建筑地产税、非建筑地产税和职业税的税基分别乘以各税的全国平均税率后的合计数除以该地人口数后得到的数值。人均财力值越大，得到的转移支付数额就越少。③财政努力因素。某地的财政努力指该地居民税、建筑地产税、非建筑地产税三种税收的合计额占财力（扣除职业税以后）的比重。此数值越大，意味着该地的税收努力越大，得到的转移支付数额就越多。④客观指标因素。道路延长里数、学生数等。

以一般性转移支付中最重要的一项——综合转移支付（GDF，2001 年占一般性转移支付总额的 62.9%）在省级政府间的分配为例，我们可以看到财政努力因素的具体影响。经常经费综合转移支付由四个部分组成，前两部分所占比重为94%左右（2000年），第一部分为40.7%，第二部分为53.4%。其中第一部分按各省级政府前一年度所占比例进行分配，增长率均相同；第二部分资金的40%部分按人均财力差异进行分配，另外60%则根据财政努力因素按比例分配。

2. 设计自动体现对财政努力进行激励的公式。

这种做法的典型国家有日本、韩国、德国（州以下）、英国等。这些国家在采用公式分配一般性转移支付时，均在公式设计中考虑到下级政府的财政努力因素。主要做法有：

（1）标准收支法。在以旨在填补下级政府收支缺口的转移支付公式设计中，一般以标准收入与标准支出的测算数值为基础，而不是以某地的实际收支为依据，这对下级政府的财政努力是一种激励与约束。因为，如果某地方政府的支出超过标准支出，超出部分必须以自有收入作为来源，客观上形成对随意支出的一种约束；同时，由于公式中对超出标准收入的收入部分并不计入，意味着某地方政府可以通过财政努力来直接增加自己的可支配收入，对地方政府形成激励。

（2）系数设计。在上述标准收支测算的基础上，有些国家在公式中还加入了针对标准收入进行调整以使下级政府保有机动财力的系数设计（如日本、韩国），这样，地方政府的收入与其财政努力直接相关，努力程度越高，自有收入就越多，反之，就越少；也有一些国家加入了针对财源不足额进行调整的系数，通过留有一些财力缺口形成对下级政府的激励与约束（如德国州以下体制）。

（3）通过具体因素的计入方法左右地方政府财政行为。在计算标准财政需要时，具体项目因素的增加或减少会间接对下级政府收支产生影响，从而改变下级政府的财政努力意愿与方向（如日本、英国等）。

案例2：日本和韩国

日本的一般性转移支付——地方交付税是地方政府收入的最重要

的来源之一（20%左右），资金总额按国税五税的一定比例确定（所得税的32%、法人税的35.8%、酒税的32%、消费税的29.5%、烟草税的25%），2002年为19兆5449亿日元，其中94%为普通交付税，6%为特别交付税。普通交付税的分配采用标准的公式法。其公式为：

标准财政需要－标准财政收入＝财源不足额

其中：

标准财政需要＝测定单位×单位费用×修正系数

标准财政收入＝（标准税收收入＋地方特例交付税）×75%＋地方让与税

标准财政需要是通过对各个支出项目的标准需求计算得出的，依据的指标和单位费用都不是实际数字，而是分别依据各种法律等分别确定的。如对道府县标准财政需要进行计算时，共分警察经费、土木经费、教育经费、卫生服务福利经费、产业经济经费等等十五个大的类别。以教育经费为例，测定单位为各中小学及各类学校的学生数、教职员数、学级数等，但这些数字并不是各学校的实际统计数字，而是根据《公立义务教育学校学级编制及教职员定编标准》等相关法律确定的编制等确定的，在确定学生数时，有时依据国家相关的统计调查结果。

标准税收收入分别各地方税税基乘以统一的标准税率计算得出，但其中的25%作为机动财力留给地方政府，地方政府通过自身努力增加的税收越多，其自有财力就越大；反之，亦然。

此外，日本中央政府还通过对计入财政需要具体项目的调整来左右地方政府的财政行为。例如，20世纪90年代末期，为配合其扩大内需的宏观经济政策，采取了将地方政府自主进行基本建设项目举债的还本付息额计入了基本财政需要，就是说，地方政府的基本建设项目所需的一部分资金通过地方交付税由中央政府进行了补贴，从而调动了地方政府用自有资金大上建设项目的积极性。

韩国的一般性转移支付和日本比较接近。其分配公式为：

某地方政府的财源不足额 = 标准财政需要（standard fiscal needs：SFN） - 标准财政收入（standard fiscal revenues：SFR）

其中：标准财政需要（SFN）由两部分组成，即标准财政需要（basic demand：BD）和标准财政需要补充（adjustment need：AD），即：

SFN = BD + AD

BD的计算方法与日本的标准财政需要的计算方式相同，即由各测定项目的单位数值乘以标准的单位费用以修正系数后确定；AD具有特定补助的性质。

标准财政收入（SFR）也由两部分组成，即标准财政收入（basic revenue：BR）和标准财政收入补充（adjustment revenue：AR）。前者以地方税税基乘以标准税率再乘以80%计算，即在以标准税率计算收入的基础上为地方政府留有20%的机动财力。

案例3：德国

（1）联邦与州政府。德国是联邦制国家，由16个州组成。其各州之间的财政调整关系具有鲜明的德国特色，即通过增值税的分配、州之间的调整及中央政府对各州的转移支付等形式最终使各州之间形成相对均衡的财力格局。

在各州之间财力均等化的制度设计中，德国政府显而易见的将均等化放在了头等重要的地位上，这使得各州的财政努力因素被忽视甚至被逆向调节。以联邦州之间的调整公式为例：

某州的应调整数值 = 平均财力 - 某州财力

其中：

平均财力 = 全体联邦人均财力 × 该州人口系数

某州财力 = 州税收 + 州以下地方政府税收的一半 - 港湾费用

应调整数值为正，该州将得到转移资金。具体地，低于平均财力92%的部分全额计入，高于92%低于100%的部分，计入37.5%。例如，某州财力为 89，平均财力为 100，该州得到的资金为：（92 - 89）× 100% + （100 - 92） × 37.5% = 6。

应调整数值为负，该州将提供转移资金。具体地，超过 100% 至 101% 的部分计入 15%，超过 101% 至 110% 的部分，计入 66%，超过 110% 以上的部分，计入 80%。例如两个富裕州 A 和 B，财力分别是 105 和 120，若平均财力为 100，那么，A 州应提供的资金为：（101 - 100）× 15% + （105 - 101） × 66% = 2.79；B 州应提供的资金为：（101 - 100） × 15% + （110 - 101） × 66% + （120 - 110） × 88% = 14.89。

由于某州的财力超过平均财力的部分具有累进的被转移机制，对州政府的财政努力无疑具有逆向调节作用。

（2）州及州以下政府。与联邦政府以州政府间的财力均等化相反，德国州以下的转移支付并不表现为财力均等化特征，而是具有弥补收支缺口的作用。通常，州以下政府都有共享税（所得税的 15%、销售税的 2.1%）以及营业税、不动产税等地方税等自有收入，但自有收入所占比重不大，2000 年为 29%，因此，州政府对下的转移支付显得非常重要，2000 年州政府的转移支付占地方政府收入的比重高达 44%，其中专项转移支付与一般性转移支付的比率大约是 2∶3。

德国州以下一般性转移支付的支付方式各州之间差别不大，以最大的一项转移支付——均等化转移支付（Schlüsselzuweisungen）为例，各州均采用公式化分配。大多数州均采用的公式为：

某地转移支付金额 = （该地财政需要 - 该地财力） × 系数

其中：

财政需要 = 基础额 × 人口系数（基础额由州政府根据财源数、人口系数以及财力等因素确定）

财力 = 地方政府各税（以标准税率计算）之和

系数大于 0 小于 1，一般在 0.5—0.9 之间。

可以看出：州对下级地方政府的转移支付并非差额全补，而是通过设定大于0小于1的系数留有一定的财力缺口，地方政府必须通过自己的财政努力增加收入来解决这部分问题，这即是一种激励也是一种约束。目前这一系数设定最高的是北莱因—威斯特法伦州，为0.9，意味着地方政府财力不足的90%都由州政府的转移支付弥补，其余10%要靠增加自有收入解决。勃兰登堡州的系数为0.8，萨克森—安哈尔特州为0.7，拜恩州为0.55，莱茵兰—普法耳茨州为0.5。

此外，也有一些州采用了更为苛刻的公式，政策目的同样是留有一定比例的财力缺口由地方政府自己解决。例如黑森州，其均等化转移支付的计算公式是：

某地转移支付金额 = 该地财政需要 × 系数（0.8）- 该地财力

这意味着地方政府财政需要的20%要由地方政府通过自身财政努力增加收入解决。这一公式对地方政府财政努力的要求程度更高。例如，某地方政府的财政需要为100，其财力为80，若系数均为0.8，采用第一种公式计算，该地方政府需要通过自身财政努力弥补的缺口为：100 - 80 - ［(100 - 80) × 0.8］ = 4；采用第二种公式计算，缺口为：100 - 800 - （100 × 0.8 - 80） = 20。

案例4：瑞典

瑞典的转移支付制度主要分为两部分，一是衡向调整制度，即各地方政府间的资金转移（这与德国州之间的调整类似），富裕的地方政府要提供转移资金（Avgifter）给相对贫困的地方政府；二是纵向调整制度，即中央对地方的转移支付。后者的金额根据宏观经济状况由国家预算做出并经国会通过决定，分配依据主要是人口因素。前者的分配依据公式进行，但与德国的累进性转移资金的特点相反，公式充分考虑了对地方财政努力的激励。具体的公式为：

富裕地方政府的出资额（Avgifter） = （该地人均课税所得 - 全国平均的人均课税所得） × （全国平均税率 × 系数） × 该地人口

贫困地方政府的收入额（Bidrag） = （全国平均的人均课税所得

－该地人均课税所得）×（全国平均税率×系数）×该地人口

系数＝95%

以上公式表明，瑞典的横向转移支付目的在于均衡税源不平衡带来的财力不均衡。但这一转移支付制度的设计中，以 95%的系数设计，为地方政府留有 5%的机动财力，对地方政府的财政努力是一种直接的激励。另外，由于瑞典各地方政府间税率的实际可浮动空间相对比较大，各地方政府同时可以通过以提高税率增加收入。

案例 5：英国

英国地方政府只有一种统一的地方税——家庭税，其自有财源比重非常低，以英格兰为例，其地方政府收入的 60%左右来自中央政府的转移支付，其中一般性转移支付的比重又占全部转移支付的 60%左右，即地方政府收入中在近 40%来自一般性转移支付。

英格兰的一般性转移支付主要有两种，一是非家庭用固定资产税（NDR：Non－Domestic Rates），主要依据人口因素分配；二是收入援助转移支付（RSG：Revenue Support Grant），分配方式与日本地方交付税的分配相似，通过计算标准收支差额进行。

标准收入用统一的标准税率计算，因为只有一种地方税，相对比较简单；标准支出的计算比较复杂，一般根据公共支出计划分为教育、福利、警察、消防、道路、环境、治安、文化、资本性财源等七大类分别计算加总得出。

由于采用标准收支进行计算，并且地方自有收入比重过低，地方政府很难超出标准支出范围进行自主决策项目的实施，对地方政府的约束力非常强。

此外，计算标准支出时对地方债支出的处理非常有特色，能客观上激励地方政府控制债务规模和及时偿还债务。具体地：

公债的还本付息支出额均在资本财源项目下进行计算，但不以地方政府的实际债务额为基准，而是采用理论值的方法。

首先，确定基期债务余额。以1990年地方政府债务许可额为标准（无论该地方政府是否实际举借了债务）。

其次，假定全部债务在25年间以均等额度偿还，即相当于基期债务余额的4%。

第三，利息支出以平均债务余额乘以上一年度9月份的平均利息率计算决定。

这样，一方面地方政府若不能完成4%的偿还就会加重自己的财务负担，另一方面，若减少债务发行或高于4%完成偿还就会相应增加自身的可支配收入。客观上对地方政府的发债行为进行了有效约束，同时也体现了对这些政府在财力上的支持。

三、我国现阶段转移支付制度中的激励与约束机制

1994年分税制财政体制改革以来，我国逐步建立起比较规范的中央对省级的转移支付制度，同时，省以下的转移支付制度亦已初步建立（形式各不相同）。

从中央对省的转移支付体系看，可以划分为专项转移支付与财力性转移支付。前者数量众多，2004年资金总额已达3400多亿元，占整个转移支付资金总量的近57%；后者主要包括一般性转移支付、民族地区转移支付、调整工资转移支付、农村税费改革转移支付、“三奖一补”、退耕还林还草转移支付、天然林保护工程地方减收转移支付和结算补助等，2004年资金总额为2600多亿元，占整个转移支付资金总量的43%。

一般性转移支付开始于1995年的过渡期转移支付，2002年改为一般性转移支付，2004年这项资金数额达到745亿元，占整个财力性

转移支付资金量2605亿元的近29%，这部分资金采用比较规范的标准收支公式进行分配；调整工资转移支付是应对亚洲经济危机中央出台增加机关事业单位职工工资和离退休人员离退休费后对财政困难地区的补助，2004年资金数额为994亿元，占整个财力性转移支付比重的38%；农村税费改革转移支付是针对农村税费改革导致地方政府减收出台的政策措施，2004年资金数量为523亿元，占整个财力性转移支付资金的20%，其他各项转移支付占整个财力性转移支付的比重大约在10%左右。

（一）激励与约束机制的表现形式

现阶段中央对省，省对省以下的转移支付制度中，激励与约束机制是散见在各个不同方面的，综合起来看，主要有：

1. 专项资金的配套资金要求

专项转移支付要求下级政府提供配套资金是激励与约束机制表现的一个重要方面，我国目前有多达73项的专项转移支付采用了这一方法。

2. 一般性转移支付中的标准收支方法

一般性转移支付办法规定：某地一般性转移支付数额的确定采用标准收支方法。标准收入由该地本级标准财政收入和中央对该地区税收返还和财力转移支付等构成；标准支出按该地标准财政供养人数和全国统一的支出水平因素加入适当的系数加以确定。如前所述，标准收支的激励与约束表现为地方政府的实际状况与转移支付数额并不直接相关，客观上会促使地方政府约束自身行为，提高自身财政努力程度。以标准收入为例，由于计算时采用的是标准税率，如果地方政府财政努力程度不够，达不到标准税率应征收的税收数量，缺口部分会对其形成约束，相反，如果通过提高财政努力程度，征收了超过标准税率应征收的税收数量，就会形成相对宽松的财力环境；标准支出的计算也是同样，由于采用了标准的财政供养人口指标，若某地方政府的财政供养人口过多，就会对其自身财政状况形成约束，相反，如果采取了减人增效措施，减少了财政供养人口，就会获得相对宽松的财政状况。

3.“三奖一补”政策

2005年出台的“三奖一补”政策，是标准的着眼于对地方政府形成激励与约束机制而出台的转移支付制度，虽然资金总量不大，但其具有较强的针对性和目的性，对缓解县乡财政困难，调动省级政府加强对其下级政府的财政责任起到了很好的促进作用。

4.以奖代补政策

在省以下的转移支付制度中，有些地区针对一些具体的政策目标采取了以奖代补的政策，即以预算平衡、人员压缩、支出结构调整、债务控制与消化等等指标为标准，对这些指标控制得好的下级政府实行奖励。这种政策与三奖一补政策的指导思想是一致的，都是针对具体的拟解决的问题对下级政府提出软约束的要求，对做得好的地区实行奖励。

5.与收入增长挂钩的办法

有些省的转移支付制度是直接与下级政府收入增长状况挂钩的，收入增长快，获得的转移支付就多，反之，就少。

6.直接对下级政府的财政运行提出约束性条件

在转移支付分配时直接对下级政府的财政运行提出具体要求。如财政部《关于下达2003年一般性转移支付数额的通知》中就明确提出：“各地要将下达的转移支付资金用于偿还到期债务、保障行政事业单位职工工资发放、机构正常运转和社会保障等基本公共支出，严禁用于搞‘形象工程’和‘政绩工程’。一旦发现挪用资金用于‘形象工程’和‘政绩工程’，将酌情扣减下年度一般性转移支付资金。”

（二）激励与约束机制的简要评价

通过对我国现阶段转移支付制度中的激励与约束机制表现形式的

分析可以看出，发达国家转移支付制度中运用的激励与约束手段均在我国有所体现。无论是专项转移支付中的配套资金要求，还是一般性转移支付中的标准收支方法。但值得注意的是，由于其制度基础不同，政策效果相差较大。

同样是标准收支公式，发达国家的下级政府若没有现实的自有财源，可能不会超标准进行支出，但我国的地方政府会通过其他的变通方式维持超标准的支出现状；同样是要求下级政府提供配套资金，发达国家的操作可能是很少打折扣的，而我国则会很少不打折扣；同样的与收入挂钩，发达国家的收入是在规范的制度框架下通过自身努力获得的，而我国则可能是建立在弄虚作假基础上的。

另外，我国更多的采用了直接与特定调整目标挂钩，特别是与收入直接挂钩的激励与约束方法。这可能是与我国分税制财政体制尚不十分完善，地方政府缺少坚实的地方税等自有收入来源有关。事实上，这一点可能也是所有转轨经济国家共有的特点，例如印度和俄罗斯也是采用了与我国类似的激励与约束方法来分配转移支付资金。

印度中央对州的转移支付分为三个部分：财政委员会转移支付、计划委员会转移支付和中央各部门的转移支付。三部分的资金比例为60%:22%:18%。在财政委员会转移支付中有7.5%的资金分配与收支挂钩，即根据某州收支比的改善状况进行分配，在支出规模一定的情况下，收入增加越多，得到的转移支付就越多。此外，2000年新出台的邦财政改革促进基金（State Fiscal Reform Facility）安排了与邦收入情况直接挂钩的资金，邦的税收收入增长越快得到的转移支付就越多。

1992年以后，根据联邦法，俄罗斯联邦政府有责任对不能以其自有财源编制最小预算的联邦主体及地方政府提供财政转移支付。1994年出台的地方财政支援基金是其主体部分，该资金的来源最初是中央政府的增值税收入部分，1996年以后改为中央总税收收入的

15%。分配依据是各地方政府的人均税收额。但同时附加有对财政运行提出的约束性条件，如规定凡接受转移支付的地方政府预算，必须经由联邦国库机关来执行；对于财政支出主要靠上级转移支付（即自有财力不足50%）的地方政府预算，必须经过联邦审计；接受转移支付援助的地方政府公务员的待遇条件（工资、差旅费和其他支出）不能高于联邦机关公务员，地方预算向法人提供预算贷款的规模不能超过其预算的支出的3%，提供财政担保的规模不能超过其预算支出的5%等等。

总体上看，我国目前转移支付制度中的激励与约束机制在一定程度上调动了下级政府发展经济与组织收入的积极性，特别是“三奖一补”政策调动了省以下上级政府通过转移支付方式解决基层财政困难问题的积极性；同时也调动了地方政府调整优化财政支出结构，精简机构与人员的积极性。

但与此同时，应当清楚地看到我国转移支付中的激励与约束机制存在着明显的制度设计缺陷，即存在着明显的激励、约束不对称，激励有余，约束不足，而且存在逆向激励与约束。具体表现在：

(1) 专项资金的配套资金要求存在制定比率不合理，超出地方政府可承受能力的问题。从实际情况来看，许多欠发达地区根本无力安排配套资金，所谓的配套资金承诺几乎是一纸空文，属于典型的由下向上“钓鱼”。

(2) 与收入挂钩（有些甚至是直接与政府领导班子个人收入挂钩）的办法存在负面影响。首先，与收入挂钩导致虚收以及“引税”等等不法行为，紊乱了经济秩序；其次，与收入挂钩也带来地方政府参与市场、热心于竞争性行业与领域的弊端，影响市场在资源配置中基础性作用的发挥；第三，与收入挂钩只体现了形式的公平但可能掩盖着事实上的不公平，因为由于各地经济发展的条件不同，同样的财政努力程度并不能带来相同的增收效果；第四，管理与监控成本较高。从地方政府实行与收入挂钩的激励政策来看，浙江省为鼓励县市财政增收实施“两保两挂”，用适当的奖励资金发挥了“四两拨千斤”的激励作用。但有些地方出台的类似政策，单纯强调增收和奖金，则有政策存在“走样”的问题。如 2004 年广东省因连平县财政收入大幅增长而重奖县委县政府班子一事，就引起社会各界广泛关注和争议。

(3) 对获取转移支付的地方政府行为缺乏严格的约束。一方面，某些地方作为国家级（或省级）的贫困县（市、区），享受着上级政府的转移支付资金；另一方面，其地方政府行为和地方财政支出运行缺乏严格约束，花巨资修广场、建标志性建筑等形象工程，购买高级的公用轿车，超标准支出接待费、差旅费等公用经费。尽管中央和一些省也提出了某些限制贫困地区政府行为地要求，例如“拖欠教师和公务员工资的地方领导不许出国，不许更换小汽车”等，但大多是通过各类文件、通知形式对地方领导人提出的党纪、政纪要求，本身就属于“一阵风”式的软约束，并未上升到规范的转移支付制度。财政部最近也提出要求，地方获得的转移支付资金“严禁用于搞‘形象工程’和‘政绩工程’”，但这并未约束地方自有收入的用途。事实上，不少地方正是一边肆意挥霍、浪费自有财政收入，一边将必保的工资、社保支出等“硬缺口”留给上级政府。

(4) 针对省级政府设计激励与约束机制的重视不足。大国的转移支付与小国的转移支付制度设计上有质的区别。针对哪一级政府来设计激励、约束各国不同。对大国而言，应重视对省级政府的激励与约束，使之更加关注其自身对基层政府的责任。我国目前的转移支付制度设计对省级政府的激励与约束重视不足，作用有限，基层政府困难亦与此有关。

（三）相关政策建议

1. 将构建转移支付制度中的激励与约束机制放在全面完善分税制财政体制的大环境下统筹考虑

转移支付制度的基础是规范的分税制财政体制。目前，我国政府间事权划分不清晰，事权与财权、财力存在不匹配的现象，省以下政府缺少规范、稳定的收入来源渠道。尽快解决这些问题，是进一步深化我国分税制财政体制改革、理顺政府间财政分配关系的基础。只有在这个坚实的基础上，激励与约束才有更稳定与更积极的意义。包括加快地方税体系等地方政府收入体制的建设步伐，切实规范地方政府的收入来源。

2. 清理专项资金的配套资金要求

我国目前73种要求下级政府配套的专项资金中，只有约10项是经过国务院批准的，其余项目的配套资金要求可能在制定之初就没有经过科学细致的可行性论证。目前配套资金要求对下级政府来说是一个沉重的负担，这也导致假配套行为时有发生，地方政府的一块资金可能会作为多项专项资金的配套资金来源。

事实上，配套资金有效运用的前提是地方政府有充分的可支配的自有收入，或者可以通过提高财政努力程度获得较充分的可支配的自有收入。在目前各级地方政府缺少规范合规的地方收入来源的背景下，配套资金的要求应慎重考虑。

3. 慎用收入激励政策，强化约束机制

重点针对增加收入的激励政策应该谨慎出台。激励与约束的重点可以考虑放在公共支出管理与社会发展指标方面。在目前我国向市场经济转轨过程中政府与市场关系不清晰、政府间事权划分不明确的背景下，单纯的、过份的收入激励机制带来的或者是“引税”、“空转”一类的弄虚作假，或者是“挖地三尺”、“竭泽而渔”。通过必要的、严格的约束机制，既可以抑制地方“等、靠、要”的思路，也有利于中央（上级）政府引导、规范地方（下级）政府的行为。借鉴国外经验并考虑我国实际情况，目前，可从以下几个方面着手强化对接受转移支付的地方政府财政支出行为进行制约和监督：

一是对地方公共财政管理制度建设提出明确要求，如要求地方保障政府预算的完整性（预算外资金纳入预算）、尽快建立规范的集中收付制度等，以推动地方财政改革；

二是对地方财政支出结构调整的要求，比如接受转移支付的地方政府必须先确保工资发放、完善社会保障、建立低保救济等，以调整地方政府理财思路；

三是对接受转移支付的地方财政支出标准提出严格要求，特别是行政管理费用支出标准，分类分级制定行政事业单位经费标准，包括办公楼建设、公务车购置、差旅费支出等；对于人员经费的控制，可以推行财政供应人员编制控制权上移一级的制度；

四是控制地方政府债务，在谨慎改革、推进建立规范的地方债制度的基础上，对于接受转移支付的地方政府实行更为严格的控制审查制度；

五是对接受转移支付的地方政府财政实行特殊的审计制度，定期检查其财政资金使用情况。

对于不能遵循上述要求的地方政府，上级政府在安排转移支付资金时可以考虑采取一定的制约措施，包括削减转移支付资金。

4. 进一步增强激励约束政策的透明度与影响力，提高地方政府的理性与自觉性

由于我国目前各级政府转移支付制度的技术复杂性特点，再加上宣传力度不够，政策的透明度与影响力颇为有限，地方政府对激励与约束的敏感程度不高。以财政供养人口这一指标的激励与约束的实际效果为例，有些敏感的省区会积极主动地减编裁人，但也有一些省区对此无动于衷，当然这可能有行政管理体制方面的问题。今后随着转移支付数量与重要性的增加，在增强政策透明度与影响力的前提下，相信地方政府会更加理性地应对相应的激励与约束。

财政部财政科研所
《转移支付制度设计中的激励与约束机制研究》课题组
课 题 指 导：刘尚希
课题组主要成员：傅志华（执笔）、刘德雄、李三秀（执笔）
吴晓娟、张 维、赵大全、王向阳

绩效预算与政府绩效评价体系的要点

内容提要

绩效预算是市场经济条件下预算改革的方向，推行绩效预算在我国正处于理论准备和调研可行性阶段。正确理解绩效预算的含义才能在绩效预算改革中少走弯路。本报告根据绩效预算的起因以及西方国家对绩效预算所作的相关定义，对绩效预算的确切含义做了探讨，并着重分析了政府绩效评价体系与绩效预算的关系。本报告根据科学发展观和执政为民的执政观对政府绩效作出了解释，并认为政府绩效评价体系作为绩效预算的基础部分，其基本要点包括确定政府目标、评价标准和评价指标。同时，在考察四川省广元市政绩考核情况的基础上，本报告认为，地方政府政绩考核作为政府绩效评价体系的雏型，其内容的设计及其合理化对推行绩效预算具有奠基作用。

引　言

从20世纪90年代后期开始，我国分步设计、推行了一系列预算制度改革措施，内容包括部门预算、国库集中收付、预算外资金收支"两条线"等。这些改革虽然未在各级政府同步推行，但对各级政府的资金管理理念和制度变革选择产生了指导作用。国内外经验表明，预算制度改革是一个不断深化的过程，在中国尤其如此，现实已经表明如果我们就此止步，改革已取得的成果最后也就成为形式上的胜利。党的十六届三中全会提出要对预算绩效进行评价，应该说具有划时代意义，实际上指明了预算制度改革的方向。然而必须认识到，推行绩效预算是一项复杂的系统工程，涉及到财政基本理论、行政管理体制、经济管理体制等多方面因素。从财政在政府体系中的地位来看，要分步建立绩效预算就应首先认清这一全新的预算模式与政府绩效评价体系之间的关系，本报告试就此问题进行较为系统、深入的研究。

一、绩效预算的起因和概念

绩效预算自20世纪40年代提出以来，目前已经有50多个国家不同程度地实施了绩效预算。从国际经验角度看，绩效预算的产生有特定背景条件，伴随着绩效预算的完善过程中，这种预算模式也形成了稳定的基本内容。

（一）西方国家绩效预算的起因

财政预算是政府施政纲领得以具体实现的首要途径，也是影响政府部门组织行为最有力的工具。随着市场化程度的不断加深，各国政府的职能也发生了重大的变化。从古典的“守夜人”政府，到凯恩斯时期实施宏观调控的政府，再到今天公共产品提供方式不断增加的政府，一百多年来，无论是政府目标、政府职能、实施职能的方式，还是政府组织结构、政府考核体系等，都发生了重大的变化。而这种变化，最终都要体现在财政预算中，并通过财政预算，对其进行反向调节。绩效预算，以及财政支出绩效评价体系，就是顺应政府职能的调整，顺应公共理念更新而引发的完善公共产品供给的呼声，为促进政府的改革而产生的。这一点，可以从美国的实践中得到充分的反映。

作为绩效预算的发源地，从 1947 年起，胡佛委员会就提出了要在预算编制中强调产出而不是投入，将成本融入了公共财政的领域。在尼克松、卡特时期，围绕着如何提高政府的效率与效益，在预算管理上进行了一系列改革。到了里根和克林顿时期，以绩效预算为核心进行的“政府革命”，使美国政府在实现国家目标、促进经济持续增长上取得了良好的效果，使美国走上了历史上最长的发展时期。因此，实现绩效预算以及财政支出绩效评价体系的根本出发点，就是提高政府工作的效率与效益。按中国的表达方式，就是为了提高政府的“执政能力”。

自 20 世纪 70 年代末至 80 年代初开始，西方各国掀起了一场声势浩大且旷日持久的政府改革运动，它起源于英国、美国、新西兰和澳大利亚，并迅速扩展到其他西方国家，这就是“新公共管理（New Public Management）”运动。“新公共管理”的理论代表了政府公共管理研究领域发展的新阶段，它是在对传统的公共行政学理论的批判的基础上逐步形成的。

传统的公共行政学诞生于 19 世纪末 20 世纪初，随着西方诸国工业化的完成而建立起来的，其主要理论基础是政治学特别是韦伯的官僚体制理论和威尔逊、古德诺等人的政治与行政二分法的理论。其主要特点是：政府管理体制以科层理论为基础，权力集中，层级分明；法规繁多，职能广泛；规模庞大，程序复杂；官员照章办事、循规而行；官员行为标准化、非人格化；运用相对固定的行政程序来实现既定的目标。

20世纪70年代之后，特别是80年代以来，西方社会乃至整个世界发生了根本性的变化。公众的价值观念多元化、需求多样化，民众民主意识、参政意识增强，时代的变化对政府提出了新的要求。政府必须更加灵活，更加高效，具有较强的应变能力和创造力，对公众的要求更具有影响力，更多地使公众参与管理。传统公共管理体制僵化、迟钝，具有使行政机构规模和公共预算总额产生最大化的倾向，易于导致高成本、低效率的问题愈来愈突出。西方各国在七八十年代普遍面临的政府开支过大，经济停滞、财政危机严重、福利制度走入困境、政府部门工作效率低下、公众对政府的不满越来越强烈等问题，也促使人们开始变革传统的公共行政体制。

在这种背景下，一种突破了传统公共行政学的学科界限，把当代西方经济学、工商管理学、政策科学（政策分析）、政治学、社会学等学科的理论、原则、方法及技术融合进公共部门管理的研究之中，以寻求高效、高质量、低成本、应变力强、响应力强、有更健全的责任机制的“新公共管理”模式应运而生。

“新公共管理”自20世纪七八十年代起源于英国、美国、新西兰和澳大利亚之后，迅速扩展到加拿大、荷兰、瑞典、法国等欧洲国家，进入90年代之后，一些新兴工业化国家和发展中国家，如韩国、菲律宾等国也加入了改革的大潮。各国改革的内容、方式和措施并不完全相同，理论界也给这些改革冠以不同的名字，比如“重塑政府(Reinventing Government)”、“再造公共部门（Reengineering the Public Sector)”等。这场“新公共管理”运动对于西方公共部门管理尤其是政府管理的理论与实践产生了重大而深远的影响。绩效预算，既是新公共管理的重要组成部分，更是推动新公共管理理论转化为实际制度安排的重要工具。因此，我们完全可以这样理解：绩效预算产生的背景，就是政府改革，或者说是新公共管理的兴起，绩效预算的产生是公众压力和化解财政资源需求的无限性与供给的有限性之间尖锐矛盾的结果。很显然，研究绩效预算必须把预算制度和政府体制结合起来进行。

（二）如何理解绩效预算的确切含义

对绩效预算确切含义的理解直接决定着如何编制绩效预算、如何认识推行绩效预算的可行性、如何分阶段完善绩效预算与行政管理体制运行之间的关系。

西方国家虽然推行绩效预算已有较长时间，但对究竟什么是绩效预算仍然争论不休。人们普遍认可的是绩效预算是一种结果导向的预算，争议的焦点在于如何给出一个完整的定义。

世界银行专家沙利文认为：绩效预算是一种以目标为导向、以项目成本为衡量、以业绩评估为核心的一种预算体制，具体来说就是把资源分配的增加与绩效的提高紧密结合的预算系统。瑞典的决策部门认为：绩效管理并不是单纯的一些措施或方法，而是一个非常广义的概念。绩效管理的目的就是要实现成效和效率，成效是指应该做的事，效率是指要合理、高效地做事。澳大利亚把绩效预算分成五个部分：一是政府要办的事；二是配置预算资源；三是以结果为中心制定绩效目标；四是评价目标实现状况的标准；五是评价绩效的指标体系。由此可看出澳大利亚是把绩效预算归结为政府行政活动的资金支持体系的评价模式。

推行绩效预算在我国还处于理论准备和调研可行性阶段。此间，人们首先想到的就是搞清楚什么叫绩效预算。一些人认为可直接引用西方国家的定义，一些人则认为应该从我国的实际情况出发给出适合改革方向要求的定义。现在突出的问题就是作为绩效预算发源地的西方国家也没有在绩效预算定义上达成共识，做为仍处于构建适应公共财政要求的预算体制的中国当然更是在定义上争议不休。但有必要指出：中国在讨论什么是绩效预算概念时，似乎没有区别开一些基本概念之间的差别，进一步说就是有时把绩效预算、支出评价、预算绩效三个概念混为一谈。必须看到，这三个概念是完全不同的，具体而言，绩效预算是一个大系统，支出评价和预算绩效是这个大系统中的子系统。如果把三者混为一谈，无疑就是扭曲了绩效预算的本质特征。

应该承认，把握绩效预算的确切含义确非易事。从已有的国内外争论来看，人们认识上的不统一，原因之一在于对绩效预算的理解角度的差别。当人们从预算编制方法角度去给绩效预算下定义时，似乎非常难以说清绩效预算与基数法和零基法之间的确切差别，因而提不出令人信服的定义；而当人们从预算执行结果角度去定义绩效预算时，又往往难以搞清楚投入与产出之间的联系。

那么，究竟什么是绩效预算？怎样定义才相对合理呢？我们认为：解决这个问题必须把握好定义的角度。确定角度，应从理想模式与可能模式之间的关系去进行。进一步说，我们在给绩效预算下定义时，既要从预期目标出发，又要充分考虑已有的实践给予人们的启示，既要把握公共财政条件下预算制度的基本特征，又要认清绩效预算的特殊要求。由此，可以说，绩效预算首先是一种新式预算理念，它要求人们在编制预算时要以机构绩效为依据，进一步说，就是要把拨款和要做的事的结果联系起来。应该承认，这种理念并没有量的显示，就如同说“爱有多深”无法用数字表示一样，然而必须看到，这种理念相对于以往单纯分配资金的预算确实是一种突破，本质上是把行政目标与预算资源配置勾通起来了。其次，可以说，绩效预算又是绩效的核算，进一步说，就是从资金使用的角度去分别规划政府各个机构在单一预算年度内可能取得的绩效。再其次，绩效预算是一种示意图，它体现的是以民为本的执政观念，进一步说，就是预算资源的使用必须产生某种社会效益，而这种效益应是社会公众所需要的，并非简单地由政府认为应该取得的效益。概言之：绩效预算是一种预算模式，容含着预算理念和预算过程的重要变化，而预算编制方法的变化只是绩效预算实现方式所采用的手段。

二、政府绩效评价体系在绩效预算中的地位

绩效预算是一个复杂的系统，主要包括政府绩效评价体系、财政支出评价体系和组织管理体系三部分内容。这三部分内容有着内在联系，各有不同功能和地位。

财政是政权的财政，预算是各政府部门权力配置的体现，而权力的配置与责任的配置又是相对等的。作为一种结果导向型的预算模式，绩效预算必须首先体现政府各部门的权力与责任，换言之，就是要体现权力和责任的预算是否通过预算执行结果而相互吻合。

因此，政府绩效评价体系是绩效预算的基础部分。政府绩效评价体系在绩效预算中的具体作用包括如下几方面：首先，政府绩效分为政府行政总目标、部门总目标、部门目标结构、部门行政合规性、部门项目执行情况五个部分。当某一部门这五部分内容规定清晰以后部门预算的支出结构和支出总额界定也就有了基本依据。其次，政府绩效评价标准说明的是政府各部门应该和可能做到什么、做到何种程度、什么时候做完。因此，一旦政府绩效评价标准明确下来，支出预算的合理性也就相应可以规定下来，支出结构的确定也就有了阶段依据。再其次，政府绩效评价指标本质上指明的是从哪几个方面和哪些点上去衡量政府绩效，同时也说明了政府绩效的可量化方面和不可量

化方面。因此，一旦政府绩效评价指标确定下来了，当人们确定财政支出绩效评价指标体系时，也就可以把财政支出合理性指标测定与政府行政效果对应起来。

从操作层面上讲，财政支出绩效评价体系，不仅仅是对财政支出情况进行评价和监督，它的根本意义是要以财政支出效果为最终目标，考核政府的职能实现程度，也就是考核政府提供的公共产品或公共服务的数量与质量及成本。正因为财政支出绩效评价体系有着这样的功能，因此，如果仅仅从财政的角度来进行财政支出绩效评价，就很难全方位地反映财政支出的实际效益与效率。从这个意义上讲，财政支出绩效评价体系，是一项以财政部门为主体，政府其他职能部门共同配合而形成的管理公共产品和公共服务的提供的制度。

由于财政支出范围广泛，再加上支出绩效呈多样性的表现特点，既有可以用货币衡量的经济效益，还有更多的无法用货币衡量的社会效益，而且不同的项目有不同的长短期效益，直接效益和间接效益，长期以来，财政部门一直无法采取一种比较准确的办法，来对财政支出进行衡量。而这一“盲点”，恰恰是减少资源损失浪费、提高效率的关键点。财政支出绩效评价体系，就是要把“不可衡量的事”变为可衡量的，确定政府的职能、财政支出的目标以及实现这些目标所需的步骤，在给定目标的前提下寻求最有效率的实现目标的方式，以最低的成本最大限度地满足公共需要、社会经济发展的需要。

可见，财政支出绩效评价体系在绩效预算中的关键作用是从质和量两个角度说明政府资金的使用状况，从而使绩效预算的功能突出反映在资金使用效率评价对预算拨款的约束上。因此，可以说财政支出绩效评价是绩效预算的核心内容，但政府绩效评价体系解决的是预算编制依据问题，财政支出绩效评价体系解决的则是编制好了的预算究竟是否被执行好、事后来看优劣之处是什么。这两者可说是绩效预算中前后相承的两大侧面。

相比其他预算模式，绩效预算更需要严密、系统、规范的组织体系。这一体系的基本功能不仅在于确保绩效预算的顺利实施，更为重要的是为绩效预算的编制、评价和实施的科学、合理提供人力资源、管理规范以及思想方法、技术工具保障。因此，如果说绩效预算是一列行驶的火车的话，组织管理体系就是这列火车的司机班。

三、如何构建政府绩效评价体系

政府绩效本质上是政府的发展观和政绩观的具体表现。在一个国家或地区内，发展观、政绩观、理财观三者之间有着内在因果关系，其中发展观是基础，当政府选择了发展模式之后，遵从这一模式的要求推进既定的发展战略也就成为政绩的具体表现，政府的财政必须服务于发展观和政绩观落实的需要，理财观自然要依发展模式的特征而相机决定。因此，政府绩效的评价标准和指标体系就是发展观与政绩观的量化表现，财政收支结构则是这种量化表现的政府资金使用体现。

构建政府绩效评价体系首先必须对政府绩效做出合理的解释。这是一个涉及到政府绩效评价标准和确立评价指标的价值判断问题。要做出合理的解释，就必须有合理的前提条件选择。从理论上看，确定合理的前提条件要从发展观和执政观两个角度进行。因为：发展观是政府提倡什么的理念、执政观是政府怎样促进社会发展的理念。

根据科学发展观和执政为民的执政观，政府绩效应该更多的讲求的是政府行政结果的社会效益，其经济效益是依从于社会效益的扩展。因此，政府绩效应是政府各部门在依法执政、民主执政、科学执政的前提下从全社会利益扩展出发为人民办事的效率和结果。具体而言，政府绩效又可划分为三大类：一是行政行为的合规性。这是指政府行为是否遵循了既定的法律、法规、行政规定和组织原则。之所以把合规性列为政府绩效的一类，主要原因在于按照已有的制度安排来行政是为公众提供符合一定质量要求的公共产品的必要条件，我国公共管理中出现的很多问题，公众对政府的很多意见，本身不是在于公共产品供给数量和供给质量与公共产品需求之间的矛盾，而恰恰是在各级政府部门内大量存在的不按现行制度安排办事而引发的诸多矛盾。显然，照章办事就是成绩，就是通过维护法治规范促进广大人民的根本利益。二是公共产品供给数量。公共产品分为有外在物质表现形式和无外在物质表现形式两类，前者如道路，后者如治安。这两类公共产品都可以量化表现。公共产品供给数量体现的是政府部门的工作量和努力程度，因而可说是政府绩效的突出表现。三是公共产品供给的外部正效应。每一种公共产品都有其特定的外部正效应。这种外部正效应是指公共产品自身带来的社会效益。社会治安为公众提供了安全的生活环境、社会救助促进了社会稳定、环境保护保护了人们的身体健康，等等。有必要指出：这种外部正效应的评估是一大难点。因为究竟哪些后果与公共产品供给有着直接的数量关系目前尚无很好的方法来测定。

决定政府绩效评价体系构建的基本因素主要有三方面：一是政府目标。政府目标给出的是政府总体工作方向和部门工作方向。政府目标是政府社会经济发展战略和年度发展计划中的重要内容。政府目标决定着政府要提供哪些方面的公共产品，这是政府绩效评价的基本依据。二是政府工作任务。工作任务是政府目标的具体化，说明的是政府要提供多少公共产品、多长时间完成。工作任务一般表现为政务事项结构。三是政府部门职能分工。界限清晰的政府部门职能分工是政府绩效评价体系的基本决定因素。因为：只有部门责权分明，才能知道哪些事情该谁办，才能知道评价范围，才能知道评价的切入点。

构建政府绩效评价体系首先必须确定合理的评价标准。政府绩效评价体系的核心功能是评价政府绩效好坏程度，因此，评价标准选择自然成为评价起点。选择评价标准应遵循可测度和可操作两项原则。

由于政府绩效分为若干类，有必要分类确定政府绩效评价标准。对提供公共服务的一般性政务活动绩效的评价，应以是否照章及时、准确办事为标准，比如对民政部门的低保补助工作的评价就是以能否及时、足额、按标准发放为标准来评价。对行政活动结果与工作人员努力程度密切相关的政务活动的评价应以有弹性的量值为标准来进行。比如公安部门的破案率，年破案率有高有低，其高度可反映公安队伍的工作努力程度和水平高低。对综合社会效益较强的政务活动的评价应以预期效果和实际效果的对比为标准。比如对公共项目的评价就可以项目完成后效果与定项预期效果进行对比来衡量项目绩效。

构建政府绩效评价体系涉及到的核心技术问题是政府绩效评价指标。政府绩效评价指标可分为合规性和效益性两个层次。之所以把合规性放在第一个层次，原因是政府行为的合规是法治社会中取得效益的前提条件。

合规性评价层次上的指标可分为三类：一是合法性指标；二是合乎工作流程类指标；三是合乎政策类指标。

效益性评价层次上的指标可分为三类：一是合乎政府目标的指标，包括总体目标和部门目标；二是综合社会效益类指标；三是工作绩效类指标。

从上述方法论出发，对政府各部门绩效进行评价时，又可把政府部门分为三大类进行：一是综合部门，比如国家发改委、外交部、财政部、人民银行总行等；二是社会单项事务管理部门，比如民政部、劳动和社会保障部、公安部、教育部、计生委等；三是经济管理部门，比如铁道部、国家质检总局、国家税务局、国土资源部、水利部、农业部等，针对这三大类政府部门分类制定绩效评价指标体系时要结合各部门职能拆分政府目标指标，也就是要确定反映政府目标的具体指标，这是首先必须解决好的一个难点问题。

确定反映政府绩效的综合社会效益指标应主要考虑三方面因素：一是政府活动的阶段性社会矛盾调解功效；二是政府活动的长远效

应；三是政府部门行政活动的互补性效应。比如对政府教育部门的绩效评价，确定综合社会效益指标体系时，就要通过设置一些指标，来反映政府教育方面的行政行为对富人和穷人子弟公共产品享用上的平等程度和所带来的即期不同收入阶层之间矛盾的调解作用。

确定工作绩效类指标时应主要考虑四类因素：一是部门职能特征；二是部门职能范围；三是部门一般行政活动和所实施项目的技术决定因素；四是部门工作流程的设定。

四、我国政府绩效评价体系的雏形——地方政府政绩考核

从理论上讲，政府具有实施政府绩效评价的内在必要性。因为：政府只有说清了绩效状况，才能向人民交待清楚自己的行政活动的社会价值，同时也只有实施了绩效评价，政府才能真正落实好内部控制。事实上，我国很多地方政府早已开展了政绩考核。这种政绩考核一方面表明了政府本身主观上认为有必要通过绩效考评来推动工作，另一方面也说明了政府绩效考评与财政的内在联系。下边我们简要介绍四川省广元市的政绩考核情况及其给予我们的启示。

四川省广元市位于四川盆地北部边缘，总人口 304 万，面积 1.63 万平方公里。2003 年全市 GDP 36.7 亿，人均 3424 元，不足全国平均水平的一半，城镇居民人均可支配收入 5146 元，农村居民人均可支配收入 1639 元，全市财政收入 7329 万元，财政支出 174134 万元，财政供养人口 80705 人，人均财力 12305 元，截至 2003 年末，全市政府债务余额 317815 万元（含粮食企业亏损挂账 70705 万元），其中市本级负债额占负债总额的比重为 22.24%、县（区）级占 51.62%、乡镇占 26.14%。从总体上看，该市经济状况在全省属中下等水平。

四川省目前已建立了相对完整的地方政府政绩考核体系和制度。中共四川省委和省政府均没有专职从事目标设计和目标落实管理工作的目标管理办公室，市级政府相应设立了督办室。四川省的地方政府政绩考核分两个层次：一是本级政府对自己的考核；二是上级政府对下级政府的考核，比如省对市、市对县、县对乡。对地方政府的政绩考核具体来说就是对地方党、政一把手的考核、就是一把手责任制。在具体操作过程中，政府首脑又将考核指标包含的任务和标准分解到下级政府首脑和所辖各部门首脑身上去落实，进一步说，政绩考核的规定任务是由条、块分别落实、协同完成的。

四川省地方政府政绩考核主要包括如下内容：一是目标设置。政绩目标是指某一年度政府应完成的任务。四川省的政绩目标分为综合目标、实事目标、单项目标和重点督办事项四种。2004年省政府下达给广元市的综合目标有五个，包括国内生产总值、地方财政收入、农民人均纯收入增加额、人口自然增长率等。事实目标10项，包括两个确保和再就业工作、低保、教育工作等。单项目标9项，包括安全生产工作、全社会固定资产投资、加强电子政务建设等。重点督办事项8项，包括偿付农民工工资、住房公积金清理回收工作等。根据省定目标，市政府又分别给各部门和各县（区）政府下达目标，其中县（区）目标又具体划分为综合目标、保证目标和实事目标三类。二是指标设置。政绩指标是政绩目标的各角度具体化，一般可量化，一个政绩目标可能对应多个政绩指标，比如对外开放目标就对应着外商投资、省外招商引资、外源劳务三个政绩指标。2004年省政府下达给广元市政府的考核指标总计68个。这些指标基本上可归纳为经济发展、社会发展和制度创新三大类，分解后由各部门执行，成为部门考核指标。下达给县级政府的考核指标则是这些提标的指标值分解值。三是考评标准，考评标准是指政绩衡量尺度，包括质和量两方面，前者体现在目标内容完成程度上，后者体现在分值上，分值多少体现的是某一目标在目标体系中的权重，比如在下达给市财政局的目标体系中，全市财政总收入额分值为130分，推进城镇住房分配货币化分值为10分，前者是分值最高指标，后者是分值最低指标。四是考核管理。四川省的政绩考核过程可概括为逐层下管、动态监理、分级落实。政府层级越低，任务越重，受管理越严。

从广元的情况看，政绩考核实质上既是落实地方政府经济和社会发展战略的重要手段，也是推动体制创新的重要工具，政绩考核目标已成为左右地方政府首脑和部门首脑执行决策的基本依据。财政是政府的财政，有财有政，是为政府向全社会提供公共产品而筹措资金、支付成本、根据政府行动纲领分配资金的政府部门。因此，地方政府不可能不受政绩考核的约束。换言之，政绩考核对地方财政运行和财政改革有着多方面影响，广元的情况表明这种影响具体来说有如下几方面：

第一，政绩考核的目标在很大程度上决定着地方财政支出结构。政绩考核目标规定了政府各部门应力争完成的任务，这些任务既体现了当地的经济和社会发展战略的阶段性重点，同时也被量化在相关投入上。如果我们把这些投入要求联接起来，大致就可以看出当地财政支出的基本框架。究其原因，根本在于，政府职能履行和目标实现是要由各部门来具体落实，每一个部门都承担着相应的职能，也就是要提供某种公共产品，而要实现这些职能必须有相应的财力保障。在广元市2004年的财政支出结构中，道路建设、农业综合开发、环保、国有企业技术改造等支出项目比重明显抬升，原因就在于省政府重点督办的十件实事大部分都涉及这些支出。很显然，判断一个地区的财政支出结构的特点和合理性，逻辑起点应是政绩考核的阶段性重点。

第二，政绩考核给地方政府带来了难以承受的财政支出压力，人为加剧了财政收支矛盾。任何一个国家或地区的政府都有其特定的发展观、政绩观和理财观。这其中发展观是基础，有什么样的发展观就有什么样的政绩观。当发展观和政绩观确定之后，理财观也就相应确定下来了。政绩考核本质上是服务于发展观和政绩观的，考核标准要以发展观和政绩观为依据。显然，实施政绩考核本身并没有错，问题在于当发展观连带政绩观出了偏差时，政绩考核也就成了问题的凸显点，接踵而来的自然是理财观的被动性走偏。从对广元市的调查情况来看，地方政府的发展观基本上就是“大干快上、齐头并进”的发展观，政绩观相应也就是“高指标落实观”，而理财观被动的就成为“赤字合理、负债有理观”。省政府下达给广元市的 2004 年的考核目标要求该市 GDP 增长在到 12%、全社会固定资产投资达到 46 亿、外资出口额达 7000 万美元、招商引资 8.75 亿、水土流失治理面积 180 平方公里、完成癌病预防控制中心建设项目 8 个、建成通乡油路水泥路 360 公里、建成通乡通村公路 180 公里、确保全市低保群体人平日均补差不少于 50 元、结合民用建筑修建防空地下室将人民防空费列入同级财政预算。这些指标值反映出的是一幅经济和社会全面大发展的蓝图。这个蓝图显然要求财政也要“大发展”。根据市财政局的推算，单是落实中央一号文件、建立农村社会保障体系、正常职务晋级、偿还各种债务、落实公安经费保障机制、粮食直补这几项增支因素，全市就要新增支出 1.03 亿，其中公安经费保障方面，为了落实省财政厅《关于建立县级公安机关经费保障机制的意见》全市 2004 年就要新增支出 3317 万元。如果考虑基础建设项目方面的资金缺口，形势则更加严峻，如污水处理厂、垃圾处理厂、广修公路、城市管网改造等都处在等资金保建设的状态之中，另一些项目如广四高速路则处于等钱上马状态，这些在建、待建项目所需资金可说是无底洞。然而在这种财政支出需求急剧扩张的背后，则是收入增长的极度有限。宏观调控出口退税和农业税税率下调三个百分点将使全市财政减收 1.07 亿元，预算外资金方面是学校收费实行“一费制”一项全市就将减收 1 亿多元。据市财政局初步匡算，减收增支将使全市财政形成 2.10 亿元的硬缺口。很显然，地方政府是不可能承受齐头并进、快速增长的发展观和政绩观的。这种矛盾格局最终只能迫使地方政府走上负债度日的道路（广元市的政府性负债已达 43 亿元），而这种负债的不断加剧最终会把矛盾上交给省和中央，形成全国性的财政危机乃至金融危机。

第三，完善省以下财政体制应充分考虑政绩考核的约束作用。完善省以下财政体制面临着三个必须解决的问题：一是优化事权划分；二是优化财权划分；三是减并财政层级。政绩考核对这三方面问题的解决应该说均有约束作用。就第一个问题而言，政绩考核过程实际上就是上级政府对下级政府的事权下派过程，这种事权的下派既包括具体任务、又包括事权履行标准。可见，要细化事权划分，就必须首先调整政绩考核任务下派的指导思想和基本原则。就第二个问题而言，政绩考核在每个财政年度都在加大被考核者的财政支出压力，这和财权划分内在的收支需求相对稳定对应是有着强烈矛盾的。可见，优化财权划分不可能绕开政绩考核指标可能带来的对财权划分的冲击，换言之，确定考核指标应充分考虑财权划分界定的地方财政收入增长空间。就第三个问题而言，目前一些省份正在推行省管县、乡财县管等减并财政层级的做法，应该说这是一种在先不直接触动现行行政管理体制的前提下再造财政体制进而缓解基层财政困难的有益探索。但必须看到，层层下指标型的政绩考核势必会直接决定县级财政的支出结构和支出规模，而这与省管县体制是矛盾的，会使省管县体制陷入在财力分配上转死圈的困境。显然，当我们确定省以下财政体制改革方案时，有必要仔细研究政绩考核体制如何与之配套改革。

第四，推行绩效预算可吸收政绩考核的有用之处。绩效预算是以政府绩效考评为依据编制预算、执行预算、审查预算的预算模式。推行绩效预算应是我国预算改革可选择的终极模式。目前我国已开始探索推行绩效预算的可行之路，起点被放在支出评价之上。然而必须看到，由于我们在评价预算绩效时没有首先建立可行的政府绩效考核体系，这种评价实质上缺乏基本依据。一些省份推行的政绩考核不管内容、形式、目的有多少偏颇，起码说明了在我国这样一个实行统一领导、分级管理的高度集权的行政管理体制的国家里，实行政府绩效考核既有必要性，也有可行性。已有的政绩考核体系和今后势必要努力改进、完善的政绩考核体系，本质上就是政府的财政收支绩效考核体系，所包括的指标体系、评价标准体系、考核管理体系，似可在动态改进过程中，转用在绩效预算中的政府绩效评价体系中。

课题领导小组：贾　康　苏　明　王朝才　罗文光

课 题 主 持 人：贾　康　白景明

课 题 组 成 员：白景明　赵全厚　孔志峰　韩晓明
石英华　高小萍　张得让　李鸿俊

本报告执笔人：白景明　高小萍

公共产权收入的财政管理研究

内容提要

本文论述了公共产权收入的内涵与意义，分析了当前公共产权收入管理的现状和存在的问题，提出要在借鉴国外公共产权收入管理经验的基础上，加强公共产权收入的财政管理：既要完善现行非税收入的一般财政管理机制，又要创新公共产权收入的特殊财政管理机制，还要注意完善配套措施。文中提出了一系列相关的建议。

公共产权收入是政府非税收入的重要组成部分，也是我国政府公共收入管理的薄弱环节，尤其在当前我国税制改革面临简并和减负的前提下，要确保政府财政收入的稳定增长，如何加强公共收入的财政管理，成为各级政府和财政部门十分关注的问题。为此，我们就如何加强公共产权收入的财政管理进行了初步的研究和探讨，供有关部门参考。

一、公共产权收入财政管理的内涵与意义

(一) 公共产权的定位与特点

所谓公共产权，是国家对资产和资源的隶属关系，其实质是国家所有权，是公共权力的组成部分，其主要目的是为了满足社会民众的公共需要。公共产权有以下几个特点：

1. 公共产权是国家对某些资产和资源的所有权

依据法律国家对这些资产或资源享有占有权、使用权、收益权和处分权等四项权力总称。

2. 公共产权是公共权力的组成部分

公共产权之所以是公共权力的重要组成部分，是因为：一方面稳固而坚实的公共产权是社会公共风险的减震器；① 另一方面公共产权对于弥补市场缺陷、满足社会民众的公共需要具有重要的意义。

3. 公共产权的主要目的是为了满足社会民众的公共需要

公共产权可以通过两种方式满足社会民众的公共需要：一是通过直接提供服务来满足；二是通过获取公共收入进而用于公共支出来满足。

4. 公共产权的取得是私人产权的让渡或者无法界定为私人产权的场合

市场经济的理论和实践证明，在私人财产权受到严格保护的条件

---

① 从霍布斯“利维坦”产生的基本原理出发，自然法则与人类竞争、猜疑和荣誉的本性将会产生无法抵御的公共风险，使人们处于战争状态，必须要有一个公共权力的慑服，才能抵御外来侵略和制止内部相互侵害，保障大家能通过自己的辛劳和土地的丰产为生并生活得很满意。这样的“利维坦”必须拥有军队、警察、监狱和庞大的官僚系统等，掌握战争权、外交权、立法权、税权、公共产权和行政管理权等。

下，充分自由的市场竞争机制可以使社会财富充分涌流，满足社会民众的需要，这些需要基本上是私人的需要。但是市场缺陷理论也同时证明，市场机制不能满足社会民众的公共需要，因此有必要将一部分私人产权让渡于公共产权，或者将无法界定为私人产权的场合界定为公共产权。

（二）公共产权的范围

公共产权包括两类：资产类公共产权和资源类公共产权。资产类公共产权包括经营性资产类公共产权和非经营性资产类公共产权，资源类公共产权包括自然资源类公共产权和非自然资源类公共产权。见图 1。

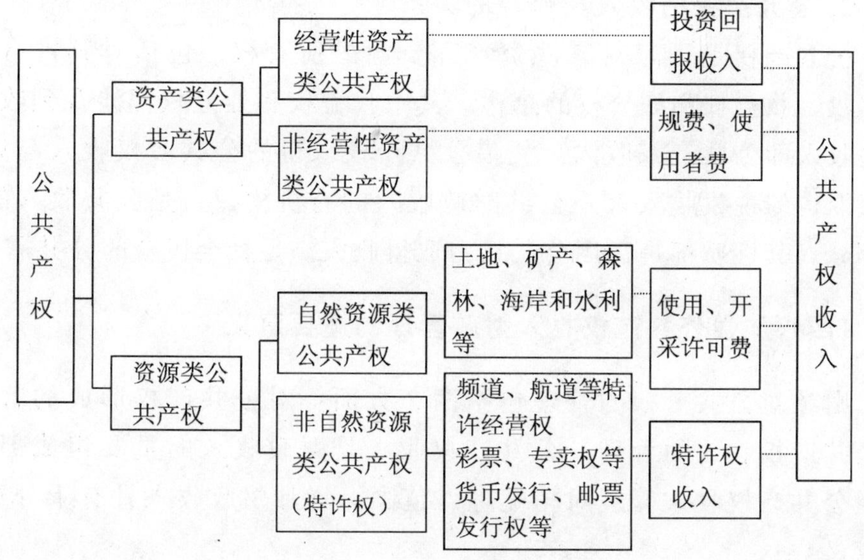

图 1

从图 1 的右边看，与经营性资产类公共产权相对应的公共产权收入包括主要为投资回报收入；与非经营性资产类公共产权相对应的公共产权收入主要为规费和使用者费；与自然资源类公共产权相对应的公共产权收入主要为使用、开采许可费；与特许权收入公共产权相对应的公共产权收入主要为特许权收入。

（三）公共产权与财政的关系

公共产权是公共权力的组成部分，与财政之间有密切的关系，主要体现在以下两个方面：

1. 公共产权的形成与财政的关系

如上所述，公共产权的取得是私人产权的让渡或者无法界定为私人产权的场合，这是从公共产权的法理基础上讲的。从历史看，公共产权是社会财富和公共资产长期积累的结果；而从形成过程看，公共产权特别是资产类公共产权是财政逐年投资形成的。

2. 公共产权的收入与财政的关系

公共产权是国家对某些资产和资源的所有权，包括对其占有权、使用权、收益权和处分权的总称。其中收益权和处分权都涉及到收入，这些收入即公共产权收入。凭借公共产权取得的公共产权收入与凭借税权取得的税收收入都是公共财政收入的有机构成，是公共收入的组成部分，其性质都是运用公共权力取得收入满足社会民众的公共需要。

（四）加强公共产权收入财政管理的重要意义

财政对公共产权的管理包括两个方面：对公共产权形成的管理；对公共产权收入的管理。公共产权收入是财政收入的重要组成部分，加强公共产权收入管理对拓宽理财范围，增加财政收入具有十分重要的意义。

1. 加强公共产权收入管理有利于增加财政收入

公共产权收入与税收收入都是公共财政的有机构成，是公共收入的组成部分。公共产权收入与税收应该协调增长，因为合理的公共收入结构是公共收入可持续增长的基础。就现阶段而言，优化结构有利于拓宽财源，在不妨碍经济增长的条件下实现公共收入合理增长。而且，在优化结构的过程中，可以实现公共收入的整合，在增强各种收入透明度的同时，提高政府的财政汲取能力。

2. 加强公共产权收入管理有利于完善公共财政体制框架

公共产权收入在性质上是公共财政的有机构成，因此也必须与税收收入一样纳入预算统一管理，而不能长期置于预算管理之外。完善公共财政体制框架，要求政府统管财政收支，做到收入直达国库或财政专户，支出直达用款单位和商品劳务提供者，这也是建立真正意义上的部门预算和国库集中收付制度的客观要求。

3. 加强公共产权收入管理有利于强化财政职能，增强政府宏观调控能力

财政机关是政府管理财政资金的宏观调控部门。加强包括公共产权收入的公共收入的统一管理，既是履行财政职能的应有之举，也是为满足社会民众公共需要财政支出提供稳定可靠来源的迫切需要。同时，通过对公共产权收入的统一管理，有利于增强政府宏观调控能力，如通过采取统筹调剂一部分资金的办法，就可以解决部门单位“苦乐不均”的问题。

4. 加强公共产权收入管理有利于促进社会公平

公共产权收入收与不收、收多收少、如何收取都会影响到社会公平的实现。加强公共产权收入管理，实际上也是规范社会分配秩序的过程。显然，一个有序的政府分配格局对提升当前的社会公平性将会产生积极的影响。

二、公共产权收入管理的现状、存在的问题

（一）当前与公共产权相关的收入的现状

目前我国的公共产权收入主要包括以下几方面：

1. 经营性国有资产收益

从历史看，由于中国一直属于国有化程度非常高的国家，所以以不同形态存在着大量的国有资产，如经营性国有资产和非经营性国有资产。公共产权收入从市场的角度讲，就是国家或国家授权经营机构就应该凭借其在经营性企业中的国有资本金取得与出资相对应的税后利润、国有股权转让收入等形式的收益。从具体形式看，应包括经营性国有企业实现的税后利润中应属国有资本金分得的部分（如股息、红利、承包上缴利润等）、国有产权或国有股份的转让或处置收益。

从国有资本金收益的管理现状看，自1994年税收体制改革以后，国有企业与国家的关系主要通过纳税来实现，而以国有资本金收益形式存在的国有企业税后利润基本留存企业自用，各级政府预算收入中的“企业收入”项目的金额一直是零。随着改革开放以来，我国几次较大规模的国有企业改革的推进，大规模的国有企业的产权出售转让也已成为大势所趋，而国有企业的产权出售转让收益也呈大幅度增长的态势，但是政府对此项收益并没有掌握其规模，对国有企业的产权出售转让收入的财政管理更是无从谈起了。目前，随着国有资产管理体制改革不断深化，地方政府的经营性国有资产收益呈不断增长态势（参见图2）。而中央国有企业的国有资本金收益仍然没有纳入中央财政的管理范畴。

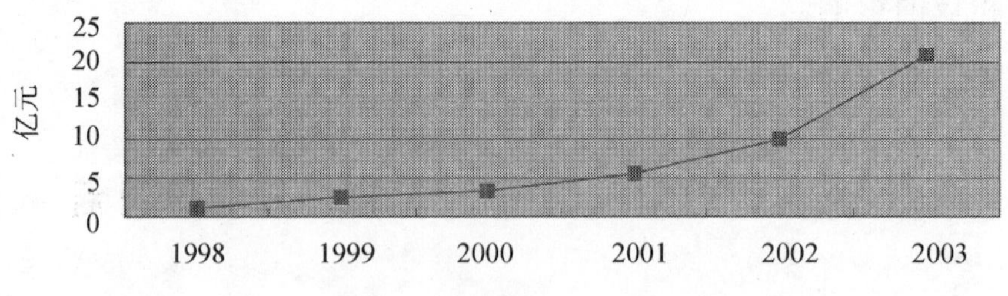

图2　山东省经营性国有资产收益

2. 非经营性国有资产收益

非经营性国有资产是指国家利用各种资源、各种收入投资形成的各种公共基础设施。非经营性国有资产收益主要包括：行政事业单位利用非经营性国有资产建立所属独立经济核算的生产、经营、服务单位所取得的收入。行政事业单位对外投资、联营、出租非经营性国有资产取得的收益或租金。国家机关、实行公务员管理的事业单位、代行政府职能的社会团体以及其他组织的固定资产和无形资产出租、出售、出让、转让等取得的收入。目前，这部分经营收益仍分散在相关单位。

3. 国有资源型资产收益

国有资源是指自然界中存在的、所有权属于国家的自然资源，我国宪法规定，“矿藏、水流、森林、山岭、草原、滩涂等自然资源，都属于国家所有”，但是并不是所有的国有资源都是能产生收益的，只有资产化的资源才能产生收益。资源性国有资产指人们现有的认识和科技水平下，其开发利用能带来一定经济价值的国有资源。随着市场经济体制的初步确立，资源性资产的价值逐渐得以确认，而且随着市场化程度的不断增强，资源性资产的收入功能也逐渐体现出来。目前，矿产资源补偿费仍然较低，既造成了国有资源性资产的收益未能得到有效保护，也造成了国有资源的大量浪费。如我国的矿产资源补偿平均费率为2%—8%，难以真正维护国家对矿产资源性资产的合法收益，造成国家资源性资产收益流失。

从国有资源收益的管理看，近几年国有资源收益逐渐成为我国政府收入的重要组成部分。但是主要的国有资源收益基本上留在政府预算外，其他国有资源收益的规模相对较小。2004年财政部《关于加强政府非税收入管理的通知》中明确了要完善国有资源（资产）有偿使用收入管理政策，防止国有资源（资产）收入流失。

4. 特许经营性资产取得的收入

特许权收入是个人或集团凭借政府赋予的特权在特定领域内销售商品或提供服务而取得的收入。从严格意义上讲，特许权是国家的一项行政资源，也是国家的无形资产，国家理应参与其收入分配。特许权收入包括：利用政府投资建设的城市和公共场地设置停车泊位取得的收入，如出租汽车经营权、公共交通线路经营权、汽车号牌使用权等有偿出让取得的收入，政府举办的广播电视机构占有国家电频率资源取得的广告收入，中央银行的铸币税收入（货币发行收入）、证券、信托和保险的特许权收入、发行有价证券和邮票的特许收入、中央电视台全国电视播放特许收入、使用国家无线电频道资源的特许收入、电信号码资源占用特许收入；特殊证照牌号拍卖收入；经营盐业和免税商品等特许权收入；世界文化遗产保护范围内实行特许经营项目的有偿出让收入和世界文化遗产的门票收入，以及利用其他特许权取得的收入。

目前，我国大部分特许权收入并没有开征，其中有些处于规模小、开征条件尚未成熟，有的则是虽成熟但没有具体实施。也有些涉及特许经营的业务范围较广，企业或部门自身的经营成果与特许经营收益交织在一起不容易区分。现在一些地方政府在特许经营方面进行了有益的探索。如广东等地积极探索城市基础设施开发权、使用权、冠名权、广告权、特许经营权等无形资产有效管理方式，通过进行社会招标和公开拍卖，广泛吸收社会资金参与经营，盘活城市现有基础设施存量资产，有关招标、拍卖收入全额上缴同级国库，增加政府非税收入。

（二）当前公共产权收入管理中存在的问题

1. 公共产权收入在财政收入和非税收入中所占比重较低

虽然当前我国还没有专门的公共产权概念，更没有专门对公共产权收入进行统计。但是从非税收入的结构看，公共产权收入所占比重偏低。据不完全统计，2004年，全国政府非税收入规模约为10523亿元，相当于同期财政收入的39.8%。其中60%左右的收入来源于行政事业性收费和政府性基金。由于没有真正从理论上明确非税收入的征收基础，所以我国现行的非税收入管理更多地侧重于收费基金项目的管理，而忽视了公共产权收入管理。具体表现为：一方面，存在着收费基金整体规模偏大以及存在着一些不合法、不合理的收费基金项目等问题；另一方面，大量利用国家资源、国有资产、政府信誉取得的国有资源（资产）有偿使用收入、国有资本经营收益、特许经营收入、政府捐赠收入等公共产权收入，还没有真正纳入政府非税收入管理，而是由相关部门或单位自行支配，造成政府非税收入流失，公共产权的虚置。

公共产权收入比重偏低的原因在于：从历史上看，政府一直对此未加以重视和管理，已分散在各个部门、国有企业和地方政府，如经营性国有资产的收益分别留存在大型国有企业，而对资源性国有资产的收益也基本上分散在相关部门和所在地区的地方政府。在没有对公共产权明确界定范围的条件下，中央政府如果要对资源加以统一管理的话，必然牵涉到体制和多方的利益问题，会受到来自地方、企业和部门间的压力，这是公共产权收入较低的一个重要原因。

2. 对国有资源的多部门分割管理不仅导致产权收入管理的政出多门和乱收费，而且导致国有资源经营收益大量流失

我国现行对自然资源由不同部门实行分类专业管理的体制，在充分发挥各类资源不同的使用价值方面起到了一定的积极作用，但也导致了权力分散，使资源的国家所有权分散为部门所有，甚至是一种资源多个部门所有，政出多门使产权收入管理混乱，而且因为部门利益的最大化导致“乱收费”。如森林资源为旅游部门、林业部门、水利部门共同所有；矿产资源形成了“谁发现，谁开发，谁所有，谁受益”的局面；冶金、建材、化工、石油等都有自己的勘探开采队伍。长期受计划经济体制的影响，这些自然资源的经济属性被弱化，那么资源性国有资产的所有权管理也就被忽视了，更多地表现为国有资源被无偿占有、无偿使用和无偿转让，其直接后果不仅导致了国有资源的损失、浪费和流失，而且自然资源的滥占乱采、掠夺性开发对人类所生存的环境造成了极大的威胁。事实上，所有权不仅限于对某种资

源的占有权、开采权，更重要的是收益享有权。如果没有对国有资源的收益享有权，那么其所有权也逐渐淡化。

3. 未对经营性国有资产收益加强有效管理

新成立的国有资产管理委员会（以下简称国资委）是经营性国有资产的管理机构，国资委的职能定位是管人、管事、管资产，但从实际操作看，管人、管事的职能基本兑现，但管资产的职能还没有完全实现，因为国资委对国有企业的要求只是国有资产的保值增值，但并没有对国家在经营性国有资产的收益权做出具体要求。如果政府没有享有国有资本金的收益权的话，那么其产权何以得到保障呢？事实上，没有国有资本金收益权的国有资产，也就变成了国家的无偿拨款，产生了地方和企业宁要股权投资不要债权投资的怪现象。例如，一些国债投资在某个具体项目上确认国家投资的形式时，很多企业选择以国家股权的形式而非债权的形式来确认，其重要原因就是国家股权既不用分红，更不用偿还，只是一种账面数字而已，而债权还是要偿还的。所以国有资本金收益是国家股权的重要体现，国家必须加强有效的管理。

对经营性国有资产收益缺乏有效管理导致了国有资产以多种形式流失。如一些资源性大型国有企业在依靠垄断地位获得了大量收益后，却直接表现为其自身经营管理的贡献，大量的利润被企业以奖金、补助等形式直接分配给个人，人为扩大了行业间、企业间、职工个人间的收入差距。此外，由于国家对很多经营性国有资产的转让收益也没有进行有效管理，大量的转让收益也以利润的形式来体现，并由所在的部门、地方和国有企业集团直接使用。2005年全国国有企业实现利润9047亿元，上缴财政的利润还是零。

4. 缺乏规范、统一的公共产权收入的征管机构

虽然我国已经明确了非税收入的管理体系，但尚未制定统一的非税收入管理法律或行政法规，更谈不上专门针对公共产权收入的法律。按照财综［2004］53号文件的规定，各级财政部门是政府非税收

入征收的主管机关，实际上在执行中，除财政部门直接征收少量的非税收入外，大部分的非税收入是由相关部门和单位直接征收的。由于非税收入的征收一直带有较强的部门化色彩，在一定程度上成为了各部门的既得利益，虽然有关政策对财政部门监管非税收入也进行了一定的授权，但一直未能有效建立对非税收入的外部监管机制。也就是说，如果没有法律的强制性的话，在非税收入的统一征管方面，协调各利益相关方的矛盾缺乏权力的支撑；在监管上，缺乏必要的法律依据。在这种体制框架下，公共产权收入的征管也将受到较大限制，政府的统筹管理更是无从谈起。

5. 公共产权领域缺乏制度创新

公共产权领域的制度创新可以为创造更多的公共产权收入提供条件。这一点更明显地表现在资源性国有资产上。对资源性资产所产生的收入难以取得应有的收益的原因，除了管理上的原因外，更多地表现为我国资源性国有资产的市场化程度不高，国有资源还没有成为独立性产业，资源性资产开发、出让、转让收入还没有进入市场，运作机制上，还没有真正从行政事业单位的简单实物管理转变为经营性运作，产权不明晰，市场化程度弱。应该说，在国有资源资产化过程中，产权制度改革是管理体制运行的前提。资源资产产权制度的安排可以理顺和调整各产权主体之间的关系，并决定着资源的分配效率和利益的分享，所以，在国有资源的资产化过程中制度创新的空间非常大。

三、公共产权收入财政管理的国际经验借鉴

世界各国尤其是市场经济国家早已将公共产权收入纳入政府财政管理，但是各国公共产权收入财政管理的范围、程度、方式都有所不

同，其管理经验对我国公共产权收入财政管理有重要的借鉴意义。

（一）公共产权收入的构成

市场经济国家公共产权收入来源大体包括：国家资源收入、国有企业利润、政府投资收益、专卖（营）收入、政府利息收入等。但是各国公共产权收入不尽相同。如加拿大公共产权收入包括：经营性资产公共产权收入，主要是政府企业收入、投资利润和对这些企业的贷款利息收入等；非经营性资产公共产权收入，主要是政府向公众提供不动产、供水供电、公共交通、路桥、机场、船舶、码头、高等教育、出版、司法、技术服务、通信、污水处理和出租货物等公共资产、资源和服务所获得的收入；自然资源公共产权收入，主要有狩猎和渔业捕捞许可收费、森林采伐收费、矿产资源开采许可收费、石油天然气开采收费、水力发电收入、沙石、煤炭、野营地许可证收费等；特许权使用费，主要是酒类专卖收费、机动车辆许可证和执照费、建筑许可证收费、专业和职业执照许可证收入、飞机和船舶执照收费等。澳大利亚公共产权收入包括公共物品销售收入、投资分红收入、联邦政府借给各州政府或金融机构款项的利息收入、国有资产出售收入、高等教育（学生）贷款利息收入、货币发行满价收入、捐赠收入等。美国的公共产权收入主要是财产性收入，具体包括利息收入、专营和租金收入、财产销售收入、政府财物销售收入、贷款和投资到期变现收入等。

在市场经济国家财政收入中，以公共产权收入为主的非税收入占有非常重要的地位。而且随着政府级次的降低，公共产权收入在本级财政收入中所占比重有所上升。以加拿大为例，2001—2005 年公共产权收入规模从 758.81 亿加元增加到 824.57 亿加元，占同期政府财政收入的比重分别为 17%和 16.7%，见表 1。2000—2001 年澳大利亚政府公共产权收入占非税收入的 75%，占政府财政收入的比重还要高。2002 年度，美国联邦政府公共产权收入（财产性收入）690.07 亿美元，占所有非税收入的比重达66.96%，占政府经常性收入的3.75%。可见，来自公共产权收入的非税收入越来越成为各国政府财政收入的重要来源，也受到越来越多国家的高度重视。

表1　　2001—2005年加拿大公共产权收入构成情况　　单位：亿加元

项目	2001年		2002年		2003年		2004年		2005年	
	收入	比重（%）	收入	比重（%）	收入	比重（%）	收入	比重（%）	收入	比重（%）
财政收入	4469.59		4372.88		4452.93		4643.69		4925.91	
公共产权收入	758.81	17.0	695.78	15.9	735.33	16.5	774.56	16.7	824.57	16.7
投资回报	377.49	8.4	312.58	7.1	324.63	7.3	350.73	7.6	371.29	7.5
货物和劳务销售收入	346.89	7.8	349.13	8.0	375.55	5.4	387.17	8.3	415.54	8.4
自然资源收入	7.06	0.2	6.39	0.15	6.04	0.1	6.22	0.1	6.43	0.1
特许权收入	27.37	0.6	27.68	0.63	29.11	0.7	30.44	0.7	31.31	0.6

资料来源：根据加拿大统计局网站数据整理。

（二）公共产权收入的管理方式

在市场经济国家，政府对公共产权收入的管理日趋规范化和法制化，就其管理方式和手段主要有以下几种：

1. 分级管理法制化

加拿大三级政府分别制订有关法令，分别管理各自的产权收入。联邦政府的公共产权收入的法律依据是《宪法》、联邦《财政管理法》和其他相关法律。联邦政府部门和机构所有收费必须按照国库部的规定，统一缴存到出纳总署的综合收入基金账户中，原则上由政府统一安排使用，不与有关部门和机构的支出挂钩。有关部门和机构的相关开支，必须列入部门或单位预算，并事先得到国库部和议会的批准。省级政府有权制定相关法律，在其管辖范围内筹集公共产权收入。而地方政府筹集产权收入必须由省级法律规定，地方政府筹集公共产权收入必须省级法律授权。澳大利亚政府公共产权收入审批权集中在联邦和州两级，收费机构设立收费项目，按照隶属关系向联邦国库部或州国库部门提出申请，经联邦国会或州议会批准后，以联邦或州法律形式颁布实施。美国政府也是按联邦、州和地方三级分别管理公共产权收入的，每项公共产权收入的项目、标准与开征，都是通过联、州、地方三级议会或选民投票决定。

2. 收费标准科学化

公共产权的收费标准是以产权的有偿使用为依据，又要考虑本身所具备的某些“公共性”特征。既不同于市场价格所示的私人成本，也不同于税收所示的社会成本。一般按照两条原则确定标准：一是对私人成本进行社会调整；二是对社会成本向私人分摊。多数国家是按照略低于社会平均成本的边际成本收费。如澳大利亚有关法律规定，政府性收费标准以“成本补偿”为原则，不能以营利为目的。因此，政府对所提供公共服务成本测算非常严格，即收费标准既能满足政府补偿成本的需要，又能使社会公众普遍接受。美国法律明确规定，政府每项收费水平不能超过政府提供服务或福利的成本，不能超过外溢损失的额度。在财产评估体系比较成熟的情况下，收费标准具有较高的透明性和可控性。加拿大联邦《财政管理法》规定使用者收费不能超过成本。为此，加拿大国库部要求联邦政府部门和机构的收费标准，必须遵循合理开支和定价原则，国库部制定了专门的成本、费用计算公式，供联邦政府部门和机构制定收费标准参考，并规定特许权收费标准按市场价值确定，其他服务收费标准按照低于成本费用的原则确定。

3. 政策制定民主化

由于收费项目和标准的确定涉及政府和缴费对象利益的权衡，政府在确定收费项目和标准时必须充分考虑缴费对象的意见。为避免向缴费人收取不合理费用，并取得缴费人的理解和支持，美国、加拿大和澳大利亚的联邦政府部门和机构在设立收费项目的过程中，要与服务对象磋商，确保缴费人在收费政策制定中具有实际的发言权。在设立新的收费项目和修订收费标准之前，必须向缴费人说明为什么要实施收费、收费标准是如何控制的。并且与缴费人一起对收费环境进行分析，收费的影响进行评估，尽可能吸纳缴费人提出的意见和建议。只有经过上述程序并征得缴费人同意的收费项目方可实施，否则一律不能实施收费。加拿大国库部规定，联邦政府和机构在收费项目设立过程中，必须认真听取缴费人意见。一是在设立新的收费项目或修订收费标准之前，采取适当方式通知缴费人，给予缴费人反馈意见的机会。二是就有关问题与缴费人进行磋商并达成共识。三是设立答辩程序，阐明对缴费人提出意见和建议的吸收程度及其原因。未协商一致的，不得收费。省和地方政府设立收费的程序与联邦政府基本一致，必须在本区域内征求意见。

4. 预算管理规范化

政府公共产权收入作为政府收入的一部分，与其他财政收入一起纳入了政府预算，统一管理。但在统一的财政预算内，对不同性质和类别的收支采取有区别的特别预算管理，如设立融资特别会计、企业特别会计、事业特别会计和政府基金等。事业特别会计、企业特别会计和政府基金主要反映公益性事业收费和基金的收入与支付，一般专款专用。事业主管部门在财政预算监督下负责具体的收支管理。澳大利亚政府公共产权收入全部上交本级财政，纳入预算管理，收费机构的全部收入计入政府收入统一账户，收费机构的相关支出由财政部门通过预算统筹安排。加拿大联邦《财政管理法》规定，联邦政府部门和机构所有收费必须按照国库部的规定，统一缴存到出纳总署的综合收入基金账户中，原则上由政府统一安排使用，不与有关部门和机构的支出相挂钩。有关部门和机构的相关开支必须列入部门或单位预算，并事先得到国库部和议会的批准。

5. 收缴管理程序化

加拿大联邦政府的公共产权收入主要由加拿大海关和收入总局负责征收，省级和地方公共产权收入收缴有多种形式。如阿尔伯达省卡尔格里市规定了五种缴费渠道：通过“消费者自动银行”自动划转、由金融机构代办缴付、通过电话委托缴付、通过邮局付款、直接向征收机构缴纳。政府财政部门针对不同来源的公共产权收入项目，采取不同的征收管理办法。如悉尼市对于分散的公共停车场收费，由缴费人直接投币，财政部门定期收集入库；对于专门的公共停车场收费，由财政部门委托专人负责征收，并定期上交财政账户。美国、澳大利亚联邦政府公共产权收入的征收，都通过相关的法律规定了从立项、核定、审批、征缴、报告、检查等相互关联的管理程序。

6. 审查监督透明化

要保证公共产权收入来源正当、支出合理，必须建立一系列的检查监督机制。加拿大国库部规定，联邦政府部门和机构应当向国库部报告收费的财务管理情况，接受法律咨询；按照法律规定的审批程序，向社会或公众披露缴费的征收和使用详细情况，设立或终止收费项目应事先得到国库部批准。同时，通过多种形式加强对收费的监督；在实施缴费前，收费机构通过媒体公布收费项目和标准；每年在向议会报告政府收支预算时，必须包括有关收费的具体内容；国库部设立联络点，听取缴费人的意见；在《政府会计》、部门和单位《年度报告》中详细反映收费收支情况。在美国、澳大利亚和其他市场经济国家，公共产权收入的缴纳和支付情况，与税收一样接受国民和议会的全过程监督，同时在制度上保证这种监督得到体现。

我国虽然不是联邦制国家，但是适度分权的中央集权制要求对公共产权收入项目、标准和管理，中央政府保持较强的控制权和法律法规约束力。而在公共产权收入的全过程管理上完全可以借鉴市场经济国家的上述经验和做法。

四、构建公共产权收入的财政管理机制

公共产权收入不同于政府行政收费，它是国家凭借对公共资产、资源和公权力的所有权，参与对公共产权存量调节和增值部分分配所取得的收入。因此，政府既可以通过调整公共资产和资源的存量直接取得收入，也可以通过参与使用公共资产、资源和公权力所带来新增收益的分配而取得的收入。加强对两种形式公共产权收入的管理是政府财政义不容辞的责任。

（一）完善现行非税收入的一般财政管理机制

公共产权收入作为非税收入的重要组成部分，具有非税收入的一般特征，因而在财政管理上需要对现行的一些管理办法进一步完善，使公共产权收入纳入基本的、共同的非税收入财政管理体系中。

1. 加强对包括公共产权收入在内的一切非税收入的票据管理，从源头防止非税收入的流失

无论是公共产权收入的征缴，还是使用，都要使用财政部门统一规定的票据，做到统一印制、统一颁发、统一使用、统一保管、统一监督和统一核销。一是扩大票据管理覆盖面。将一切可能纳入票据管理的公共产权收入都纳入其中，充分发挥票据的源头控制作用，做到“收支有票，以票管费，以票促收”，监督单位或部门是否及时足额收缴有关费用，上缴财政专户，并制止各种乱收费行为。二是设计精密有效、管理严密的收入票据，减少因票据种类多、不适用所带来征缴困难。一般的“非税收入缴款书”，可以设“项目、征收基数、扣除额、费率、应缴金额”等内容，统一票据式样，可以减轻缴款单位的工作负担，提高征收单位的工作效率，便于征管部门设置统一规范的

非税收入征收管理软件，为非税收入的网络管理提供便利；也便于财政部门对各地、各部门所发生的非税收入实施动态监控。三是票据式样的设置权归财政部，印制权可以下放到省、直辖市财政部门。票据式样的统一和规范，是做好非税收入包括公共产权收入征缴管理的前提，也是财政部统一掌控和管理非税收入的重要基础，也有利于统计非税收入的规模和结构的变动情况。

2. 结合部门预算改革，编制综合预算，将非税收入逐步纳入预算管理轨道

部门预算就是将一个部门所有财务收支全部编入一个预算，既包括部门的预算内拨款，也包括部门自收自支的预算外资金和制度外资金。非税收入中有一部分已经纳入财政预算内管理，但是大部分非税收入，特别是公共产权收入还没有归并到预算内管理。因此，通过深化部门预算改革，逐步将目前还放在预算外管理或由单位和部门自行管理的非税收入纳入预算内管理。可以考虑分两步走：第一步在目前大量非税收入还未纳入规范化管理之前，可以先行编制综合预算，在不改变非税收入自收自支性质的条件下，将其纳入综合预算管理，接受财政部门的监督。第二步待非税收入征管体系和管理制度逐步规范化的情况下，可以逐步纳入部门预算管理。可以分别视不同项目的非税收入管理情况，分别纳入部门预算，最终将综合预算管理的非税收入全部纳入部门预算。关键是把握好综合预算向部门预算并轨的时机和方式。

3. 结合“收支两条线”改革和国库集中收付制度改革，加强对非税收入的财政专户管理，保证财政部门对非税收入与支出的全过程监督

“收支两条线”是财政部门为了加强对政府收费、基金等非税收入的管理出台的改革措施，确实起到了监督收支过程、防止收入流失的作用。改革推行至今，部门的收和支很难彻底脱钩，往往仅停留在财政专户管理上。从实际执行结果看，各部门还是根据当年的预算外

收入，加上以前年度结余，确定年度收支计划。深化收支两条线改革，一是将部门预算外收入全部纳入财政专户管理，有条件的纳入预算管理，任何部门和单位不得坐支、截留和挪用；二是部门预算要综合反映部门及所属单位预算内外资金收支状况，提高预算支出透明度；三是财政部门要科学确定各部门各类支出标准，按标准足额提供经费，防止坐支和截留非税收入；四是完善账户管理办法，清理和规范单位的银行账户，落实“收支两条线”规定的内容，做到一个单位一个账户，为“收支两条线”办法尽快过渡到国库集中收付制奠定良好基础，严防转移和截留非税收入和“小金库”等现象的发生。同时，建立适当的非税收入征管激励机制，保证非税收入及时足额上交财政，防止因征管缺乏激励而产生的转移和违规减免等现象。

4. 尽快建立非税收入统计指标和报告制度，为非税收入管理提供切实有效的依据

目前，全国非税收入该管未管、家底不清，根本原因在于没有建立统计指标和报告制度，已有的统计制度限于预算外资金，不能全面反映非税收入情况。现在有关部门和一些地方财政部门正在探索建立非税收入统计指标体系和报告制度，是应在探索中逐步规范，形成系统的、科学的指标体系和报告制度。就公共产权收入而言，其统计指标既可以按收入类别划分为国有资产收益、国有资源收益、国有土地有偿使用收入、利息收入、特许权收入、铸币收入、彩票发行公益金等；按管理方式划分为国库预算管理非税收入、财政专户管理的非税收入；按管理级次分为中央级公共产权收入、地方公共产权收入。还可以在上述一级科目下设置若干二级科目，以便准确反映公共产权收入的全貌。统计报表可以设“非税收入基本情况统计表”、“非税收入分类统计表”、“非税收入管理方式统计表”、“非税收入管理级次统计表”和“非税收入年度综合分析表”等形式，为各级政府和财政部门及时、全面、准确地掌握非税收入规模和结构的变动情况，为制订非税收入管理决策提供依据。

5. 建立健全非税收入征管信息系统，提高征管效率

运用非税收入统计指标和报表体系，结合现代计算机数据交换、网络技术、银行资金清算体系，建立健全非税收入征管信息网络，实现非税收入征缴、审核、监管一体化。随着“金财”工程的推广，特别是“金财”工程中收入管理系统为依托，通过银行代收和相关软件的完善，实现非税收入信息规范化、科学化、网络化管理目标，控制非税收入缴款单位和征管机构的收入项目、标准、账户设置、票据使用等，规范征管过程，防止乱收费、乱减免、乱坐支等现象的发生，也可以通过该系统，对非税收入的来源、结构、规模等动态情况进行分析和监管，提高财政监管效率。

6. 建立健全非税收入征管机构，为非税收入的管理提供组织保证

非税收入虽然不如税收占财政收入的比重大，但来源复杂、种类多，又不具备税收那样的强制性，要确保非税收入及时、足额上交财政，必须建立一套高效、精简的非税收入征管机构。目前许多省、市财政部门设立了非税收入征管局或收费局（处）等机构，可以在此基础上，按照非税收入征管需要设立相应的职能处、科；同时，通过国务院和省级政府颁布的《非税收入征收管理条例》赋予征管机构相应的职权，使之具备一定的强制性，能依法加强对非税收入的征收管理。

（二）创新公共产权收入的财政管理机制

公共产权收入既是未来非税收入增长的主体，也是非税收入中比较特殊的收入来源。要加强公共产权收入的财政管理，必须创新现有的管理机制，实施分类管理：

1. 采用“税后利润比例分成”的形式，参与国有资产使用税后利润分配或国有股股利分配，实现对经营性国有资产的收益管理

具体方法可以根据不同行业的资本利润率的高低和国有资本在企

业资本总额中所占比重，核定税后利润的分成比例。对全资经营的国有垄断行业，如石化、烟草、航空、铁路、通信、电力、航运等行业，根据一定时期获取垄断利润的水平，核定较高的分成比例，并加强对垄断行业的成本控制和价格管理，保护消费者权益。对于一般的国有参股企业，则采取股份制经营体制的惯例，按照股本比例参与企业股息和红利的分配。上交财政的国有资产收益，部分按照国家产业政策要求转化为再投资，部分作为财政收入。

2. 运用“资源使用费”形式，参与使用国有资源企业税后利润的分配，实现对国有资源的有偿使用

国有资源包括矿产资源、森林资源、土地资源、海洋资源、草原资源、水资源、旅游资源、频率资源等，这些资源的经营和使用，都会带来或多或少的利润，虽然国家开征了资源税调节资源使用收益，但并不是国家行使资源所有权取得的收益，资源使用费征收的前提是国有资源开发和利用企业税后（包括资源税）仍有较高的利润。因此，可以根据资源的市场供需状况和企业税后利润水平的高低，核定不同资源的“资源使用费率”，实现对国有资源使用收益的调节，节约使用稀缺的国有资源，提高资源利用效率。

3. 加强对行政事业单位国有资产使用收益的管理

目前行政事业单位掌握的国有资产规模数额巨大，不少部分被用于经营目的，所获取的收益或用于本单位职工的奖金和福利，或被私分和挪用。为了加强对行政事业单位国有资产使用收益的管理，对用于经营目的部分应视同所从事经营的同类企业，实行“税后利润比例分成”形式，上交财政国库，行政事业单位不得坐支和截留。对行政事业单位资产销售、转让所带来的资产存量收入，均应上交同级财政，不得用作单位经费。

4. 加强特许权使用收益的管理，拓宽公共产权收入管理范围

特许权是国家行使公共管理职能和无形资产所有权，特殊批准某些行业或企业所从事的经营行为。如货币发行、彩票发行、证券发

行、广告经营、社会中介等。这些特许权的使用都会带来一定的收益，有的甚至可以获得较高收益，对这些部门和企业除了征收一般税收外，还应收取一定的特许权使用费。如彩票发行，除了弥补发行成本和抽奖外，按发行规模的一定比例所取得的彩票公益金，均应全部上交国库，再由财政专款用于社会公益事业的投入。广告经营收入的特许权使用费可以按经营收入的一定比例或定额缴纳。各种社会中介如会计、法律、建筑、房屋、资产评估等，同样可以按获取的中介经营收入的一定比例或分档设定缴费定额，缴纳特许权使用费。货币发行收入是中央银行专营收入，扣除发行成本后的发行净收入，可以视为政府财政对中央银行的国有资本投资，对这部分发行净收入也可以收取一定的特许权使用费，充实当期中央财政的收入。

5. 建立公共产权预算，监控所有应由国家掌握的公共产权收入和支出，发挥公共产权预算的宏观调控作用

建立国有资本预算是学术界共同的意见，但它所反映的仅是实物资产存量和增量的收支和结存变动状况，而不包括非实物资产（如特许权收入）的收支动态，因而是不全面的。为了适应国家对非税收入的征管要求，建立健全公共产权预算显得更为迫切。不仅反映国有有形资产的存量、增量变动情况，还反映国有无形资产的收支变动情况。将一切国有资产和资源纳入公共产权预算，不仅是维护国有资产和资源安全的需要和保值、增值的要求，也是国家制订各项社会经济政策和调控经济结构的重要依据和手段。

（三）完善公共产权收入管理的配套措施

1. 深化国有资产管理体制改革，为公共产权收入管理创造良好的环境

公共产权收入的来源是国有资产和资源，国有资产管理体制是否健全，是公共产权收入征管能否科学、全面、及时的重要保证。公共资产管理必须遵循“国家统一所有、分级管理”、“所有权与经营分

离”、“授权经营、分工监督”的原则，采取专职管理、参与管理、委托管理、协作管理等方式管理和营运公共资产，提高资产运营效率。建立健全产权交易市场，加强对产权交易收入的征收管理。公共产权管理可以依照上述管理方式，建立不同的征管模式，以适应公共资产管理体制改革的要求。

2. 将公共产权收入纳入分级财政体制，提高地方政府管理公共产权收入的积极性

根据国外的经验，以公共产权收入为主体的非税收入在地方财政收入中所占比重要高于中央，因此，管理公共产权收入的主体和责任主要在地方。那么现行“划分税种、分级管理”的分税制财政体制还应增加“划分非税收入”内容，凡是应由哪一级政府管理的非税收入，都应纳入同级地方财政收入基数，调整上级财政的转移支付规模，调动地方政府管理非税收入的主动性和积极性。

3. 加强法制建设和制度规范，为非税收入管理融造规范的法制环境

非税收入的征收和管理，不能成为地方政府乱开收费口子的借口，而应遵循全国非税收入征管条件和相关法规的约束；同时，只有在国务院出台《非税收入征管条例》出台实施细则，保持全国非税收入管理的一致性和规范性。中央和地方政府的非税收入征管机构可以依据有关非税收入征管法规，向应缴单位和个人征缴非税收入，提高征管的权威性和法制性，保证非税收入及时、足额征缴。

本文参考文献：

1. 王军：“拓宽思路，创新机制，全面推进非税收入管理工作”，《湖南财政》，2005 年第 3 期。

2. 贾康、刘军民：“非税收入规范化管理研究”，《热点与对策：2003 年度财政研究报告》，第 114 页。

3. 王保安：“总结经验，完善制度，努力将政府非税收入纳入规范化管理轨道”，《湖南财政》，2005年第3期。

4. 苑广睿：“政府非税收入的国际比较及政策取向”，《湖南财政》，2005年第3期。

财政部科研所《公共产权收入财政管理研究》课题组

指导：苏　明

负责：杨良初

执笔：杨良初、韩凤芹、李成威

实行国务院预算例行会议制度

——人们对财政预算职能关注的原因和对策建议

内容提要

随着个人交纳的税收与享用公共服务的增加，随着部门、地区利益公共利益关系的增加，人们越来越关注预算问题。但是目前预算制度不健全，各种建议包括试图平行从财政分权的建议都提出来了。这显然是不正确的。但是必须要使目前的预算制度得到改进，特别是增加它程序上的合理性和政治上的正确性，因此建议，在我国应当实行民主集中制的国务院预算例行会议制度。

一、人们越来越关注财政预算制订工作

（一）计划经济下达式预算已经过时，新预算模式还在探索之中

毛泽东主席1949年12月在中央人民政府第四次会议上说："国家预算是一个重大问题，里面反映着国家的政策，因为它规定着政府活动的范围和方向。"毛泽东对预算这个总结具有普遍的适应性，但是时代不同，实现的方式不同。

计划经济时期的预算是自上而下的预算，财政和各个部门都是执行计划的工具。因为按照计划要求做预算，基本建设占的比重大，部门都服从计划安排，所以此时的财政预算实际上只有"一下"。当时也只有这种预算形式，才能保证国家计划的完成。部门服从预算，预算服从计划。社会主义市场经济时期的预算正在探索之中，原来的计划变为规划，预算也在改革，新预算模式正在形成："自上而下"变为"自下而上，上下结合"做预算；国务院审核批准后提交人大，人大批准后批复等等。但是制度并不健全，需要解决的问题很多，自然引起人们的关注。

（二）部门预算改革，减少了部门的自由度，增加了他们对预算过程的关注度

这些年，财政实行部门预算，收支两条线，规范预算管理等改革措施，实际是将财政权限集中起来。这些改革措施符合中央要求，符合人大的要求，符合审计要求，也符合预算管理规律。这个改革受到各方面的好评，我们也应当坚持下去。

但是，改革减少了各个部门安排和使用资金的自由度，这有

主副两个方面的效果：由于规范化管理，遏制了一些部门随意安排使用预算内外资金的状况，减少了腐败行为，是具有一个长远意义的制度安排，应当坚决肯定。同时，由于我们预算制度不健全，预测和规划能力有限，又由于改革时期矛盾复杂，随时可能需要用财力去处置一些新出现的问题，有些部门觉得受到了束缚。不论是正面效果还是不足之处，财政将财权集中本身就引起人们的关注。必须有一些措施，比如将预算决策程序化和公开化，才能与这种集权达到均衡。不然的话，关注就变为对财政讨好和抨击，甚至试图将财政分权。

（三）目前“两上两下”的实际内容过于单薄，部门参与的机会少，有意见

在目前的预算编制中，各个职能部门参与的程度不高，而财政的权限似乎很大。具体表现在“一上一下”的过程中。“一上”时，各个部门根据中央的政策方针，结合本部门的任务和发展规划，提出“下年度的支出重点”，编制预算后提交财政部。然后是“一下”，即财政部门从全局出发，对各部门预算建议数提出“预算控制额”。然后各部门按照“控制额”再编预算，再上报。这样看来，职能部门在“一上”以后其实再没有参与的机会了。人们并没有看到财政是按照国务院的要求办事，而仅仅看到财政的“限额”和“削减”，又没有再次申诉的机会，处于被动地位，得出“预算由财政部门来定”的结论，将被“削减”的不满归咎与财政。

（四）地方财政在预算制订方面的问题很多，甚至怨气很大

地方财政预算制订的问题相对多一些。在县一级调查中有人说，“什么预算，都是书记和财政局长定的，人大过了一下”。这虽然是一些极端的例子，但是反映了预算制订中问题确实很多，也很严重。一些地方出现政绩工程，资金使用不合理等问题，根源在预算制订制度不健全。地方反映出问题的严重程度不同，但是有普遍性，这也是预算制订被社会关注的原因。

（五）试图将预算"平移式分权"的设想是错误的，甚至是旧计划经济思想的体现

目前财政预算制度不健全，增加了各部门和社会对财政预算制订过程的关注，也带来人们试图从财政分出一部分权限的想法，有些人试图把财政的预算职能拿来交给其他部门。这种从财政切出一块来平行地移到另一个部门的思路是错误的，这不仅增加了部门之间协调和管理的难度，而且突现了计划的色彩，因为在这样的体制下，这个新增加的部门不会有什么新措施，也只能是汇总和"提出预算控制额"这种措施，仍然没有解决好上下沟通以及我们后面要讨论的预算制订过程程序性和"政治性"的问题。

但是，财政本身必须有新的思路，健全预算制度，化解矛盾，才能防范被肢解的危险。

二、预算制定是一个技术过程、经济过程，更是一个政治过程

（一）技术和经济服从于政治，政治是预算的核心

财政这些年的预算改革主要是预算技术的改进。部门预算改革以后，按照人员、运转、项目三个类别来编制预算；确立了人员经费按编制、公用经费看定额，项目经费要排序等技术标准；也已经建立统一的编报表格和正在建立计算机平台和网络系统，这些技术手段都有利于预算编制。

预算技术改进有利于财政经济原则的实现。预算中贯彻国家总的方针、各部门项目排序、经过预算限额进行必要的削减或者增补等措施，就是把国家最需要干的事情挑选出来，配给其资金。从经济学的角度看，预算过程就是将有限的财政资源分配到最需要资金的地方去。这也就是所谓的公共利益最大化和财政资金效用最大化。

政治决定预算，程序和有效政治平衡是预算确立的关键，一切预算技术手段和经济安排最后服从于政治决定。预算技术和经济上的合理与否当然很重要，但是最后还要看政治上是否被接受，这包括两个方面：第一，要走预算程序；第二，有决策权的政治家在程序中支持预算。最后形成法律。

（二）财政部门的人不能强调技术和经济过程而忽视政治过程

经过程序和其中的政治平衡后，预算才得以合法化，才具有了正确性。程序上合法和政治上正确的预算才使人们“服气”，才能将各部门超过国家财力的预算要求和各种不满意的想法消弭或“平衡掉”。因此预算是一个政治平衡过程中的“强制”。但是从财政工作者的角度来看，我们左右不了这个程序和其中的政治平衡，我们只能作好其中的技术和经济工作。只是，我们不应当只一味地强调技术过程，而忽略它的政治平衡过程。实际上，在完成技术和经济过程中，财政下命令“限额”或者“削减”部门预算要求，已经有政治过程的部分内容，我们的削减或者增加行为要在程序和政治平衡中得到肯定。财政是政治的一部分，我们不能忘记。

（三）人大审核预算的机制不健全，国务院将预算交财政部来制订，这使财政显得权限很大，实际上使财政处于政治风险之中

人大通过后才使预算合法化，但是我国人大对预算的审核目前来看还是粗线条的，还没有达到西方国家议会审核那样的程度，不论是人大内部机构设置、技术人员配备、审核时间、讨论和辩论、投票表

决机制等等，都还需要改进。这些不足是人们有目共睹的，因此，人们对预算制订的关注不仅集中在人大通过过程中，而且集中在人大通过以前，人们因此要问：既然人大对预算审核不细，国务院把关是否严格，国务院的预算又是如何提出来的，在国务院经过了什么程序？人们将对人大立法过程不足视线转移到国务院；又因为，国务院的预算准备工作是由财政部门负责完成的，由此，人们自然就把这些关注以及对他们预算要求未满足的不满“迁怨于财政”。

财政与国务院的沟通是在“内部”完成的，国务院没有一个公开的、完成利益平衡的“程序化的确定预算过程”，因此在人们看来，“财政部说了算，财政部权限大”。另外，我们的干部中确实有一些人有骄傲的作风，加重了人们“财政权力大”的看法。人们对财政的爱也好，恨也好，怕也好，从另外一个侧面说明，财政部门确实有着某种决定分配权限。这种隐含的、被别人认为似乎超过了程序和政治平衡的分配权，其实使财政处于一种政治风险之中。财政工作并不轻松，只是我们很多干部没有认识到这一点。

三、要提倡一种财政部门的文化，概括起来就是：谨慎、服务和沟通

（一）财政部门目前所处的地位决定我们应当有的态度

财政干部应当看到，对目前我们手中所掌握的某种程度的分配权限，社会上有很多人不服气，有怨气，讨好你的同时也骂你，甚至要与你分权。金人庆部长多次谈到，要做大蛋糕，要主动服务，做好解释工作，要遵守财经纪律等，实际上就是要大家认识到财政所处的地位，看到我们的不足，运用好国家赋予财政部门的权力，积极谨慎地

作好服务工作。如果将这些思想概括起来就是：谨慎、服务和沟通。实际上我们要认识到：掌握着部分财政分配权利是有风险的，我们在政治上和财经纪律上要小心谨慎；财政工作是为国家事务提供资金支持的服务工作，我们要积极主动提供服务；接受部门的预算申请又按照国务院要求下达指示削减人家的预算申请是涉及到有关部门和人员利益的大事情，我们要做好沟通解释。

（二）要特别强调沟通和解释工作

计划经济下达式预算已经过时，新预算应是上下沟通的预算。第一，是上情下达。因为计划已经变为规划，财政处在国务院与行业部门之间，要传达中央的指示精神；第二是下情上达，因为各部门和行业的人们也有各自的利益，有提出预算建议的责任和权利，并且希望这些意见能反映到国务院，希望他们的意见不要被忽视。

总之，中央的精神要得到下面理解和贯彻，下面的意见要得到正式和真实的反映，该压缩和削减的预算请求还一定要削减，财政因此就必须做好沟通解释工作。因为财政掌握着一定程度的分配权，人们又认为财政预算程序有不足的地方，沟通就变得特别重要。财政应当和可以采取“主动沟通”的态度，因为建立和谐社会就是建立沟通渠道畅通的社会，财政部多做解释和沟通工作符合这个时代的要求。

四、还要主动提出改革建议：在国务院实行预算例会制度

（一）召开国务院预算例会的设想

解释和沟通应当有一定的效果，但从根本和长远来看，还是要健

全财政预算制度。

从预算开始制订到国务院提交人大预算文本确立以前，国务院应当就预算原则的确立、预算第一次调整和上报文本的最后决定召开三次会议，称之为国务院预算制定例行会议。下面谈及的例行会议内容与每年财政工作会议有相仿的地方，但是预算例会只是总理主持的有关部长参加的国务院级别的程序性会议，有它的权威性和约束力。

第一次国务院预算例会。在预算编制纲要，或者预算编制指导意见书颁布以前召开。

会议的目的在于最后确定预算指导方针、预算总量和结构调整的大盘子。总理主持，参加人员除国务院其他领导以外，财政等综合部门领导、各职能部委领导要参加。会议分为两个阶段；第一阶段：讨论、修改并且确定国务院有关机构已经拟订的未来一年宏观经济走向要点，未来一年国家政治经济工作要点；第二阶段，讨论预算收入总量和支出总量基本判断和最高限定，讨论预算支出结构要点，讨论并且确定《预算编制指导纲要》要点。在此基础上形成文件，在党的领导层次形成共识，最后形成《预算编制指导纲要》下发。（然后财政部召开财政工作会议。）

第二次国务院预算例会。在预算的概算“第一次上”以后。

参加人员是国务院领导、财政部和职能部委领导。会议分两个阶段：第一阶段，各部长陈述预算请求要点，各部长可以就其他部委的预算请求要点进行横向比较，提出各自的看法；第二阶段，会议就有争议的问题讨论，提出修改要点。在此基础上形成文件，在党的领导层次形成共识。这个修改要点成为财政部对各部门预算建议额提出预算控制额的基础。

第三次国务院预算例会。“第二次上”以后到送报“人大”批准以前召开。

国务院领导和综合部委领导参加。第一阶段，会议就预算文本做最后讨论，就一些边缘项目进行修改，确定预备费数量和使用办法；第二阶段，国务院领导参加，例会秘书组领导财政部预算单位，形成国务院预算报批文本决议。然后，在党的高级领导层面上形成共识。最后报“人大”讨论批准。

（二）与设想有关的措施

第一，建立国务院预算例会秘书组，它直接受总理领导。财政部领导任组长，其工作机构设在财政部。秘书组负责例会的服务和起草文件工作。

第二，内部会议原则。第一次会议精神可以对外，第二次和第三次会议不能对外。参加会议的人员有承诺不对外谈及会议内容的责任。一些需要外界甚至社会舆论讨论的问题，由会议发言人发布消息。

（三）设想的必要性

第一，提供一个可以发表意见，走向公开、公正、透明的平台。预算制定是一个公共选择的过程，在选择中必然有不同的意见和看法，在例会中，各主要部门领导可以发表意见，提出自己份内和知道的事务的重要性，甚至进行横向比较。

第二，形成一个意见表述与集中决议约束相结合的施政制度。实行讨论和横向比较的办法，可以使各部委充分发表意见；在听取这些意见的基础上，国务院和中央领导最后决议，该决议是在详细地听取了大家的意见基础上集体制订的。这是一种民主集中制。

第三，需要一些保证民主集中制施政的管理措施。实行内外有别的措施，对内畅所欲言，对外严格保密，以便讨论能够深入；制订有关纪律，要求大家既要充分发表不同意见，然后又要坚决服从上级决定，这样，民主集中制的施政机制就能得到保障。

第四，这个例会制度增加了预算的说服力、权威性，减少人们对预算的猜疑。

第五，鉴于地方预算在制订中的问题很多，国务院预算制订例会如果成功，可以成为地方的表率。

五、国际比较：表决式和不表决式的内阁预算会议

（一）澳大利亚表决式内阁预算会议

1. 内阁集体负责制原则和投票决定预算

澳大利亚政府90年代初共有30个部长，但是其中的16个部长是内阁成员，后来又加上了一个贸易谈判部长，变成17个。预算及其他有关的决定必须在内阁部长会议上通过，如果有关内阁以外部长的事，必须要求该部长充分发表自己的意见，让他来参加内阁会议。但是任何部长，不论是内阁的或非内阁的，只要是内阁会议决定的，都必须支持这个决定。

2. 内阁的机密原则和秘密会议室

召开秘密会议决定预算草案是惯例。内阁会议必须在内阁会议厅（cabinet room）举行，非内阁成员可以来此自由地、坦诚地发表意见和建议，但是出了这个会议室就不能谈论此事，秘密会议的决定对所有部长都有约束力。

3. 或同意、或沉默、或辞职的惯例

如果一个内阁成员或非内阁的部长支持这个秘密会议做出的决定，那么他没有任何麻烦。如果不支持，他只能保持沉默，这样他也不会有麻烦。如果他不支持又不沉默，那么他的人格要求

他先辞职，后公开表示反对意见。在这样的体制之下，就形成了内阁多数的决议代表了所有内阁和非内阁部长们的决议，只要你不冒辞职的风险，你就得支持这个决议，不论是哪一个党派的部长。

4. 互传文件制度与妥协做法

政治的最后决定、包括对预算的决定都是在先前的互相通报情况和协调的基础上做出的。内阁手册中规定，内阁之间有一个互传文件的制度：所有内阁成员都能够收到除少数特别机密以外的所有内阁文件，包括建议、备忘录、会议记录、活动日程安排等，还可以收到其他部的、内阁的、内阁委员会的会议记录，不论他们是否参加该会议。这样他们可以了解其他部的情况和内阁活动的情况。

（二）美国不表决式内阁预算会议

1. 美国总统委托“管理和预算办公室”（OMB）制订预算

预算编制是在总统直接领导下进行的，他主要依靠以下几个机构：第一，经济顾问委员会。它是由总统任命的三人委员会，是总统行政结构的组成部分之一，主要在总统进行宏观以及重大经济决策时提供政策建议。第二，财政部，主要负责税收政策和税收收入的估算和预测以及其他工作。第三，管理和预算办公室。它是编制预算的主要执行机构，权限很大。

2. 管理和预算办公室是总统和部门间沟通的桥梁

在整个过程中，总统、顾问委员会、管理与预算办公室、其他政府机构之间一直有信息交流，进行评估和决策，他们也召开有部长参加的各种类型的会议，听取意见和分阶段做如下工作：第一，它审核以前年度预算的执行结果，调查对上年度预算的反应，参考由经济顾问委员会、管理与预算委员会制订的经济预测，以及财政部门进行的税收预测；听取各部门意见以后，结合总统的意愿，形成并且向各部门下达预算指导纲要，这个纲要有各部预算门编制的重点，也对部门预算提出限定额。第二，在各部门自下而上地编制预算，汇总以后，对各个部门预算进行最后修订。

3. 对提交给参众两院的年度预算，总统有最终决定权，无须内阁会议通过

总统委托OMB做预算，可以召开有关部长会议，也可以不召开，没有例会制度。预算编制工作中也有矛盾，特别是对一些部门的预算进行某种削减时，争议很大，但是无须这些部长同意，总统有最后决定权，敲定预算文本（即总统预算），提交议会。

（三）我国应当实行民主集中制的国务院预算例行会议

1. 陈述意见非表决式会议

它是例会制度，是一种制度和程序安排；它是非表决的，因为我们有中央集体负责制度。国务院预算例行会议是一个平台，让有关单位来发表意见。共有三次机会：第一次关于预算纲要，第二次关于预算限定额，第三次关于预算最后修订。充分陈述意见以后，不需要表决，由上级领导决定。因为上级领导充分地听取了各个部门的意见，又从全局出发，提出预算方针和修订意见，他们的集体决议就是最后决议。

2. 预算例行会议与预算制订流程图

从图1中可以看出，最后决策是国务院的总理和中央政治局，但是在各个部门充分发表意见的基础上作出来的，财政在其中是执行者。

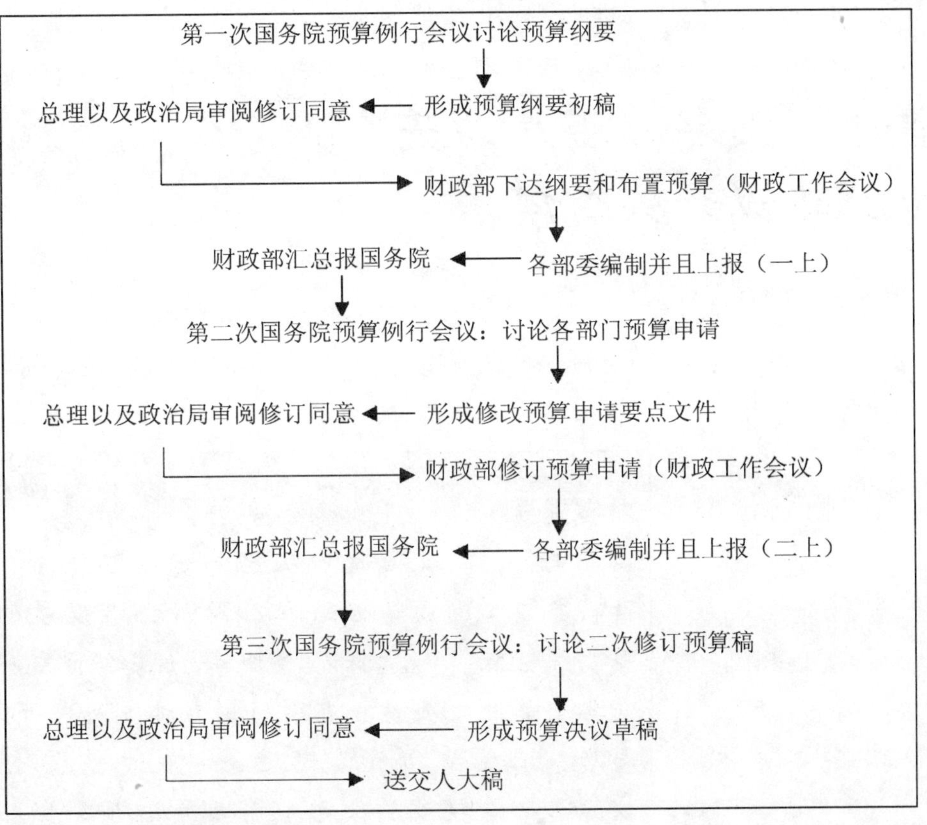
第一次国务院预算例行会议讨论预算纲要
形成预算纲要初稿
总理以及政治局审阅修订同意
财政部下达纲要和布置预算（财政工作会议）
各部委编制并且上报（一上）
财政部汇总报国务院
第二次国务院预算例行会议：讨论各部门预算申请
形成修改预算申请要点文件
总理以及政治局审阅修订同意
财政部修订预算申请（财政工作会议）
各部委编制并且上报（二上）
财政部汇总报国务院
第三次国务院预算例行会议：讨论二次修订预算稿
形成预算决议草稿
总理以及政治局审阅修订同意
送交人大稿

图 1

吕旺实

建立"以县（市）为主"的公共服务供给体系

内容提要

当前，将我国政府从经济建设型转向公共服务型，已成为经济社会统筹协调发展的重要关键点，而确保公共服务的供给能力则是其中关键之关键。在现行财政体制安排下，与居民日常生活最为贴近的县（市）政府，实际承担着较多的公共服务职责，却缺少相应的财权与财力，这是导致我国公共服务供给不足的重要原因。解决问题的根本出路是在中央财政宏观调控基础上，建立"以县（市）为主"的公共服务供给体系，通过支出责任、管理责任、财权、财力等要素的科学、合理搭配，使县（市）政府逐步成为有职、有责、有权的基层政府。

改革开放前，我国政府管辖范围之广，几乎到了无所不包的地步。1978年后，数次政府机构改革将全能型政府逐步改造为经济建设型政府，走改革开放之路，促经济增长与发展，成为各级政府的第一要务。进入21世纪后，在科学发展观指导下，我国政府正经历着从经济建设型向公共服务型的新转变，并给我国财政体制的进一步改革提供了新契机。

一、从"经济建设"到"公共服务"

将我国政府从经济建设型转向公共服务型，是基于社会经济现实需要之上的一项英明决断。改革开放以来，尤其是1994年分税制财政体制改革以来，在我国取得经济建设巨大成就的同时，也面临着公共服务不足与县乡财政困难并存等尴尬局面。公共服务不足，意味着未来的经济增长与发展必将受到新的阻碍与约束；县乡财政困难，说明经济社会发展的基础不够稳固。因此，在经济建设的同时，增强公共服务供给能力，缓解基层财政困难，是不容我们回避的政治命题。

始于1978年的改革开放开创了我国现代化建设的新局面，同时也将中华民族的伟大复兴推向一个新的历史起点。2003年后，我国人均GDP在突破1000美元的基础上继续向上提升，社会主义市场经济体制的基本框架初步建成，市场发挥着日益重要的基础性作用，我国经济社会开始步入"黄金发展期"。然而，我们也面临着更严峻的考验。市场作用的有效发挥，需要政府提供良好的公共服务，而"黄金发展期"同时伴随着"矛盾凸现期"与"问题多发期"，深化改革阻力变大，扩大开放风险骤增，资源环境制约趋紧，社会矛盾冲突加重。在这种情况下，保证公共服务的充分供给，不仅是政府解决现实问题与破除社会矛盾的重要途径，而且还能为经济增长与发展打造优质环境，提供新的动力。

所谓公共服务，就是“提供公共产品和服务，包括加强公共设施建设，发展社会就业、社会保障服务、教育、科技、文化、卫生、体育等公共事业，发布公共信息等”①，它是社会公众生活与经济、政治、文化活动正常开展的重要保障和前提条件，与经济建设同时构成了一个事物的两个方面。无论是强调经济建设，还是强调公共服务，其根本目标是一致的，都是为了满足广大人民日益增长的物质文化需要。然而，一定时期的社会资源毕竟是有限的，用于经济建设的多了，必然导致公共服务领域的减少。两者之间，既矛盾又统一，不能割裂开来，顾此失彼，只能相辅相成，协调发展。

世界银行早在1997年世界发展报告中就曾提出，良好的政府服务并不是奢侈品，而是经济发展的必需品，有效的政府是经济社会发展的关键。长期以来，我国有些地方政府片面地追求政绩目标，通过财政、金融等多种渠道，动用大量社会资源用于经济建设，一些投资周期长、见效慢的公共项目以及一些应由地方政府提供的公共产品，却大多在缓建、停建或无力提供之列。有些地方政府从局部利益出发，以行政手段封闭地方市场，以达到促进本地经济发展的目的，却延缓了建立全国统一大市场的进程，并从根本上阻碍当地经济的健康发展。诸多事例，不一而足，真可谓“南辕北辙”，适得其反！

事实证明，加快建设公共服务型政府，强化政府公共服务的供给能力，优化公共服务职责的政府间配置，突出公共服务领域的政绩考核指标，是实现我国经济社会统筹协调发展、缓解县乡财政困难与防范财政风险的客观需要与根本出路。

① 该定义由温家宝总理于2004年2月21日在省部级主要领导干部“树立和落实科学发展观”专题研究班结业式上的讲话中提出。

二、公共服务的层次性及供给主体的选择

根据我国《国民经济和社会发展第十一个五年计划规划纲要》的规定，“公共财政配置的重点要转到为全体人民提供均等化基本公共服务的方向”，义务教育、中等职业教育和劳动力技能培训，重大疾病防治体系，基层公共卫生、社会福利、公共文化和体育设施，公检法司基础设施，就业服务，社区服务，食品药品安全监管设施，安全生产监管、煤矿安全监察设施及支撑体系，防洪、气象、地震等防灾减灾，贫困地区以工代赈和易地扶贫等，已成为我国政府投资重点支持的领域。除此之外，社会保障、城乡建设、住房等公共服务，也是各级政府不可推卸的责任。

从内容上看，上述公共服务项目都与居民日常生活密切相关，符合政府为全体人民提供均等化基本公共服务的根本原则。但从受益范围角度看，则具有明显的层次性特征。有些属于全国性的，如重大疾病防治体系；有些属于跨省区的，如防洪防灾与减灾；有些属于特定区域的，如某些文化体育设施；有些属于某一群体使用的，如劳动技能培训。从最终效果上看，某项公共服务可能使有的主体受益，有的主体受损，也可能导致每个人受益或受损的程度不同，从而在不同服务对象身上产生不同层次的效益。

与层次性特征相对应，每一项具体的公共服务都具有明确的区域边界。在既定辖区范围内，有些公共服务属纯公共性事务，适合由基层政府单独提供；有些属混合性事务，适合由当地居民与辖区政府联合提供；有些则具有正外部性，适合由辖区政府与上级政府联合提供。在政府特定安排下，有些公共服务也可由私人部门提供，或由政府与私人部门联合提供。基于公共服务的公共性，政府要始终发挥主

导作用。虽然非政府行为主体也会提供公共服务，但这并不能否定政府的重要性，相反更需要政府的辅助与管理。

实践告诉我们，公共服务供给与基层政府的联系极为密切，这里仅以基础教育为例。在美国，基础教育主要由州以下的地方政府承担，联邦政府负责制定与实施全国性最低教育标准，以维持地区间教育水平的大致公平；在英国，基础教育所需经费来自于中央政府的固定拨款，但主要由地方政府管理；在日本，基础教育经费由中央和地方共同负担，地方政府负责学校建设和管理，中央政府和省级政府负责大部分的教师工资。实践中，由于基础教育这项公共服务具有极强的外部性，客观上要求中央与地方政府共同承担公共服务的支出职责；又由于其规模庞大，学校数量众多，相应的管理责任只能由具有信息优势与管理优势的基层政府负责。

事实上，地方政府职责主要是提供部分公共服务，已被公认为是西方发达国家划分中央与地方政府职责的基本原则。由于地方政府，尤其是基层政府，贴近居民日常生活，在公共服务供给上承担着更多的责任。在日本，都道府县级政府比较侧重经济服务，基层的市町村政府比较侧重居民生活服务。① 比如，与经济社会运行密切相关的港湾、警察等公共服务，由都道府县政府负责；与居民日常生活密切相关的消防、城市规划、公共卫生、住宅等，由市町村政府负责。都道府县财政有警察费支出，无消防支出，而市町村财政则恰恰有消防支出，无警察费支出，就是这一原则的具体体现。

进一步讲，不同的供给主体，具有不同的侧重点，这就需要在不同层级政府之间、在公共部门与私人部门之间，合理分配公共服务职责，建立起统筹、协调的公共服务供给体系。总结国内外经验与教

---

① 在日本，中央与地方共同负责领域，如公路、河流、教育等，主要采取两种方式，一是将某项事务分成许多细项，然后明确规定中央与地方的责任范围，二是对于某项事务确定中央与地方的经费负担比例。日本以前者居多，比如公路，分为国道、都道府县道和市町村道，各级道路由各级政府修建和管理。

训，公共服务职责有必要细分为支出责任与管理责任。支出责任，应依据具体公共服务项目的自身特征而定，或由基层政府独自承担，或由上下级政府共同负担，或由基层政府与辖区居民共同承担，一般情况下由基层政府承担较多支出责任。管理责任，是支出责任分配之后、资金具有充分保障的前提下，实际提供公共服务过程中所需履行的责任，通常只能由具有信息优势与管理优势的基层政府全部承担。

无论是支出责任，还是管理责任，它的履行必须要以一定的收入来源为基础，要求获得与所承担责任相匹配的财权。现实中，由于上级政府、尤其是中央与省级政府为了发挥调控作用，往往具有比下级政府更大的财权；在基层政府财权较小而实际承担较多责任的情况下，必须通过政府间转移支付实现财力的下移，为基层政府履行相关支出及管理责任提供保障。综上所述，支出责任、管理责任、财权、财力，构成了公共服务供给中的四大要素。反映在现实中，这就意味着各级政府公共服务职责的划分，不必仅仅依据行政隶属关系，政府机构设置未必上下对口、职责同构，而可通过四要素之间的合理、灵活搭配，实现各项公共服务的有效供给。

三、建立“以县（市）为主”的公共服务供给体系

目前，中国拥有世界上层级最多的政府体系，包括中央、省、市、县、乡5级，各级政府的公共服务职责缺乏明确而正式的划分，导致各级政府间并没有本质区别，除少数公共服务如国防专属中央政府以外，地方政府拥有的公共服务职责几乎是中央政府的翻版，呈现出“上下对口、职责同构”的特征，而且在实践中往往采用“下管一级”的办法，将更多的公共服务职责下推到基层政府。

1994年分税制体制改革对收入划分进行了重大变革，通过集中财力强化了中央财政的宏观调控能力。随后，省以下政府普遍模仿中央与省的财政关系，将财力层层上收。与此同时，由于我国单一制集权传统的深刻影响，大部分财权一直牢牢控制在上级及较上级政府的手中。与此相适应，中央、省及地市级政府的公共服务供给能力较强，而县（市）及乡政府既缺少财权，又缺乏财力，公共服务供给能力明显不足。因此，要实现公共服务的有效供给，必须科学调整政府层级之间公共服务支出责任的划分，同时进一步改革现行财政体制。

首先，建立"以县（市）为主"公共服务供给体系。公共服务供给要坚持"以县（市）为主"，原因是多方面的。从根本上讲，县（市）政府最了解居民日常生活中的真实需求，具有信息优势与管理优势，此其一；从历史上看，虽然我国在不同时期实行过三级、四级、五级等多种类型的政府体系，但县政始终最为稳定，此其二；从现实角度看，以乡镇或以地市为主的公共服务供给模式，要么服务半径过小，要么服务半径过大，都不能更有效率地实现公共服务供给，此其三；就一般而言，在既定县（市）辖区范围内，经济社会发展水平差异不大，有利于实现公共服务供给水平的均衡，此其四。此外需要说明的一点是，建立"以县（市）为主"公共服务供给体系，不能取代县（市）以上政府承担其应该承担的公共服务支出责任，恰恰需要以科学划分政府层级之间公共服务支出责任为基础。

第二，要实现公共服务支出责任与财权之间的匹配。"财政乃庶政之母"，公共服务供给"以县（市）为主"，要求必须赋予县（市）财政一定比例的财权，通过分税或分成建立与完善稳固、坚实的市县税制，使县（市）政府成为有职、有责、有权的基层政府。这里仅以公共卫生支出为例。1994年分税制改革实行卫生职责属地分级负责原则，1997年进一步明确"各级地方政府对本地区卫生工作全面负责"，由此导致了在过去的10年中，中央卫生支出仅占卫生总支出的5%，其他均来自地方财政，而县乡卫生支出占到卫生总支出的

55%—60%。在当前县乡财政困难没有得到根本缓解的情况下，公共卫生服务职责与县乡财权、财力之间严重失衡，只会加剧公共卫生服务的缺失与县乡财政的进一步困难。要么由中央与省级财政承担更多的公共卫生服务支出责任，要么赋予县（市）财政相应的财权，否则，难以从根本上解决问题。

第三，通过政府转移支付实现公共服务职责与财力之间的平衡。中央或省级财政具有重要的宏观调控职能，也具有较大的财权，这一局面的存在有其客观必然性，在这种情况下，通过规范、完善的政府转移支付制度向基层政府转移财力，不仅是高层政府实现其公共服务职责及其宏观调控目的的重要渠道，也是实现基层政府财力与服务责任均衡的必然要求。就我国现状而言，现行政府转移支付制度不仅带有较深的旧体制烙印，同时也面临着诸多困难，如地区间公共支出水平的悬殊差异，强烈的地方既得利益刚性，统计数字不完整和不准确等，在一定程度上影响着公共服务的有效供给。为此，需要以公式化形式确定转移支付金额，降低直至取消税收返还，扩大一般性转移支付规模，规范专项拨款，实行以纵向为主、横向为辅的转移支付模式等，以真正实现公共服务支出及管理责任与财力之间的最终平衡。

四、几个相关问题的思考

通过调整政府层级之间公共服务支出责任的划分，改革现行财政体制，实现公共服务职责与财权、财力之间的匹配，建立“以县（市）为主”公共服务供给体系，使县（市）政府成为有职、有责、有权的基层政府，是一个宏大的系统工程，还有诸多问题需要考虑并配套。

第一，塑造“自上而下”与“自下而上”相结合的公共服务决策机制。长期以来，上级政府由于掌握“游戏规则”的制定权，在公共服务支出责任和财权的划分上占尽上风，还采取权力、激励、代替决策等方式，将本应由本级负担的费用强制下级负担。迫于上级政府不断传递的财政支出压力，下级政府总是试图凭借熟悉当地社会经济各项事务的绝对信息优势，采取侵占上级收入、向上转移支出及逃避实际支出责任等途径，倒逼上级财政负担支出。上下级政府间的这种博弈，从根本上有悖于分税制的原意。所谓政府分税，如同百姓分家，要分收入，也要分支出，要分权力，也要分责任。分税完毕后，各级政府必须在自立基础上实现自主。反映在公共服务供给上，就是要塑造“自上而下”与“自下而上”相结合的公共服务决策机制，以切实、有效地为全国人民提供均等化的基本公共服务。

第二，财政体制应在尽可能稳定的基础上做到科学与规范。1994年分税制体制改革以来，尽管没有进行根本性的大调整，但小的微调还是非常频繁的。1997年调整了证券交易税的中央地方分享比例，2001年起分3年把金融保险业营业税税率降低至5%，2002年起企业所得税和个人所得税实行中央地方共享，2004年起出口退税增量部分由中央与地方共同负担。客观地讲，财政体制必须要适时调整，但在改革时机、方式等问题上，应考虑地方各级政府的现实需要与可能反应，上级政府不合时宜地“剔肉”，而将“骨头”留于下级政府的做法，只会使下级政府在经济社会发展战略选择上无所适从，其负面影响至为深重。所有政府层级间的财政关系，都应在尽可能稳定的基础上做到科学与规范，这是市场经济健康与持续发展的客观需要。

第三，将完善公共服务供给体系与缓解县乡财政困难有机结合起来。这是两个不同的问题，却有着密切的联系。举例来说，两者都要求合理调整财权与财力划分，也要求在行政管理方面进行配套改革，在政府机构设置上，不应强求“上下对口”与“职责同构”，在地市与乡级政府改革问题上，应坚持“虚市弱乡”的基本思想，强化县(市)作为基层政府的地位。更重要的是，完善公共服务供给体系，需要协调公共服务与经济建设之间的关系，从根本上转换我国政府职能，而这恰恰是解决我国县乡财政困难的关键之一，因此我们可以说，将完善公共服务供给体系作为缓解我国县乡财政困难的重要切入口，可以对创新公共财政理财思路、分类管理地方政府债务、及时防范与严密控制财政风险等产生重大而深远的影响。

第四，加强绩效管理，完善监督体系，确保公共服务质量。要让每一分财政资金花的有效益，这是公共服务在现实中的最终实现，也是衡量公共服务供给水平的重要标志。美国在 2001 年《不让一个儿童落后法案》中规定，对领取联邦经费补助的州、学区及学校，必须采取严格的州级考试制度，进行绩效评估，并确保所有学生达到高的学业标准。我国目前存在的教育“乱收费”、医护人员创收等问题，也说明了公共服务绩效管理的重要性。除此之外，我们还应看到，我国公共服务诸多问题当然可以归结为投入不足，但在许多方面并不是钱的问题，或者说主要不是钱的问题，尤其是农村公共服务，其真正困境是基层政府致力于公共服务的动力不足，这不仅意味着基层政府需要具备深刻的使命意识和有效的责任机制，而且更需引入公民的问责。政府具有为全国人民提供公共服务的职责，而城乡居民最关心每一项公共服务，也最有资格评价和监督公共服务的供给。

在我国，改革财政体制，振兴基层财政，一定要以为广大城乡居民提供更高水平的公共服务为立足点和着眼点，只有这样才能找到解决问题的根本途径和正确方法。然而，中国社会历经数千年发展演化，形成自身独特的文化传统，其对政治、经济、社会各个层面的影响都不容忽视。在处理政府间财政关系时，协调好“官治”与“自治”的作用，在中央财政宏观调控基础上，使县（市）基层政府真正做到有职、有责、有权，这是中外历史正反两方面实践早已昭示的必然趋势。要么自觉地运用这一规律，要么被动接受客观规律的自发调节，虽然终极目标都是为了不断提高人民的物质文化生活水平，但选择的道路不同，经受的磨难不同，享受的福利也将大有差异。

本文参考文献：

1. 王朝才著：《日本财政制度》，中国财政经济出版社 1998 年版。

2. 高培勇主编：《中国财政经济理论前沿（4）》，社会科学文献出版社 2005 年版。

3. 如信主编：《2006 年：中国社会形势分析与预测》，社会科学文献出版社 2005 年版。

4. 宋立主编：《各级政府公共服务事权财权配置》，中国计划出版社 2005 年版。

5. 倪红日：“突破‘事权与财权统一’”，《财经》，2006 年第 7 期。

王朝才　马洪范

我国政府预算会计权责发生制改革的成本收益分析

内容提要

公共部门的改革都会发生成本，但收益可能是无形的或经济上不显见的，很难进行精确的量化计算和比较。本报告在分析我国政府预算会计权责发生制改革成本和收益的基础上，对改革的可量化成本和收益进行静态成本—收益模拟分析，计算得出不同假设条件下改革的内部收益率，并对主要变量作了敏感性分析。分析表明，政府会计权责发生制改革总体上是有利的，但改革需要具备诸多的制度准备及配套条件。

我国现行的预算会计制度规定，总预算会计与行政单位会计实行收付实现制，政府出资的事业单位，适用事业单位会计准则和事业单位会计制度，采用收付实现制，但经营性业务采用权责发生制核算。长期以来，预算会计主要是为预算资金分配与使用服务的，以收付实现制为记账基础记录预算收支简便容易，基本上能够满足预算收支管理的需要。但是随着预算会计环境的变化和市场经济对政府资金管理的需要，以收付实现制为基础的预算会计制度在很多方面产生了局限性：①无法全面准确地记录和反映政府的负债状况，因而无法全面准确地记录和反映政府的财务状况。例如不能反映那些当期虽已发生，但尚未用现金支付的政府债务，使政府的这部分债务成为“隐性债务”，不自觉地夸大了政府可支配的财政资源和造成虚假平衡现象，对宏观经济决策和市场运行产生错误导向。以收付实现制为基础的预算会计报告可能助长财政风险，对财政经济的持续、健康运行带来隐患。②不能对公共服务进行准确的成本和费用核算，难以真实、准确地反映各政府部门和行政单位提供公共产品和公共服务的成本耗费与效率水平，不利于提高政府工作效率和进行绩效考核。③在一定程度上造成相同会计期间政府权力和责任不相匹配，有可能出现政府代际的债务转嫁，导致各届政府间权责不清，不能客观、全面地评价和考核政府绩效。权责发生制会计至少在一定程度上能避免收付实现制的上述缺陷，能满足当前预算会计和财政管理改革的需要。

进行政府预算会计权责发生制改革的成本收益分析，是为了比较改革的潜在收益和成本，为改革决策提供依据。

一、改革的成本分析

中国实行政府预算会计权责发生制改革的成本可具体分为显性成本和隐性成本。

显性成本主要有：①立法成本或制度成本。制定新的政府会计准则或制度，虽然可以参考国际会计师联合会公立单位会计准则、美国等国家的政府会计准则，但中国是发展中国家，与这些国家的经济发展程度不同，预算体制和市场环境等国情不同，因而需要投入人力、物力研究和制定适应中国本土的政府预算会计准则和制度。②软件开发和运行成本。如财务、会计管理软件系统、硬件配置更新等成本，这方面费用高昂。如果总预算会计、行政和事业单位会计全面实行权责发生制核算基础，涉及的预算单位众多，与改革相关的软件开发，硬件配置、以及运行成本将会增加。③复杂性成本，如培训成本、额外的人员开支等。权责发生制核算方法较收付实现制复杂，需要对现有的财务和管理人员进行培训，招聘熟悉企业权责发生制核算方法的新的财务人员，这些均会带来额外的支出。④清产核资等准备成本。由于预算单位众多，资产数量统计的工作量大，资产价值评估的技术性强，因而准备成本较高。

隐性成本主要有：①其他人员参与成本。②改革动员成本。改革会触动既得利益，改革过程尤其是改革初期会增加财务人员和管理人员的工作量，需要相应的激励机制和动员机制。③转换成本。包括会计系统的转换成本以及制度衔接成本。④不可预见成本。⑤机会成本。如信息透明可能引发不良的预期，进而导致市场扭曲，政府管理面临更大的挑战。

改革成本可能因改革方案的范围而异。各改革方案的实施成本均包括固定成本和变动成本，假定各改革方案的固定成本相等，实施范围直接影响改革的变动成本。方案一：总预算会计、行政单位和事业单位会计实行全面的权责发生制政府会计改革。这一方案改革较为彻底，为编制政府财务报告奠定了良好的核算基础，可以充分发挥财务报告的作用。因为改革涉及所有预算单位，改革相关的软件开发、硬件安装和系统运行等成本较高，方案一的推行成本较高；方案二：改革首先在事业单位推开，然后逐步在行政单位会计和总预算会计中推行。改革初期只影响事业单位的会计系统，改革相对独立。而且目前很多事业单位存在不同程度的经营性活动，这些活动的核算已采用权责发生制基础，财务会计人员已熟悉权责发生制，改革成本相对较低。方案三：只在总预算会计中推行权责发生制，汇总单位预算报表时，采用权责发生制编制汇总财务报表，改革相对容易，而且成本最低。上述三个方案的改革成本是递减的，即方案一 > 方案二 > 方案三。从渐进、谨慎的路径考虑，采纳方案三改革较为可取。

二、改革的收益分析

我国政府预算会计引入权责发生制改革的收益主要为制度收益。将权责发生制引入政府会计领域，有利于改善政府会计信息质量，使政府会计信息更全面、更完整、更透明、更配比、更富持续性，提高政府财务报告的质量。此外，权责发生制改革还有助于提高政府部门的效率和改善政府形象。收益具体体现为：

（一）促进现有的各项财政和预算管理改革的深入和完善

采用权责发生制会计基础，可以为部门预算改革提供更完善的技术平台。如果将权责发生制基础上的政府会计和财务报告制度与部门预算相结合，就可以提供更为全面和准确的部门服务成本和部门财务状况信息，为部门预算编制提供更科学的依据，为细化部门预算和部门的财务绩效考评提供基础，使部门预算发挥更大的作用。

我国政府采购的范围和规模正在逐年扩大，并且正由一般商品采购和服务采购向工程采购扩展。由于采购大宗项目时常有跨年度的情况发生，采用权责发生制会计基础，可以反映那些当期虽已发生但尚未支付的部分，避免在收付实现制下可能会导致预算资金结余不实等问题，更为科学合理地核算政府采购资金。

实行国库集中收付制度减少了在途资金和闲置浪费，国库账户的闲置现金余额增多。采用权责发生制，能够及时反映和确认应收未收和应付未付的收支信息，为加强政府现金流预测提供及时可靠的信息，有助于提高预测的准确性和前瞻性，从而提高政府现金管理水平，推动国库集中收付制度改革①。

（二）为今后的各项财政管理改革奠定良好的会计信息基础

建立政府绩效评价制度是促进政府部门提高运行效率的重要措施，而准确的公共服务成本信息和政府财务状况信息是评价政府绩效的必要基础条件。权责发生制信息比收付实现制更准确、更全面地反映了政府在一个时期内提供产品和服务所耗资源的成本，并能更好地将成本与绩效成果进行合理的配比，有利于加强管理者对产出和结果的责任，有利于促进全面的绩效管理改革。

采用权责发生制会计基础，能够使政府财务报告的信息质量得到进一步的提高，有利于政府财务报告的功能和目标的充分实现，为国家制定重大经济决策、实行宏观调控和考查政府绩效提供必需的重要信息。政府财务报告是政府决策和公众了解政府绩效的重要信息来源。OECD国家已经普遍实行了比较完善的政府财务报告制度，目前中国没有实行政府财务报告制度，一些与预算收支没有直接关系的重要财务信息被忽视和遗漏。缺少政府财务状况的全面信息会使政府财政和经济政策的选择和预算编制缺乏充分的依据。过于简单的预算会计信息，造成政府财务状况透明度不高，不利于立法机关和公众对政府资金分配与运行的监督和管理。从政府财务报告中的核心报表——资产负债表来看，它是对政府资产和负债进行持续衡量的工具，只有采用一定程度的权责发生制，将长期负债和长期资产包括在内，才能够全面地反映政府的财务状况、运行能力

① 陈穗红、石英华，2004。

和财务绩效[①]。

（三）加强对政府资产和负债的管理，防范财政风险

采用权责发生制会计基础，可以较好地区分经常性支出和资本性支出，有效避免资产一旦购置或建造完成就脱离公众的监督视野，提供关于政府资产的全面信息（包括由跨期资本性支出所形成的资产的价值信息），有利于加强对非经营性国有资产的监督管理。

采用权责发生制，按一定的标准确认和反映政府的承诺、担保及其他因素形成的隐性负债状况，可以在一定程度上纠正财务信息失真的状况，能较为真实地反映政府的负债状况和财政的真实状况，披露财政潜在的支出压力，提醒各方面关注财政风险，及时采取措施减少后患。现在也有人提出给予地方政府发债权，将隐形债务公开化，以利于风险控制。如果实行这一改革，则更加需要引入政府会计的权责发生制改革。中央政府的宏观经济政策控制和资本市场供求机制制约是地方政府行使发债权的必要前提，前者从总量上确保地方政府发债数量与宏观经济运行目标相协调，后者决定地方政府在资本市场发债的经济可行性。这两个方面都需要地方政府提供在权责发生制基础上的财务状况信息。否则，由于收付实现制基础的政府会计和财务信息存在前述种种不足，将会导致宏观调控和资本市场的信息严重不对称，可能产生更大的财政风险和金融风险[②]。

权责发生制能够真实全面地反映财政部门、预算单位的实际可支配财力，更好地反映资产和负债的年度变化，为分析和判断当前政策的长期效果提供更加综合全面的信息，有利于评价政策的持续能力及对财政经济的影响，为政府和领导决策提供更准确、更全面的信息。

---

① 陈穗红、石英华，2004。

② 陈穗红、石英华，2004。

对宏观经济管理而言，这种会计基础更符合政府长期战略的目标要求，有利于国民经济的可持续健康发展，符合当前政府提出的和谐发展的改革理念。

三、改革的静态成本—收益模拟分析

公共部门的所有改革都会发生成本，但收益可能是无形的，或经济上不显见的。如政治收益、社会收益、意识形态的收益等，都是一种无形的产出，很难进行精确的量化计算和比较。这部分以一定假设为基础，对我国政府预算会计权责发生制改革进行静态成本——收益模拟分析。

改革显见的收益主要为政府举债成本的节约以及开放的金融市场对政府筹资做出更积极的反应。确立权责发生制基础的政府会计体系，能够更为真实全面地反映政府运营的成本和绩效，全面反映政府的资产和负债，及时反映和解释财政风险，透明政府的财务管理信息。这便于社会评级机构正确评估政府的财务状况，政府的信誉度提高，从而使政府能以更低的利率融资。对美国州和地方实行政府会计改革的分析表明，那些使用权责发生制信息的州，比起那些只使用收付实现制信息的州可以以更优惠的条件举债筹资①。新西兰政府宣布废止传统的收付实现制财务报告时，金融市场做出了积极的反应。同金融市场参与者的讨论表明，他们对老式的收付实现制数据从来都没有信心②。

这里，收益分析主要针对可量化的收益，即提高政府信誉度及其

① Brumby Jim, 1999.

② Ian Ball, et al, 1999.

对借贷成本的影响。分析中运用 2003 年政府累计债务余额，约为 26635 亿元（约合 3217 亿美元）。[①] 债务水平假定保持不变。同时还假定引入权责发生制带来的借贷成本的隐性节约率为 0.04%。[②] 每年可能的利息节约（收益）为 1.29 亿美元。假定收益从第四年开始取得，且在收益的第一年只能实现一半的收益（利息的节约）。以后 16 年的收益假定保持不变。

我国政府预算会计核算基础的转换成本测算应该参照 1998 年预算会计制度改革的成本以及 1993 年以后企业会计制度改革的成本。由于这方面没有详细的、有说服力的数据支持，本文假定，第一年的改革成本分别约占 2003 年度财政支出（24607 亿元，约 2972 亿美元）的 0.15%，0.1% 和 0.05%。[③] 实施成本以 4 年为期，反映了相应的实施活动[④]。以后 3 年的改革成本分别为第一年成本的 3/4，1/2，1/4（见表 1－1，表 1－2，表 1－3）。[⑤] 测算中包括的成本主要有直接成本，如财务管理信息系统的购置和实施成本以及咨询费用等。同时包含间接费用，如员工的时间等。[⑥] 内部收益率基于 20 年期。

---

① 数据来自 2004 年财政统计年鉴。累计债务余额不包括政府的或有负债以及预算外的其他负债。

② 比率主要参考 Sarath Lakshman Athukorala 2003 年报告。

③ 据新西兰审计署测算，1987—1992 年新西兰政府会计改革的成本约为 1.6 亿—1.8 亿新西兰元。约合 9900 万美元。约占同期政府开支的 0.1%（Ian Ball，etc，1999）。另外关于改革成本的数据有：据澳大利亚财政部估计，引入完全的权责发生制预算体系的总成本大致为：一次性成本约为 5700 万澳元，包括软件、培训和其他不可预见费用。每年的维护成本可能增至 1000 万。如果 5700 万澳元在 4 年支出，年度平均费用大约为 1400 万，约占 1995—1996 年预计运营总成本或者预计总支出的 1%。据加拿大的官员介绍，加拿大的改革成本约为 6.6 亿加元。因为澳大利亚的改革成本为引入完全的权责发生制预算体系的总成本，而非政府会计权责发生制改革的成本，因而本文的分析参考新西兰的测算数。

④ Sarath Lakshman Athukorala，2003。

⑤ 这些比例的假定根据作者对中国财政改革实践的了解和判断。

⑥ 参考 Scott，Graham，Ian Ball and Tony Dale 1997 年报告。

表 1－1

单位：百万美元

年份	2004	2005	2006	2007	2008	2009	2010	2011	2012	2013	2014	2015	2016	2017	2018	2019	2020	2021	2022	2023
成本	－149	－111	－74	－37																
收益				65	129	129	129	129	129	129	129	129	129	129	129	129	129	129	129	129
净收益/成本	－149	－111	－74	28	129	129	129	129	129	129	129	129	129	129	129	129	129	129	129	129
内部收益率	24%																			

表 1－2

单位：百万美元

年份	2004	2005	2006	2007	2008	2009	2010	2011	2012	2013	2014	2015	2016	2017	2018	2019	2020	2021	2022	2023
成本	－297	－223	－149	－74																
收益				65	129	129	129	129	129	129	129	129	129	129	129	129	129	129	129	129
净收益/成本	－297	－223	－149	－9	129	129	129	129	129	129	129	129	129	129	129	129	129	129	129	129
内部收益率	12%																			

表 1－3

单位：百万美元

年份	2004	2005	2006	2007	2008	2009	2010	2011	2012	2013	2014	2015	2016	2017	2018	2019	2020	2021	2022	2023
成本	－449	－334	－223	－111																
收益				65	129	129	129	129	129	129	129	129	129	129	129	129	129	129	129	129
净收益/成本	－449	－334	－223	－46	129	129	129	129	129	129	129	129	129	129	129	129	129	129	129	129
内部收益率	7%																			

按照上述假定，下文对中国政府预算会计权责发生制改革的成本收益进行静态模拟分析。表 1－1 假定第一年的改革成本为 2003 年财政总支出的 0.05%，以后 3 年的改革成本分别为同一财政支出的 0.0375%，0.025%，0.0125%。表 1－2 假定第一年的改革成本为 2003 年财政总支出的 0.1%，以后 3 年的改革成本分别为同一财政支出的 0.075%，0.05%，0.025%。表 1－3 假定第一年的改革成本为 2003 年财政总支出的 0.15%，以后 3 年的改革成本分别为同一财政支出的 0.1125%，0.075%，0.0375%。

根据上述静态模拟分析，在不同的成本假定条件下，实施权责发生制改革的内部收益率分别为 24%、12% 和 7%。考虑到下列因素，分析可能是保守的。①分析没有考虑第二部分中论及的不能量化的所有收益。收益分析显示这些因素与实际收益正相关。由于这些因素的实际效应不能准确量化，模拟分析中剔除了这些收益。②按照这一具体方法计算的改革收益可能被低估，因为累计债务余额不包括政府或有负债和预算外的其他负债。实际上，本分析中应考虑地方政府的或有负债。但由于这方面的数据来源复杂，难以获得。因此在本文分析时忽略了政府的未确认负债。③分析中高估了实施成本。该比例参考了新西兰财政管理改革的成本测算，0.1% 的总政府支出包括了新西兰财政管理改革的总成本，如与绩效契约和产出确定相关的成本也可能包含在内。[①] 考虑到中国资源短缺和当前在其他政策领域需要优先考虑的改革问题等具体国情，模拟分析中所有假定的成本（2003 年中国财政支出的 0.15%、0.1% 和 0.05%）均可能高估了。

① Sarath Lakshman Athukorala，2003。

四、主要变量的敏感性分析

权责发生制改革的成本收益静态模拟分析中三个主要因素是：累计债务余额、借贷成本节约率、财政支出总额。对这些主要因素假设的敏感性分析可以考察每个变量变动对基准内部收益率（上述分析计算得出的收益率）的影响，并检测这些变量的敏感程度。本文对各变量的（-5%，5%），（-10%，10%）的变动分别进行敏感性分析(见表2)。

表2　　主要变量的敏感性分析

变量	变动	基准内部收益率	变动后的内部收益率	变动幅度（%）
债务累计余额	±5%	24%	23%—25%	(-1，1)
		12%	11%—13%	(-1，1)
		7%	6%—8%	(-1，1)
借贷成本节约率	±5%	24%	23%—25%	(-1，1)
		12%	11%—13%	(-1，1)
		7%	6%—8%	(-1，1)
财政支出总额	±5%	24%	23%—25%	(-1，1)
		12%	12%—13%	(0，1)
		7%	6%—8%	(-1，1)
债务累计余额	±10%	24%	21%—26%	(-3，2)
		12%	10%—14%	(-2，2)
		7%	6%—9%	(-1，2)
借贷成本节约率	±10%	24%	21%—26%	(-3，2)
		12%	10%—14%	(-2，2)
		7%	6%—9%	(-1，2)

续表

变量	变动	基准内部收益率	变动后的内部收益率	变动幅度（%）
财政支出总额	±10%	24%	22%—26%	(-2, 2)
		12%	12%—14%	(0, 2)
		7%	6%—8%	(-1, 1)

各变量的敏感性分析结果表明：（在测试范围内）对基准内部收益率的偏离是可接受的。在假定的变动幅度内，债务累计余额和借贷成本节约率的敏感度相同。财政支出总额较其他两个因素的敏感度低。敏感性分析表明，主要变量的变动对基准内部收益率的影响较小。分析也表明，本文假定条件下计算的内部收益率是可靠的。

五、结　　论

改革的成本收益分析表明，中国政府会计权责发生制改革总体上是有利的。值得注意的是，实行权责发生制改革需要具备诸多的制度及配套条件。

（1）会计基础本身只是一种技术手段，它是构成政府会计制度和政府财务报告制度的必要元素之一。政府会计基础的转换要满足财政管理的要求，和当前及未来的各项财政管理改革相协调，充分考虑社会各方面对政府会计和财务信息的需求。

（2）由于目前中国政府会计和财务信息主要应满足反映预算资金使用合规性和财政管理的需要，以及现阶段计量技术和成本的限制，政府会计宜采用修正的权责发生制基础。

（3）改革应采取渐进的、由易到难的方式：首先确定财务资源和负债，然后确定固定资产、或有负债、政治承诺。对于采用权责发生制的业务范围选择，可以按照确实发生、易于计量的原则加以确定。

（4）会计基础是一种计量标准，它不可能脱离会计体系整体而发挥作用，权责发生制的应用只有在有效的政府会计和财务报告制度框架下才有实际意义。因此，需要对现行预算会计模式进行根本性改革，将预算会计体系改为非营利机构会计和政府会计两个部分，各司其职。

（5）建立有效的政府会计准则体系是政府会计权责发生制改革的制度前提。除了相关制度的改革以外，政府会计从业人员的培训、政府会计软件的开发和相关法规的修订是改革的配套条件①。

本文参考文献：

1. Athukorala, Sarath Lakshman, 2003. Accrual Budgeting and Accounting in Government and its Relevance for Developing Member Countries, Asian Development Bank.

2. Ball, I., T. Dale, W.D. Eggers and J. Sacco. 1999. Reforming Financial Management in the Public Sector: Lessons US Officials Can Learn From New Zealand. Policy Study No. 258. Los Angeles: Reason Public Policy Institute, Reason Fundation.

3. Chan, James L. 2004. "American Government Accounting Standards and Their Emulative Value to China", Seminar on June 14th, 2004, Beijing, China.

4. Lou, Jiwei, 2002, Government Budgeting and Accounting Reform in China, OECD Journal on Budgeting, Vol 2 (1), December, PP.51 – 80.

5. OECD, 2002, *Models of Public Budgeting and Accounting Reform*, OECD Journal on Budgeting, Vol.2, supplement 1.

6. Porterba, James M. and Kim Rueben, State Fiscal Institutions and the US Manicipal Bond Market, in Porterba, James M. and Jurgen Von Hagen (eds). 1999. Fiscal Institutions and Fiscal performance. A National Bureau of Economic Research Conference Report. University of Chicago Press. PP. 181 – 208.

① 陈穗红、石英华，2004。

7. Revsine, Lawrence, Daniel W. Collins, and W. Bruce Johnson, 2004, *Financial Reporting & Analysis*, *latest* (3rd) (eds.). (Prence Hall)

8. Schiavo - Campo, Salvatore and Daniel Tommasi (eds.). 1999. *Managing Government Expenditure*. Manila: ADB.

9. Scott, Graham, Ian Ball and Tony Dale (Summer 1997), New Zealand's Public Sector Management Reform: Implications for the United States. Journal of Policy Analysis and Management 16.3: 357 - 381.

10. US government, 2005, 2004 Financial Report of the United States Government. Washington, DC.

11. 陈穗红、石英华："政府会计权责发生制应用研究"，《研究报告》，2004年第34期。

12. 陈穗红、金介辉、石英华："论我国政府会计权责发生制应用问题"，《财政研究》，2004年第11期。

13. 陈穗红、石英华："以产出和结果为导向的预算管理改革的国际经验"，《研究报告》，2002年第13期。

14. 课题组："中国预算会计制度改革"，《财政研究》，2002年第5期。

15. 楼继伟：《政府预算与会计的未来》，中国财政经济出版社2001年版。

16. 石英华："借鉴国外非营利组织的经验，深化我国事业单位改革"，《财政研究》，2003年第11期。

石英华

构建和谐社会需要财政六大倾斜

——公共财政建设由“框架设计”向“建筑施工”推进

内容提要

财政是政府提供公共产品与公共服务职能的重要环节之一。公共财政建设阶段已由“框架设计”向“建筑施工”推进，构建和谐社会需要财政向农村、公共教育、社会保障、公共卫生、科学技术和环境保护等六大方面倾斜。

各国经济发展表明，一个国家或地区人均GDP1000美元到3000美元左右的阶段，是生产消费增长迅速和收入分配差距拉大的阶段。当今我国正处于这个重要的发展战略机遇期和社会矛盾凸显的新阶段，因此，国家在制定了全面建设小康社会和科学发展观的战略决策之后，又提出了构建和谐社会的指导方针，这都是针对目前我国存在的收入差距过大、城乡发展悬殊，公共卫生、公共教育、社会保障与环境保护等公共产品和公共服务方面不足的问题。财政是政府提供公共产品与公共服务职能的重要环节之一，公共财政建设阶段已由“框架设计”向“建筑施工”推进，需要财政向农村、公共教育、社会保障、公共卫生、科学技术和环境保护等六大方面倾斜。现分别论述如下：

一、需向农村倾斜

各国经济结构变迁来看，在工业化初期，农业支持工业，工业化中后期工业反哺农业，城市支持农村，我国也不例外。“十一五”时期国家要完善对农业支持保护体系，形成农业投入稳定增长机制，扩大公共财政范围，财政向农村的水、电、路、通讯等基础设施加大投入，摆脱城乡“二元结构”，使农村融入城乡一体化轨道。目前我国城乡居民收入差距（乡村 = 1）由1985年的1:2.57扩大到2004年的1:3.23，如果考虑到农民收入中还需要扣除1/3左右的来年生产费用和城镇居民收入中尚不包括城市财政的种种补贴等因素，实际上城乡居民收入差距将达到1:6左右。从全球观察，大多数国家城乡居民收入差距一般在1:1.5左右，可见我国城乡差距是比较突出的国家之一。这也表现在农村小康实现程度上不能与时俱进，据国家统计局数据，2004年农村小康综合实现程度（%）为21.6，六项分别为：经济发展为12.1，社会发展为33.1，人口素质为15.0，生活质量为28.7，民主法制为69.0，资源环境为 - 22.4。

我国“三农问题”所以被定为目前全党工作的重中之重，究其根源之一是我国财政支农支出占财政总支出的比重（%）呈逐渐下降趋势（如图1所示），从1978年、1980年的13.42和12.20，下降为2000年、2003年的7.75和7.11。再从固定资产投资来看，2004 年我国固定资产投资总额为 77003 亿元，投入农村的只占 16%（国有经济没有投入），投入城市的竟占 84%。如果按行业分类，2003 年基本建设投入总额为 22908.60 亿元，而农、林、牧、渔业投资只占 1.82%；2003 年更新改造投资总额为 8624.86 亿元，而农、林、牧、渔业投资只占 0.37%。2003 年金融机构人民币信贷资金总额 225313.3 亿元中农业存款只占 2.17% 和农业贷款只占 3.73%。由此可见，我国目前的财政金融信贷投资重点绝大部分在城市。

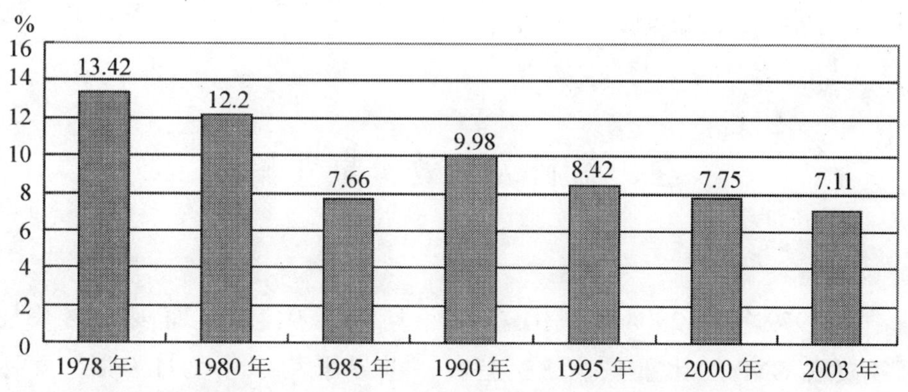

图 1　我国财政支农支出占财政总支出的比重

展望未来，我国全面建设小康社会的规划要求：一是在收入分配上提倡效率优先的同时重视公平正义，在第一次分配中政府发挥宏观调控作用修正市场失灵，制定各项政策进行“限高、拔低、扩中”措施。二是第二次分配中发挥财政政策的调节经济与分配的作用，把财政资金多向农村和中西部地区扩大转移支付力度，据报道德国 1994—1997 年每年财政支农资金高达东部农业 GDP 的 67%—79% 左右，波兰这项比重达到 50%—60%，使农民人均收入由占城市人均收入的 60% 提高到 85% 的水平。我国在 2020 年左右达到建成全面小康社会，届时农村人均收入为 6000 元，第一产业劳动力比重占 35%，农村平均受教育年限为 9 年，合作医疗覆盖率达90%，农民信息化程度60%左右，真正达到城乡统筹发展的战略目标。三是为了改变农村基础设施落后状况，政府从2001年起，设立“六小工程”即节水灌溉、人畜用水、乡村道路、农村沼气、农村水电、草场围栏等，当年投入101亿元，2002年136亿元，2003年280亿元，未来五年内农村基本实现“七通”即通公路、自来水或清洁水、电力网、公用电话和长话自动网、卫星电视和有线电视、广播网、电脑入网。力争今年底财政支农支出达到财政支出的8%—10%，将每年新增财力的10%—15%投入农业。

二、需向公共教育事业倾斜

从1979年到2004年我国GDP年均增长9.4%，而国家财政性教育经费占GNP的比重只有3%左右，世界平均水平为4.9%，发达国家为5.1%，发展中国家为4.1%，我国1991年为2.85%，1995年为2.45%，2000年为2.87%，2002年为3.36%。十多年来，虽然国家财政向教育拨款也有很大增长，如1991年预算内教育经费只有459.73亿元，到2002年达到3114.23亿元，增长6.77倍，但是，全社会教育经费增长的速度快于国家财政性教育经费和预算内教育经费增长速度，后两者占全社会教育总经费的比重逐年有所下降，1991年分别为84.45%和62.85%，到2002年分别下降为63.71%和56.82%。

目前教育经费内部结构存在四个问题，一是我国政府在教育投资上大力倾斜于高等教育，使基础教育的投资更加短缺，中国培养1名大学生的费用相当于培养6名中学生、66.5名小学生的费用，即1:6:66.5，而发达国家的比例则是1:1.7:4，这种不合理的教育投资结构，形成某些高等院校教育资源被闲置浪费，另一方面基础教育投资不足，设备老化，校舍失修，尤其是一些农村学校危房严重。据2000年统计，我国政府财政性义务教育经费比重为61.7%，而农村此项比重只有36.8%。据1993年统计，在各级教育成本中政府与非政府负担比例（如图2所示），在初等和中等教育中政府与非政府的比例，美国为91:9，日本为91.6:8.4，韩国为79:21，芬兰为99.6:0.4；在高等教育中政府与非政府比例，美国为51.7:48.3，日本为39.8:60.2，韩国为19.2:80.8，芬兰为99.6:0.4。可见50多年来，各国在普及义务教育上让政府财政投入加大，公立学校占绝对优势情况下，以政府为主体提供义务教育已经成为全球的主流。二是我国实施义务教育10多年来，农村义务教育的办学责任与负担完全落在县、乡、村三级，村一级没有财政，乡一级是各级财政中最弱的一环，县级财政也大多数是“吃饭财政”。中央和省级政府财政的经费筹措能力相对最强，但是，承担义务教育的责任最小。这种财力与责任不一致，义务教育分担不合理的状况，直接导致了农村义务教育短缺越来越严重。三是教育机会不均等现象加剧，就小学和初中的生均经费而言，上海是经济落后地区的7—10倍，北京、上海在20世纪末已经普及了高中阶段教育，其高等教育毛入学率达40%左右，而贵州初中的毛入学率为50%左右，西藏更是不到20%。四是教育经费结构发展趋势不够合理，表现在国家财政性教育投入比重大幅度下降，收取学费杂费大幅度上升，如：2002年全国教育经费为5480.02亿元，其中国家财政性教育经费占63.71%（1991年为84.45%），收取学费和杂费占16.83%（1991年为4.42%）。

今后在“十一五”初期，要认真贯彻执行中共中央和国务院联合印发的《中国教育改革和发展纲要》关于国家财政性教育经费支出占GNP的比例4%的要求。为科教兴国和人才战略打好基础，从长远利益看教育投资是振兴中华和富民强国的根本大事，特别要及时确立高等教育主要依靠收费与九年义务教育特别是农村实施免费教育的观念，

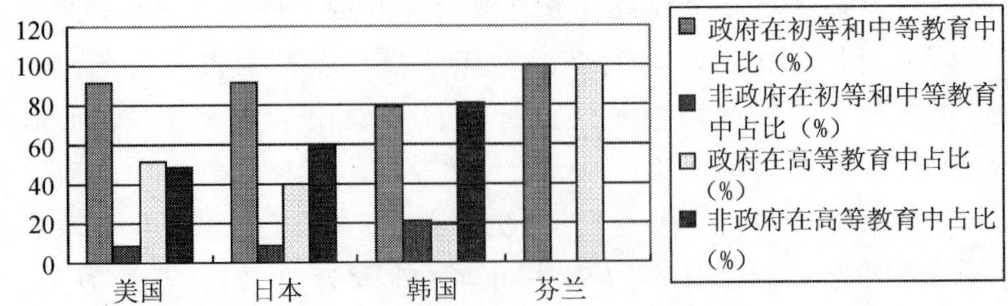

图 2　各级教育成本中政府与非政府负担比例

调整公共财政对义务教育拨款的保障机制与对高等教育适度支持机制，对于贫困大学生国家与社会要进行认真的援助，如助学金、奖学金、贷学金和各种资助等，对广大农村贫困家庭的学生实施“两免一补”政策。党的十六大对教育提出的要求：“中国要在未来 10 年到 20 年内，使国民受教育程度显著提高。到 2020 年全国每 10 万人中，专科以上学历要达到 1.35 万人左右，高中阶段学历达到 3.1 万人左右，文盲半文盲比例下降为 3%以下，人口平均受教育年限接近 11 年。”

三、需向社会保障事业倾斜

在市场经济条件下，政府将一部分公共资金转化为行政、法律秩序、公共教育、社会保障、公共卫生、基础科研等公共产品与公共服务，供全体社会成员共同享用，是一种政府行为。这类支出形成的公共产品是一个社会经济体稳定、快速和高效发展的不可缺少的重要条件。但是，目前我国社会保障滞后，居民收入分配差距过大而且仍在继续扩大，值得十分关注。如：中国南开大学研究小组称：中国基尼系数 1988 年为 0.35，2003 年为 0.5，社会贫富悬殊扩大。一般认为 0.4 是警戒值，0.5 可能引发社会不稳。又如：我国贫富差距严重并不断扩大的主要原因之一，在于政府的社会再分配职能发挥不足，当前我国有2610万农村人口没有解决温饱问题，按国内低收入标准即人均年收入882元以下者达8517万人也属于贫困人口。

我国社会保障对象主要是城市国有和集体企业事业单位的职工，而城镇非公有制经济特别是个体和私营企业职工，基本上被排斥在社会保障网以外，广大农民除了少量的社会救济外，主要是依靠家庭自我保障，基本上得不到社会保障的好处。我国总体上对社会保障事业是逐年改善的，如：离休退休退职人员占在职人员比重1989年的16%到2003年达到43.1%，其费用占工资总额的比重，也是逐年上升的，从1989年的12.2%到2003年升为28.1%；又如：从国家财政用于抚恤和社会福利的支出来看并不算多，从1980年的20.31亿元到2003年增加到498.82亿元，由于我国社会保障费用（包括养老、失业、医疗等）基本上是由各单位与各企业承担，我国2003年离休退休退职费用的98.55%由国有单位（包括机关单位和国有企业）集体单位、其他单位支付，只有1.45%由民政部门和总后单位支付，我们如果将离休退休退职费用计算在内，我国用于抚恤和社会福利与离休退休退职费的总支出占财政收入的比重由1980年的6.09%提升为2003年为21.4%。

纵观全球，目前131个国家建立了社会保障制度，其中以社会保障税为筹资手段的就有80个，社会保障税具有基金收缴便利，基金收入增长稳定，社会保障覆盖面广，负担和保障待遇公平等优点。国家财政用于社会保障的开支，应当实现“十五”期间已经承诺的占财政收入的15%—20%的目标，并计划在“十一五”期间持续上升到25%左右。虽然统计口径有些不同，但是，总的来看我国公共财政在社会保障支出比重上属于低水平的国家之一，如：1990年和1998年社会服务支出占中央财政支出的比重（%）分别为我国2.5和2.5，印度8.1和9.2，印尼13.2和26.2，韩国27.8和27.8，美国43.4和53.8，德国65.0和69.8（如图3所示）。

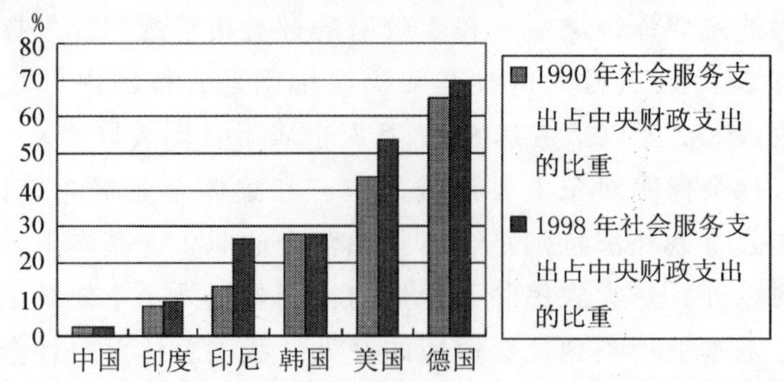

图 3　1990 年和 1998 年社会服务支出占中央财政支出的比重

四、需向公共卫生事业倾斜

我国城乡居民看病难和负担重的现实同样需要国家加大对公共卫生事业的投入，公共卫生资源配置相对短缺，医疗卫生的发展与日益增长的社会需求之间的矛盾尖锐，据 2003 年中国国际竞争力发展报告称：1999 年我国健康公共支出占 GDP 比重（%）为 2.3，同年日本为 7.3，美国为 12.0，德国为 10.5，法国为 9.6，巴西为 6.9，新加坡为 3.6，韩国为 4.3，俄罗斯为 4.4，印度为 0.1（如图 4 所示）。1990 年各类型国家人均卫生支出，发达国家为 1860 美元，发展中国家为 41 美元，我国仅为 11 美元。

投入结构上存在着不协调不合理现象，一是 1990 年政府的卫生支出中只有 19%用于公共卫生，1995 年又下降为 12%；我国卫生经费主要是在地方财政支出中体现，中央财政（2003 年）仅占 2.8%，我国财政支出 2000—2003 年的年度增长率分别为 20.5、19.0、16.7、11.8，而同期卫生经费年度增长率分别为 10.0、15.5、10.8、22.3（如图 5 所示）。数据显示，只有 2003 年超过了财政支出增长率。二是对农村卫生投入很不足，2004 年统计医院卫生院床位城市占

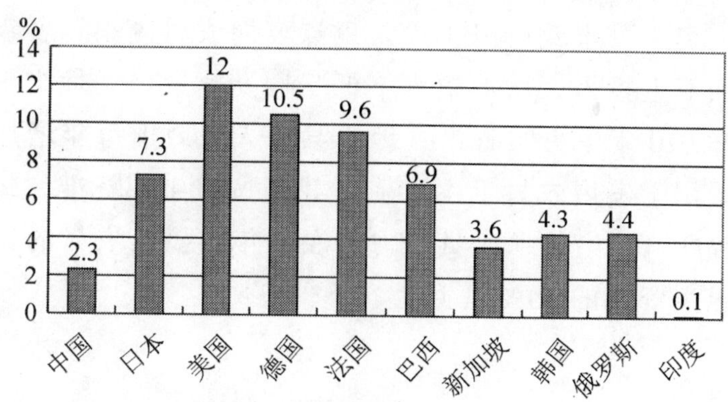

图4 1999年各国健康公共支出占GDP比重

77.6%，乡镇只占22.4%，卫生技术人员城市占79.4%，乡镇只占20.6%，特别是山区边远地区更加缺医少药，目前在农村几千万贫困人口中有1/3是因病致贫或因病返贫，由于贫困全国农村36%的病人应诊未诊，有65%的病人应住院未住院，他们多被商业性的医疗保险拒之门外，政府应该干预和援助。三是2001年政府预算占卫生事业费支出的15.5%，社会支出占24%，居民个人支出占60.5%。据卫生部统计，医疗卫生资源80%集中在城市，其2/3又集中在大医院，用于农村卫生经费的比例从1991年的20%下降为2000年的10%。全国综合医院每一诊疗人次的医疗费从1990年的10.9元上涨为2003年的108.2元。

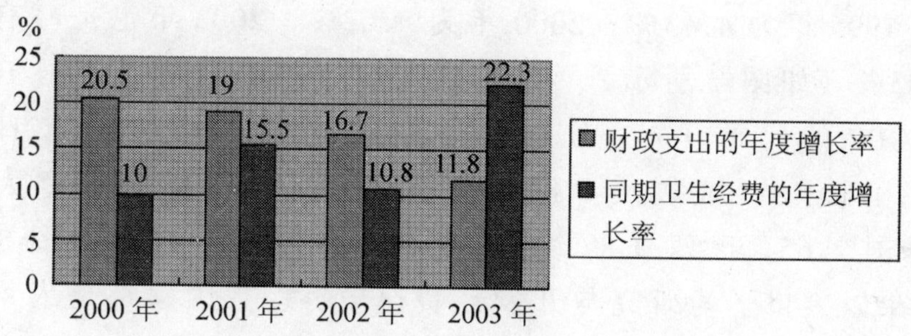

图5 2000—2003年的财政支出年度增长率和同期卫生经费年度增长率

2002年10月中共中央和国务院作出了《关于进一步加强农村卫

生工作的决定》要求政府卫生投入重点要向农村倾斜，各级人民政府要逐年增加卫生投入，增加幅度不低于同期财政经常性支出的增长幅度。2003—2010 年中央与省市（地）县级人民政府每年增加的卫生事业经费主要用于发展农村卫生事业。我国按卫生部标准，每千名农民应有 1.7 名乡镇卫生技术人员。力争在五年内投入农村的比重要达到全部公共卫生资源的 50%以上。

五、需向科学技术事业倾斜

按国家统计局数据，全社会研究和开发经费支出（R&D）相当于 GDP 的比重是逐年提高的，如：1997 年为 0.65%，1999 年为 0.83%，2000 年为 1.00%，2003 年为 1.31%，2004 年为 1.35%（如图 6 所示）；按照国家财政用于科学研究的支出（R&D）占 GDP 的比重，则是逐年下降的趋势，1978 年为 1.46%，1985 年为 1.14%，1990 年为 0.75%，1995 年为 0.52%，2000 年为 0.64%，2003 年略有上升为 0.83。而这项支出占财政支出的比重，也是逐年下降的趋势，1978 年为 4.71%，1985 年为 5.12%，1990 年为 4.51%，1995 年为 4.43%，2000 年为 3.62%，2003 年也是略有上升为 3.95%（如图 7 所示）。按 2000 年世界银行数据，各国 R&D 占当年 GDP 的比重（%）分别为：我国 1.00，美国 2.68，日本 3.11，德国 2.46，加拿大 1.81，法国 2.14，英国 1.85，意大利 1.04，韩国 2.65，巴西 0.87，印度 0.59，俄罗斯 1.08（如图 8 所示）。如果以人口平均研究与开发经费比较，多数国家都是人均几百美元，只有我国仅为 8.5 美元，略高于印度的人均 2.4 美元，也略低于巴西的 28 美元和俄罗斯的 18.7 美元。

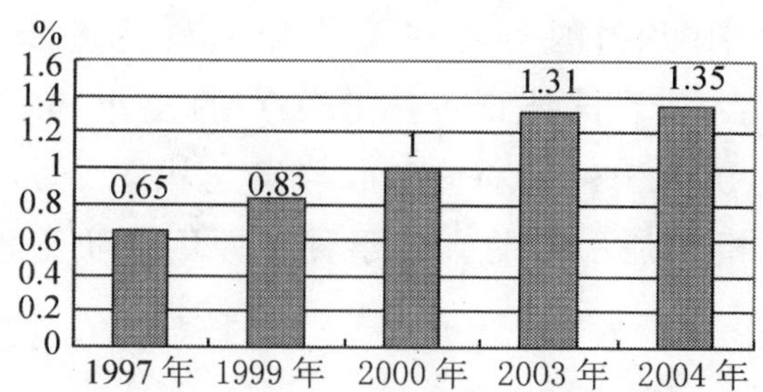

图 6　各年度全社会研究和开发经费支出（R&D）

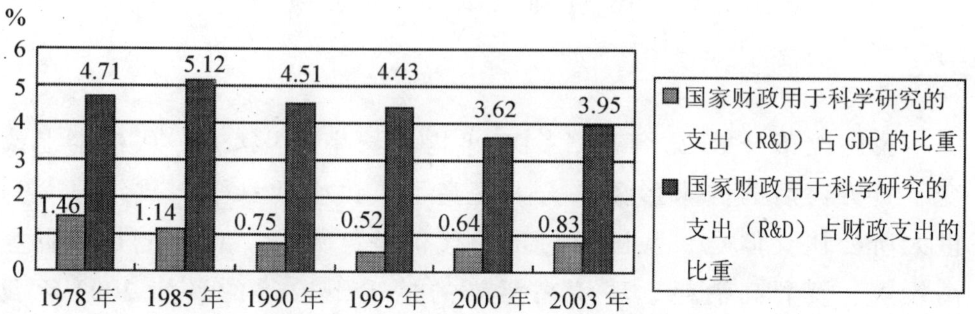

图 7　国家财政用于科学研究的支出（R&D）占 GDP 的比重及这项支出占财政支出的比重

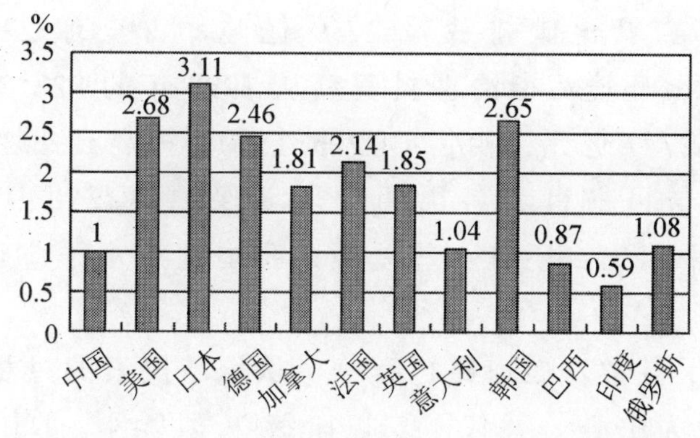

图 8　2000 年各国 R&D 占当年本国 GDP 的比重

1995年中共中央和国务院在关于加速科技进步的决定中提出："到2000年全社会用于科技研究（R&D）的支出占国内生产总值即GDP的比重要达到1.5%，这一比重与发达国家通常的R&D占GDP 2%—3%的比重相比是不高的，由于种种原因事实上没有实现，提高比重势在必行。

六、需向环境保护事业倾斜

我国改革开放26年来，GDP年均增长率为9.4%，从根本上改变了贫穷落后的国家形象，大大提高了人民生活水平，成绩显著为世人所公认。但是，我国所付出的代价是巨大的，总体上是在资金高投入、资源高消耗、环境高污染的情况下取得的，如2003年我国创造了11.7万亿元的GDP，约占全世界的4%，但资源消耗占世界的比重（%）：石油为7.4，原煤为31，铁矿石为30，钢铁为27，氧化铝为25，水泥为40，由此带来煤电油运全面紧张和资源环境约束加剧。这种高消耗支持下的经济高增长是很难持续的。据统计2000年我国二氧化碳排放量27.9亿吨，占全球229.94亿吨的12.13%。我国环境污染治理投资额从1999年的823.3亿元提高到2003年的1627.7亿元，由占GDP的1.00%提高到1.39%，有很大进步，但是与目前世界各国用于环境保护的费用占GDP一般在1%—2%水平相比，还有一些差距，我国理想水平应该达到2%以上。

我国对于科学发展道路也有一个认识与摸索的过程，开始我们"以经济建设为中心"替代了"以阶级斗争为纲"的国家发展战略是一大进步，1992年联合国的环境发展大会"以可持续发展"为指导方针，制定了《21世纪行动议程》和《里约宣言》，正式提出了可持续发展战略理论与模式，我国政府编制了《中国21世纪议程——中国21世纪人口、环境与发展白皮书》，1994年3月国务院常委会议正式通过。在跨入21世纪后，党的十六大的三中、四中全会又制定了以人为本，全面、协调、可持续的科学发展观及其五个统筹的战略方针，并且接着提出了构建和谐社会的指导方针，其中都强调人与自然和谐相处和绿色GDP的要求，从而把我国发展理论和发展模式向前推进了一大步，在对2004年以来的部分行业投资过热问题，采取了与以往不同的做法，着重结构调整，区别对待，有保有压，避免大起大落，使经济社会平稳健康持续发展。今后要求我们制定相关的财政税收政策，促使循环经济的发展，构建节约型产业结构与消费结构，走出一条中国特色的节约型社会的发展道路。

本文参考文献：

1. 国家统计局编：《2004年中国统计年鉴》，中国统计出版社2004年版。

2. 世界银行编著：《2005年世界发展报告》，清华大学出版社2005年版。

3. “2004年农村全面小康实现程度”，《中国信息报》，2005年4月25日。

4. 苏明等：“统筹城乡财政如何出拳”，《中国财经报》，2005年1月6日。

5. 廖楚晖著：《政府教育支出的经济分析》，中国财政经济出版社2004年版。

6. 陈青萍：“著名经济学家萧灼基提出：构建和谐社会要调整五大关系”，《中国剪报》，2005年7月8日。

7. 周天勇等著：《现代公共财政与税收学》，中国财政经济出版社2003年版。

8. 陈晓鸿：“中国贫困问题依然严重”，《中国剪报》，2005年3月6日。

9. 世界银行编著：《2000/2001年世界发展报告》，中国财政经济出版社2001年版。

10. 中国人民大学竞争力与评价研究中心研究组编著：《2003年中国国际竞争力发展报告》，中国人民大学出版社2003年版。

11. 国家统计局："中华人民共和国2004年国民经济和社会发展统计公报"，《经济参考报》，2005年3月1日。

王石生